HTML5
&CSS3
デザインレシピ集

狩野祐東 著

JN216846

技術評論社

はじめに

『HTML5&CSS3デザインレシピ集』へようこそ。この本は、実際のWebサイト制作でよく使われるテクニックを集めた、ページのデザインを作るためのリファレンスです。「こんなことがしたい」「あんなものを作りたい」と思ったときに役立つサンプルを多数収録しています。

　Webサイトのデザインはひとつひとつ違うので、どんなにサンプルを用意しても「したいことそのもの」のサンプルを用意できるわけではありません。そこで本書では、実際のWebサイト制作に応用しやすく、カスタマイズしやすいサンプルを紹介するとともに、「どこをどう触れば実践で応用できるか」がわかるように、HTMLの構造やCSSの仕組みを詳しく解説しました。

　本書は全15章で構成されています。1章ではHTMLとCSSの基本的な仕様について解説しています。実践的なWebサイト制作の力になる、HTMLやCSSを正しく理解するために重要な知識を厳選したので、必要なことをすぐに調べられるようになっています。

　続く2章から9章までは、Web制作では必ずといってよいほど使う、HTMLとCSSを組み合わせた頻出のマークアップ例を取り上げています。

　10章と11章では、実際のWebデザインで必要となる、メタデータの活用方法やページに組み込まれるパーツ作りを紹介しています。複数のタグやプロパティを組み合わせてデザインを作り込む、数々の手法を確認できます。

　12章から14章では、WebページのレイアウトをするためのHTML構造やCSSテクニックを紹介しています。レイアウトのバリエーションを多数取り上げて、実際にWebページを作るときのテンプレートとしても使えるようになっています。もちろん、サンプルはレスポンシブWebデザインに対応しています。

　最後の15章では、アニメーションや変形（トランスフォーム）といった、ページの演出に使えるワザを紹介しています。デザインの仕上げにおすすめです。

　ぜひサンプルのソースコードもダウンロードして、動作を確認しながらHTMLやCSSをいろいろと触ってみてください。きっと新しい発見やひらめきがあるでしょう。

　本書の執筆にあたって多くの方々の協力を賜りました。とくに、サンプル作成に全面協力してくれた弊社デザイナーの狩野さやか、全体の完成度を高めてくださった編集者の神山真紀氏に、この場を借りて厚く御礼申し上げます。

　Webサイト制作の現場に、学習に、本書が「おいしいレシピ」となることを、心から願っています。

2017年1月　株式会社Studio947　狩野祐東

本書の読み方

❶項目名

HTML/CSSを使って実現したいテクニックを示しています。

❷利用シーン

実現したいテクニックがどのようなシーンで利用できるのかを示しています。

❸要素／プロパティ

目的のテクニックを実現するために必要なHTML要素やCSSプロパティです。

❹本文

目的のテクニックを実現するために、どの要素／プロパティをどのような考えで使用するかなど、方針や具体的な手順を解説しています。

❺書式

要素／プロパティを使用する際の書式を説明しています。

❻HTML

サンプルファイルのなかで、目的のテクニックを構成するHTMLソースを示しています。

082

❶ マウスがホバーしたときにテキストを半透明にしたい

❷ 利用シーン　リンクにマウスがホバーしたときの演出（フィードバック）として、テキストを半透明にしたいとき

要素／プロパティ

CSSセレクタ

:hover

❸ ——— 要素にマウスポインタがホバーしたときのスタイル → 081

CSSプロパティ

opacity: 透明度;

——— 要素の透明度を設定する

❹ opacityプロパティは、要素の透明度を設定するのに使います。値には、単位なしで0〜1の小数を指定します。この値が0のとき要素は完全に透明で見えなくなり、1のとき完全に不透明になります。たとえば、透明度を75％に設定したいのであれば、次のようなCSSを書きます。

● 書式　　透明度を75％に設定するCSS

❺
```
opacity: 0.75;
```

「:hover」セレクタのスタイルにopacityプロパティを追加しておくと、マウスがホバーしたときだけコンテンツを半透明にすることができます。

■HTML　　　　　　　　　　　　　　　　　　　　　　**❼** 082/index.html

❻
```
<h1>代表的な検索エンジン</h1>
<ul>
    <li><a href="https://www.google.co.jp/">Google</a></li>
    <li><a href="http://www.yahoo.co.jp/">Yahoo!</a></li>
</ul>
```

168

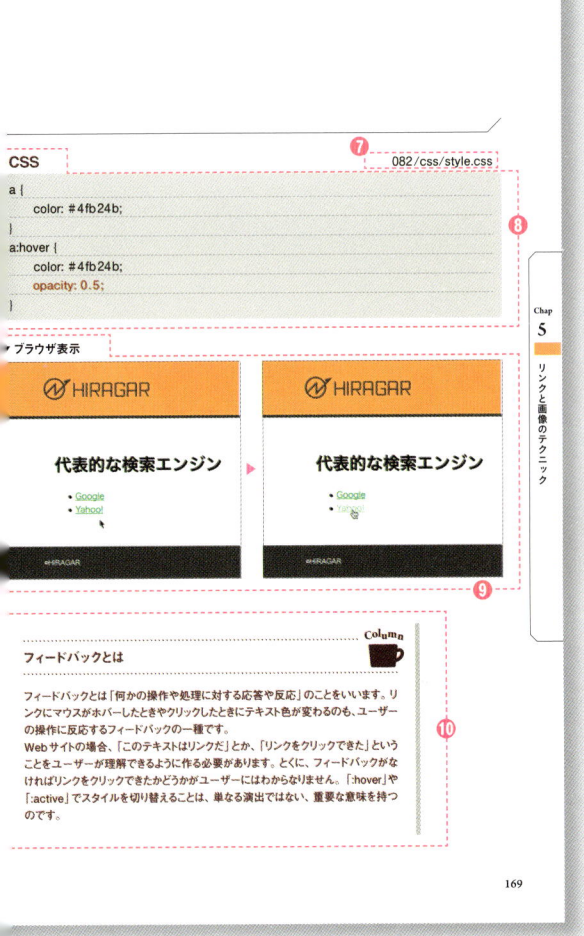

CSS

⑦ 082/css/style.css

```
a {
    color: #4fb24b;
}

a:hover {
    color: #4fb24b;
    opacity: 0.5;
}
```

⑧

ブラウザ表示

HIRAGAR

代表的な検索エンジン

- Google
- Yahoo!

e-HIRAGAR

▶

HIRAGAR

代表的な検索エンジン

- Google
- Yahoo!

e-HIRAGAR

⑨

Column

フィードバックとは

フィードバックとは「何かの操作や処理に対する応答や反応」のことをいいます。リンクにマウスがホバーしたときやクリックしたときにテキスト色が変わるのも、ユーザーの操作に反応するフィードバックの一種です。
Webサイトの場合、「このテキストはリンクだ」とか、「リンクをクリックできた」ということをユーザーが理解できるように作る必要があります。とくに、フィードバックがなければリンクをクリックできたかどうかがユーザーにはわかりません。「:hover」や「:active」でスタイルを切り替えることは、単なる演出ではない、重要な意味を持つのです。

⑩

169

Chap 5
リンクと画像のテクニック

---

⑦ **サンプルファイル**

サンプルのファイル名とディレクトリを示しています。

⑧ **CSS**

サンプルファイルのなかで、目的のテクニックを構成するCSSソースを示しています。

⑨ **ブラウザ表示**

サンプルファイルのブラウザ表示を示しています。

⑩ **コラム**

テクニックの補足、関連情報です。

サンプルファイルについて

本書掲載の多くのテクニックは、サンプルファイルを用意しています。
以下の技術評論社Webサイトからダウンロードしてください。

URL http://gihyo.jp/book/2017/978-4-7741-8780-8/support

CONTENTS

^{Chapter} **4** リストのデザインテクニック **137**

^{Chapter} **5** リンクと画像のテクニック **155**

Chapter 6 ページ全体に適用するデザインのテクニック　185

Chapter 7 ボックスの整形とデザインテクニック　203

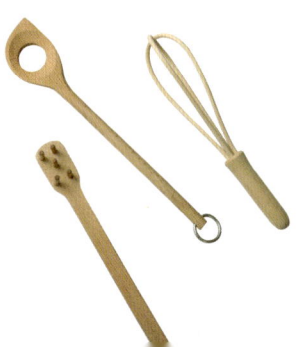

Chapter 10　メタデータと外部サイトとの連携テクニック　365

Chapter **12** ナビゲーションのデザインテクニック　　**465**

Chapter 15 アニメーションとエフェクトのテクニック 587

HTML/CSS の基礎

Chapter

1

001　HTMLの基礎知識

利用シーン
- ●HTMLの仕様や書式、
  構造など基礎的なことを知りたい
- ●URLやパスなどの基礎知識を知りたい

「HTML」とは、Webページを作るためのコンピュータ言語で、「マークアップ言語」と呼ばれるものの一種です。ページに含まれるテキストや画像などの「コンテンツ（中身）」にタグをつけることによって、その中身の「意味合い」——そのドキュメントにおける「役割」と考えたほうがよいかもしれません——を定義するのが、HTMLの役目です。

■HTMLの仕様

HTMLの標準仕様は、Web技術の標準化団体W3Cが定義しています。HTMLの最新の仕様は2016年11月1日に勧告[1]になった「HTML5.1」です。この仕様は誰でも閲覧できるように、インターネット上で公開されています。

HTML5.1（英語）
【URL】https://www.w3.org/TR/html51/

現在広く使われている主要なブラウザ——Chrome、Firefox、Edge/Internet Explorer（以下 IE）[2]、Safari——は、W3Cが公開している標準仕様を満たすように開発が進められています。また、スマートフォンやタブレット端末に搭載されている、AndroidのChrome、iOSのSafariといったブラウザも標準仕様に準拠しています。
ブラウザを開発しているメーカーがあまり標準仕様を重視しない時期が過去にはあって、ブラウザが違うとWebページの表示が大幅に変わってしまうことがありました。しかし、現在ではすべてのブラウザがW3Cの仕様に準拠するように開発されるようになったため、表示や動作の違いは非常に少なくなっています。

※1「正式の仕様として発表された」というくらいの意味です。
※2 Internet ExplorerがW3Cの仕様にほぼ準拠するようになったのは、おおむねバージョン9からです。

■HTMLタグの書式

HTMLタグの基本的な書式は次の通りです。

タグの基本構造と各部名称

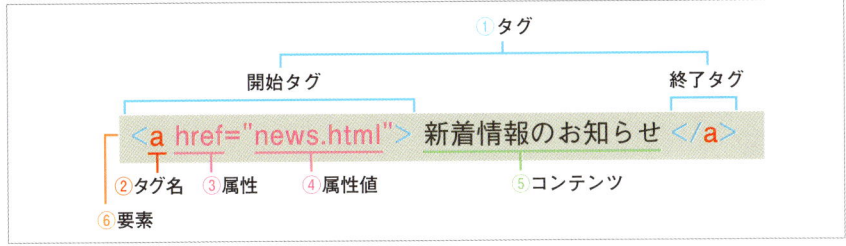

HTMLタグは、「開始タグ」と「終了タグ」でコンテンツを囲むのが基本的な書式です。タグで囲むことによって、コンテンツに「意味づけ」をするわけです。意味づけは「役割をつける」と考えてもよいでしょう。上の図でいえば、「新着情報のお知らせ」というテキスト（コンテンツ）に「リンク」という意味づけ（役割づけ）をしています。

それでは、タグの各部の呼び名と役割を見てみましょう。

①タグ

開始タグと終了タグを合わせて「タグ」と呼びます。一部のタグには、終了タグのない「空要素」と呼ばれるものもあります。HTMLにはこのタグが多数定義されています。

②タグ名

タグの意味を決めているのが「タグ名」です。

③属性・④属性値

タグに追加的な情報をつけ加えるときは、開始タグに「属性」を含めます。ほとんどの属性には「属性値」が必要です。たとえば、<a>タグにはhref属性を追加できますが、この属性の値にはリンク先のURLを指定します。

属性値は必ずダブルクォート（"）またはシングルクォート（'）で囲みます。また、class属性など、属性によっては複数の値を指定できるものがあります。属性に複数の値を指定するときは、値と値の間に半角スペースを入れて区切ります。

属性と属性値の書式

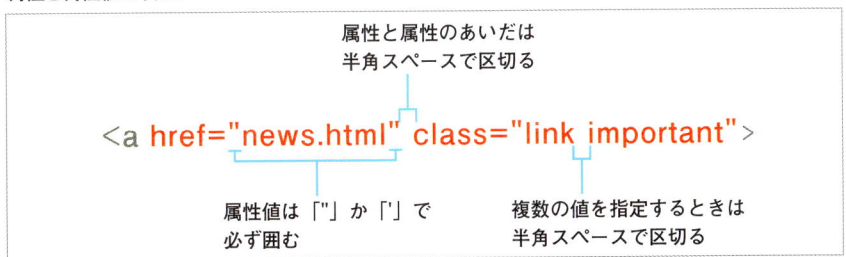

ただし、属性の中には属性値を設定する必要がないものもあります。こうした属性は「ブール属性」と呼ばれていて、おもにフォーム関連のタグでよく使われます（→「164」）。

属性には、そのタグに固有の属性と、どんなタグにでも追加できる「グローバル属性」の2種類があります。たとえばhref属性は、<a>タグに追加できる固有の属性です。

グローバル属性には、そのタグのid名を設定する「id属性」や、class名を設定する「class属性」などがあります。

⑤コンテンツ

開始タグと終了タグに囲まれる部分を「コンテンツ」といいます。ブラウザに表示されるのはこのコンテンツの部分のみで、タグ自体は表示されません。

コンテンツには、テキストが含まれることもあれば、ほかの要素（タグおよびコンテンツ）が含まれることもあります。ただし、タグによってはコンテンツに含めることができるものが制限されている場合があります。

⑥要素

タグとそのコンテンツを合わせて「要素」といいます。

■空要素

ほとんどのタグには開始タグと終了タグがあります。しかし、いくつかのタグには終了タグがなく、コンテンツを囲まないものがあります。そうしたタグは「空要素」と呼ばれています。おもな空要素には次のようなものがあります。

おもな空要素

タグ	説明	使用例
<img>	画像を挿入する	▶087
<input>	フォーム部品を表示する	▶157
 	改行する	▶025
<hr>	区切り線を引く	▶283
<meta>	さまざまなメタデータを追加する	▶007
<link>	CSSファイルなど関連するファイルにリンクする	▶014

■HTMLの構造

HTMLタグのコンテンツには別のタグを含めることができることから、要素（タグとそのコンテンツ）と要素の間に階層関係ができます。この階層関係のことを「ツリー構造」といいます。

ツリー構造の例。HTMLドキュメントは全体がツリー構造になっている

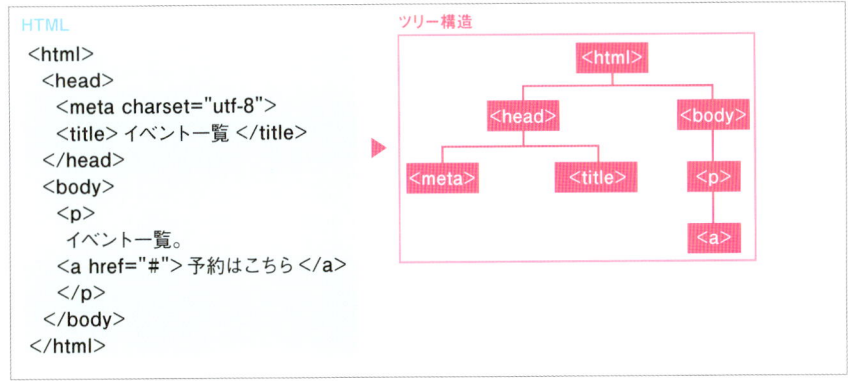

Webページを作成するとき、とくにCSSを使ってHTMLにレイアウト情報を追加するときには、このツリー構造を把握していることがとても重要です。ツリー構造に関連して、ある要素とある要素の関係を表す用語がいくつかあります。

親要素・子要素

ある要素から見てすぐ上の階層の要素を「親要素」、逆にある要素から見てすぐ下の階層の要素を「子要素」といいます。CSSの「子セレクタ」や「子孫セレクタ」は、この親要素・子要素の関係を利用します。

親要素・子要素の関係

親要素 `<div>`
  子要素 `<h1>` カメラ性能を極限まで高めた新モデル `</h1>`

    `</div>`

祖先要素・子孫要素

ある要素から見て「親要素の親要素」や、「親要素の親要素の親要素」などは、すべて「祖先要素」といいます。同じように、ある要素の子要素の子要素などは「子孫要素」といいます。CSSの「子孫セレクタ」は、この祖先要素・子孫要素の関係を利用します。

祖先要素・子孫要素の関係

祖先要素 `<div>`
    `<ul>`
  子孫要素 `<li>` 開場：19:00 `</li>`
        `<li>` 開演：19:30 `</li>`
        `<li>` 入場料：¥3,000- `</li>`
      `</ul>`
    `</div>`

兄弟要素

ある要素と同階層にある要素を「兄弟要素」といいます。その要素より先に出てくる兄弟要素を「兄要素」、あとに出てくる要素を「弟要素」と呼ぶこと

もあります^{※1}。また、兄弟要素の中でもとくに「すぐ次の弟要素」または「すぐ前の兄要素」のことを「隣接要素」といいます。
CSSの「:nth-child(n)」セレクタなどはこの兄弟要素の関係を、「隣接セレクタ」は、隣接するすぐ次の弟要素にスタイルを適用するのに利用します。

兄弟要素の関係

※1 ただし、兄要素・弟要素は、CSSではあまり区別されません。

■ URL

URLとは、インターネット上に公開されているファイルを特定するための「アドレス」です。あるひとつのURLに対応するファイルは世界にひとつしかないため、HTMLファイルでも画像ファイルでも、正しいURLがわかれば必ず目的のファイルを取得することができます。
典型的なURLは次のようなものです。

URLと各部の名称

http://gihyo.jp/site/profile

①スキーム　　②ドメイン名　　③パス

このURLは、いくつかのパートに分けることができます。

①スキーム

スキームは、「取得するデータが何の用途で使われるものなのか」を示しています。もう少し具体的にいえば「そのデータを開くアプリケーションを指定している」と考えてもよいでしょう。
Webサイトで使われるスキームは「http://」と「https://」の2種類です。
URLの先頭にこれらのスキームがついていると、「取得するデータはWebサイトのデータとして使われる」ことになり、そのデータはブラウザが開くことになります。ちなみに、Webページに含まれるリンクの中に、「<a href="mailto://gihyo@gihyo.jp">」などと書かれている——スキームが「mailto://」になっている——場合、そのリンクをクリックするとメールアプリケーションが起動します^{※2}。
なお、Webサイトのスキームのうち「https://」が使われていると、データが暗号化されるようになります。いっぽう「http://」の場合はデータが暗号化されず、そのままインターネット上の回線を通ってユーザーのブラウザまで届きます。

※2 ただし、リンクでメールアドレスを指定するのは、スパムメールの原因になる可能性があります。そのため「mailto://」スキームはあまり使われません。

②ドメイン名

ドメイン名とは「そのWebサイトについている名前」です。ドメイン名は会社などの組織や個人が取得する、世界にただひとつの名前です。同じドメイン名

を別の組織が取得することはないため、ひとつのURLが複数の異なるファイルを指すこともありません。

③パス
ドメイン名の後ろの「/」以降は「パス」と呼ばれています。
パスは、そのWebサイトのフォルダ構成そのものです。詳しくは次の「絶対パスと相対パス」をご覧ください。

■ 絶対パスと相対パス
たとえば次のような、一般的なフォルダ構成[※1]のWebサイトを作るとしましょう。

※1 「フォルダ」は「ディレクトリ」と呼ばれることもあります。

Webサイトのフォルダ構成例

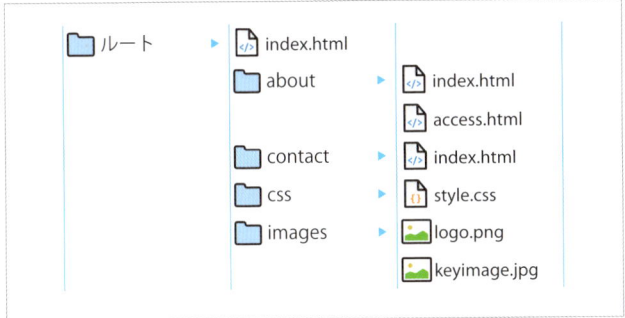

このとき、トップページの「パス」は、「/index.html」になります。ファイル名がindex.htmlだと、たいていのWebサーバーでは省略できるので、パスを「/」としてもかまいません。また、アクセスのページのパスは「about/access.html」になります。このように、Webサイトのルートフォルダから、フォルダやファイルを順にたどったものが「パス」です。
Webページから別のページにリンクしたり、画像を挿入したりするときには、リンク先のファイルがどこにあるか、パスで指定する必要があります。
このパスの書き方には大きく分けて「絶対パス」と「相対パス」があります。

絶対パス
絶対パスとは「URL」そのもののことを指します。外部サイトにリンクするときは必ず「絶対パス」を使用します。後述する相対パスでは、外部サイトへのリンクを表現する方法がないからです。
また、CMS[※2]の普及に伴い、近年では内部リンクにも絶対パスを使用することが多くなってきました。CMSでは通常のWebサイトとリソース[※3]を管理する方法が違います。そのため、各種ファイルの場所が上図「Webサイトのフォルダ構成例」で示したような単純なフォルダ・ファイル構成になっていない場合が多く、相対パスでは書きづらい（または書けない）ことがよくあるからです。
次の例では、「http://gihyo.jp/site/profile」に、絶対パスでリンクしています。

※2 「コラム　静的サイトと動的サイト」参照。
※3 ファイルや、ページのコンテンツとなるテキスト文書や画像ファイルなど、アクセス可能なすべてのデータのことをまとめて「リソース」と呼びます。

Chap

1

H
T
M
L
／
C
S
S
の
基
礎

● **書式** 絶対パス

```
<a href="http://gihyo.jp/site/profile">技術評論社 会社案内</a>
```

相対パス

相対パスとは「リンク元のファイルを起点として、リンク先を指定する」方法です。CMSを使わず静的なWebサイトを作成している場合、内部リンクにはおもに相対パスを使用します。

たとえば、次の図の「ルートフォルダ」の直下にある「index.html」から、「about」フォルダの「access.html」にリンクする相対パスは「about/access.html」になります。

index.html から about/access.html にリンクするときのパス

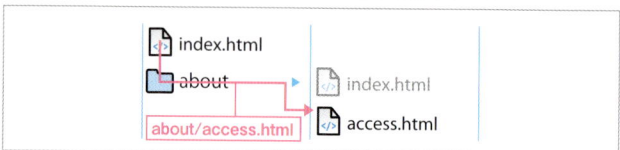

もうひとつ例を紹介します。「contact/index.html」に、「images」フォルダにある「logo.png」を掲載するとしましょう。その場合の相対パスは「../images/logo.png」になります。相対パスでは、リンク先に到達するために1階層上に上がる必要があるときは、先頭に「../」を書きます（2階層上がる場合には「../../」と書きます）。

なお、同階層の別のファイルにリンクするには、先頭に「./」を書きます。ただし「./」は省略可能です。

contact/index.html から /images/logo.png にリンクするときのパス

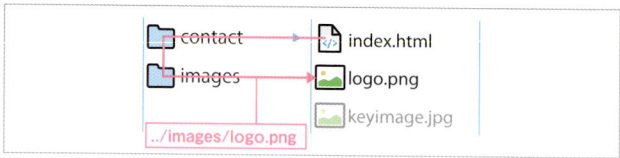

ルート相対パス

相対パスの特殊な記述法として「ルート相対パス」と呼ばれる方法があります。これは、リンク元を起点とするのではなく、常にルートフォルダを起点にするパスの書き方です。

相対パスとの対比で説明すると次のようになります。

ルート相対パスの例

リンクの起点とリンク先	ルート相対パス	相対パス
ルートのindex.html からaccess.html へリンク	/about/access.html	about/access.html
contactフォルダのindex.html から logo.png へリンク	/images/logo.png	../images/logo.png

静的サイトと動的サイト

Webサイトには、大きく分けて「静的サイト」と「動的サイト」の2種類があります。静的サイトとは、公開されるページのHTMLを、HTMLファイルとして作ってしまう方法です。そのため静的サイトの場合は、ページ数分のHTMLファイルを作成することになります。ページ数が1ページしかない広告用のWebサイトや、多くても50ページ程度のWebサイトでは、静的なWebサイトを作成することが多いです。

いっぽうの動的サイトとは、Webサーバー上に専用のプログラムをインストールして、HTMLを書かなくてもページの追加や更新ができるようにしたWebサイトのことをいいます。動的サイトの各ページはHTMLファイルで作られているのではなく、「ひな形（テンプレート）」と中身のコンテンツをプログラムが合成して作成します。

比較的規模が大きかったり、更新頻度が頻繁だったりする場合は、プログラムを導入して動的サイトを作るケースが多いといえます。動的なWebサイトの構築によく使われるソフトウェアのことを「CMS」といい、代表的なものにはWordPressがあります。

動的サイトを構築する場合は、Webデザイナーやマークアップエンジニアは、ページの「ひな形（テンプレート）」を作成します。

Chap

1

H
T
M
L
／
C
S
S
の
基
礎

002

Webサイトを
構成するファイル

利用シーン

- ●Webページに使用できるファイルについて知りたい
- ●Webページでファイルを使用するときのルールを
  知りたい

1枚のWebページを作るには、最低限1枚のHTMLファイルを作る必要が
あります。ただ、通常はそのページに画像を掲載したり、デザインを整えるた
めにCSSファイルを用意したりするため、HTMLとは別に複数のファイルを
用意することになります。

■ 使用するファイルと拡張子

Webサイトで使用できるファイルの種類には、次のものがあります。

HTMLファイル

HTML言語で書かれたファイルで、拡張子は「.html」または「.htm」です※1。
通常、1枚のWebページを作るには1枚のHTMLファイルを用意する必要
がありますが、HTMLファイルの中に別のHTMLファイルを埋め込むことも
あります（→「107」「108」）。

※1 ただし、拡張子「.htm」
は最近はあまり使われませ
ん。

CSSファイル

HTMLはページの"中身"を記述するための言語なので、それをどのように
見せるか、デザインやレイアウトを作る仕組みは持っていません。デザインや
レイアウトを組み立てるのは「CSS」という、HTMLとは別の言語でおこない
ます。
通常、CSSは専用のファイルを作って、そこに記述します。CSSファイルの
拡張子は「.css」です。

JavaScriptファイル

HTMLとCSSで作られたWebページは、一度読み込まれたら、再読込みす
るか別のページに移動するまで、内容が変わることはありません。しかし、そ
れでは不便なことも多いので、再読込みせずに内容の一部を書き換えたり、
閲覧しているユーザーが操作しやすいUI※2をページに組み込んだりします。
そうした、HTMLとCSSだけではできない機能をページに追加したいときは、
「JavaScript」というプログラミング言語を使います。
JavaScriptで書かれたプログラムファイルの拡張子は「.js」です。本書では
JavaScriptプログラムそのものの書き方などは扱いませんが、とくにスマート
フォン向けのWebページを作る際には、UIの組み込みなどでほぼ必ずといっ

※2 ユーザーインターフェー
スの略。ユーザーが操作
に使うためのメニューやボ
タンなどの「部品」のことを
指します。

てよいほどよく使われています。

画像ファイル
Webページでは、次の4種類の画像ファイルを利用できます。

• JPEGファイル
おもに写真や階調（色数）の多いイラストなどに
使われるファイルフォーマットです。拡張子は
「.jpg」または「.jpeg」です。

典型的なJPEGファイル

• PNGファイル
おもに階調の少ないイラストや図、ロゴなどに使
われるフォーマットです。拡張子は「.png」です。
マスクができるのも特徴で、画像の周囲を透過さ
せて、背景となじませることができます。

• GIFファイル
階調が少ないグラフィックに使えるフォーマットで
す。拡張子は「.gif」です。一般に、階調の少な
い画像であればPNGフォーマットで作成したほう
がファイルサイズが小さくなるなど高性能なため、
現在ではGIFフォーマットのファイルはあまり使
用されません。
ただ、GIFフォーマットは「アニメーションGIF」と
いう、パラパラマンガのような画像を作成できる
特徴があります。最近は長さが数秒の短い動画
が人気で、そうしたものを作る場合はGIFフォー
マットを使用します。

マスクつきのPNGファイルの使用例

透明部分

• SVGファイル
SVGファイルは、Webページで使える唯一のベクター形式の画像ファイル
です。ほかの画像ファイルとは違い、拡大縮小しても画質が変わらないのが
特徴です。詳しくは「089」「090」で取り上げています。

そのほかのファイル
HTMLには動画ファイルや音声ファイルを埋め込むことも可能です。動画
ファイルには「MP4（.mp4）」、音声ファイルには、動画データのないMP4
や、MP3（.mp3）などのフォーマットを使用します。動画ファイルの再生に関
してはサンプル「289」「290」で取り上げています。

■ファイル名のつけ方
Webサイトに使用するファイルのファイル名は、原則として次の文字を使用
します。

- 半角英字
- 半角数字
- ハイフン (-)、アンダースコア (_)、ピリオド (.)
- ただし、1文字目をピリオドにすることはできない

実際には日本語の漢字やここに挙げた以外の記号も使えますが、一般的には使用しません。

また、英字は小文字でも大文字でも使用できます。でも、とくに必要がない限り小文字だけを使うことにして、大文字は使わないようにしておくのが安全です。なぜかといえば、OSによって「大文字と小文字を別の文字として区別するかどうか」が違うからです。

Webサイトを制作するときに使用するパソコンには、WindowsかMacを使うのが一般的なはずです。こうしたパソコンのOSは、通常大文字小文字を区別しません。つまり、「About.html」と「about.html」は、同じファイルと見なされます。

ところが、Webサーバーは大文字小文字を区別します。About.htmlとabout.htmlを違うファイルと見なすわけです。

この動作の違いによって、「制作しているときはちゃんと動いていたリンクが、Webサーバーにアップロードしたら動作しなくなった」ということが起こるかもしれません。こうしたミスを減らすために、原則として大文字は使わないというルールにしておいた方が安全なのです。

作業中は動いていたリンクがアップロードしたら動かなくなる例

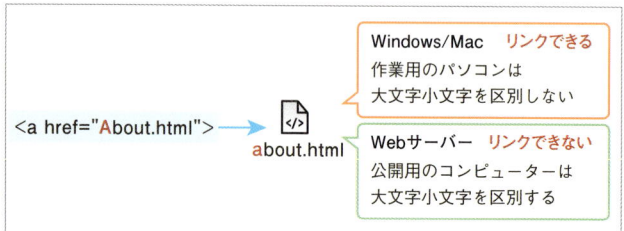

ファイル名としてつけてよいもの、そうでないものの例を挙げておきます。

つけてよいファイル名・つけてはいけないファイル名

ファイル名の例	可否	説明
product.html	○	使用可能な文字のみを使用している
article-3027.html	○	使用可能な文字のみを使用している
10月の記事.html	△	一般的に漢字などは使用しない
logoBig.png	△	大文字を使用するのは避けたほうが安全
news?.html	×	?、&などの記号は使えない
.update-next.css	×	「.」で始まる文字はWebサーバーやmacOSでは特殊なファイルを意味するため使えない

■Webサイトのフォルダ・ファイル構成

Webサイトを作成するには、多数のファイルを用意しなければなりません。作業をスムーズに進めるためには、きちんとファイルを整理しておく必要があります。しかし、それだけではありません。Webサイトのフォルダ構造やファイル名はそのままURLになります。そこで、基本的にはURLが「できるだけ短く、わかりやすく」なることに注意しながら、フォルダ構造を設計します。とくに次の点が重要です。

- フォルダ名やファイル名に、あまり長い名前をつけない
- フォルダ階層をあまり深くしない（フォルダの中にフォルダを作りすぎない）
- フォルダ名やファイル名を見ただけで、どんな内容なのかがなんとなくわかる的確な名前をつける

標準的なフォルダ・ファイル構成1: 階層をできるだけ浅くするケース

Webサイトのフォルダ・ファイル構成のうち、典型的なものをふたつ紹介します。ひとつ目は「HTMLファイルをできるだけルートフォルダに直接置いておく」ケースです。この方法はフォルダ階層を非常に浅くできるため、URLを短く保てる利点があります。小規模なWebサイトに向いています。

階層をできるだけ浅くする構成例

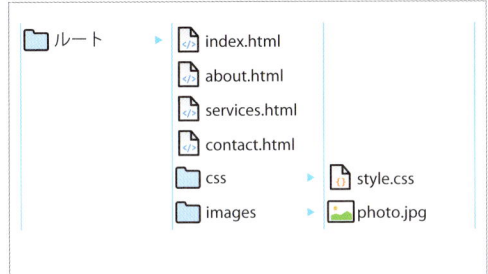

標準的なフォルダ・ファイル構成2: カテゴリーフォルダを作るケース

Webサイトのトップページだけをルートフォルダに置き、その他のページは「カテゴリーフォルダ」を作って、その中に保存するケースです。フォルダ階層は少し深くなりますが、カテゴリーのトップページのファイル名が「index.html」になるので、すっきりしたURLにすることができます。

カテゴリーフォルダを作る構成例

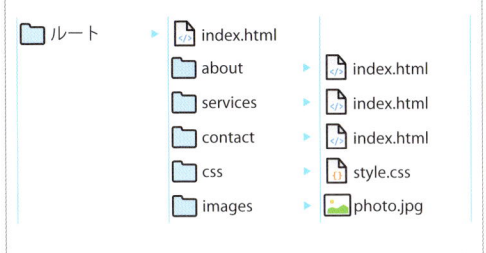

003 CSSの基礎知識

- ●CSSの仕様や書式など基礎的なことを知りたい
- ●ボックスモデルについて知りたい

HTMLは、ページのコンテンツを記述するための言語です。しかし、HTMLにはデザイン機能がなく、テキスト色を変えることすらできません※。そんなHTMLをデザインしたりレイアウトしたりするには、CSSを使用します。

※昔のHTMLではテキスト色を変えることができました。おそらくいまでもHTMLだけでテキスト色を変えることはできますが、古い仕様のため使用は禁止されています。

■CSSのしくみ

HTMLのひとつひとつの「要素」は、ブラウザウィンドウに表示されるとき、自分自身のコンテンツを表示する「領域」を確保します。この領域のことを「ボックス」といいます。CSSを使えば、「要素のコンテンツ自身」や、「ボックス」のサイズ、配置を調整することができ、それによりページ全体のデザインやレイアウトを自由に操作することが可能になります。

要素のボックス

> **HTML**
>
> <p>コワーキングスペースの進化形。ドロップインからフリーアドレス、個室、小規模オフィスまで。<a href="contact.html">お気軽にお問い合わせください</a>。</p>
>
> ▼
>
> **ブラウザの表示**
>
> コワーキングスペースの進化形。ドロップインからフリーアドレス、個室、小規模オフィスまで。お気軽にお問い合わせください。
>
> □ <p>のボックス　　□ <a>のボックス

CSSの機能には次のようなものがあります。

コンテンツに対してできること
- フォントの調整（使用するフォントの種類、フォントサイズの変更など）
- テキストの調整（テキスト色、テキストに装飾線をつける、など）
- 変形（トランスフォーム）

要素のボックスに対してできること
- ボックスの背景色、背景画像の設定
- ボックスのサイズやスペースの調整
- ボーダーライン（ボックスの枠線）の調整
- ボックスの配置の変更

■CSSの仕様

CSSの仕様はHTML同様W3Cが定義しています。ただ、HTMLに比べてCSSは機能も仕様も膨大で、新機能の追加も早いため、そのままでは標準化・仕様作成が困難です。そこで、現在ではCSS全体を小さな機能グループに分割し、それぞれのグループごとに標準化作業が進められています。そのため、CSSにははっきりした「バージョン」というものが存在しません。よくいわれる「CSS3」というのは、「最新のCSS」というくらいの意味です。
CSSの仕様は次のURLで公開されています。

CSSホームページ（英語）
【URL】https://www.w3.org/Style/CSS/

2015年時点（現在の最新版）で確定している
公式のCSS標準仕様一覧（英語）
【URL】https://www.w3.org/TR/CSS/#css

■CSSの基本書式

HTMLにCSSを適用するためには、次のふたつのことが必要です。

1. HTMLドキュメントの中から、特定の要素を選ぶ
2. 選んだ要素にスタイルを適用する

これらのうち1番目の「特定の要素を選ぶ」はCSSの「セレクタ」で、2番目の「スタイルを適用する」は、同じくCSSの「各種プロパティ」でおこないます。
このセレクタとプロパティを記述するための、CSSの基本的な書式は次の通りです。

CSSの基本的な書式

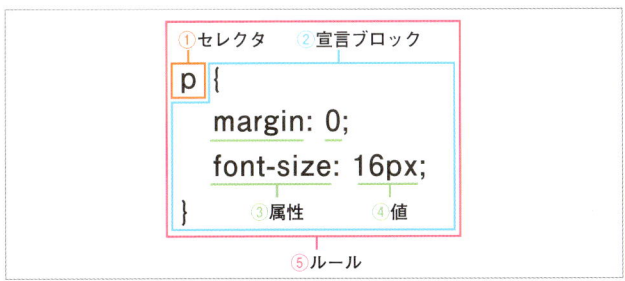

①セレクタ

HTMLドキュメントから特定の要素を選択するのが「セレクタ」です。書式例では、HTMLドキュメントに含まれる<p>要素すべてを選択する、タイプセレクタと呼ばれるセレクタを使用しています。セレクタにはさまざまなバリエーションがあり、うまく使い分けることができれば、効率的に要素を選択できるようになります。

②宣言ブロック（スタイル）

セレクタに続く{～}の部分を「宣言ブロック」といいます。この宣言ブロックの中には、プロパティと値のセットを必要なだけ追加できます。

ただ、「宣言ブロック」という言葉はあまりなじみがないため、よりイメージがしやすいように、本書では原則として「スタイル」と呼ぶことにしています。「スタイル」と書かれていたら、それは「要素に適用されるCSSプロパティすべて」を指すのだ、と考えてください。

③プロパティ

宣言ブロックの中に書かれ、セレクタで選択された要素の表示を実際にコントロールするのが「プロパティ」とその値です。

CSSにはあらかじめ定義されているプロパティが数百種類あります。それらのプロパティを使って、簡単なものでは要素のコンテンツのフォントサイズを変えたり、背景色をつけたり、少し複雑なものであればボックスのサイズや配置を調整したりします。プロパティの後ろには必ずコロン（:）がつきます。このコロンの前後には、半角スペースを入れても入れなくてもかまいません。

④値

プロパティには「値」が必要です。たとえば、フォントサイズを16ピクセルに指定したいなら、font-sizeプロパティに「16px」という値を設定します。なお、値の後ろには、必ずセミコロン（;）を入れるようにします。プロパティと値の種類によっては、後ろにセミコロンがないとCSSが正しく動作しない場合があります。

⑤ルール

セレクタと宣言ブロックをまとめて「ルール」といいます[1]。Webページ1ページのデザインを決めるには、このルールを複数作成することになります。

■セレクタ

要素を選択するセレクタには約40種類のバリエーションがあります。ただ、すべてのセレクタを頻繁に使うわけではありません。実際にWebサイトを作るときには、タイプセレクタ、クラスセレクタ、子孫セレクタを中心に使用することになります。現在使用可能なすべてのセレクタの一覧を掲載しておきます。実際の使用例はサンプルをご覧ください[2]。

[1] ちなみにこの「ルール」という言葉は、本書ではほとんど出てきませんし、実制作の場面で必要になることもあまりないでしょう。

[2] 表には、本書のサンプルでは使用していないセレクタもすべて含まれています。

セレクター一覧

セレクタ	選択される要素	セレクタの名称	詳細度	使用例
*	すべての要素	ユニバーサルセレクタ（全称セレクタ）	0	*
E	タグ名がEの要素	タイプセレクタ	1	p
E[属性]	要素がEで、かつ「属性」がついているもの	属性セレクタ	10	input[checked]
E[属性="値"]	要素がEで、かつ「属性」＝「値」の要素	属性セレクタ	10	input[type="text"]
E[属性~="値"]	要素がEで、かつ「属性」に指定されている複数の値の中に「値」が含まれている要素	属性セレクタ	10	a[class~="nav"]
E[属性^="値"]	要素がEで、かつ「属性」の値が「値」で始まる要素	属性セレクタ	10	a[href^="https://"]
E[属性$="値"]	要素がEで、かつ「属性」の値が「値」で終わる要素	属性セレクタ	10	a[href$=".pdf"]
E[属性*="値"]	要素がEで、かつ「属性」の値の一部に「値」が含まれている要素	属性セレクタ	10	ins[datetime*="2017"]
E[属性|="値"]	要素がEで、かつ「属性」の値にハイフンが含まれていて、その前半部分が「値」の要素	属性セレクタ	10	html[lang="en"]
E:root	常に\<html\>	擬似クラス	10	:root
E:nth-child(n)	要素Eの親要素から見て、n番目の要素	擬似クラス	10	tr:nth-child(2n)
E:nth-last-child(n)	要素Eの親要素から見て、最後から数えてn番目の要素	擬似クラス	10	tr:nth-child(1)
E:nth-of-type(n)	要素Eと同じタグ名の兄弟要素で、n番目のもの	擬似クラス	10	tr:nth-of-type(even)
E:nth-last-of-type(n)	要素Eと同じタグ名の兄弟要素で、最後から数えてn番目のもの	擬似クラス	10	tr:nth-of-type(2)
E:first-child	要素Eの親要素から見て、最初の子要素	擬似クラス	10	.container:first-child
E:last-child	要素Eの親要素から見て、最後の子要素	擬似クラス	10	.container:last-child
E:first-of-type	要素Eと同じタグ名の兄弟要素で、最初のもの	擬似クラス	10	li:first-of-type
E:last-of-type	要素Eと同じタグ名の兄弟要素で、最後のもの	擬似クラス	10	li:last-of-type
E:only-child	要素Eの親要素に、要素Eしか含まれていないとき	擬似クラス	10	li:only-child
E:only-of-type	要素Eと同じタグ名の兄弟要素がないとき	擬似クラス	10	li:only-of-type
E:empty	要素Eに子要素が含まれていないとき	擬似クラス	10	div:empty

セレクタ	選択される要素	セレクタの名称	詳細度	使用例
E:link	リンク先のURLが指定されている\<a\>	擬似クラス	10	a:link
E:visited	リンク先が訪問済みの\<a\>	擬似クラス	10	a:visited
E:active	リンクをクリックした状態	擬似クラス	10	a:active
E:hover	要素にホバーしている状態	擬似クラス	10	div:hover
E:focus	要素にフォーカスしている状態(フォーム部品が入力可能な状態)	擬似クラス	10	input:focus
E:target	ページ内リンクのリンク先要素	擬似クラス	10	h2:target
E:lang(言語)	要素Eのlang属性が「言語」になっている要素	擬似クラス	10	html:lang(ja)
E:enabled	要素Eが入力可能な状態	擬似クラス	10	input:enabled
E:disabled	要素Eにdisabled属性がついている要素	擬似クラス	10	input:disabled
E:checked	ラジオボタンまたはチェックボックスで、チェックがついている要素	擬似クラス	10	input[type="radio"]:checked
E:invalid	テキストフィールドなどで、入力された値が正しくない要素	擬似クラス	10	input[type="text"]:invalid
E:valid	テキストフィールドなどで、入力された値が正しい要素	擬似クラス	10	input[type="text"]:valid
E:required	フォーム部品で、required属性(入力必須)がついている要素	擬似クラス	10	input[type="text"]:required
E::first-line	要素Eに含まれるテキストの1行目	擬似要素	1	p::first-line
E::first-letter	要素Eに含まれるテキストの1文字目	擬似要素	1	p::first-letter
E::before	要素Eのコンテンツの前	擬似要素	1	div::before
E::after	要素Eのコンテンツの後	擬似要素	1	div::after
E.クラス名	要素Eで、かつclass属性が「クラス名」	クラスセレクタ	10	.container
E#id名	要素Eで、かつid属性が「id名」	IDセレクタ	100	#email
E:not(s)	要素Eで、かつセレクタsに適合しないもの	擬似クラス	10	div:not(.container)
E F	要素Eの子孫要素F	子孫セレクタ	不定	.info li
E > F	要素Eの子要素F	子セレクタ	不定	.header > h1
E + F	要素Eのすぐ後に続く兄弟要素F	隣接セレクタ	不定	h3 + p
E ~ F	要素Eの弟要素F	兄弟セレクタ	不定	.container ~ .footer

■プロパティ

さまざまなデザイン、レイアウト調整を実現するために、CSSには多数のプロパティが用意されています。そうした数多くのプロパティを機能別に分類すると、おおむね6種類に分けられます。

だいたいの分類が頭に入っていたほうが、これから学習を始める場合にも、使いたい機能を探す場合にも役に立ちます。そこで、ここではそれぞれの機能の概要と、重要なプロパティを挙げておきます。

①フォントやテキストの整列を調整するプロパティ

フォントの種類やサイズを調整したり、テキストの行揃えを切り替えたりする機能です。本書では、おもに3章で取り上げています。

フォントやテキストの整列を調整する代表的なプロパティ
font-family、font-size、text-align

②コンテンツの色やボックスの背景を調整するプロパティ

テキスト色、ボックスの背景色・背景画像、ボックスのボーダー（枠線）などの色を指定するプロパティです。非常によく使われる機能で、どれも重要です。本書では、3章、7章などで取り上げています。

コンテンツの色やボックスの背景を調整する代表的なプロパティ
color、background、border

③ボックスのサイズや周囲のスペースなどを調整するプロパティ

HTMLの要素がブラウザウィンドウに表示されるときの「ボックス」は、幅、高さ、周囲のスペースなどをCSSで調整することができます。本書では、おもに7章以降で取り上げています。

ボックスのサイズや周囲のスペースなどを調整する代表的なプロパティ
width、height、padding、border、margin

④ボックスの配置を制御するプロパティ

ボックスは、後述する「インラインボックス」であれば左から右に、「ブロックボックス」であれば上から下に、ルールに従って配置されます。ただ、この標準的なボックスの配置機能に頼るだけでは、自由にページをレイアウトすることができません。CSSには、より複雑なボックスの配置ができる機能が多数用意されています。本書では、おもに11章以降で取り上げています。

ボックスの配置を制御する代表的な機能
フロート、ポジション、フレックスボックス

⑤HTMLには書かれていないコンテンツを表示するプロパティ

箇条書きの各項目の先頭に「・」を表示したり、番号を表示したり、あるいは要素のコンテンツの前後にテキストを挿入する機能もCSSにはあります。本書では、3章、4章などで取り上げているほか、それ以降のサンプルの多くで

使用しています。

HTMLには書かれていないコンテンツを表示する代表的なプロパティやセレクタ
list-style、content、::before（セレクタ）、::after（セレクタ）

⑥その他

上記の①～⑤で紹介したのは、たくさんあるCSSのプロパティの中でもとくによく使われるものです。しかし、CSSには、それ以外にも数多くのプロパティや機能が用意されています。CSSの上記で紹介した以外のものには、カーソルを変更するcursorプロパティ、要素のコンテンツを変形させるトランスフォームなどの機能があります。また、プロパティではありませんが、現代的なWebデザインに欠かせないメディアクエリという機能もあります。機能によって紹介している章が異なりますが、メディアクエリは14章、トランスフォームは15章で重点的に取り上げています。

その他のプロパティ・機能
cursor、transform、テーブルに適用する各種プロパティ、@media

■プロパティに指定する値

CSSのすべてのプロパティには、値を設定する必要があります。設定すべき値はプロパティによって異なるのですが、値自体はおおむね次の3種類に分けられます。

①サイズ

フォントサイズ、ボックスの幅や高さ、周囲のスペースのサイズなど、CSSでは各種の「サイズ」を指定することがよくあります。この場合、たとえば表示するフォントサイズを16ピクセルにしたいなら、「16px」と、数値に単位をつけて指定します。単位は次節で詳しく取り上げます。

②色

テキスト色や背景色など「色」を指定することもよくあります。色を指定する値の書式は決まっています。詳しくは「043」「044」「045」で紹介しています。

③個々のプロパティに特有の「キーワード」や固有名詞など

サイズや色ではなく、特別に用意された「キーワード」を指定するプロパティもあります。たとえば、ボックスの配置を制御する機能のプロパティには、ほとんどすべてキーワードを指定します。また、フォントの種類を設定するには、font-familyプロパティの値として使用したいフォント名を指定します。

■値の単位

プロパティに値を設定するときに、「単位」が必要な場合があります。とくに、フォントサイズやボックスのサイズなどを調整するプロパティには、数値に単位がついた値を指定します。それ以外にも、時間や角度を指定する単位もあります。

CSSで定義されているおもな単位を次の表にまとめました。この表の中でも、
em、rem、px、％がとくによく使われます。

CSSで定義されているおもな単位

	単位	説明	用途
長さの単位	em	1em = 親要素に設定されている フォントサイズ	フォントサイズ、ボックスの サイズの設定
	rem	1rem = <html>に設定されている フォントサイズ （標準では1rem = 16ピクセル）	フォントサイズの設定
	vw	1vw = ビューポート（→「258」）の 幅の1/100	ボックスのサイズの設定
	vh	1vh = ビューポートの高さの1/100	ボックスのサイズの設定
	vmin	1vmin = ビューポートの幅か高さ、 どちらか短いほうの1/100	ボックスのサイズの設定
	vmax	1vmin = ビューポートの幅か高さ、 どちらか長いほうの1/100	ボックスのサイズの設定
	px	1px = 1ピクセルの大きさ	フォントサイズ、ボックスのサイズの設定
	pt	1pt = 1ポイント（1/72インチ、 約0.035cm）	フォントサイズ、ボックスのサイズの設定、 あまり使われない
	％	基準となる長さや大きさに対する パーセンテージ※	フォントサイズ、ボックスのサイズの設定
角度の単位	deg	1deg = 1°	トランスフォームの設定（→「291」）
	rad	1rad = 1ラジアン	トランスフォームの設定
時間の単位	s	1s = 1秒	トランジション（→「292」）、アニメーション （→「299」）の設定
	ms	1ms = 1000ミリ秒（1/1000秒）	トランジション、アニメーションの設定

※単位％の「基準」となる長さや大きさはプロパティによって異なります。

Column

@ルール

....

CSSのルールの中には、「@」で始まる、セレクタを
使用しないルールがあります。こうしたルールは「@
ルール」と呼ばれ、文字コードセットの指定（→「015」）
やメディアクエリの設定（→「271」）などに使われま
す。

ボックスモデルを利用した CSSの適用

利用シーン **ボックスモデルについて知りたい**

HTMLの要素ひとつひとつは、ブラウザの画面に表示される際に、その要素のコンテンツを表示するために「表示領域」を確保します。それが「ボックス」です。ひとつのボックスには、コンテンツを表示するために確保される「コンテンツ領域」を中心として、その周囲を囲む「パディング領域」「ボーダー領域」「マージン領域」があります。それぞれCSSのプロパティを使って大きさを調整することができます。

■ボックスモデル

CSSのプロパティを使ってボックスの幅や高さを設定できますが、設定できるのはあくまで「コンテンツ領域の幅と高さ」です。その外側にあるパディング、ボーダー、マージンの各領域は、それぞれ専用のプロパティで改めてサイズを指定する必要があります。

それから、ボックスには「インラインボックス」と「ブロックボックス」という、大きく分けて2種類があります。HTMLの各タグは、どちらのボックスで表示するか、あらかじめ決められています（CSSであとから変更することも可能）。

標準のボックスモデル

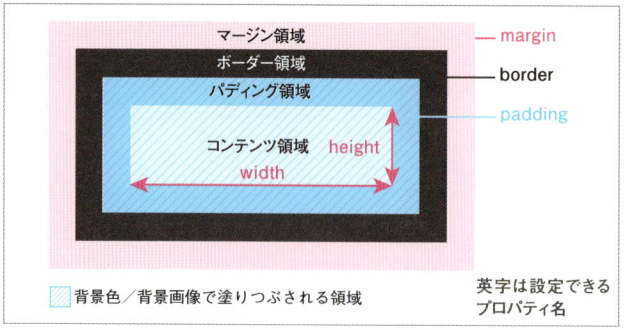

インラインボックス

「インラインボックス」とは、テキストの行に紛れ込むことができるボックスです。インラインボックスのすぐ隣には、テキストや別のインラインボックスが並びま

す。また、場所によってはインラインボックスは途中で改行することもあります。

インラインボックスで表示される要素の例
<span>、<strong>、
、<img>、<input>

インラインボックスには、一部の例外を除き※、コンテンツ領域の幅と高さ、上下マージンを設定することができません。

※<img>、<input>は 幅と高さ、上下マージンとも設定可能です。

インラインボックスの幅・高さ、上下マージンは設定できない

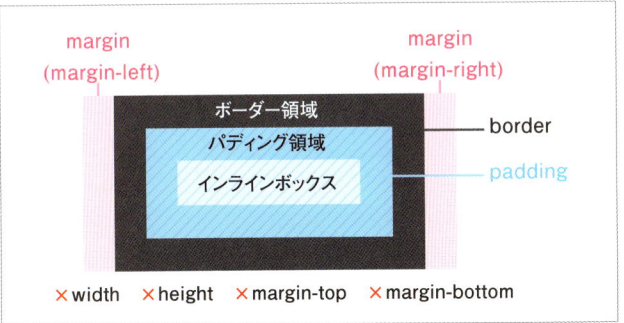

ブロックボックス
ブロックボックスは、CSSで幅を指定しない限り、親要素のコンテンツ領域いっぱいに広がるタイプのボックスです。幅・高さ、パディング、ボーダー、マージン、すべての領域のサイズをCSSで設定することができます。
ブロックボックスで表示される要素の例
<div>、<section>、<header>、<footer>、<p>、<ul>、<li>、<form>

もし仮に、ブロックボックスに幅を指定すると、そのボックスの横に空きスペースができます。しかし、その空きスペースにほかのボックスが配置されることはありません。もしブロックボックスの隣にボックスを配置したいときは、CSSのフロートやフレックスボックスなどの機能を使用します。

■「box-sizing: border-box;」
現代的なWebデザインでは、ページの幅を固定せずに、ウィンドウサイズや画面サイズに合わせて伸縮するように作ることが増えています。こうした、ウィンドウサイズや画面サイズに合わせて伸縮するようにページを作る手法、およびCSSのテクニックのことを「フルーイドデザイン」といいます。

とくにスマートフォン向けのレイアウトでは、ページをフルーイドデザインで作るのが一般的です。また、スマートフォン向けでもパソコン向けでも、どんな端末で表示しても最適のレイアウトで表示する「レスポンシブWebデザイン」を採用する場合も、ページが伸縮するように作成します。

しかし、ページをフルーイドデザインで作成しようとすると、通常のボックスモデルではボックスのサイズが指定しづらかったり、正確な配置ができなかったりすることがあります。

そういうときは、要素のCSSに「box-sizing: border-box;」を指定します。このプロパティと値を設定すると、ボックスモデルが変更されます。通常のボックスモデルであればコンテンツ領域の幅だけを指すwidthプロパティ、heightプロパティの値が、ボーダーとパディングを含めた長さを表すようになります。ボックスを伸縮させるのに絶大な威力を発揮しますので、よく理解して、使い方をマスターするとよいでしょう。具体的な使い方については、12章、13章、14章で詳しく取り上げています。

「box-sizing: border-box;」が設定された要素のボックスモデル

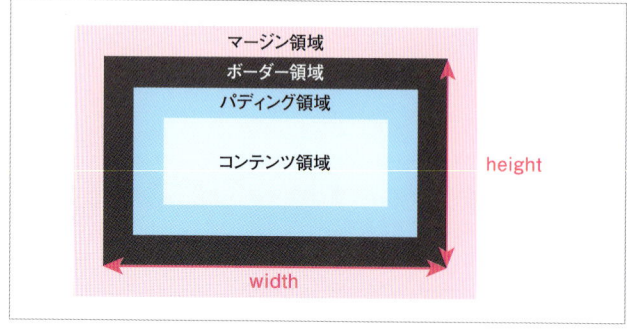

005 CSSが適用される順序

利用シーン
- ●CSSの上書きルールについて知りたい
- ●CSSの詳細度や継承について知りたい

CSSには「一度設定されたプロパティの値が、あとから出てきた、または詳細度の高いプロパティの値にどんどん上書きされる」という特徴があります。このCSSの上書きルールのことを「カスケード」といいます。

ページ数がそれほど多くなくて、レイアウトもシンプルなWebサイトを作っているときは、この上書きルールを詳しく知らなくてもあまり問題はありません。しかし、ページ数が増えてきたり、入り組んだレイアウトに取り組むようになったりすると、多少なりとも知識があったほうが作業がスムーズに運びます。最近はWordPressなどのCMSを使って、テンプレートをカスタマイズしながらWebサイトを構築するケースも多く、そういう場合には「もともとあるCSS」の一部を「新たに作るCSS」で上書きする作業が発生します。そのような作業では、上書きルールを知っていたほうがよいでしょう。

ここでは、実際のWebサイトを構築するうえでとくに注意すべきCSSの上書きルールの原則を説明します。

■ 大まかな上書き法則

基本的に、CSSのプロパティは「強いプロパティが弱いプロパティを上書きする」ようになっています。この「強さ」は、いろいろな要因で決定されます。

・ 一番弱いCSS〜デフォルトCSS〜

HTMLのそれぞれのタグには「デフォルトCSS」と呼ばれる、ブラウザに組み込まれたプリセットのCSSがはじめから適用されています。このデフォルトCSSのおかげで、見出しを意味する<h1>タグに含まれるテキストは、なにもCSSを書かなくても大きなフォントサイズで表示されますし、段落を意味す

制作者のCSSがある場合は、デフォルトCSSは上書きされる

```
デフォルトCSS 弱
h1 {
    display: block;
    font-size: 2em;
    margin: .67em 0;
}
```
`<`
```
制作者が書いたCSS 強
h1 {
    font-size: 1.2em;
    margin: 0;
}
```
`▶`
```
適用されるCSS
h1 {
    display: block;
    font-size: 1.2em;
    margin: 0;
}
```

る<p>タグは、前後に1行分のスペースが空くようになっているのです。
ただし、デフォルトCSSは非常に弱いCSSで、ページの制作者がCSSを
書けば、簡単に上書きすることができます。

・デフォルトCSSより強い「制作者が書いたCSS」
Webページの制作者が書いたCSSは、必ずデフォルトCSSより強くなり
ます。つまり、制作者のCSSは、デフォルトCSSを必ず上書きするのです。
さらに、制作者が書いたCSSの中にも「より強いCSS」と「より弱いCSS」
があり、強いCSSが弱いCSSを上書きします。この強さは、基本的に「セレ
クタの書き方」と「書かれる順序」によって決まります。この、CSSの強さを
決定するのが「詳細度」です。詳細度については、詳しくは次節で取り上げ
ます。

最強の「!important」

CSSのプロパティに、値に加えて「!important」と追加しておくと、そのプロ
パティは「最強」になり、事実上、上書きすることができなくなります。たとえ
ば次の例では、<img class="beacon">という要素の幅を1ピクセルに設
定していて、さらに「!important」を追加しています。こうすることで「幅が1ピ
クセル」という設定が、ほかのスタイルから上書きされないようにしています。
「!important」はあまりに強いCSSを生み出すため、制作の際には特別な
例外を除き、原則として使用しません。

● **書式**　!importantの使用例

```
img.beacon {
    width: 1px !important;
}
```

■詳細度

CSSの強さ・弱さは、使われるセレクタによって決まります。たとえば、次の
図のようなCSSが書かれていたとき、先に出てきたスタイルのほうが強いため
（セレクタの強さが強い）、marginプロパティの値は「0」になります。
スタイルの強さは、そのスタイルに使われている「セレクタ」の点数で決まりま
す。この点数のことを「詳細度」といい、点数が高いスタイルが、低いスタイ
ルを、プロパティごとに上書きします。

詳細度の計算方法

CSSで使うセレクタは、「セレクタ」で紹介した、約40種類のこれ以上分解できないセレクタをいくつか組み合わせて作ります。この、これ以上分解できないセレクタのことを「単純セレクタ」といいますが、この単純セレクタには、それぞれ詳細度の点数がついています（点数は「セレクタ」の表を参照してください）。そして、使用した単純セレクタの点数の合計点が、そのセレクタの「詳細度」になります。上の図の例では、

詳細度が計算されて、最終的に適用されるスタイルが決まる

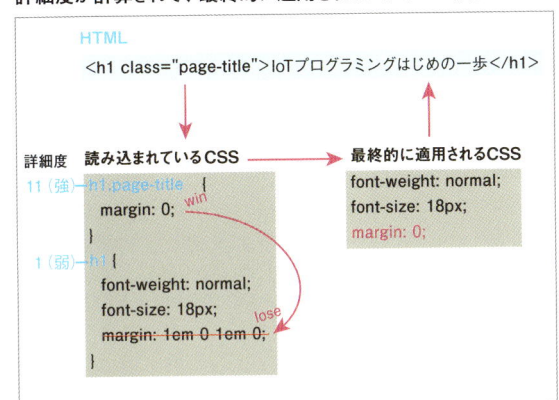

セレクタ「h1.page-title」の点数が11点、「h1」の点数が1点なので、「h1.page-title」に設定されているスタイルが適用される、ということになります※。

※実際には、1点のタイプセレクタを11個使ったセレクタを作っても、10点のクラスセレクタをひとつ使ったセレクタの詳細度を上回ることはありません。というわけで、単純セレクタの点数をただ合計するのは厳密には正しくありません。ですが、タイプセレクタを11個使うセレクタなどまず作らないので、実用上は「単純セレクタの点数を合計する」と考えていて問題にはならないはずです。

単純セレクタの点数は、次のように決まっています。

- 全称セレクタ（*）――0点
- タイプセレクタ、擬似要素――1点
- クラスセレクタ、属性セレクタ、擬似クラス――10点
- idセレクタ――100点
- HTMLのstyle属性――1000点

詳細度の点数の計算例

セレクタ	意味	計算式	詳細度 （合計点）
html *	<html>の子・子孫要素すべてを選択	1 + 0	1
h1	<h1>を選択	1	1
.container	属性「class="container"」がついているタグを選択	10	10

.nav li	属性「class="nav"」がついているタグの 子・子孫要素のうち、\<li\>タグを選択	10 + 1	11
p.lead	属性「class="lead"」がついている \<p\>タグを選択	1 + 10	11
#contact	属性「id="contact"」がついているタグを 選択	100	100
\<p style= "font-size: 10px"\>	style属性がついているタグ	1000	1000

詳細度が同じスタイルがふたつ以上書かれている場合

次の図のように、ひとつのHTML要素に対してふたつ以上のスタイルが適用される場合で、それらの詳細度が同じときは、あとから出てきたスタイルが先に出てきたスタイルを上書きします。

詳細度が同じときは、あとから出てきたスタイルが前のスタイルを上書きする

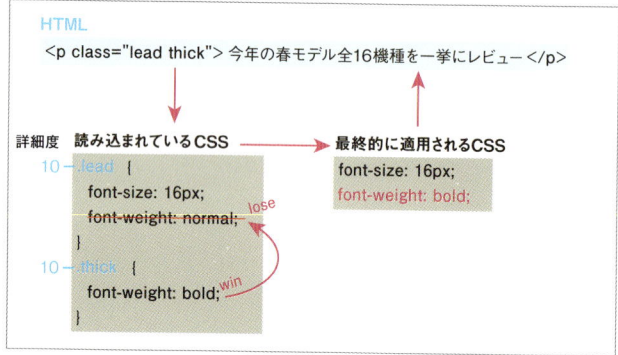

「あれ?スタイルが効かないぞ」と思ったときは詳細度を確認

「正しく書いているはずなのに、スタイルが効いてくれない」という経験は誰しもあると思います。スタイルが効かない理由がわからず、仕方がないので「!important」を使ってしまったこともあるかもしれません。ですが、正しく書いているはずなのにそれでもスタイルが効かない原因は、多くの場合詳細度が関係しています。常に詳細度を計算しながらCSSを書く必要はまったくありませんが、スタイルが効かないときは計算してみるとよいでしょう。

なお、詳細度が原因でスタイルが効かなくなることを防ぐための予防策も紹介しておきます。

使用するセレクタの詳細度を極力低くする

Webサイトを運営していると、ページのコンテンツを追加するだけでなく、CSSも意外と頻繁に更新します。運営時には、新たにスタイルを追加して、すでにあるスタイルを上書きするケースも多いため、メンテナンス性のよいCSSを書くためには、セレクタの詳細度を極力低く保ち、上書きしやすくしておくのが重要なポイントです。そのため、詳細度が極端に高い「idセレクタ」や、タグのstyle属性は原則として使用しないことをおすすめします。また、子孫セレクタを使用する場合は、セレクタの個数が極力少なくなるような書き方をします。たとえば、次のHTMLの<a>にスタイルを適用したい場合、セレクタは「.support li a」でも間違いではありませんが、「.support a」でも問題ありません。そういうときは、詳細度を下げるために、使用する単純セレクタの数をできるだけ少なくするようにします。

子孫セレクタを使う場合は詳細度が低くなるようにするほうがよい

```
HTML
<ul class="support">
 <li><a href="sp.html">製品サポート</a></li>
 <li><a href="dl.html">ダウンロード</a></li>
</ul>

CSS
.support li a { ... }    これでもよいが（詳細度：12）…

.support a { ... }    こちらのほうが詳細度が低くなる（詳細度：11）
```

詳細度の低いスタイルを先に、詳細度の高いスタイルをあとに書く

詳細度の低いセレクタ、たとえばタイプセレクタなどを使うスタイルは、一般にページ全体のフォントサイズやテキスト色などを変えるのに使われます。そうした、詳細度が低く、ページ全体のおおまかなデザインを調整するためのスタイルは、できるだけCSSファイルの前のほうに書きます。

いっぽう、ページの特定の部分にだけ適用されるスタイル——たとえばあるボックスの背景色を変えたり、レイアウトを整え

たりするために作るスタイル——は、一般的に詳細度が比較的高い、クラスセレクタや子孫セレクタなどを使うことになります。そうしたスタイルは、CSSファイルの後ろのほうに書くようにします。

まずはページ全体のデザインをおおまかに整えてから、細かいところを調整して仕上げるように書いていくと、詳細度をあまり気にせず、メンテナンス性の高いCSSを作ることができます。

Chap

1

HTML／CSSの基礎

■ 継承

継承とは、ある要素に設定されたプロパティの値が、その子要素、そのまた子要素にも適用されることをいいます。次の例では、<body>にフォントサイズ14pxを設定しています。フォントサイズを設定する「font-size」プロパティは子要素に継承するため、<p>～</p>に含まれるテキストも、<a>～</a>に含まれるテキストも14ピクセルで表示されます。

継承の例

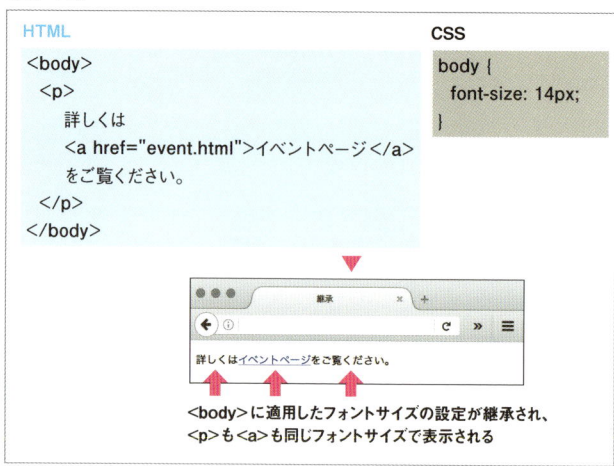

HTML
```
<body>
 <p>
    詳しくは
    <a href="event.html">イベントページ</a>
    をご覧ください。
 </p>
</body>
```

CSS
```
body {
    font-size: 14px;
}
```

詳しくはイベントページをご覧ください。

<body>に適用したフォントサイズの設定が継承され、<p>も<a>も同じフォントサイズで表示される

このように、CSSのプロパティの中には、子要素に継承するものがあります。継承するかどうかはプロパティごとに決められていて、詳しくはネットなどで調べるしかありません。ただ、継承に関してはおおむね直感的な動作をする――フォントファミリーやフォントサイズはわざわざ設定しなくても同じになってほしいし、背景画像が継承するのは困りそう、など――ので、あまり気にする必要はないかもしれません。ちなみに、多くのプロパティの値は継承しませんが、フォントやテキストの調整をするプロパティは継承するようになっています。

継承するかどうかを判断する大まかな基準

- フォント・テキスト関係のプロパティ――フォントファミリー、フォントサイズ、テキストの行揃えなど――は継承する
- 背景色や背景画像の設定は継承しない
- ボックスモデル関係の設定は継承しない
- そのほかの多くのプロパティの値は継承しない

006　ブラウザの開発ツール

ブラウザの開発ツールについて知りたい

すべての主要なブラウザには「開発ツール※」が搭載されています。HTMLやCSSのソースコードを確認するだけでなく、どの要素にどんなCSSが適用されているのかがすぐにわかる、非常に便利なツールです。Webサイトを制作するには必須のツールなので、使い方を簡単に説明しておきます。

※ブラウザによって「デベロッパーツール」「Webインスペクタ」などと呼ばれています。本書ではまとめて「開発ツール」と呼ぶことにします。

■開発ツールの用途

開発ツールは、HTMLやCSSのソースコードの確認や、JavaScriptプログラムのデバッグなどに使えます。Chrome、Firefox、Edge/IE、Safari、どのブラウザを使っていても、Windowsなら F12 キー、macOSなら ⌘ ＋ option ＋ I キーを押すと開きます※。

※Safariは最初に一度だけ環境設定を変更する必要があります。[Safari]メニュー――[環境設定]を選んでダイアログを開き、[詳細]タブにある「メニューバーに"開発"メニューを表示」にチェックをつけます。

開発ツール（Chrome）

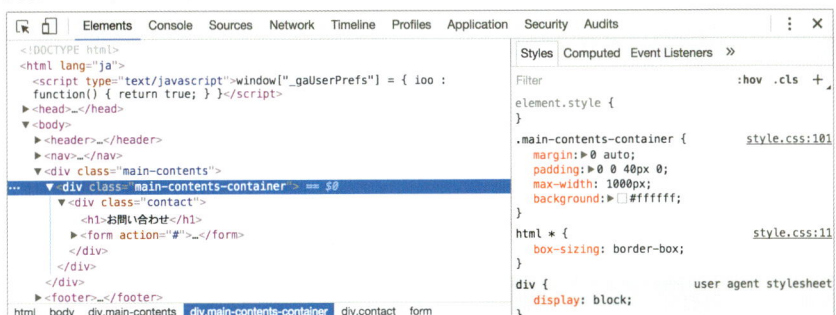

HTMLのソースコードから要素を選ぶと、該当するウィンドウの表示部分がハイライトされます。また逆に、ウィンドウの表示から一部分を選択すると、該当するHTMLのソースコードがハイライトされます。また、選択した要素にどんなCSSが適用されているのかを確認することもできます。

Chap
1

HTML／CSSの基礎

要素を選択して調べる

HTML から表示部分を調べる

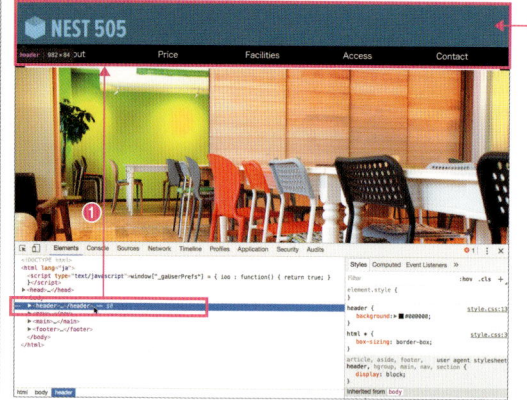

① HTMLの要素をクリックすると
② 該当の部分がハイライトする

表示部分から該当の要素を調べる

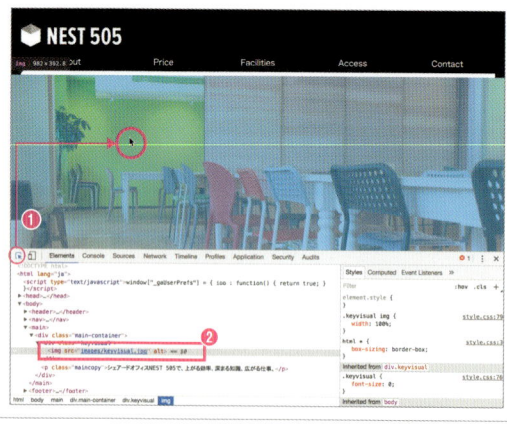

① [要素を選択] ボタン※をクリックして から画面をクリックすると…
② HTMLの要素が選択される

※ [要素を選択] ボタンは、ブラウザに よって多少呼び名が違います。

開発ツールを使えば、公開されているすべてのWebページのHTMLや CSSを見ることができます。制作中のページを確認するだけでなく、「このサイトのこのデザインはどう作っているのだろう?」と思ったときに、すぐに調べてみることができます。

Webデザインの世界では日夜新しいテクニックが生まれています。開発ツールを使いこなして、いろいろなテクニックを発見しましょう。

ページの基本となる
HTML

Chapter

2

007 HTMLの基本マークアップ

利用シーン すべての HTML ドキュメントに必須

要素／プロパティ

HTML
```
<!DOCTYPE html>
```
―― DOCTYPE宣言 ▶▶008

HTML
```
<html>
```
―― HTMLのルート要素 ▶▶009

HTML
```
<head>～</head>
```
―― ブラウザウィンドウには表示されない、HTMLドキュメントのメタデータを書くところ

HTML
```
<body>～</body>
```
―― ブラウザウィンドウに表示される部分のHTMLを書くところ

おもなコンテンツが日本語で、HTML5形式で
Webページを作る際の、標準的なテンプレート
です。どんなページを作る場合にも共通する基礎
部分で、新規にWebページを作る際は、何も考
えずにこのサンプルのソースコードをコピー＆ペー
ストしてかまいません。
なお、HTML5の文字コードはUTF-8が推奨さ
れています。新規にHTMLファイルを作成する
場合は、必ず文字コードがUTF-8になっている
かどうかを確認しましょう。

■HTML　　　　　　　007／index.html
```
<!DOCTYPE html>
<html lang="ja">
<head>
<meta charset="UTF-8">
<title>HTMLの基本マークアップ</title>
</head>
<body>

</body>
</html>
```

▼ ブラウザ表示

<title>タグの内容がブラウザウィンドウのタブに表示される

008

DOCTYPE宣言を
書き換えたい

 **利用シーン** 古くから運営されているWebサイトで、HTML5とは違うDOCTYPE宣言を書く必要があるとき

要素/プロパティ

HTML

`<!DOCTYPE html>` ━━━ DOCTYPE宣言

HTMLドキュメントの1行目には、必ずDOCTYPE宣言を書きます。DOCTYPE宣言とは、そのHTMLがどのバージョンの仕様に準拠して書かれているかを示すものです。これから作成するHTMLには、最新のDOCTYPE宣言である、「`<!DOCTYPE html>`」を書いておけば、まず問題になることはありません。

ただ、古くから運営されている大規模なWebサイトでは、HTMLの書式ルール（規約）が決められていることもあります。そうしたWebサイトのメンテナンスをするときには、HTML5形式以外のDOCTYPE宣言を知っておく必要があるかもしれません。

HTMLドキュメントの1行目を、作成するHTMLのバージョンに応じて次のように書き換えます。

■ HTML

008/doctype.txt

・XHTML1.0 Strictの場合（1行目だけでなく、2行目の`<html>`タグも書き換える）
```
<!DOCTYPE html PUBLIC "-//W3C//DTD XHTML 1.0 Strict//EN" "http://www.w3.org/TR/xhtml1/DTD/xhtml1-strict.dtd">
<html xmlns="http://www.w3.org/1999/xhtml" xml:lang="ja" lang="ja">
```

・XHTML1.0 Transitionalの場合（1行目だけでなく、2行目の`<html>`タグも書き換える）
```
<!DOCTYPE html PUBLIC "-//W3C//DTD XHTML 1.0 Transitional//EN" "http://www.w3.org/TR/xhtml1/DTD/xhtml1-transitional.dtd">
<html xmlns="http://www.w3.org/1999/xhtml" xml:lang="ja" lang="ja">
```

・HTML4.01 Strictの場合
```
<!DOCTYPE HTML PUBLIC "-//W3C//DTD HTML 4.01//EN" "http://www.w3.org/TR/html4/strict.dtd">
```

・HTML4.01 Transitionalの場合
```
<!DOCTYPE HTML PUBLIC "-//W3C//DTD HTML 4.01 Transitional//EN" "http://www.w3.org/TR/html4/loose.dtd">
```

009

ページの主要な言語を
設定したい

利用シーン コンテンツの主要な言語が日本語でないとき

要素／プロパティ

HTML

`<html lang=" 言語 ">`
—— ページの主要な言語

ページの主要な言語が日本語ではないときは、
<html>タグに含まれるlang属性の言語コードを
書き換えます。たとえば主要な言語が英語なら、
次のように<html>タグを書き換えます。

■ **HTML**　　　　　　　　　　　　　　　　　　　　009/index.html

```
<html lang="en">
```

Column

<html>タグのlang属性

<html>タグのlang属性には、そのペー
ジに含まれるコンテンツの主要な言語を
指定します。lang属性があってもなくて
もページの表示そのものには影響しま
せんが、検索エンジンの翻訳機能など
が、lang属性の値を見て、「何語から何
語へ」翻訳するか判断しているようです。
たとえば、日本語のブラウザを使って、
英語で書かれたサイトを見ると、Google
翻訳の「翻訳しますか?」というツール
バーが、ウィンドウの上部に表示されま
す※。翻訳ツールバーが表示されるのは、

見ているページの<html>タグに正しい
lang属性が指定されているからだと考え
られます。
翻訳機能以外にも、アクセス解析の
Google Analyticsなどもデータとして
活用しているようで、<html>のlang属
性は、ページの表示に関係ないからと
いって省略せず、きちんと書いておくほ
うがよいでしょう。

※翻訳ツールバーを表示するには、事前に
Googleアカウントにログインしている必要が
あります。

日本語ブラウザで英語のページを見ると、翻訳ツールバーが表示される

lang属性に指定する「言語コード」

lang属性に指定する「言語コード」とは、世界の言語を
アルファベット2文字の記号で表したもので、ISO639と
いう文書で定義されています。おもな言語コードには次の
ようなものがあります。

おもな言語コード

言語コード	言語
ja	日本語
en	英語
zh	中国語
ko	韓国語
es	スペイン語
de	ドイツ語
fr	フランス語

## 010

ページの文字コードセットを設定したい

利用シーン

HTMLドキュメントの文字コードセットがUTF-8以外のとき

要素/プロパティ

HTML

<meta charset="UTF-8">

━━━ HTMLドキュメントの文字コードセットを設定

HTMLドキュメントの文字コードセットが「UTF-8」以外のときは、<head>～</head>タグにある「<meta charset ="UTF-8">」のcharset属性を、そのドキュメントの文字コードセットに合わせる必要があります。たとえば、HTMLドキュメントの文字コードセットが「Shift JIS」の場合は、以下のように書き換えます。

なお、charset属性に設定する文字コードセットの名称は、HTML5の場合大文字小文字を区別しません。そのため、UTF-8は「utf-8」でもよく、Shift JISの場合は「shift_jis」でも「Shift_JIS」でもかまいません。

■**HTML**   010/index.html

```
<meta charset="shift_jis">
```

知っておこう

HTML5の文字コードセットは原則「UTF-8」

HTML5では、HTMLドキュメントの文字コードセットには原則として「UTF-8」を用いることになっていて、なにか特殊な理由がない限りそれ以外の文字コードセットは使用しません。そのため「<meta charset="UTF-8">」に、UTF-8以外の文字コードセットを指定することはほとんどないでしょうが、念のためUTF-8以外の文字コードセットを指定する方法も知っておきましょう。

HTMLをUTF-8以外の文字コードセットにする場合

<meta>タグの書き方	文字コードセット
<meta charset="shift_jis">	Shift JIS
<meta charset="euc-jp">	EUC-JP

文字コードセットとは

コンピュータに表示されるすべての文字——アルファベット、数字、漢字、かななど——には、1文字1文字に「文字コード」と呼ばれる、ID番号が振られています。「文字コードセット※」とは、すべての文字と、それぞれに割り振られているID番号の対応表のことをいいます。

同じ文字でも、文字コードセットが違えば、ID番号が変わってしまいます。たとえば「あ」という文字は、文字コードセットが「UTF-8」のときID番号は「E38182」ですが、違う文字コードセットである「Shift JIS」では「82A0」です。

HTMLドキュメント自体の文字コードセット（HTMLファイルを新規作成したときに設定している文字コードセット）と、「<meta charset="×××">」で指定している文字コードセットが合っていないと、コンピュータがID番号から正しい文字を探り出せないため、「文字化け」が発生します。文字化けを起こさないために、「<meta charset="××××">」には、正しい文字コードセットを設定しましょう。

※「キャラクターセット」と呼ばれることもあります。

文字化けが発生した状態

011

ページのタイトルを設定したい

利用シーン すべての Web ページで使用

要素/プロパティ

`HTML`

`<title>ページのタイトル</title>`
━━ ページのタイトルを指定する

<title>タグには、ページのタイトルのテキストを含めます。

■HTML

011/index.html

```
<head>
<meta charset="UTF-8">
<title>低価格サービスの登場で導入しやすくなった SSL</title>
</head>
```

Column

<title>タグのテキストは非常に重要

<title>タグのテキストは、ブラウザにはウィンドウかタブに一部が表示されるだけですが、実はとても重要です。なぜなら、検索サイトでそのページがヒットしたとき、検索結果ページの見出しとして表示されるからです。多くのユーザーは検索結果を見てサイトに訪れるため、ページの内容を一言でいい表しているような、的確なタイトルをつける必要があります。

タイトルテキストは、検索結果ページの見出しになる

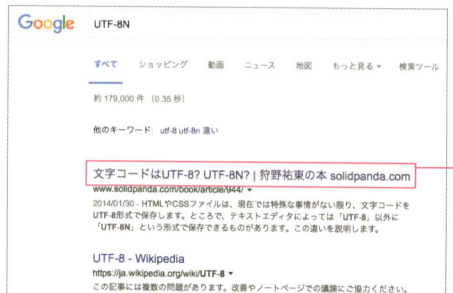

よいタイトル／あまりよくないタイトル

検索結果ページに表示されるときも、ブラウザにページが表示されるときも、長すぎるタイトルテキストは後ろのほうが省略されてしまいます。日本語の場合、おおむね30字～40字程度に収めるのが理想です。また、省略されないように、タイトルの中でもとくに重要な語は、できるだけ前のほうに記すように工夫しましょう。

また、タイトルはページごとに変えて、重複しないようにする必要もあります。同じサイトで複数のページが検索にヒットしたとき、タイトルが同じだと、ユーザーはどのページを見たらよいかわからないからです。

・よいタイトルの例

Webアプリケーションセキュリティ対策セミナーお申し込み | Coders Bar Inc.

――簡潔なタイトルで、会社名やサイト名などが後ろにある（省略されても意味が通じるものは後ろに回す）。

・あまりよくないタイトルの例

間違いだらけの教材選びはもうやめよう! 満足できなかったら100％返金保障! 毎日5分の英会話教材

――検索結果ページではおそらく「返金保障」のあたりで省略されるので、何のページかわからない。誇大広告的な点もよくない

012 ページの概要を記述したい

利用シーン

必須ではないが、すべてのページに記載することを推奨

要素／プロパティ

HTML

`<meta name="description" content="ページの概要">` ━━ ページの概要を記す

「`<meta name="description">`」は、ページの概要を記すためのタグです。content属性の値に、ページの概要を記します。

■ HTML

012/index.html

```
<head>
<meta charset="UTF-8">
<meta name="description" content="Webサイト全体のSSL化が普及し始めています。
SSLってなに?という基礎的なトピックから、サイト全体のSSL化まで、丸ごと説明します。">
<title>低価格サービスの登場で導入しやすくなったSSL</title>
</head>
```

Column

概要は検索結果に表示される

「ページの概要」は、ブラウザでそのページを表示したときにはどこにも表示されません。しかし検索サイトの検索結果ページには表示されます。そのため、より多くのユーザーにページを見に来てもらうためには、`<title>`タグでマークアップするタイトルテキスト（→「011」）と並び、非常に重要なテキストといえます。

なお、ページの概要の文字数は、日本語では80文字程度を目安にするとよいでしょう。それ以上長いと省略されてしまう可能性があります。

概要は検索結果ページのこの部分に表示される

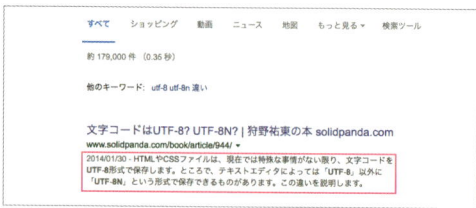

013 ページのキーワードを設定したい

利用シーン 使用しても意味がない。使用しない

要素/プロパティ

`HTML`

`<meta name="keywords" content="キーワード1,キーワード2,キーワード3">`
──── ページのキーワードを、カンマで区切って並べる

「`<meta name="keywords">`」は、ページの内容を表す、キーワードを記すためのタグで、content属性に、カンマで区切って複数のキーワードを指定します。もともとは、検索サイトが検索の精度を向上させるためにページのキーワードを使用していたようですが、悪用されるケースが後を絶たなかったため、現在はほぼまったく使われていません。
ページに`<meta name="keywords">`が含まれているからといって悪影響があるわけではありませんが、使用する必要はありません。

■HTML　　　　　　　　　　　　　　　　　　　　013/index.html

```
<head>
<meta charset="UTF-8">
<meta name="description" content="Webサイト全体のSSL化が普及し始めています。SSLってなに?という基礎的なトピックから、サイト全体のSSL化まで、丸ごと説明します。">
<meta name="keywords" content="SSL,https,let's encrypt">
<title>低価格サービスの登場で導入しやすくなったSSL</title>
</head>
```

014

CSSファイルを読み込みたい

利用シーン

ほとんどのWebサイトでは、HTMLとは別にCSSファイルを作成する

要素 / プロパティ

`HTML`

```html
<link rel="stylesheet" href="CSSファイルへのパス">
```
────CSSファイルを読み込む

HTMLドキュメントにCSSファイルを読み込むには、<head>～</head>の中に「<link rel= "stylesheet" href="パス">」を記述します。href属性には、読み込むCSSファイルのパスを記述します。

Webサイトを制作するときは、原則としてHTMLファイルとは別に、CSSファイルを作成し、そこにすべてのCSSを記述します。HTMLファイルとCSSファイルを別々にすることで、多数のHTMLファイルから1枚のCSSファイルを読み込むことができて、効率がよいからです。また、HTMLとCSSを分離できるので、ソースコードの管理がしやすいというメリットもあります。

■ **HTML**　　　　　　　　　　014/index.html

```html
<!DOCTYPE html>
<html lang="ja">
<head>
<meta charset="UTF-8">
<title>CSSファイルを読み込みたい</title>
<link rel="stylesheet" href="css/style.css">
</head>
<body>
    <p>新製品発表会のお知らせ</p>
</body>
</html>
```

■ **CSS**　　　　　　　　　014/css/style.css

```css
@charset "UTF-8";
p {
    color: #0033ff;
}
```

▼ ブラウザ表示

```
● ● ●        CSSファイルを読み込みたい    ×   ＋
←  ⓘ

新製品発表会のお知らせ
```

テキストの色を変えるCSSを適用した

015

CSSファイルの文字コードセットを指定したい

利用シーン すべてのCSSファイルに必要

要素/プロパティ

@ルール

@charset "文字コードセット";

—— CSSファイルの文字コードセットを指定する

「014」でも紹介した通り、Webサイトで使うCSSのほとんどは、HTMLファイルとは別に作成したCSSファイルに記述します。HTMLファイルと同様CSSファイルも、とくに理由がない限り文字コードセットは「UTF-8」で作成します。

「@charset "UTF-8";」は、CSSファイルの文字コードセットを指定するために、必ずCSSファイルの1行目に記述します。CSSファイルの文字コードセットを指定しておかないと、コメント文に日本語が含まれているときや、一部の日本語が使えるCSSプロパティ(→「060」)が正常に動作しない場合があります。

■ **CSS**　　　　015/css/style.css

```css
@charset "UTF-8";
p {
    color: #0033ff;
}
```

Column

CSSファイルをUTF-8以外で作成するときは

CSSファイルをUTF-8以外の文字コードセットで作成することはまずありませんが、Shift JISなどほかの文字コードセットを使用する場合には、「@charset」を次のように記述します。

CSSをUTF-8以外の文字コードセットにする場合

<meta>タグの書き方	文字コードセット
@charset "shift_jis";	Shift JIS
@charset "euc-jp";	EUC-JP

016 CSSをHTMLに直接書きたい

利用シーン
ごく短い、Webサイトのほかのページでは使われない
CSSを追加したいとき

要素/プロパティ

HTML

`<style>～</style>`

HTMLドキュメントに直接CSSを記述したいとき、`<style>～</style>`の中にCSSを記述する

`<style>`タグを使って、HTMLドキュメント内にCSSを追加することができます。適用したいCSSは、`<style>～</style>`の中に記述します。
`<style>`タグは、必ず`<head>～</head>`の中に記述します。

■ **HTML**   016/index.html

```html
<head>
<meta charset="UTF-8">
<title>CSSをHTMLに直接書きたい</title>
<link rel="stylesheet" href="css/style.css">
<style>
.notice {
    color: #ff0000;
    font-weight: bold;
}
</style>
</head>
<body>
<p>10月15日に初級編WordPressテーマカスタマイズの勉強会を開催します。<span class="notice">早割実施中!</span></p>
</body>
```

▼ ブラウザ表示

10月15日に初級編WordPressテーマカスタマイズの勉強会を開催します。**早割実施中！**

Column

外部CSSファイルとHTMLに直接書くCSSは併用できる

このサンプルでは、<style>タグを使ってHTMLに直接CSSを記述すると同時に、<link>タグでcssフォルダのstyle.cssファイルも読み込んでいます。外部ファイルであるstyle.cssと、HTMLに直接書いたCSSは併用できるのです。

「014」でも紹介しましたが、HTMLとCSSは原則として別々のファイルに記述します。しかし、次のような場合には、<style>タグを使ってHTMLドキュメントにCSSを直接記述することもあります。

- 記述するCSSが短い場合
- ほかのページでは使わず、1ページにだけ必要なCSSを追加する場合
- 1ページごとに別の会社やWebデザイナーが作成する、ショッピングモール系のサイトのデザインをする場合

ただ、あまり<style>タグを多用すると、どこに書いたCSSが適用されているのかわかりづらくなってしまいます。使いすぎには注意が必要です。

017 CSSをタグに直接書きたい

利用シーン **特殊なプロジェクトでない限り使わない**

要素/プロパティ

HTML

`<a style="適用したいCSSプロパティ">`
—— style属性の値に適用したいCSSプロパ
ティを記述する

style属性は、タグに直接CSSを記述したいときに使います。style属性はどんなタグにも追加できます。style属性の値に、適用したいCSSのプロパティを書きます。適用したいプロパティが複数あるときには、改行せずに「;」のすぐ後ろに続けて記述します。サンプルでは<a>タグに「color」プロパティと「font-weight」プロパティのふたつを適用しています。

■HTML
017/index.html

```
<p>『<a href="#" style="color:#0033ff;font-weight:bold;">Webサービス開発のための
HTML5/CSS3</a>』を購入する</p>
```

▼ ブラウザ表示

<a>〜</a>に囲まれたテキスト
の色が変わり、太字になっている

Colum**n**

style属性は使わない

style属性は一見便利そうですが、どこにCSSを書いたのかがわかりづらくなるだけでなく、適用したCSSの詳細度が非常に高くなってしまって、あとから上書きすることができないようになります。Webサイトの運営やソースコードの管理に支障をきたすので、通常のWebサイト構築では絶対に使用してはいけません。
ただし、Webサイトの構築ではなく、Web

サービスの開発・運営をしている場合で、そのサービスからほかのWebサイトへのコンテンツの埋め込みや共有を許可するHTMLには、確実にスタイルを適用することや上書きされないことを目的として、style属性を使用することがあります。そのため、Webサービスの開発・運営を手がけている方は使用することがあるかもしれません。

018

JavaScriptファイルを読み込みたい

利用シーン

HTMLに外部JavaScriptファイルを読み込む必要があるとき

要素/プロパティ

HTML

<script src="JavaScriptファイルのパス"></script>
―――― パスに指定されたJavaScriptファイルを読み込む

JavaScriptファイルを読み込むには「<script src="js/script.js"></script>」を記述します。src属性には、JavaScriptファイルのパスを記述します。注意しなければならないのは、</script>終了タグを省略してはいけないということです。終了タグを省略すると正常に動作しないブラウザがあります。

■ **HTML**　　　　　　　　　　　　　　　　　018/index.html

```
<!DOCTYPE html>
<html lang="ja">
<head>
<meta charset="UTF-8">
<title>JavaScriptファイルを読み込みたい</title>
</head>
<body>
<div>
    <p>パスワードを忘れた方</p>
    <button id="btn01">パスワードをリセット</button>
</div>
<script src="js/script.js"></script>
</body>
</html>
```

Chap

2

ページの基本となるHTML

▼ ブラウザ表示

ボタンをクリックするとダイアログが表示される

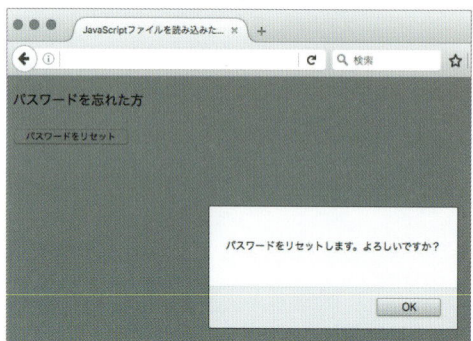

知っておこう

type属性は不要

HTML5（HTML5.1を含む）では、<script>タグをはじめ、<style>タグ（→「016」）や<link>タグ（→「014」）に、type属性を含める必要がなくなりました。
このtype属性は、読み込むファイルやプログラムの種類を示す「MIMEタイプ」を指定するもので、HTML5より前のバージョンでは必須でした。

● 書式　<script>タグにtype属性を追加する例（HTML5では不要）

```
<script src="js/script.js" type="application/javascript">
```

Column

JavaScriptファイルを読み込むには

<script>タグを記述する場所ですが、<head>～</head>の中に書く場合と、</body>タグのすぐ上に書く場合の、2通りがあります。

● **書式**　<script></script>を<head>～</head>の中に書く例

```
<head>
<meta charset="UTF-8">
<title>JavaScriptファイルを読み込みたい</title>
<link rel="stylesheet" href="css/style.css">
<script src="js/script.js"></script>
</head>
```

<head>～</head>の中に<script>タグを含める場合は、必ずCSSを読み込む<link>タグのあとに記述します。なぜかといえば、CSSを先に読み込ませたほうが、ページが表示されるまでの速度が短くなり、ユーザーを待たせずにすむからです。
いっぽう、</body>タグのすぐ上に書く場合はサンプルで紹介した通りです。

● **書式**　<script></script>を</body>終了タグのすぐ上に書く例

```
中略
<script src="js/script.js"></script>
</body>
</html>
```

<script>タグを</body>終了タグのすぐ上に書いておくと、ページが表示されるまでの時間がさらに短くなります。そのため、<script>タグは可能な限り</body>終了タグのすぐ上に書きます。
ただし、JavaScriptの処理内容によっては、まれに<head>～</head>の中に書いておかないと正しく動作しないことがあります。どのようなときに<head>～</head>の中に書いておかないといけないかは、ブラウザがHTML/CSS/JavaScriptを処理する仕組みや、JavaScriptプログラム自身を理解していないと判断が難しいので、まずは</body>終了タグの上に<script>タグを書き、動かなかったら<head>～</head>の中に移動してみることをおすすめします。

019

JavaScriptをHTMLに直接書きたい

HTMLに直接JavaScriptファイルを記述する必要があるとき

要素/プロパティ

HTML

`<script>JavaScriptプログラム</script>`

── `<script>`〜`</script>`の中に書かれたJavaScriptプログラムが実行される

JavaScriptは、外部ファイルを読み込むときも、HTMLに直接書くときも、同じ`<script>`タグを使います。JavaScriptプログラムは外部ファイルを用意することも、HTMLに直接書くことも、どちらもよくおこなわれます。

■HTML

019/index.html

```html
<body>
<div>
    <p>パスワードを忘れた方</p>
    <button id="btn01">パスワードをリセット</button>
</div>

<script>
(function(){
    document.getElementById('btn01').addEventListener('click', function(e){
        window.alert('パスワードをリセットします。よろしいですか? ')
    })
})();
</script>
</body>
```

▼ ブラウザ表示

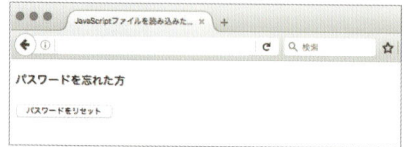

ボタンをクリックするとダイアログが表示される。
動作自体は「018」と同じ

020 JavaScriptが動作しないときのコンテンツを記述したい

 **利用シーン** JavaScriptが動作しないブラウザに、代わりになるコンテンツをどうしても表示する必要があるとき

要素/プロパティ

HTML

<noscript>表示するコンテンツ（HTML）</noscript>
── JavaScriptが動作しないブラウザが表示するコンテンツを記述

JavaScriptが動作しないブラウザからアクセスされたときに、JavaScriptが動作しなくても不都合がないように代わりのコンテンツを表示するには、<noscript>タグを使用します。サンプルは「019」をベースに、JavaScriptが動作しないときは別のコンテンツを表示するようなHTMLとCSSを追加しています。

JavaScriptを使用するすべてのWebページに<noscript>タグを含める必要はありません。最近のブラウザはJavaScriptの動作をオフにする方法が非常に難しくなっていることもあり、JavaScriptが機能しないブラウザを使用しているユーザーはほとんどいないと考えられます。そのため、代わりのコンテンツを用意するだけの労力に見合うことは少ないからです。

■**HTML**   020/index.html

```html
<body>
<div class="forget-password">
    <p>パスワードを忘れた方</p>
    <button id="btn01">パスワードをリセット</button>
</div>
<noscript>
    <style>
        .forget-password {
                display: none;
        }
    </style>
    <div>
        パスワードを忘れた方は<a href="#">こちらのページでパスワードをリセット</a>して
ください。
    </div>
```

## 020

JavaScriptが動作しないときのコンテンツを記述したい

```
</noscript>

<script>
(function(){
    document.getElementById('btn01').addEventListener('click', function(e){
        window.alert(' パスワードをリセットします。よろしいですか？ ')
    })
})();
</script>
</body>
```

▼ ブラウザ表示

パスワードを忘れた方

パスワードをリセット

パスワードを忘れた方はこちらのページでパスワードをリセットしてください。

JavaScriptが動作するブラウザで表示したとき（上）と、動作しないブラウザで表示したとき（下）

021 HTMLにコメントを残したい

要素/プロパティ

HTML

`<!-- コメント -->` ——— コメントタグ

HTMLドキュメントにブラウザ画面には表示されない情報を残しておくには、コメントタグを使用します。サンプルで紹介したのは、コメントのよくある使い方の例のひとつです。開始タグと終了タグの関係が一目でわかるようにするために、終了タグのすぐ後ろにコメントを残しています。

また、Webページの制作中に、一部の要素を一時的に非表示にしたいことがあります。その場合には、表示したくない要素の前後を「`<!--`」と「`-->`」で囲みます。このように、コメントタグを使って一部のHTMLを表示しない（動作させない）ようにすることを「コメントアウト」といいます。

■HTML 　　　　　　　　021/index.html

```
<body>
<div class="news">
    <h1>お知らせ</h1>
    <ul>
        <!-- お知らせがあるときはここを
更新 -->
        <li>本社オフィスを移転します
(11月16日)</li>
        <li>見守りアプリ「MIMAMOr」
をリリースしました(11月11日)</li>
    </ul>
</div>
```

●書式 　コメントアウトの例。コメントアウトされたHTMLは表示されない

```
<h1>お知らせ</h1>
<!--
<ul>
    <li>本社オフィスを移転します(11月
16日)</li>
    <li>見守りアプリ「MIMAMOr」をリリー
スしました(11月11日)</li>
</ul>
 -->
```

▼ ブラウザ表示

お知らせ

- 本社オフィスを移転します（11月16日）
- 見守りアプリ「MIMAMOr」をリリースしました（11月11日）

コメントはブラウザの画面には表示されない

022 CSSにコメントを残したい

利用シーン CSS内にコメントを残したいとき

要素/プロパティ

CSSその他

/* コメント */ —— CSSに残すコメント

CSSのソースにコメントを残すには、「/* コメント */」を記述します。HTMLのコメントタグ同様、ブラウザの画面には表示されず、またスタイルにも影響しません。HTML以上に、CSSのソースコードをコメントアウトすることがよくあります。CSSをコメントアウトすると、HTMLにスタイルが適用されなくなります。

●**書式** CSSのコメントアウトの例

```
/*
.important {
    color: #0033ff;
}
*/
```

■**HTML** 022/index.html

```
<style>
/* とくに重要なお知らせにはimportantクラスを追加する */
.important {
    color: #0033ff;
}
</style>
</head>
<body>
<div class="news">
    <h1>お知らせ</h1>
    <ul>
        <li class="important">本社オフィスを移転します（11月16日）</li>
        <li>見守りアプリ「MIMAMOr」をリリースしました（11月11日）</li>
    </ul>
</div><!-- ./news -->
</body>
```

Column

CSSのコメントは入れ子にできない

CSSのコメントは入れ子、つまりコメントの中にコメントがある状態にすることができません。CSS全体が正しく動作しなくなるので注意が必要です。

テキストの整形と
デザインテクニック

Chapter

3

023 段落をマークアップしたい

 **利用シーン** テキストの段落をマークアップする。
ページの中心となるコンテンツでよく使われるが、
レイアウトにはあまり使われない

要素／プロパティ

HTML

```
<p>テキスト</p>
```
━━ テキストの一段落分（行頭から改行するまで）

<p>は、文章の段落をマークアップするためのタグです。タグの中でももっともよく使われるもののひとつです。基本的には、段落の始まりから改行するまでを<p>〜</p>で囲みます。テキストを改行するのに、強制改行の
タグ（→「025」）は原則として使用しません。もし、段落の前後に空くスペースをなくしたいのであれば、
を使うのではなく<p>のCSSで調整します。詳しくは「056」で取り上げています。

<p>〜</p>の中には、テキストのほか、このサンプルでも使用している<strong>など、テキストを修飾するタイプのタグ（フレージング要素）が使えます。逆に、<div>や<ul>など、フレージング要素以外のタグは使用できません。

■HTML

023/index.html

```
<body>
<p>山の上洋菓子店は、100年の歴史を経て山の上の地で愛されてきた洋菓子店です。</p>
<p>創業者の粉山太郎を、<strong>「お菓子は幸せを生む」</strong>をモットーに、西洋の製法を取り入れながら、日本人に合ったアレンジを加え日本の洋菓子文化を支えてきました。</p>
<p>飽きのこないベーシックな味わいのケーキや焼き菓子は地域で親しまれ、三世代で通うお客様も少なくありません。家庭の「特別な日」に華やかさを添え、食べる人を晴れやかな気持ちにする洋菓子をお楽しみください。</p>
</body>
```

▼ ブラウザ表示

○ auberge

山の上洋菓子店は、100年の歴史を経て山の上の地で愛されてきた洋菓子店です。

創業者の粉山太郎は、**「お菓子は幸せを生む」**をモットーに、西洋の製法を取り入れながら、日本人に合ったアレンジを加え日本の洋菓子文化を支えてきました。

飽きのこないベーシックな味わいのケーキや焼き菓子は地域で親しまれ、三世代で通うお客様も少なくありません。家庭の「特別な日」に華やかさを添え、食べる人を晴れやかな気持ちにする洋菓子をお楽しみください。

©auberge

.... **Column**

フレージング要素とは

....

HTMLのタグのうち、<body>～</body>の中に書けるものは、テキストを修飾する「フレージング要素」と、それ以外の要素の大きくふたつに分けられます。
テキストを修飾するフレージング要素には、「重要」を意味する<strong>タグや、単に太字にする<b>タグなど何種類かあります。また、リンクの<a>タグ、画像を挿入する<img>タグなども、フレージング要素の一種に分類されています。フレージング要素については、「025」「026」「027」などで紹介していますので、そちらも参照してください。

> **フレージング要素の例**
> <strong>、<b>、<i>、<span>、<mark>、<img>、<input>、
> <textarea>、<label> など

> **フレージング要素以外の要素の例**
> <p>、<h1>、<div>、<ul>、<ol>、<li>、<table>、<tr>、<td>、<form>、
> <section>、<article> など

024　見出しを表示したい

利用シーン　コンテンツに見出しをつけたいとき。記事の見出しや小見出し、Webサイトのロゴなどを表示するのに使われ、利用範囲は広い

要素/プロパティ

HTML

`<h1>見出しテキスト</h1>`

見出しのテキスト。ほかに`<h2>`、`<h3>`、`<h4>`、`<h5>`、`<h6>`の6段階がある

見出しタグには、`<h1>`〜`<h6>`まで6種類あります。一番重要な見出しは`<h1>`で、数字が大きくなるほど重要度が下がると同時に、ブラウザで表示するとだんだんサイズが小さくなります。

見出しは記事のタイトルだけでなく、ページのヘッダーのロゴ、サイドバーの各グループを区別するためのテキストなどにも使われる、重要タグのひとつです。とくに`<h1>`のテキスト（つまりページ内で一番重要な見出し）は、検索サイトが重視するといわれています。`<h1>`のテキストには、そのページの概要が一言でわかる、適切な見出しをつけましょう。

■HTML　　024/index.html

```
<body>
<h1>当店のおすすめ</h1>
<p>当店おすすめをご紹介します。</p>
<h2>ケーキ</h2>
<p>ふわふわのスポンジと、さっぱりとした生クリームたっぷりのショートケーキが人気です。</p>
<h2>プリン</h2>
<p>厳選された卵を使った弾力のある焼きプリンに絶妙なほろにがさのカラメルが評判です。</p>
<h2>焼き菓子</h2>
<p>繰り返し食べたくなる、ベーシックな味を守っています。</p>
<h3>［パウンドケーキ］</h3>
<p>洋酒漬けのドライフルーツがぎっしり詰まったパウンドケーキは創業時からの定番です。</p>
<h3>［クッキー］</h3>
<p>伝統的なデザインの缶に詰まったハードタイプのクッキーは、ギフト人気No.1です。</p>
</body>
```

▼ ブラウザ表示

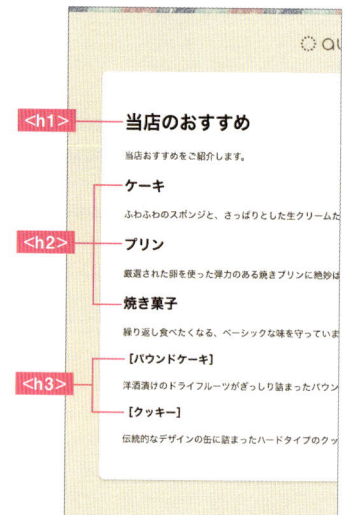

025 段落内で改行したい

利用シーン　同じ段落内で改行したいとき

要素 / プロパティ

HTML

`<br>` ——— 改行

原則として、段落の区切りでテキストを改行するのに、`<br>`タグは使いません（→「023」）。しかし、意味のまとまりとしてはひとつ（＝一段落）だけれども、途中で改行したほうがわかりやすい場合は、改行したいところに`<br>`を挿入します。また、見出しにサブタイトルをつけるようなときも、`<br>`タグを使って改行してよいでしょう。

● 書式　　見出しにサブタイトルをつける例

```
<h1>
新型ウェアラブルビデオカメラ誕生！<br>
<span class="subtitle">スタビライザー付
きクリップオンカメラで映像は新たなステージ
へ</span>
</h1>
```

■ HTML　　　　　025/index.html

```
<h4>アクセス</h4>
<div><img src="images/map.png"
alt=""></div>
<p>
みどり駅を出たら大通りを右方向に直進
し、<br>
突き当たりを左折します。<br>
30秒ほど歩いた5階建ての白いビルで
す。
</p>
```

▼ ブラウザ表示

026 テキストの一部を強調したい

利用シーン テキストの見せ方を変えて、一部を強調したいとき

要素 / プロパティ

HTML

<strong>重要なテキスト</strong>
━━「重要」を意味するタグ。デフォルトCSS（ ▶▶005 ）ではテキストが太字で表示される

HTML

<em>テキスト</em>
━━「強調」を意味するタグ。デフォルトCSSではテキストが斜体で表示される

サンプルで使用した<strong>や<em>は、テキストを部分的に修飾するために使われるタグです。
<strong>は「重要」を意味するタグで、CSSを使って表示を調整しない限りは、テキストが太字で表示されます。テキストを修飾するタイプのタグは何種類か定義されていますが、その中では<strong>がもっともよく使われています。
<em>は「強調」を意味するタグで、CSSを使わなければ斜体（イタリック）で表示されます。日本語には斜めに傾いたイタリック書体がなく、<em>を使ってマークアップすることはあまり多くありませんが、もし使うのであればサンプルで紹介したようなCSSを適用して、太字に変更して使用します。

CSSを適用しなければ、<em>の部分はテキストが斜めに傾いて表示される

Raspberry PiとArduinoを使ったIoT講習会（入門編）を開催します。*申し込みは2月10日まで!*

宿泊コースあり：講習お申し込みと同時なら、LEDホテルが20%引で泊まれます。

HTML5の仕様では、<strong>は重要、<em>は強調という意味づけがされてはいますが、その差はあいまいです。あまり使い分けることを意識する必要はありません。

■HTML

026／index.html

```
<style>
em {
    font-weight: bold;
    font-style: normal;
}
</style>
</head>
<body>
```

中略

```
<p>Raspberry PiとArduinoを使ったIoT講習会（入門編）を開催します。<em>申し込みは2月
10日まで</em>！</p>
<p><strong>宿泊コースあり：</strong>講習お申し込みと同時なら、LEDホテルが20％引で泊
まれます。</p>
```

中略

```
</body>
```

▼ ブラウザ表示

Raspberry PiとArduinoを使ったIoT講習会（入門編）を開催します。**申し込みは2月10日まで！**

 宿泊コースあり：講習お申し込みと同時なら、LEDホテルが20％引で泊まれます。

©HIRAGAR

027

テキストの一部を太字にしたい

利用シーン 注目してほしい場所のテキストを太字にするなどして目立たせたいとき

要素/プロパティ

HTML

```
<b>太字にするテキスト</b>
```
—— テキストを太字にする

HTML

```
<i>斜体にするテキスト</i>
```
—— テキストを斜体にする

HTML

```
<u>下線を引きたいテキスト</u>
```
—— テキストに下線を引く

本来、HTMLのタグは「コンテンツに意味づけする」ことを目的として使われます。その意味の内容は「段落」だったり「見出し」だったり、「強調」だったりするわけですが、とくに意味を持たず、ただテキストを装飾して、見た目を変えたいときがあります。<b>、<i>、<u>は、特別な意味を持たない、装飾だけが目的のタグです。

■HTML

027/index.html

```
<body>
<ul>
    <li><b>会場：</b>東京ものづくりスタートアップセンター</li>
    <li><b>日時：</b>2017年4月10日</li>
    <li><b>参加資格：</b>これから創業を考えている方、創業5年以内の企業</li>
</ul>
</body>
```

▼ ブラウザ表示

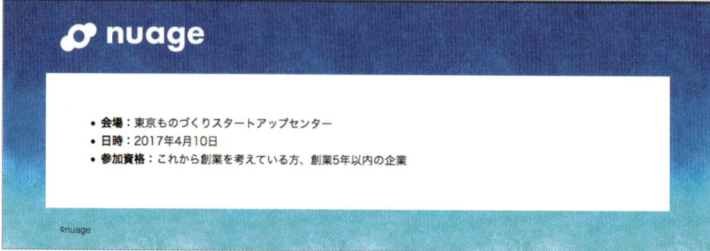

テキストを装飾するためだけにあるタグ

\<b\>タグ以外の、\<i\>タグ、\<u\>タグを使ったサンプルも紹介しておきます。サンプルファイルは「027/b-i-u.html」です。

\<b\>タグだけでなく、\<i\>タグや\<u\>タグも使った表示例

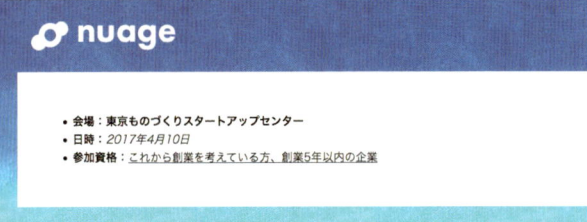

ただし、\<i\>タグ、\<u\>タグは原則として使いません。
テキストを斜体にする\<i\>は、そもそも日本語を斜体にする習慣がないのと、FontAwesome（→「187」）など特殊なフォントを使用するときにも\<i\>タグを用いることから、使用頻度は高くありません。
また、\<u\>も、テキストに下線を引いてしまうとリンクに見えて紛らわしいので、何か特殊な事情がない限り使用しません。

装飾のためのタグ

タグ	使用例	用途
\<b\>	\<b\>\</b\>	見た目の強弱をつけるために太字にしたいとき
\<i\>	\<i\>\</i\>	原則として使用しない
\<u\>	\<u\>\</u\>	原則として使用しない

プログラムの
ソースコードを表示したい

利用シーン

記事などコンテンツの一部に
プログラムのソースコードを表示するとき

要素/プロパティ

HTML

`<pre>テキスト</pre>`
—— 整形済みのテキストを表示する

HTML

エンティティ（実体参照）
—— HTMLで使用できない文字や記号など
を表示するために、代わりにキーワード
や数値を用いて記述する方法 ▶▶042

`<pre>`タグは、「整形済みテキスト」を表示します。企業サイトやECサイトなど、通常のWebサイトで`<pre>`タグを使うことはほとんどないですが、ブログ記事や技術系ニュースサイトの記事を書くときには知っておいたほうがよいでしょう。

`<pre>`～`</pre>`の中に含まれるテキストは、改行、タブなどを、入力されたそのままのかたちで表示します。おもにプログラムのソースコードや、メールのテキストの引用などに使われます。

しかし、いくら「入力されたそのままのかたちで表示される」とはいえ、HTMLで使用できない「<」や「>」などの文字は、`<pre>`～`</pre>`の中であっても表示されません。そうした文字を表示したいときは「エンティティ（実体参照）」に置き換える必要があります。実体参照については、詳しくは「042」で取り上げています。

■HTML　　　　028/index.html

```
<body>
<p>斜体で表示されるem要素のスタイルを
変更するには</p>
<pre>
&lt;style&gt;
em {
  font-weight: bold;
  font-style: normal;
}
&lt;/style&gt;
</pre>
</body>
```

▼ブラウザ表示

HIRAGAR

斜体で表示されるem要素のスタイルを変更するには

```
<style>
em {
  font-weight: bold;
  font-style: normal;
}
</style>
```

HIRAGAR

029 連絡先を表示したい

 利用シーン

ページの記事またはページ全体（サイト全体）の連絡先を記載するとき

要素/プロパティ

HTML

`<address>連絡先</address>`

―― 連絡先を表示する

記事コンテンツ、またはページ全体の連絡先を記載するには、<address>タグを使用します。<address>～</adress>の中には、住所、地図、電話番号、メールアドレスなど、連絡先の情報ををを含めておきます。

<address>は、書く位置によって、何の連絡先かが変わります。<address>が、「記事」を意味する<article>～</article>の中に書かれている場合は、「その記事の作者」の連絡先を指すことになります。

<body>や<footer>など、<article>以外のタグの中に書かれている場合は、ページ全体の連絡先、つまりそのサイトを運営する企業やグループなどを指すことになります。

■ HTML　　　　　　　　　　　　　　029/index.html

```
<article>
    <h1>「HTML&amp;CSS初級講座」</h1>
    <p>この講座では、HTMLとCSSの基本を学びます。もっとも初歩的な講座ですので、ウェブデザイナーを目指す人だけでなく、趣味で身につけた知識の確認をしたい人、企業のウェブ担当部署の方にもおすすめです。</p>
    <address>
    この講座へのお問い合わせ：は<a href="mailto:kouza@hiragar.com">kouza@hiragar.com</a>で受けつけています。
    </address>
</article>
```

■ CSS　　　　　029/css/style.css

中略

```
address {
    border-top: 1px dashed #b7b7b7;
    padding-top: 20px;
    font-style: normal;
    color: #909090;
}
```

▼ ブラウザ表示

HIRAGAR

「HTML&CSS初級講座」

この講座では、HTMLとCSSの基本を学びます。もっとも初歩的な講座ですのでけでなく、趣味で身につけた知識の確認をしたい人、企業のウェブ担当部署の方

この講座へのお問い合わせ：は kouza@hiragar.com で受けつけています。

030 上付き文字や下付き文字を表示したい

利用シーン 平方メートル（㎡）などの単位や、元素記号の表示、注釈など

要素/プロパティ

HTML

`<sup>上付き文字</sup>`

—— 上付き文字を表示

HTML

`<sub>下付き文字</sub>`

—— 下付き文字を表示

企業サイトやECサイトなどで、平方メートルなどの単位を表示する機会はあまり多くないかもしれませんが、製品仕様の説明や長いテキストを掲載するときに、注釈をつけるため文章の途中に「*」などのマークをつけることはよくあるでしょう。そうしたときに役立つのが、上付き文字を表示する`<sup>`タグです。

下付き文字を表示する`<sub>`タグは、`<sup>`に比べて使う機会はさらに少ないかもしれませんが、元素記号などを表示するときに使われます。

■HTML

030/index.html

```
<p>地球の平均気温は、この100年のあいだに0.71℃上昇しています<sup>*1</sup>。その
原因は、CO<sub>2</sub>（二酸化炭素）など、温室効果ガスと呼ばれる気体が増加しているこ
とが挙げられます。</p>
<p class="footnote">*1 気象庁「世界の年平均気温」http://www.data.jma.go.jp/cpdinfo/
temp/an_wld.html</p>
```

▼ ブラウザ表示

031

まとまった量のテキストを引用して表示したい

利用シーン ほかの文献からコンテンツを引用するとき

要素/プロパティ

`HTML`

`<blockquote cite="引用元URL">引用するコンテンツ</blockquote>`
—— コンテンツを引用する。引用元がWebサイトの場合は、cite属性にURLを指定しておく

`HTML`

`<cite>引用元のタイトルや作者</cite>`
—— 引用元の作品・Webサイトなどのタイトル、作者 **▶▶032**

ほかの文献から引用するときは、引用した部分のテキストを`<blockquote>`〜`</blockquote>`で囲みます。引用元（出展）がWebサイトの場合は、`<blockquote>`にcite属性を追加して、URLを指定します。cite属性は必須ではありませんが、引用元のコンテンツがWebサイトの場合は必ず指定します。

企業サイト、ECサイト、キャンペーンサイトなどでは、ほかのサイトのレビューやTwitterのツィートを引用するのによく使われます。

`<blockquote>`は地味な存在ですが、正しい引用をするために重要なタグです。`<blockquote>`を使わずにほかのWebサイトからコンテンツをコピー&ペーストしただけでは、たとえそのつもりがなくても、ただの盗用とみなされてしまいます。

他人が作成したコンテンツを自分で作ったかのように発表する「盗用」は、法律的・道義的に問題があるだけでなく、Googleなどの検索エンジンからペナルティーを課せられる可能性があります。そうなると、検索順位が大幅に下落したり、まったく表示されなったりする危険性があります。コンテンツを引用した場合は、必ず`<blockquote>`タグで囲むようにしましょう。

■HTML　　　031/index.html

```
<blockquote cite="http://www.
example.co.jp">
美しいグラフィックと壮大なストーリーが飽きさ
せない。<br>
今年の一押しゲームアプリ! <br>
―<cite>Great Games</cite>
</blockquote>
```

▼ ブラウザ表示

> ## HIRAGAR
>
> 美しいグラフィックと壮大なストーリーが飽きさせない。
> 今年の一押しゲームアプリ!
> ―Great Games
>
> ●HIRAGAR

032

短いテキストを
文中で引用して表示したい

利用シーン **<blockquote>を使うほどは長くない、**
短い引用をする場合

要素/プロパティ

HTML

<q cite="引用元URL">引用するテキスト</q>

└── コンテンツを引用する。引用元がWebサイトの場合は、cite属性にURLを指定しておく

「031」でも紹介していますが、ほかのWebサイトや書籍などから引用する場合、引用したことを示す<blockquote>または<q>を使います。これらのタグには必要に応じてcite属性を含めることも重要です。

<q>は<blockquote>と違って、インラインボックス（→「004」）で表示されます。また、引用したテキストは、カッコで囲まれます。

引用したテキストの前後につくカッコの記号は、<html>タグのlang属性に指定した言語に合わせて変わるようになっています（→「009」）。サンプルのソースコードでは、「<html lang="ja">」と、ページの主要な言語に日本語を指定しているため、引用したテキストの前後にはカギカッコ（「」）がつきます。

もし、「<html lang="en">」と、ページの主要な言語に英語を指定していた場合は、テキストはダブルクォート（"）で囲まれるようになります。なお、主要なブラウザではFirefoxだけ、主要な言語に合わせてカッコが変わらず、引用したテキストは常に「"」で囲まれます。

<html lang="en">になっている場合、<q>〜</q>の前後につくカッコは「"」になる

> インターネットに接続できる機器が多様化し、Webデザインの主役もパソコンからスマートフォンへ移行しています。総務省が毎年公表している『情報通信白書』によると、2015年のインターネット利用端末の種類は"「パソコン」が56.8%と最も高く、次いで「スマートフォン」（54.3%）、「タブレット型端末」（18.3%）"となっています。

■**HTML**

032/index.html

<p>インターネットに接続できる機器が多様化し、Webデザインの主役もパソコンからスマートフォンへ移行しています。総務省が毎年公表している『<cite lang="ja">情報通信白書</cite>』によると、2015年のインターネット利用端末の種類は<q cite="http://www.soumu.go.jp/johotsusintokei/whitepaper/ja/h28/html/nc252110.html">「パソコン」が56.8%と最も高く、次いで「スマートフォン」（54.3%）、「タブレット型端末」（18.3%）</q>となっています。</p>

HIRAGAR

インターネットに接続できる機器が多様化し、Webデザインの主役もパソコンからスマートフォンへ移行しています。総務省が毎年公表している『情報通信白書』によると、2015年のインターネット利用端末の種類は「「パソコン」が56.8%と最も高く、次いで「スマートフォン」（54.3%）、「タブレット型端末」（18.3%）」となっています。

`<q>`

ⓒHIRAGAR

Column

<cite>タグ

引用元の作品名、Webサイトのタイトル、作者などを記載するときは、<cite>タグで囲みます。<cite>タグは<blockquote>タグや、次のサンプルで紹介する<q>タグほどの重要度はありませんが、引用した作品や作者の名前を記しておいたほうが、情報の信用度は増すでしょう。

なお、<cite>タグで囲まれたテキストは、デフォルトでは斜体で表示されます。一般に、英語をはじめとする欧米語圏では、引用のとき作品名などを斜体にする慣例がありますが、日本ではそうする習慣がないため、通常の書体で表示するとよいでしょう。

<cite>のテキストを、作品名や作者の名前が欧米語圏のもののときは斜体で、日本語の場合は通常の書体で表示されるようにするには、次のようなCSSを追加します。

● **書式**　日本語の作品名・作者などを記すときに追加するとよいCSSの例

```
cite[lang="ja"] {
        font-style: normal;
}
```

また、<cite>タグにもlang属性を追加し、この要素の言語が「日本語」であることを明示しておきます。

● **書式**　<cite>タグにはlang属性を追加

```
『<cite lang="ja">情報通信白書</cite>』
```

lang属性は<html>タグだけでなく、どんなタグにも追加することができます。<cite>などのタグにlang属性を追加したときは、その要素に含まれるコンテンツの言語を設定することになります。このサンプルでいえば、「情報通信白書」が、日本語の作品（出版物）であることをはっきりと明示することになります。

CSSで使用した[lang="ja"]というセレクタについては、「179」を参照してください。

033 日付や時刻を表示したい

利用シーン 日付・時刻を表示したいとき

要素/プロパティ

HTML

<time datetime="フォーマットされた日時">日付・時刻</time>
━━ 日時を表示する

日時を表示したいときは、<time>タグを使います。<time>～</time>の中に含めるテキストは、日時を指すようなものであれば、どんなフォーマットでもかまいません。
<time>タグの最大の特徴は、datetime属性を追加できることです（コラム参照）。datetime属性にはコンピュータが理解できるフォーマットで日時を指定します。たとえば、検索エンジンのクローラー（→「078」）がこの属性に書かれている日時を解析してくれれば、検索結果の表示に多少なりとも反映される可能性があります。

● **書式** <time>～</time>に含めることができるテキストの例

<time>2017/12/21 16:27</time> ━━ 西暦と時間の表記
<time>平成27年3月14日</time> ━━ 年号などを含めた、西暦ではない表記
<time>17分前</time> ━━ 「～分前」など、相対的な時間の指定でもよい

■ **HTML**

033/index.html

```
<p>お知らせ</p>
<ul class="news">
    <li><time datetime="2016-10-05">2016年10月5日</time>アンケートに答えるともれなく1000ポイントプレゼント</li>
    <li><time datetime="2016-10-01">2016年10月1日</time>口座開設が簡単になりました</li>
    <li><time datetime="2016-09-25">2016年09月25日</time>当行を装った勧誘にご注意ください</li>
    <li><time datetime="2016-09-14">2016年09月14日</time>安全性を高めた新・2段階認証スタート</li>
</ul>
```

▼ ブラウザ表示

 Hastings

お知らせ

2016年10月5日	アンケートに答えるともれなく1000ポイントプレゼント
2016年10月1日	口座開設が簡単になりました
2016年09月25日	当行を装った勧誘にご注意ください
2016年09月14日	安全性を高めた新・2段階認証スタート

©Hastings

※このサンプルで使用しているCSSについては「067」をご覧ください。

Column

<time>タグ

<time>タグにはdatetime属性を追加することができます。この属性には、国際規格で定められた書式で日時を指定します。datetime属性の基本的な書式は次の通りです。数字やハイフン (-) などの記号は、すべて半角で記します。

● 書式　datetime属性

```
datetime="年年年年-月月-日日T時時:分分:秒土時差"
```

datetime属性の日時の記述例

例	実際の日時
"2020-07-24"	2020年7月24日
"2014-09-15T16:43"	2014年9月15日16時43分
"2018-02-09T12:00-0900"	2018年2月9日12時00分 (日本時間)

034 テキストの一部に マーカーをつけたい

利用シーン テキストを部分的に強調したいとき

HTML

\<mark\>マーカーを引きたいテキスト\</mark\>
　── マーカーを引く

\<mark\>～\</mark\>はHTML5で登場した比較的新しいタグで、テキストに蛍光ペンでマーカーを引いたような塗りをつけるタグです。「027」で紹介したタグと同様、\<mark\>もテキストを装飾して目立たせることを目的としていて、重要な意味は持っていません。

■HTML

034/index.html

```
<p class="caution">
本日<mark>13日午前0時より緊急サーバーアップデートを行います</mark>。アップデート作
業は30分程度の予定です。ご利用の皆様にはご迷惑をおかけしますが、ご理解、ご協力のほどよろ
しくお願い申し上げます。
</p>
```

▼ ブラウザ表示

本日13日午前0時より緊急サーバーアップデートを行います。アップデート作業は30分程度の予定です。ご利用の皆様にはご迷惑をおかけしますが、ご理解、ご協力のほどよろしくお願い申し上げます。

©HIRAGAR

読みがなのルビを振りたい

 利用シーン 漢字にルビを振りたいとき

要素 / プロパティ

HTML

`<ruby>～</ruby>`

—— ルビを振る漢字、ルビのかなを囲む

HTML

`<rb>漢字</rb>`

—— ルビを振る漢字。ルビベース

HTML

`<rt>ルビ</rt>`

—— ルビ。ルビテキスト

HTML

`<rp>(</rp>、<rp>)</rp>`

—— ルビに対応していないブラウザが、
代わりに表示するカッコ。ルビパーレン

漢字にルビを振るには、`<ruby>`と関連の`<rb>`、`<rt>`、`<rp>`を使用します。基本的なマークアップのパターンは次の通りです。この書式の「漢字」と「かな」の部分を書き換えれば、どんなときでも使えます。

● **書式**　ルビを振るときの書式

> `<ruby><rb>漢 字</rb><rp>(</rp><rt>か な</rt><rp>)</rp></ruby>`

これらのうち、`<rp>～</rp>`には、`<ruby>`に対応していないブラウザが、漢字の上にルビを表示する代わりに、ルビをくくって表示するためのカッコを指定します。現在は主要なブラウザすべてが`<ruby>`に対応しているため、カッコが表示されることはほとんどありません。

■ **HTML**　　　　　　　　　　　　　　　　　　　　035 / index.html

```
<p>お車でお越しの場合:<br>
西新宿4丁目交差点を中央公園方面に直進、<ruby><rb>角筈</rb><rp>(</rp><rt>つのはず</rt><rp>)</rp></ruby>区民センター前を左折します。</p>
```

▼ ブラウザ表示

お車でお越しの場合:
西新宿4丁目交差点を中央公園方面に直進、角筈区民センター前を左折します。

036 略語であることを表現したい

利用シーン

略語であることをマークアップしたいとき、
とくにその略語の正式名称を表示したいとき

要素/プロパティ

HTML

<abbr title="正式名称">略語</abbr>

—— 略語と正式名称

CSSプロパティ

cursor: カーソルの形状;

—— カーソルの形状を変更する

CSSプロパティ

text-decoration: 線を引く位置;

—— テキストに装飾する ▶▶054

CSSプロパティ

border-bottom: 線の太さ 線の形状 線の色;

—— ボックスの下辺に線を引く ▶▶109

<abbr>〜</abbr>は、囲まれたテキストが「略語」であることを意味するタグです。<abbr>にはtitle属性を追加することができ、略語の正式名称を書いておくことができます。title属性があると、マウスがホバーしたときに、その内容が表示されるようになっています（→「040」）。

<abbr>タグは、初期状態では下線もつかず、通常のテキストとまったく変わらない見た目で表示されます。そこで、正式名称が確認できることをユーザーに知らせるために、サンプルで紹介しているようなCSSを適用するケースがあります。

このCSSでは、<abbr>のテキストに点線をつけて、マウスがホバーしたときにはポインタの形状がヘルプマーク（?）に変わるようにしています。<abbr>タグに適用する典型的なスタイルです。

■ HTML

036/index.html

```
<p>小学校でも<abbr title="Information and Communication Technology">ICT</abbr>の活用が進められています。</p>
```

■ CSS

036/css/style.css

```
abbr {
    border-bottom: 1px dotted;
    text-decoration: none;
    cursor: help;
}
```

▼ ブラウザ表示

HIRAGAR

小学校でもICTの活用が進められています。

Information and Communication Technology

●HIRAGAR

Column

cursorプロパティの値

cursorプロパティは、マウスポインタの形状を変えるときに使用します。指定できるおもな値は次の通りです。

cursorプロパティに指定できるおもな値

値	説明	形状
help	ヘルプ	？
pointer	クリックができることを示す	🖐
default	通常の矢印ポインタ	⬚
wait	処理中で操作ができない	⌛
not-allowed	操作禁止	🚫
zoom-in	ズームイン（拡大）可能	🔍
zoom-out	ズームアウト（縮小）可能	🔍

037 テキストの一部を訂正したことを示したい

利用シーン 正確性が必要なページで、テキストの一部が訂正されていることを明示したいとき

要素/プロパティ

HTML

<del datetime="削除した日時 ">削除したテキスト</del>
━━ テキストを削除する

<del>タグは、囲まれたテキストが「削除」されたことを意味します。<del>タグにはdatetime属性を追加することができ、訂正した日時を書いておくこともできます。datetime属性には、国際規格で定められた書式で日時を記述します（→「033」）。

■HTML

037/index.html

```
<p>
ご購入はこちら。<del datetime="2016-07-01">現在日本語版は発売されていませんので英語
版のみの販売です。</del>2016 年 7 月より日本語版が発売されました。
</p>
```

▼ ブラウザ表示

<del>～</del>で囲まれたテキストに字消し線がつく

038 テキストを新たに挿入したことを示したい

利用シーン 正確性が必要なページで、テキストの一部を新たに追加したことを示したいとき

要素 / プロパティ

HTML

<ins datetime=" 挿入した日時 ">挿入したテキスト</ins>
　── テキストを挿入する

<ins>〜</ins>タグは、囲まれたテキストが新たに挿入されたことを意味します。削除を意味する<del>タグ同様、<ins>タグにはdatetime属性を追加することができ、挿入した日時を書いておくことが可能です。

■ HTML　　　　　　　　　　　　　　　　　　　　　038 / index.html

```
<p>
このアプリは現在、英語版、中国語版、<ins datetime="2016-07-01">フランス語版</ins>が
リリースされ、各国のストアで好評を博しています。
</p>
```

▼ ブラウザ表示

 Hastings

このアプリは現在、英語版、中国語版、フランス語版がリリースされ、各国のストアで好評を博しています。

©Hastings

新たに挿入されたテキストには下線がつく

短いソースコードを表示したい

 **利用シーン** 短いプログラムのソースコードを表示したいとき

要素/プロパティ

HTML

<code>プログラム</code>
—— プログラムを表示する

Webページにプログラムのソースコードを掲載するには、<pre>タグ（→「028」）、もしくは<code>タグを使用します。<pre>タグと違い、<code>タグはインラインボックスで表示されるため、1行の短いソースコードに適しています。<pre>タグや<code>タグは、なにもCSSを書かなくても、コンテンツのテキストがはじめから等幅フォントで表示されるようになっています。

通常の企業サイトでプログラムのソースコードを掲載することはあまり多くないかもしれませんが、IT系のブログや、開発者向けの情報を提供している会社のWebサイトではよく使われます。

なお、このサンプルでは、<code>タグに背景色とパディングもCSSで指定しています。背景色については「120」を、パディングについては「110」を参照してください。

■ **HTML**　　　　　　　　　　　　　　　039/index.html

```
<ul>
    <li><code>http://api.example.com/tools?appkey={取得した
appkey}&amp;region=ja</code> — 地域を設定 </li>
    <li><code>http://api.example.com/tools?appkey={取得した
appkey}&amp;priority=recent</code> — 最近の10件を取得 </li>
</ul>
```

■ **CSS**　　　　　　　　　　　　　　　039/css/style.css

```
code {
    padding: 4px;
    background: #eee;
}
```

▼ ブラウザ表示

API使用例

- http://api.example.com/tools?appkey={取得したappkey}&region=ja ― 地域を設定
- http://api.example.com/tools?appkey={取得したappkey}&priority=recent ― 最近の10件を取得

<code>～</code>で囲まれた部分は
等幅フォントで表示される

●HIRAGAR

Column

等幅フォントとは？

通常の欧文フォントは、文字によって横幅が変わる「プロポーショナルフォント」と呼ばれるデザインになっています。ふつうの文章ならプロポーショナルフォントのほうが読みやすいのですが、プログラムのソースコードはそれでは読みづらいため、幅が均一な「等幅フォント」を使用します。等幅フォントは「モノスペースフォント」と呼ばれることもあります。

プロポーショナルフォントと等幅フォント

プロポーショナルフォント　　　　　等幅フォント

040 ツールチップを表示したい

利用シーン リンクなどに補足的な情報を追加したいとき

要素/プロパティ

HTML

`<a href="index.html" title="テキスト">`

ツールチップを表示する（タグのtitle属性）

タグにtitle属性を追加しておくと、マウスポインタがホバーしたときに、ツールチップが表示されるようになります。title属性の値には、ツールチップに表示したいテキストの内容を設定します。このサンプルではリンクの<a>タグを使用しましたが、title属性はどんなタグにも追加することができます。実際のWebデザインでは、<a>タグのほか

に、略語の<abbr>タグ（→「036」）などにtitle属性をつけることが多いようです。

しかし、スマートフォンやタブレットのブラウザでは、title属性のツールチップは表示されません。そのことを十分考慮に入れて、title属性のテキストはあくまで補足的な情報を表示するだけにしましょう。

■HTML

040/index.html

```
<ul>
    <li><a href="download/catalog.pdf" title="PDFファイル 1.5MB">製品カタログ（PDF
ファイル）</a></li>
    <li><a href="download/photo.jpg" title="JPEG画像 1MB">製品写真（画像ファイル）
</a></li>
</ul>
```

▼ ブラウザ表示

各種資料のダウンロードはこちらからどうぞ。

- 製品カタログ（PDFファイル）
- 製品写真（画像ファイル）

JPEG画像 1MB

©Hastings

リンクにホバーするとツールチップが表示される

041 コピーライトを表示したい

🍳 **利用シーン** コピーライト表記はページのフッターに必ずといってよいほど入っているので、使用機会は多い

要素/プロパティ

HTML

\<small\>テキスト\</small\>
—— コピーライト、免責事項、法的な注意書きを記す

\<small\>タグは、コピーライトや、法的な注意書きを記すために使われます。CSSを書かなくても、はじめから小さなフォントサイズで表示されます。また、コピーライトに出てくる「©」マークを表示するには、この文字を直接入力するか、もしくは次の「042」で紹介する実体参照を使います。

■ **HTML**   041 / index.html

```
<footer>
    <div class="footer-container">
        <p><small>©Hastings</small></p>
    </div>
</footer>
```

▼ ブラウザ表示

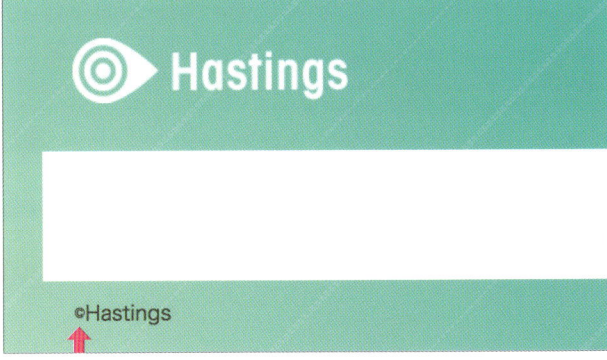

コピーライトが小さなフォントサイズで表示される

042

HTMLで使用できない記号を表示したい

利用シーン

- ●HTMLで使用できない文字を表示したいとき
- ●入力するのが面倒な文字を表示したいとき

要素/プロパティ

HTML

<、>

HTMLで使用できない文字や記号などを表示するために、
代わりにキーワードや数値を用いて記述する方法

HTMLには、半角の「<」「>」「&」など、表示できない文字や記号がいくつかあります。こうした文字や記号を表示するためには「実体参照」を使います。また「041」で紹介した「©」マークなど、キーボードでは入力しづらい記号を表示するときも、実体参照が使うほうが簡単です。
なお「¥」マークは、キーボードで入力するのでなく、実体参照 (¥) を使うことをおすすめします。なぜなら、キーボードで入力する「¥」マークは、文字化けして「\」が表示されることがあるからです。

■HTML

042/index.html

```
<table>
<tr>
    <tr>
        <td>いますぐ書ける! HTML&amp;CSS入門</td><td class="price">&yen;
2,680-</td>
    </tr>
    <tr>
        <td>Python+DjangoでWebサービス開発&lt;改訂新版&gt;</td><td class=
"price">&yen;3,240-</td>
    </tr>
</tr>
</table>
```

■CSS

042/css/style.css

```
table {
    width: 100%;
    border-collapse: collapse;
}
td {
```

```
    padding: 8px;
}
.price {
    text-align: right;
    font-weight: bold;
}
```

▼ ブラウザ表示

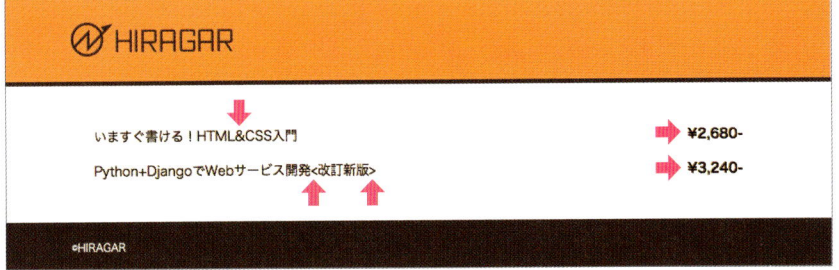

Column

よく使われる実体参照

よく使われる実体参照の一覧を挙げておきます。

よく使う実体参照一覧

実体参照	表示される記号	説明	実体参照	表示される記号	説明
&amp;	&	アンパサンド	&raquo;	≫	右ギュメ
&lt;	<	小なり記号	&copy;	©	著作権記号
&gt;	>	大なり記号	&reg;	®	登録商標記号
&quot;	"	ダブルクォート	&trade;	™	商標記号
	␣	半角スペース	&yen;	¥	円
&lsquo;	'	左シングルクォート	&deg;	°	度
&rsquo;	'	右シングルクォート			
&ldquo;	"	左ダブルクォート			
&rdquo;	"	右ダブルクォート			
&laquo;	≪	左ギュメ（山かっこ）			

043 テキスト色を変更したい（16進数）

利用シーン
- ●テキスト色を変更したいとき
- ●CSSで色を指定するとき

要素／プロパティ

CSSプロパティ

color: 色;
—— テキスト色を変更する

CSSの値

#RRGGBB;
—— 16進数を使ったもっとも標準的な色の
　　指定

テキスト色を変更するときは、CSSのcolorプロパティを使用します。colorプロパティの値には「色」を指定します。「色」の指定方法にはいくつかの方法がありますが、そのうちもっともよく使われる標準的なものが、「HEXカラー」と呼ばれる16進数を使う方法です。

■HTML

043／index.html

```
<h4>年間パスポートのご案内</h4>
<p>どんなに利用しても<span class="year-price">年間4,800円</span>。この機会に、大変お得な年間パスポートをご検討ください。</p>
```

■CSS

043／css/style.css

```
.year-price {
    color: #1aa7b1;
}
```

※テキスト色を変更している部分のCSSだけを掲載しています。

▼ ブラウザ表示

Column

HEXカラー

コンピュータディスプレイに表示されるすべての色は、R（赤）、G（緑）、B（青）の3色の光線の強さで表現されています。各色の光線の強さは256段階、数値にすると0〜255の数で表されるのですが、この数値を16進数※で表すと「00」〜「FF」になります。HEXカラーは、「#」に続けて、RGB各色の値（強さ）を続けて書いたものです。HEXカラーの基本的な書式は次の通りです。数値のアルファベットは大文字（A〜F）でも小文字（a〜f）でもかまいません。
※0〜9、A〜Fの字を使って、0〜15を1桁で表す方式。

●書式　HEXカラーの書式

```
#RRGGBB
```

HEXカラーの数値は、実際にはPhotoshopなどの画像処理アプリケーションで調べます。

Column

HEXカラーは省略可能

RGB各色の値を16進数で書くと、暗いほうから順に「00」「01」「02」……「FD」「FE」「FF」と増えていきますが、中には「00」や「FF」のように、1桁目と2桁目の文字が同じ数があります。このような数は省略して1桁で書いてもよいことになっています。たとえば、サンプルでも使用している「#FF3300」は省略して「#F30」と書くことができるのです。とくに、覚えやすい次のような値の省略形はよく使われます。

よく使われる省略形

16進数表記	省略形	色	実際の色
#FFFFFF	#FFF	白	
#CCCCCC	#CCC	薄いグレー	
#888888	#888	50％グレー	
#333333	#333	暗いグレー	
#000000	#000	黒	

Chap
3
テキストの整形とデザインテクニック

103

.... **Column**

カラーキーワード

RGB3色を組み合わせると、全部で約1670万色の色が表現できます。そのうちの一部には「カラーキーワード」が定義されています。CSSで色を指定するときに、HEXカラーの代わりにカラーキーワードを使うこともできます。
カラーキーワードはごく一部の色にしか定義されていないので、実際に公開するWebサイトで使うことはあまり多くありませんが、制作中にちょっとテストしてみたいようなときは、わざわざ画像処理アプリケーションで色を選ばずに、カラーキーワードを使うこともあります。

● **書式**　カラーキーワードの使用例

```
color: red;
```

おもなカラーキーワードには次のようなものがあります。

おもなカラーキーワード

カラーキーワード	16進数の値	実際の色
black	#000000	
silver	#C0C0C0	
gray	#808080	
white	#FFFFFF	
maroon	#800000	
red	#FF0000	
orange	#FFA500	
yellow	#FFFF00	
lime	#00FF00	
green	#008000	
blue	#0000FF	
navy	#000080	
purple	#800080	

定義されているすべてのカラーキーワードの一覧
【URL】http://www.w3.org/TR/css3-color/#svg-color

044

テキスト色を変更したい (RGB)

- テキスト色を変更したいとき
- CSS で色を指定するとき

要素 / プロパティ

CSSの値

rgb(赤, 緑, 青)
── 赤 (R) 緑 (G) 青 (B) の 10 進数の値で色を指定

「rgb()」は、色を指定する方法のひとつです。赤、緑、青の各色の値を、カンマで区切ってそれぞれ 10 進数 (0〜255) で指定します。

● **書式** rgb()の書式

```
color: rgb(赤, 緑, 青);
```

16進数の値で指定する HEX カラーと同様、実際に使う RGB 各色の 0〜255 の数値を調べるには、Photoshop などの画像処理アプリケーションを使うのが一般的です。

Chap 3

テキストの整形とデザインテクニック

■ **HTML**   044/index.html

```
<h4>年間パスポートのご案内</h4>
<p>どんなに利用しても<span class="year-price">年間4,800円</span>。この機会に、大変お得な年間パスポートをご検討ください。</p>
```

■ **CSS**   044/css/style.css

```
.year-price {
    color: rgb(26,167,177);
}
```

▼ ブラウザ表示

年間パスポートのご案内

どんなに利用しても年間4,800円。この機会に、大変お得な年間パスポートをご検討ください。

045 半透明なテキスト色を 指定したい（RGBA）

利用シーン

- テキスト色を変更したいとき
- CSSで色を指定するとき
- 半透明の色を指定したいとき

要素／プロパティ

CSSの値

rgba(赤, 緑, 青, 透明度)

―― 赤（R）緑（G）青（B）の10進数の値と透明度で色を指定

「rgba()」も、色を指定する方法のひとつです。前出のrgb()に加えて、アルファ値（透明度）の設定ができるようになっています。rgba()は4つの値を指定する必要があり、前の3つは赤、緑、青の各色を0～255の10進数で指定します。さらに、4つ目の値で透明度を0～1.0の小数で指定します。この値が0のとき完全に透明で見えなくなり、1のとき完全に不透明で、透明効果はなくなります。

色指定の方法はいろいろありますが、色の透明度を指定できるのは今回紹介したrgba()と、後述するhsla()だけです。そのため、rgba()は比較的よく使われます。

● 書式　rgba()の書式

```
color: rgba(赤, 緑, 青, 透明度);
```

■ HTML
045／index.html

```
<p class="campaign">NEW ARRIVAL</p>
```

■ CSS
045／css/style.css

```
.campaign {
    margin: 0;
    height: 100px;
    background: url(../images/stripe.png) no-repeat;
    font-family: sans-serif;
    text-align: center;
    font-size: 60px;
    font-weight: bold;
    color: rgba(255,255,255,0.8);
}
```

テキストが白の半透明で表示される

※透明の設定がわかりやすいように、<p>の背景に画像を設定してあります。

··· Col**umn**

ほかにもある色指定の方法
···

色指定の方法には、16進数、rgb()、rgba()のほかに、もうあと2種類あります。それがhsl()とhsla()です。

hsl()では、「HSLカラーモデル」と呼ばれる、RGBとは異なる方式で色を数値化したものを使います。HSLカラーモデルは、H（Hue・色相）、S（Saturation・彩度）、L（Luminosity・明度）の3つの指標ですべての色を表現するもので、RGBに比べて、設定されている数値を見るだけでどんな色か想像しやすく、直感的とされています。hsla()は、hsl()に加えアルファ値も設定できるようになっています。

hsl()/hsla()は、JavaScriptでプログラム的に色を調整したいときなどによく使われます。

●書式　　hsl()、hsla()の書式

color: hsl(色相, 彩度, 明度);

color: hsla(色相, 彩度, 明度, 透明度);

・色相 —— 0〜359

・彩度 —— 0〜100

・明度 —— 0〜100

・透明度 —— 0〜1.0

Column

色指定の方法はほかのプロパティでも共通

「043」から「045」まで、色指定の方法を数種類紹介してきました。
CSSにはcolorプロパティだけでなく、背景を調整するbackgroundプロパティや、枠線を調整するborderプロパティなど、色を指定できる機能がほかにもあります。そうしたcolor以外のプロパティでも、色を指定する数値の書き方は共通です。色指定の方法を次の表にまとめておきます。

色の指定法一覧

書式	説明
#赤赤緑緑青青	赤、緑、青を16進数で指定。もっとも一般的
rgb(赤, 緑, 青)	赤、緑、青を10進数で指定
rgba(赤, 緑, 青, 透明度)	赤、緑、青を10進数で指定。透明度を0〜1.0で指定
hsl(色相, 彩度, 明度)	色相を0〜359、彩度・明度を0〜100で指定
hsla(赤, 緑, 青, 透明度)	色相を0〜359、彩度・明度を0〜100で指定。透明度を0〜1.0で指定

フォントサイズを要素ごとに指定したいとき

要素/プロパティ

CSSプロパティ

font-size: フォントサイズ;
—— フォントサイズを指定する。

CSSの値

px
—— CSSの単位のひとつ

font-sizeは、表示するフォントのサイズを指定するプロパティです。値は「数値＋単位」で指定するのが一般的です。とくに、単位を「px」にすると、フォントサイズをピクセル数で指定できるため、表示結果の予測がしやすくなります。フォントサイズを指定する方法としてはもっとも簡単でわかりやすい方法といえます。単位は「px」の代わりに「em」や「%」にすることも可能ですが、これらを使用するときには少し注意が必要です。

単位pxを使ったときのフォントサイズ
（16pxに設定した場合）

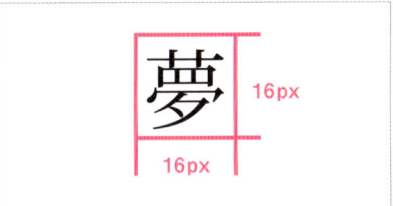

■HTML　　　　　　　046/index.html

```
<h3 class="survey-title">アンケート回答
のお願い</h3>
<p class="survey">より良いサービスを提
供するため、ご利用の皆様のご意見をお聞か
せください。アンケートの回答にかかる時間は
5分程度です。<span class="note">※入
力いただいた個人情報はアンケートの集計
以外の目的で使用することはありません。ア
ンケートは個人が特定できない形で集計され
ます。</span></p>
```

■CSS　　　　　　　046/css/style.css

```
.survey-title {
    font-size: 16px;
}
.survey {
    font-size: 14px;
}
.note {
    font-size: 12px;
}
```

▼ ブラウザ表示

nuage

‹h3›	アンケート回答のお願い
‹p›	より良いサービスを提供するため、ご利用の皆様のご意見をお聞かせください。アンケートの回答にかかる時間は5分程度です
‹span›	入力いただいた個人情報はアンケートの集計以外の目的で使用することはありません。アンケートは個人が特定できない形で集計されます。

‹h3›、‹p›、‹span›のテキストが
それぞれ異なるフォントサイズで表示されている

Column

font-sizeプロパティに数値以外の値を指定する

フォントサイズは、基本的には数値で指定することが多いのですが、決められたキーワードを使うこともできます。とくにフッターのコピーライトや、コンテンツの途中に注釈を入れるときなど、メインのテキストよりも小さく表示したい部分には、キーワードを使うことが比較的多いといえます。
font-sizeプロパティに指定できるキーワードには、次のようなものがあります。

font-sizeプロパティに指定できるおもなキーワード

キーワード	表示されるフォントサイズ[※]
font-size: xx-small;	9px
font-size: x-small;	10px
font-size: small;	13px
font-size: medium;	16px
font-size: large;	18px
font-size: x-large;	24px
font-size: xx-large;	32px

※ブラウザに「最小フォントサイズ」が設定されている場合、この数値よりも大きなサイズで
表示されることがあります。

Column

フォントサイズの値に単位「em」や「%」を使う場合

「em」は、1emが「1文字のサイズ」を示す単位です。font-sizeプロパティの値をemで指定した場合、親要素のフォントサイズを「1文字分のサイズ＝1em」として、ブラウザが最終的に表示するフォントサイズを計算します。
たとえば、‹p class="survey"›に適用されるfont-sizeプロパティを、単位emで指定することを考えてみましょう。‹p class="survey"›の親要素は‹body›で、‹body›のフォントサイズにはデフォルトの16pxが、はじめから指定されています[※]。
※多くのブラウザでは、標準のフォントサイズが16pxに設定されています。

このとき、`<p class="survey">`のフォントサイズを14ピクセル相当の大きさに、単位emで指定するのであれば、次のように計算します。

14px（目的のフォントサイズ）÷ 16px（親要素のフォントサイズ）= 0.875em

ということで、次のようなCSSを書くことになります。

● **書式** `<p class="survey">`のフォントサイズをemで指定するには

```
.survey {
    font-size: 0.875em;
}
```

単位emを使うとフォントサイズを相対的に決めることができ、管理がしやすいことから、一時期よく使われていました。しかし、これから説明するような注意点があり、現在はもっといい代替手段があることから、フォントサイズの指定に単位emや％は使わないほうがよいでしょう（代替手段については次の「047」で取り上げます）。

注意しなければならないのは、「フォントサイズは子要素に継承する」ということです（→「005」）。たとえば次のサンプルのように、`<div>`に「font-size: 0.875em」を指定していたとします。

■ **HTML**   046/dont-use-em.html

```
<style>
div {
    font-size: 0.875em;
}
</style>
中略
<div>
    1階層目のdiv
```

```
    <div>2階層目（divの子要
素のdiv）</div>
</div>
中略
</body>
```

「2階層目（divの子要素のdiv）」が小さく表示される

1階層目のdiv
2階層目（divの子要素のdiv）

1階層目の`<div>`のフォントサイズは、親要素`<body>`の0.875emで「14px」で表示されます。その`<div>`に含まれる、2階層目の`<div>`のフォントサイズは、1階層目の`<div>`のフォントサイズを継承するため、「14px × 0.875em＝約12px」で表示されてしまいます。これほどわざとらしいコードにはならないかもしれませんが、継承のことをすっかり忘れて、似たようなCSSを書いてしまうことはよくあります。font-sizeプロパティの値に単位emを使わないようにするのは、こうした思わぬトラブルを未然に防ぐ効果があります。

なお、フォントサイズを指定するのに単位％を使用すると、親要素のフォントサイズを100％としたときのパーセンテージになります。この場合も、emと同じように継承の問題が生じるので注意が必要です。

047 ページ全体のフォントサイズを相対的に指定したい

利用シーン

● フォントサイズを相対的に決めたいとき
● フォントサイズの管理を統一したいとき

要素 / プロパティ

CSSの値

rem

ルート・エム。ルート要素（<html>）に設定されているフォントサイズを基準として、相対的にフォントサイズを設定するときに使うCSSの単位

CSSプロパティ

font-size: フォントサイズ;

フォントサイズを指定する ▶▶046

font-sizeプロパティを指定するときの値の単位に「rem」を使用すると、<html>に設定したフォントサイズを基準として、各要素のフォントサイズを相対的に決めることができます。単位をremにすれば、emや％を使った継承の問題を起こさずに全体のフォントサイズを相対的に決めることができます（→「046」）。
サンプルでは、次のようにフォントサイズを決めています。

- <html>のフォントサイズ ――――――――――― 16px
- <h3 class="survey-title">のフォントサイズ ―― 1rem→16px
- <p class="survey"> ―――――――――――― 0.875rem→14px
- <span class="note"> ――――――――――― 0.75rem→12px

■ HTML   047/index.html

```
<h3 class="survey-title">アンケート回答のお願い</h3>
<p class="survey">より良いサービスを提供するため、ご利用の皆様のご意見をお聞かせください。アンケートの回答にかかる時間は5分程度です。<span class="note">※入力いただいた個人情報はアンケートの集計以外の目的で使用することはありません。アンケートは個人が特定できない形で集計されます。</span></p>
```

■**CSS**　047/css/style.css

```css
html, body {
    font-size: 16px;
}
.survey-title {
    font-size: 1rem;
}
.survey {
    font-size: 0.875rem;
}
.note {
    font-size: 0.75rem;
    color: #999;
}
```

▼ ブラウザ表示

.... Column

フォントサイズを相対的に決めるとどんなことがある?

フォントサイズを相対的に決めておくと、<html>に設定したフォントサイズを変更するだけで、ページ全体のフォントを大きくしたり小さくしたりすることができます。たとえば、このサンプルで<html>のフォントサイズを「14px」にすると、大きさの比率を保ったまま全体を小さくすることができます。

このテクニックを使うと、たとえば、スマートフォンで表示するときは全体のフォントサイズを大きくすることが簡単にできます。

<html>に設定した基準のフォントサイズを14pxにすると

● **書式**　単位remを使うときに必ず書くCSS

```css
html, body {
    font-size: 基準のフォントサイズ;
}
```

● **書式**　各要素に指定するfont-sizeの書き方

```css
font-size: 基準のフォントサイズに対する比率rem;
```

048 行間を広くしたい・狭くしたい

利用シーン 読みやすさを考えて行間を調整したいとき。
ほぼすべてのWebページで使用

要素/プロパティ

CSSプロパティ

line-height: 行の高さ; ━━ 行間(1行の高さ)を調整する

テキストの行間を調整するには、line-heightプロパティを
使います。line-heightプロパティには、単位なしで数値を
指定します。単位なしの数値を指定すると、その行で使用
しているフォントサイズを1とした倍率で、1行の高さを設定
することができます。たとえば、<p>のフォントサイズを
16pxにしているとき、「line-height: 1.7;」と設定すれば、
1行の高さは「16px×1.7 = 約27px」になります。
実際のWebサイトでは、通常のテキストのline-heightは1.5〜1.8程
度で指定することが多いです。見出しなど通常よりもフォントサイズが大き
いところには、それよりも小さい値(1.0〜1.5)を指定することもあります。

line-heightプロパティで設定される高さ

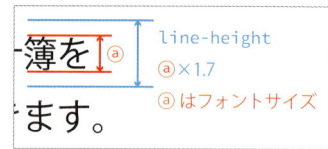

■HTML　　　　　　048/index.html

```
<h1>月々の出費が多すぎて貯金できない?
家計を見直しませんか。</h1>
<p>先々のことを考えて、 中略 いますぐ始
めませんか。</p>
<p>MoneyMiningは、 中略 口座の残高を
チェックできます。</p>
```

■CSS　　　　　　048/css/style.css

```
h1 {
    line-height: 1.1;
}
p {
    line-height: 1.7;
}
```

▼ ブラウザ表示

月々の出費が多すぎて貯金できない?家計を見直しませんか。

先々のことを考えて、いまから少しずつでも貯金を増やしたいと考えている方は多いようです。支出を減らすに
は、まずはご自分の出費の状況を正確に把握することが大事です。MoneyMiningなら、カンタン・自動で毎日の
家計簿をつけることができます。利用は無料で、登録も簡単です。MoneyMiningをいますぐ始めませんか。

MoneyMiningは、2,000以上の銀行、信用金庫、証券会社などの金融機関と連携が可能。入出金明細を自動で取
得できるので、リアルタイムで、口座の残高をチェックできます。

 **利用シーン** フォントを太字で表示したいとき

要素/プロパティ

CSSプロパティ

font-weight: フォントの太さ;

── フォントを「フォントの太さ」にする

リード文を太字にします。サンプルでは、<p class="lead">〜</p>のテキストを太字にします。font-weightプロパティは、表示するフォントの太さを決めます。値には定義されている以下のキーワードのどれかひとつ選んで指定します。

font-weightに指定できる値

値	説明
normal	通常の太さ
bold	太字
bolder	太字より太い字（あまり使わない）
lighter	通常より細い字（あまり使わない）

ここに挙げた以外にも、100、200、300、400、500、600、700、800、900という数値を指定することもできます。数値を指定した場合、400が通常の太さで、それより小さい数ならより細い字、それより大きい数ならより太い字で表示されます。数値で指定することはあまり多くありませんが、Google Fontsなどの Web フォント（→「188」）を利用する場合は使用することがあります。

■HTML 049/index.html

```
<h1>月々の出費が多すぎて貯金できない?家計を見直しませんか。</h1>
<p class="lead">先々のことを考えて、いまから少しずつでも貯金を増やしたいと考えている方は
多いようです。支出を減らすには、まずはご自分の出費の状況を正確に把握することが大事です。
MoneyMiningなら、カンタン・自動で毎日の家計簿をつけることができます。利用は無料で、登録も
簡単です。MoneyMiningをいますぐ始めませんか。</p>
<p>MoneyMiningは、2,000以上の銀行、信用金庫、証券会社などの金融機関と連携が可能。
入出金明細を自動で取得できるので、リアルタイムで、口座の残高をチェックできます。</p>
```

■CSS

```css
h1 {
    line-height: 1.1;
}
p {
    line-height: 1.7;
}
.lead {
    font-weight: bold;
}
```

▼ ブラウザ表示

月々の出費が多すぎて貯金できない？家計を見直しませんか。

先々のことを考えて、いまから少しずつでも貯金を増やしたいと考えている方は多いようです。支出を減らすには、まずはご自分の出費の状況を正確に把握することが大事です。MoneyMiningなら、カンタン・自動で毎日の家計簿をつけることができます。利用は無料で、登録も簡単です。MoneyMiningをいますぐ始めませんか。

MoneyMiningは、2,000以上の銀行、信用金庫、証券会社などの金融機関と連携が可能。入出金明細を自動で取得できるので、リアルタイムで、口座の残高をチェックできます。

050 見出しのテキストを 通常の太さにしたい

利用シーン 通常太字で表示される見出しのテキストを通常の太さに戻したいとき。とくに、見出しにサブタイトルがついていて、サブタイトルだけ通常の太さにしたいときなど

要素／プロパティ

CSSプロパティ

font-weight: normal;

── フォントを通常の太さにする ▶▶049

font-weightプロパティの値に「normal」を指定すると、通常の太さのフォントにすることができます。

■ **HTML** 050/index.html

```
<h1>伝統の江戸野菜・栽培ワークショップ
<br>
<span class="subtitle">～内藤とうがらし
を育ててみよう～</span></h1>
<p>江戸野菜とは、江戸時代に現在の東
京近郊で栽培されていた品種のことをいいま
す。一部の江戸野菜はいまでも栽培が続い
でいます。プランターでも栽培できる「内藤と
うがらし」の種を植え付けるワークショップを
開催します。栽培のポイントや注意点も紹介
します。</p>
```

■ **CSS** 050/css/style.css

```
h1 {
    font-size: 26px;
}
.subtitle {
    font-size: 21px;
    font-weight: normal;
}
```

▼ ブラウザ表示

nuage

伝統の江戸野菜・栽培ワークショップ

➡ ～内藤とうがらしを育ててみよう～

江戸野菜とは、江戸時代に現在の東京近郊で栽培されていた品種のことをいいます。一部の江戸野菜はいまでも栽培が続いています。プランターでも栽培できる「内藤とうがらし」の種を植え付けるワークショップを開催します。栽培のポイントや注意点も紹介します。

051 イタリックで表示される要素を通常のテキストに戻したい

利用シーン <address>タグなどイタリックで表示される
タグを使いたいとき

要素/プロパティ

CSSプロパティ

font-weight: normal;
—— フォントを通常の太さにする ▶▶049

<address>タグ、<em>タグ、<i>タグ、<cite>タグ
などは、デフォルトCSS（→「005」）ではイタリック
で表示されるようになっています。日本語にはイタリッ
ク体がなく読みづらいため、こうしたタグを使う場合は
通常のフォントに戻すCSSを書きます。

font-styleプロパティは、フォントを通常のフォントに
するか、イタリックにするかを設定できます。

このプロパティで使える値は、通常フォントにする
「normal」と、イタリックで表示する「italic」の2種
類です。

■HTML
051/index.html

```
<p>運営会社住所</p>
<address>
〒162-0846<br>
東京都新宿区市谷左内町21-13<br>
株式会社技術評論社
</address>
```

■CSS
051/css/style.css

```
address {
    font-style: normal;
}
```

▼ ブラウザ表示

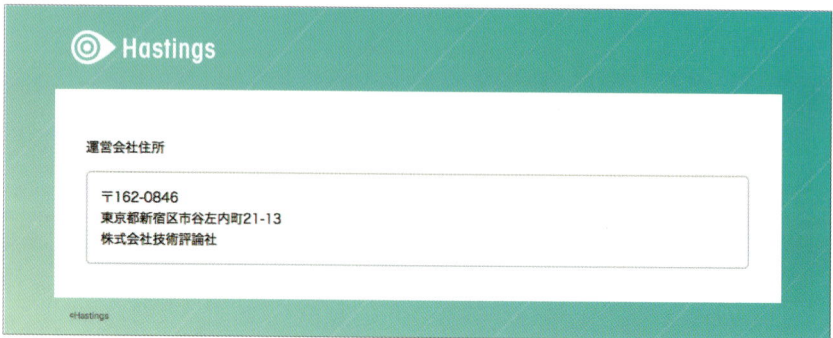

※サンプルでは、<address>のボーダーに線を引き、角を丸くする装飾を足しています。

052 テキストの行揚えを変更したい

 利用シーン テキストを右揃え、中央揃えなどにしたいとき

要素/プロパティ

CSSプロパティ

text-align: 行揃え;

—— テキストの行揃えを変更する

text-alignプロパティは、ブロックボックス(→「004」)のテキストの行揃えを変更するために使用します。text-alignプロパティに指定できるおもな値には、次のものがあります。

- text-align: left; —— 左揃え
- text-align: center; —— 中央揃え
- text-align: right; —— 右揃え
- text-align: justify; —— 両端揃え

■HTML 052/index.html

```
<h1 class="main-copy">日常に特別を
</h1>
<p class="main-copy">毎日の生活で使
う食器や生活雑貨に、お気に入りを増やして
いきませんか? <br>
きっと豊かな気持ちになれる、素材やデザイ
ンにこだわったグッズを集めました</p>
```

■CSS 052/css/style.css

```
h1.main-copy {
    font-size: 18px;
}
.main-copy {
    text-align: right;
}
```

▼ ブラウザ表示

○ auberge

日常に特別を

毎日の生活で使う食器や生活雑貨に、お気に入りを増やしていきませんか?
きっと豊かな気持ちになれる、素材やデザインにこだわったグッズを集めました

©auberge

053 文字と文字の間隔を広くしたい・狭くしたい

利用シーン ページの見出しやタイトルで文字と文字の間の
スペース（カーニング）を調整したいとき

要素／プロパティ

CSSプロパティ

letter-spacing: 文字の間隔;
—— 文字と文字の間隔を調整する

文字と文字の間隔を調整するには、letter-spacingプロパティを使用します。このプロパティの値は、単位pxか、emを使って指定します。

それほど使用頻度が高いプロパティとはいえませんが、サンプルで紹介する通り、見出しを目立たせたいときなどに、ビジュアルエフェクトとして利用するケースが多いでしょう。サンプルでは、<h1 class="menu-title">の文字間隔を20pxに設定しています。

■HTML　　053/index.html

```
<h1 class="menu-title">LUNCH MENU</h1>
<div>
    <ul class="dummy">
        <li>［ピッツァ］</li>
        <li>ピッツァ マルゲリータ　&yen;800-</li>
        <li>ピッツァ ジェノベーゼ　&yen;800-</li>
        <li>ピッツァ フンギ　&yen;950-</li>
        <li>［パスタ］</li>
        <li>スパゲッティかリングィネが選べます。</li>
        <li>アラビアータ　&yen;900-</li>
        <li>ジェノベーゼ　&yen;900-</li>
        <li>ナスとトマト　&yen;900-</li>
    </ul>
</div>
```

■CSS　053/css/style.css

```
.menu-title {
    margin-bottom: 40px;
    font-family: sans-serif;
    font-size: 24px;
    text-align: center;
    letter-spacing: 20px;
}
```

▼ ブラウザ表示

○ auberge

⟹ L U N C H　M E N U

- ［ピッツァ］
- ピッツァ マルゲリータ　¥800-
- ピッツァ ジェノベーゼ　¥800-

054 テキストに字消し線を引きたい

利用シーン テキストに装飾的な線を引きたいとき

要素/プロパティ

CSSプロパティ

text-decoration: 線を引く位置;
━━ テキストに装飾する（線を引く）

text-decorationは、テキストの装飾として、下線や字消し線を引くときに使用するプロパティです。サンプルでは、\<li class="not-available">〜\</li>に含まれるテキストに字消し線を引いています。

text-decorationプロパティに指定できる値には、次の4種類があります。このプロパティは、リンクの下線を消すのにもよく使われます（→「081」）。

text-decorationの値

値	説明
text-decoration: overline;	テキストに上線を引く。あまり使われない
text-decoration: underline;	テキストに下線を引く。リンクの\<a>のスタイルを調整するときによく使われる
text-decoration: line-through;	テキストに字消し線を引く
text-decoration: none;	テキストに線を引かない

■HTML　　　　　　　　　　　　　　　　　054/index.html

```
<h1 class="menu-title">LUNCH MENU</h1>
<div>
    <ul class="dummy">
        <li>［ピッツァ］</li>
        <li>ピッツァ マルゲリータ　&yen;800-</li>
        <li>ピッツァ ジェノベーゼ　&yen;800-</li>
        <li>ピッツァ フンギ　&yen;950-</li>
        <li>［パスタ］</li>
        <li>スパゲッティかリングィネが選べます。</li>
        <li>アラビアータ　&yen;900-</li>
        <li>ジェノベーゼ　&yen;900-</li>
```

```
    <li class="not-available">ナスとトマト  &yen;900-</li>
  </ul>
</div>
```

■CSS

054/css/style.css

中略

```
.not-available {
    text-decoration: line-through;
}
```

▼ ブラウザ表示

L U N C H   M E N U

- ［ピッツァ］
- ピッツァ マルゲリータ　¥800-
- ピッツァ ジェノベーゼ　¥800-
- ピッツァ フンギ　¥950-
- ［パスタ］
- スパゲッティかリングィネが選べます。
- アラビアータ　¥900-
- ジェノベーゼ　¥900-
- ナスとトマト　¥900-

.... Column

<del>～</del> と line-through の使い分け

テキストに字消し線を引くのであれば、<del>タグを使うこともできます（「037」）。<del>タグと line-through プロパティは、どのように使い分けたらよいのでしょう?

基本的に、<del>タグを使うときは、すでに公開した記事の一部が間違っていて、それを訂正するときなど、「今後再び字消し線が消えて、訂正したテキストがもとに戻ることはない」場合に使用します。

それに対して、line-through プロパティを使って字消し線を引くときは、メニューや商品が品切れのときなど、一時的に消す（今後復活する可能性がある）場合に使用するとよいでしょう。

055 好きな色のマーカーを つけたい

利用シーン **<mark>でつけるマーカーの色を変えたいとき**

要素/プロパティ

HTML

<mark>
―― テキストにマーカーを引く ▶034

CSSプロパティ

background: 背景の設定；
―― 要素の背景を設定する ▶120

<mark>〜</mark>で囲まれたテキストは、なにもCSSを適用しなければ黄色のマーカー（背景色）で表示されます。でも、このマーカー色はCSSで簡単に変えることができます。

<mark>に適用したCSSではbackgroundプロパティを使用しています。このプロパティは要素の背景（背景色または背景画像）を設定するのに使われます。背景色を指定するための値には、「043」〜「045」で取り上げた方法がそのまま使えます。

● **書式** backgroundプロパティで背景色を指定する方法

```
background: #RRGGBB;
background: rgb(R, G, B);
background: rgba(R, G, B, 透明度 );

など
```

■ **HTML**   055/index.html

```
<p>Programming Paradiceは、子どもから大人まで、楽しく身につくプログラミング教室を展開しています。全国100カ所で教室を展開中。いますぐアプリやWebサービスを開発したい人向けのコース、IoTコースから、基礎的な情報処理技術の知識を学ぶコース、国家資格の情報処理技術者試験対策コースまで、多数のコースをご用意しております。</p>

<p>すべての教室で無料体験教室を開催しております。<mark>まずはお近くの教室まで、お気軽にお問い合わせください。</mark></p>
```

好きな色のマーカーをつけたい

■ CSS

055/css/style.css

```
mark {
    background: #64dfff;
}
```

▼ ブラウザ表示

HIRAGAR

Programming Paradiceは、子どもから大人まで、楽しく身につくプログラミング教室を展開しています。全国100カ所で教室を展開中。いますぐアプリやWebサービスを開発したい人向けのコース、IoTコースから、基礎的な情報処理技術の知識を学ぶコース、国家資格の情報処理技術者試験対策コースまで、多数のコースをご用意しております。

すべての教室で無料体験教室を開催しております。まずはお近くの教室まで、お気軽にお問い合わせください。

©HIRAGAR

056 段落の前後のスペースをなくしたい

利用シーン

<p>〜</p>で囲む段落の上下のスペースをなくしたいとき。非常によく使われるテクニック

要素／プロパティ

HTML

margin: 0;

—— 要素の四辺のマージンを「0」にする ▶111

<p>〜</p>でテキストを囲むと、上下に1行分のスペースが空きます。これは、<p>のデフォルトCSSにより、上下に1emのマージンが空くようになっているからです。

この上下のスペースは、<p>に「margin: 0;」を適用すればなくすことができます。

■HTML

056／index.html

<p>子どもから大人まで、楽しく身につくプログラミング教室、開講中！ Programming Paradiceは、全国100カ所で教室を展開し、また各地でワークショップを開催しています。いますぐアプリやWebサービスを開発したい人向けのコースやIoTコースから、基礎的な情報処理技術の知識を学ぶコース、国家資格の情報処理技術者試験対策コースまで、多数のコースをご用意しております。</p>

<p>すべての教室で無料体験教室を開催しております。まずはお近くの教室まで、お気軽にお問い合わせください。</p>

■CSS

056／css/style.css

```
p {
    margin: 0;
}
```

▼ ブラウザ表示

子どもから大人まで、楽しく身につくプログラミング教室、開講中！ Programming Paradiceは、全国100カ所で教室を展開し、また各地でワークショップを開催して向けのコースやIoTコースから、基礎的な情報処理技術の知コースまで、多数のコースをご用意しております。

すべての教室で無料体験教室を開催しております。まずは

CSS適用前

子どもから大人まで、楽しく身につくプログラミング教室、開講所で教室を展開し、また各地でワークショップを開催していま向けのコースやIoTコースから、基礎的な情報処理技術の知識をコースまで、多数のコースをご用意しております。
すべての教室で無料体験教室を開催しております。まずはお近く

CSS適用後

057 段落ごとに字下げ（インデント）したい

利用シーン テキストの段落の始まりを1文字分空けたいとき

要素/プロパティ

CSSプロパティ

text-indent: 空けたい大きさ;

—— 段落の1行目の始まりをずらす

テキストの段落の1行目を、本来の位置よりもずらして開始することを「字下げ」といいます。日本語の場合、本来は文章の段落の始まりを1文字分空けることになっています。Webサイトでは文字が揃わずあまり美しく見えないためにそうしないことも多いのですが、もし字下げする場合にはtext-indentプロパティを使います。1文字分字下げするなら「text-indent: 1em;」とします。

■HTML

057/index.html

```
<p>子どもから大人まで、楽しく身につくプログラミング教室、開講中!　Programming Paradiceは、
全国100カ所で教室を展開し、また各地でワークショップを開催しています。いますぐアプリやWeb
サービスを開発したい人向けのコースやIoTコースから、基礎的な情報処理技術の知識を学ぶコー
ス、国家資格の情報処理技術者試験対策コースまで、多数のコースをご用意しております。</p>

<p>すべての教室で無料体験教室を開催しております。まずはお近くの教室まで、お気軽にお問い
合わせください。</p>
```

■CSS

057/css/style.css

```
.contents p {
    text-indent: 1em;
}
```

▼ブラウザ表示

➡ 　子どもから大人まで、楽しく身につくプログラミング教室、開講中!　Programming Paradiceは、全国100カ所で教室を展開し、また各地でワークショップを開催しています。いますぐアプリやWebサービスを開発したい人向けのコースやIoTコースから、基礎的な情報処理技術の知識を学ぶコース、国家資格の情報処理技術者試験対策コースまで、多数のコースをご用意しております。

➡ 　すべての教室で無料体験教室を開催しております。まずはお近くの教室まで、お気軽にお問い合わせください。

Column

text-indentの応用例：マークの位置を揃える

text-indentプロパティには、マイナスの値を設定することもできます。その特性を利用して、注意書きなどで段落の先頭につくマークを揃えることにもよく使われます。以下の例では「注：」の部分（2文字分）、段落の1行目だけ左にずらして、マークを揃えています。先頭のマークを揃えるときのポイントは、padding-leftプロパティにはマークの文字数分の値を設定し、text-indentプロパティにはそのマイナス値を設定することです。この例ではマークが2文字分なので、padding-leftプロパティに2emを、text-indentプロパティに-2emを、それぞれ設定しています。

■HTML
057／text-indent.html

```
<style>
.note {
    margin: 0;
    padding-left: 2em;
    text-indent: -2em;
}
.note span {
    font-weight: bold;
    color: red;
}
</style>
```

[中略]

```
<p class="note"><span>注：</span>イベント開催期間中は混雑が予想
されます。会場に駐車場はございませんので、公共交通機関のご利用をおすす
めします。</p>
<p class="note"><span>注：</span>雨天決行。雨具は各自ご持参くだ
さい。</p>
```

1行目のマークを揃える例

注：イベント開催期間中は混雑が予想されます。会場に駐車場はございませんので、公共交通機関の
すめします。
注：雨天決行。雨具は各自ご持参ください。

Chap

3

テキストの整形とデザインテクニック

058 1文字目だけ大きくしたい

利用シーン タイポグラフィの一環として、1文字目だけ大きくして
デザインにメリハリをつけたいとき

要素/プロパティ

CSSセレクタ

::first-letter
テキストの最初の1文字を選択するセレクタ

CSSプロパティ

float: left または right または none;
フロートを設定する ▶▶203

CSSプロパティ

padding: 上 右 下 左;
ボックスの周囲にパディングを設定する ▶▶109

CSSプロパティ

line-height
行間を調整する ▶▶048

CSSプロパティ

font-size
フォントサイズを調整する ▶▶046

「::first-letter」セレクタを使ってテキストの1文字目を選択し、スタイルを調整することができます。このサンプルでは、雑誌などでよく見かける、1文字目だけを大きくするデザインにしています。

ポイントは、「::first-letter」で選択した1文字目に「float: left;」を適用することです。あとは、次の3つのプロパティの値を少しずつ変えながら、好みのテキストの配置になるように調整します。

- paddingプロパティの1番目と2番目の値(上パディングと右パディング)を調整。下パディングと左パディングは0でよい
- line-heightプロパティの値
- font-sizeプロパティの値

■HTML

058/index.html

```
<p class="lead">子どもから大人まで、楽しく身につくプログラミング教室、開講中!
Programming Paradiceは、全国100カ所で教室を展開し、また各地でワークショップを開催して
います。いますぐアプリやWebサービスを開発したい人向けのコースやIoTコースから、基礎的な情
報処理技術の知識を学ぶコース、国家資格の情報処理技術者試験対策コースまで、多数のコー
スをご用意しております。</p>

<p>すべての教室で無料体験教室を開催しております。まずはお近くの教室まで、お気軽にお問い
合わせください。</p>
```

```css
p {
    margin: 0;
}
.lead::first-letter {
    float: left;
    padding: 0.05em 0.05em 0 0;
    line-height: 0.95em;
    font-size: 4.1em;
    font-weight: bold;
}
```

▼ ブラウザ表示

子どもから大人まで、楽しく身につくプログラミング教室、開講中！　Programming Paradiceは、全国100カ所で教室を展開し、また各地でワークショップを開催しています。いますぐアプリやWebサービスを開発したい人向けのコースやIoTコースから、基礎的な情報処理技術の知識を学ぶコース、国家資格の情報処理技術者試験対策コースまで、多数のコースをご用意しております。
すべての教室で無料体験教室を開催しております。まずはお近くの教室まで、お気軽にお問い合わせください。

●HIRAGAR

059

段落の1行目だけ
見た目を変えたい

利用シーン デザイン上のメリハリをつけるために、
記事ページの1行目だけスタイルを変えたいとき

要素/プロパティ

CSSセレクタ

::first-line

段落の1行目だけを選択するセレクタ

「::first-line」セレクタを使って、`<p>`～`</p>`などで作られるテキスト段落の1行目だけを選択し、スタイルを調整することができます。「::first-child」セレクタ同様（→「058」）装飾的意味合いが強いため、どんなサイトでも使用するものではありませんが、デザイン上必要な場合には役に立ちます。とくに最近のWebデザインでは、画像を多用せずテキスト主体で見せることが多いため、見た目のメリハリをつけるためにこれからは活用する機会が増えるかもしれません。

■**HTML**　　　　　　　059/index.html

```
<p class="lead">子どもから大人まで、楽し
く身につくプログラミング教室、開講中!
Programming Paradiceは、 中略 ご用意
しております。</p>

<p>すべての教室で 中略 ください。</p>
```

■**CSS**　　　　　　　059/css/style.css

```css
.lead::first-line {
    font-weight: bold;
    font-size: 20px;
    color: #1aa7b1;
}
```

▼ブラウザ表示

HIRAGAR

子どもから大人まで、楽しく身につくプログラミング教室、開講中!　Programming
Paradiceは、全国100カ所で教室を展開し、また各地でワークショップを開催しています。いますぐアプリや
Webサービスを開発したい人向けのコースやIoTコースから、基礎的な情報処理技術の知識を学ぶコース、国家資
格の情報処理技術者試験対策コースまで、多数のコースをご用意しております。

すべての教室で無料体験教室を開催しております。まずはお近くの教室まで、お気軽にお問い合わせください。

eHIRAGAR

060 引用の前後に テキストを挿入したい

利用シーン 「お客様の声」など、決まったパターンで掲載する
テキストの前後にカッコや引用符をつけたいとき

要素/プロパティ

CSSセレクタ

::before

—— 要素のテキストの「直前」にスタイルを適用

CSSセレクタ

::after

—— 要素のテキストの「直後」にスタイルを適用

CSSプロパティ

content

—— テキストの直前や直後に挿入するコンテンツ

「::before」「::after」セレクタは、タグで囲まれたテキストのそれぞれ直前、直後を選択し、そこにコンテンツを挿入することができます。挿入するコンテンツはcontentプロパティで指定します。

「::before」「::after」セレクタのスタイルには、どんなCSSプロパティを使用してもかまいませんが、contentプロパティだけは必須です。

contentプロパティはさまざまな使い方ができ、挿入するコンテンツにはいろいろなものが指定できるのですが、もっとも簡単なのはテキストを挿入することです。よくある例としては今回のサンプルで紹介するように、引用の<blockquote>タグで囲まれたテキストの前後に引用符を挿入することです。

「::before」「::after」でコンテンツが挿入される場所

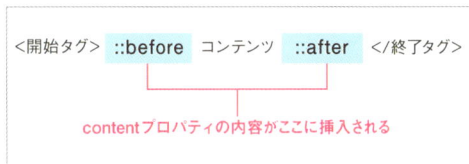

● **書式** 「::before」セレクタを使用したスタイル

```
セレクタ::before {
    content: 挿入したいコンテンツ;
}
```

■HTML

060/index.html

```
<p>先日開催されたHTML初心者向け講座のアンケートより。</p>
<blockquote class="voice">まだ勉強し始めたばかりですが、独学でやってきたことの確認がで
きて少し自信がついたように思います</blockquote>
<blockquote class="voice">すでにできあがっているHTMLの一部を修正するくらいのことしかし
たことがなかったので、ゼロからHTMLを組むことに挑戦したいです</blockquote>
```

■CSS

060/css/style.css

```
.voice::before {
    content: "";
    color: #1aa7b1;
}
.voice::after {
    content: "";
    color: #1aa7b1;
}
```

注意

contentプロパティの使いすぎに注意

contentプロパティを使ってテキストを挿入すれば、統一感のあるページを作れることができ、引用の前後にカッコをつけ忘れたりする心配がなくなります。

しかし、contentプロパティで挿入されるテキストはHTMLには含まれていないため、検索には引っかかりません。もちろん、検索サイトで検索してもヒットしないので、contentプロパティで重要なコンテンツを挿入することは避けましょう。

▼ ブラウザ表示

先日開催されたHTML初心者向け講座のアンケートより。

"まだ勉強し始めたばかりですが、独学でやってきたことの確認ができて少し自信がついたように思います"

"すでにできあがっているHTMLの一部を修正するくらいのことしかしたことがなかったので、ゼロからHTMLを組むことに挑戦したいです"

©HIRAGAR

061

テキストの前後に記号を挿入したい

利用シーン 「060」の別のパターンとして、テキストの前後に記号を数字実体参照で挿入したいとき

要素/プロパティ

CSS セレクタ

::after
—— 要素のテキストの「直後」にスタイルを適用 ▶▶060

CSS プロパティ

content
—— テキストの直前や直後に挿入するコンテンツ ▶▶060

HTML

実体参照
—— HTMLで使用できない文字や記号などを表示するために、代わりにキーワードや数値を用いて記述する方法 ▶▶042

「::before」「::after」セレクタで作るスタイルに必須のcontentプロパティには、挿入するコンテンツに実体参照を使うこともできます。このサンプルでは、「042」で取り上げたのとは別の「数字実体参照」という方法を使って、気温を表す数字の後ろに「℃」を表示させます。

■ HTML   061 / index.html

```
<p class="forecast">
    <span class="temperature min">18</span><span class="diff">-2</span>
    /
    <span class="temperature max">25</span><span class="diff">+3</span>
</p>
```

■ CSS   061 / css/style.css

```
.forecast {
    text-align: center;
}
.temperature {
    font-size: 2.4em;
    font-weight: bold;
```

テキストの前後に記号を挿入したい

```
}
.temperature::after {
    content: "¥2103";
}
.min {
    color: #007ec5;
}
.max {
    color: #ed3034;
}
```

▼ ブラウザ表示

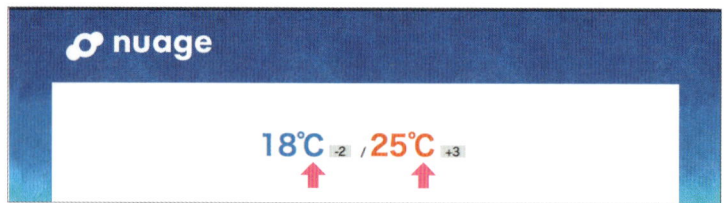

実体参照が定義されていない文字には「数字実体参照」を使う

HTMLで使用できない文字、たとえば「<」や「>」には、「&」で始まり「;」で終わる実体参照が定義されています。しかし、実体参照が定義されていない記号などを入力したいときは、OSに搭載されている文字入力用のパレットを使って入力するか、数字実体参照を使います。

数字実体参照とは、円マーク（¥）もしくはバックスラッシュ（\）で始まる4桁の数字のことです。この4桁の数字は、すべての文字に割り当てられている「ユニコード・コードポイント」と呼ばれるもので、次のようなものがあります。とくに、文字化けする可能性のある文字を表示したいときに使うとよいでしょう。

記号	数字実体参照	記号	数字実体参照
℃	¥2103	⑥	¥322C
℉	¥2109	⑦	¥322D
°	¥00B0	⑧	¥322E
℡	¥2121	⑨	¥322F
⓪	¥24EA	⑩	¥3230
①	¥2460		
②	¥2461		
③	¥2462		
④	¥322A		
⑤	¥322B		

062

引用符を自由に指定したい

利用シーン `<q>`タグを使って短い引用をするときに、引用文の前後につくカッコを変えたいとき

要素／プロパティ

HTML

`<q>`
— コンテンツを引用する ▶︎032

CSSプロパティ

`quotes: "開始カッコ" "終了カッコ";`
— 引用文の前後につけるカッコを定義する

CSSプロパティ

`content: open-quote;`
— quotes プロパティで決めた「開始カッコ」を表示する

CSSプロパティ

`content: close-quote;`
— quotes プロパティで決めた「終了カッコ」を表示する

CSSセレクタ

`::before、::after`
— 要素のテキストの直前・直後にスタイルを適用 ▶︎060

引用の`<q>`タグで囲まれたテキストの前後にはカッコがつきます。このカッコはCSSで変更することができます。

`<q>`タグで表示されるカッコを変更するためには、まず、`<q>`に適用されるquotesプロパティに、開始カッコと終了カッコを半角スペースで区切って設定します。

さらに、`<q>`の::before プロパティに「content: open-quote;」、::afterプロパティに「content: close-quote;」を指定します。contentプロパティに指定する「open-quote」「close-quote」というのは、どちらもあらかじめ定義されている値で、それぞれ、quotesプロパティで設定した「開始カッコ」「終了カッコ」を指します。

`<q>`タグ自身を使うケースも、わざわざカッコを変更するケースもそれほど多くないかもしれません。でも、今回取り上げるテクニックを使う以外にカッコを変更する方法はありませんので、いざというときのために紹介しておきます。

Chap

3

テキストの整形とデザインテクニック

■ HTML

062／index.html

```
<p>先日開催されたHTML初心者向け講座のアンケートでは、<q>普段は決められた更新作業を
しているので、<q>テンプレートのHTMLを組んで</q>と頼まれても自信がなくてできませんでした。
</q>という声もあり、ゼロからHTMLを書くことに不安を覚えている方が増えていることがわかりまし
た。</p>
```

■ CSS

```css
q {
    quotes: "《" "》";
}
q::before {
    content: open-quote;
    color: #1aa7b1;
}
q::after {
    content: close-quote;
    color: #1aa7b1;
}
```

▼ ブラウザ表示

HIRAGAR

先日開催されたHTML初心者向け講座のアンケートでは、《普段は決められた更新作業をしているので、《テンプレートのHTMLを組んで》と頼まれても自信がなくてできませんでした。》という声もあり、ゼロからHTMLを書くことに不安を覚えている方が増えていることがわかりました。

©HIRAGAR

リストの
デザインテクニック

Chapter

4

063 箇条書きを表示したい

利用シーン
- テキストを箇条書きにしたいとき
- 同じ種類の情報を列挙したいときや
  ナビゲーションなどの作成によく使う

要素／プロパティ

HTML

`<ul>～</ul>`
—— 箇条書き（非序列リスト）。子要素は必ず`<li>～</li>`

HTML

`<li>～</li>`
—— 箇条書きのリスト項目

`<ul>～</ul>`、`<li>～</li>`は、「非序列リスト」と呼ばれるごくふつうの箇条書きを作成するのに使われます。すべてのHTMLタグの中でも、もっとも使用頻度の高いもののひとつです。`<ul>～</ul>`で作成する箇条書きには、リスト項目の先頭に「・」がつきます。

非序列リストは単純な「箇条書き」に使われるだけでなく、ナビゲーションなどを作成するのにもよく使われます。非序列リストの実践的な使用例はのちのサンプルでも取り上げますが、ここではまず、もっとも基本的な使い方を紹介します。

`<ul>～</ul>`は、`<li>～</li>`以外を子要素にすることはできず、ほかのタグを使うことはできません。

● **書式** 箇条書きのHTML

```
<ul>
    <li>箇条書きのコンテンツ</li>
    <li>箇条書きのコンテンツ</li>
中略
</ul>
```

```
<h2>朝食メニューのリスト</h2>
<ul>
    <li>トースト</li>
    <li>目玉焼き</li>
    <li>ウィンナー</li>
    <li>コーヒー</li>
</ul>
```

▼ ブラウザ表示

064

番号付きの箇条書きを表示したい

● 箇条書きのうち、作業手順や操作手順など、順序があるものを表現したいとき
● 重要度に違いがあるものを箇条書きにしたいとき

要素/プロパティ

HTML

<ol>～</ol>

―― 順序がある箇条書き（序列リスト）。子要素は必ず<li>～</li>

HTML

<li>～</li>

―― 箇条書きのリスト項目

<ol>～</ol>は「序列リスト」と呼ばれる箇条書きで、箇条書きのリスト項目に順序や重要度の違いがある場合に使われます。「063」で紹介した<ul>ほど使用頻度は高くありません。<ol>～</ol>で作成する箇条書きには、リスト項目の先頭に、上から順に番号がつきます。

<ul>同様、<ol>～</ol>は<li>～</li>以外を子要素にすることはできず、ほかのタグを使うことはできません。

■HTML

064/index.html

```
<h2>順路</h2>
<ol>
    <li>南口を出て右に進みます。</li>
    <li>最初の信号を左折します。</li>
    <li>しばらく直進して、1階がファミリーレストランのビルの5階です。</li>
</ol>
```

▼ ブラウザ表示

 Hastings

順路

1. 南口を出て右に進みます。
2. 最初の信号を左折します。
3. しばらく直進して、1階がファミリーレストランのビルの5階です。

©Hastings

065

箇条書きを1以外の数から スタートさせたい

 利用シーン

序列リスト（<ol>）の箇条書きの番号を 1以外で始めたいとき

要素/プロパティ

`HTML`

`<ol start="n">`

── <ol>の開始番号を指定する。「n」の部分を 開始番号（2や10などの数字）にする

<ol>タグのstart属性を使うと、序列リスト の開始番号を1以外にすることができます。

■ HTML

065/index.html

```
<h2>第1回 小型コンピュータBLT Sandの概要</h2>
<ol>
    <li>BLT Sandの特徴</li>
    <li>BLT Sandの種類</li>
    <li>動作に必要なパーツを調達するには</li>
</ol>

<h2>第2回 OSのインストール</h2>
<ol start="4">
    <li>Baconianのディスクイメージを作成しよう</li>
    <li>ディスプレイ、キーボード、マウスを接続しよう</li>
    <li>電源を入れてログイン</li>
</ol>
```

▼ ブラウザ表示

> **第1回 小型コンピュータBLT Sandの概要**
>
> 　1. BLT Sandの特徴
> 　2. BLT Sandの種類
> 　3. 動作に必要なパーツを調達するには
>
> **第2回 OSのインストール**
>
> ➡ 4. Baconianのディスクイメージを作成しよう
> 　5. ディスプレイ、キーボード、マウスを接続しよう
> 　6. 電源を入れてログイン

066

「キーワード」と「説明」を
セットで表示したい

利用シーン

辞書の「見出し語」とその「説明」のような、
セットになる組み合わせを
いくつか箇条書きにしたいとき

要素／プロパティ

HTML

`<dl>～</dl>`
——— 定義リスト。子要素に複数の`<dt>`と`<dd>`の組み合わせを含める

HTML

`<dt>キーワード</dt>`
——— キーワード

HTML

`<dd>説明</dd>`
——— キーワードの説明

`<dl>～</dl>`は「定義リスト」と呼ばれる箇条
書きの一種です。ひとつの箇条書き項目は
「キーワード」の`<dt>`と、「そのキーワードの説
明」の`<dd>`という、ふたつの要素で構成され
ます。基本的な書式は次の通りです。

● **書式**　`<dl>`、`<dt>`、`<dd>`

```
<dl>
    <dt>キーワード1</dt>
    <dd>キーワード1の説明</dd>
    <dt>キーワード2</dt>
    <dd>キーワード2の説明</dd>
中略
</dl>
```

■ **HTML**　　　　　　　　　　　　　　　　　066／index.html

```
<dl>
    <dt>朝食</dt>
    <dd>ロビーにて、焼きたてパンとドーナッツ、コーヒー、フレッシュジュースを無料でサービスし
ております。2Fのお食事処では和朝食を1,000円でご提供しております。</dd>
    <dt>昼食</dt>
    <dd>2Fのお食事処にランチメニューを用意しております。外出用にお弁当をご希望の方は
```

前日の19:00までにご予約ください。（おにぎり弁当：800円）</dd>

    `<dt>`夕食`</dt>`

    `<dd>`2Fお食事処にて、和風創作料理コースをお召し上がりください。お子様メニューをご希望の方はご予約時にお知らせください。夕食はご宿泊料金に含まれています。`</dd>`

`</dl>`

▼ ブラウザ表示

○ auberge

朝食
ロビーにて、焼きたてパンとドーナッツ、コーヒー、フレッシュジュースを無料でサービスしております。2F
のお食事処では和朝食を1,000円でご提供しております。

昼食
2Fのお食事処にランチメニューを用意しております。外出用にお弁当をご希望の方は前日の19:00までにご
予約ください。（おにぎり弁当：800円）

夕食
2Fお食事処にて、和風創作料理コースをお召し上がりください。お子様メニューをご希望の方はご予約時に
お知らせください。夕食はご宿泊料金に含まれています。

©auberge

Column

どんなものに `<dl>`、`<dt>`、`<dd>` を使う？

`<dt>`のキーワードと`<dd>`の説明の組み合わせには、次のようなものが考えられます。

キーワードと説明の組み合わせ例

例	`<dt>`	`<dd>`
日時とできごと	`<dt>`2020年7月24日`</dt>`	`<dd>`東京オリンピック開幕`</dd>`
単語と説明	`<dt>`nginx`</dt>`	`<dd>`近年急速にシェアを伸ばしているWebサーバー`</dd>`
見出しとその内容	`<dt>`会場：`</dt>`	`<dd>`駅前センタービル16F`</dd>`

067

「キーワード」と「説明」の
レイアウトを変えたい

利用シーン 定義リストの「キーワード」と「説明」を、
改行せずに横に並べたいとき

要素／プロパティ

HTML

\<dl\>、\<dt\>、\<dd\>

―― 定義リスト **▶▶066**

CSSプロパティ

overflow: hidden;

―― フロートを解除する **▶▶203**

CSSプロパティ

float: left;

―― 左フロートを適用する **▶▶203**

CSSプロパティ

margin

―― マージンを設定する **▶▶004**

定義リストは、CSSを適用しない限り\<dd\>が字下げ（インデント）して表示されます※。この表示はCSSで調整可能で、キーワードの\<dt\>と、説明の\<dd\>を横に並べることができます。

キーワードと説明を横に並べるためのCSSには、下記の3つポイントがあります。これは定義リストの\<dl\>、\<dt\>、\<dd\>を使うときに、よく使われるお決まりのCSSテクニックです。

- \<dl\>に「overflow: hidden;」を適用する
- \<dt\>に「float: left;」を適用する
- \<dd\>のインデントを解除するために、左マージンを「0」にする

※「066」のブラウザ表示をご覧ください。

■ **HTML**　　　　　　　　　　　　　　067／index.html

```
<dl>
    <dt>朝食：</dt>
    <dd>ロビーにて、焼きたてパンとドーナッツ、コーヒー、フレッシュジュースを無料でサービスしております。2Fのお食事処では和朝食を1,000円でご提供しております。</dd>
    <dt>昼食：</dt>
    <dd>2Fのお食事処にランチメニューを用意しております。外出用にお弁当をご希望の方は前日の19:00までにご予約ください。（おにぎり弁当：800円）</dd>
    <dt>夕食：</dt>
    <dd>2Fお食事処にて、和風創作料理コースをお召し上がりください。お子様メニューをご希望の方はご予約時にお知らせください。夕食はご宿泊料金に含まれています。</dd>
</dl>
```

■ CSS 067/css/style.css

```css
dl {
    overflow: hidden;
}
dt {
    float: left;
    font-weight: bold;
}
dd {
    margin:0 0 1em 0;
}
```

▼ ブラウザ表示

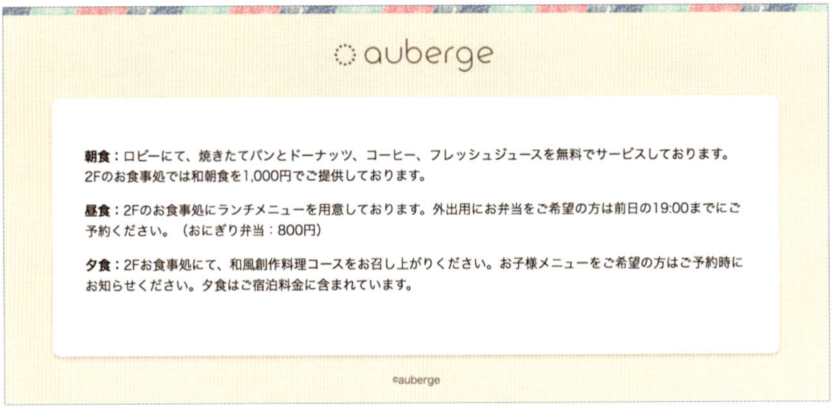

auberge
朝食：ロビーにて、焼きたてパンとドーナッツ、コーヒー、フレッシュジュースを無料でサービスしております。
2Fのお食事処では和朝食を1,000円でご提供しております。
昼食：2Fのお食事処にランチメニューを用意しております。外出用にお弁当をご希望の方は前日の19:00までにご
予約ください。（おにぎり弁当：800円）
夕食：2Fお食事処にて、和風創作料理コースをお召し上がりください。お子様メニューをご希望の方はご予約時に
お知らせください。夕食はご宿泊料金に含まれています。
©auberge

068

箇条書きのマークを変更したい

利用シーン 非序列リスト（<ul>）の先頭のマークを変えたいとき

要素／プロパティ

HTML

<ul>、<li>
—— 箇条書き ▶▶063

CSSプロパティ

list-style: マークの種類;
—— リストのマークを設定する

非序列リスト（<ul>）には、CSSを適用しない限り各リスト項目の先頭に「・」が表示されます。「list-style」プロパティを使えば、このマークを別のものに変更することができます。このサンプルでは「・」の代わりに「■」を表示しています。

■HTML

068／index.html

```
<ul class="list">
    <li>トースト</li>
    <li>目玉焼き</li>
    <li>ウィンナー</li>
    <li>コーヒー</li>
</ul>
```

■CSS

068／css/style.css

```
.list {
    margin: 0;
    padding: 0;
    list-style: square;
}
```

○ auberge

- トースト
- 目玉焼き
- ウィンナー
- コーヒー

©auberge

Column

list-style プロパティの値の設定の仕方

list-style プロパティは、箇条書きの各項目の先頭に表示されるマークを設定するために使用します。このプロパティの値には、下表にあるあらかじめ決められた値（キーワード）のどれかを指定します。なお、これらのキーワードのうちもっ

ともよく使うのは、マークを表示しない「none」です。Web ページのナビゲーションや各種パーツの作成をするときに多用します。「list-style:none;」の使用例は、11 章、14 章などで多数取り上げています。

list-style に使える値

値	説明	表示例
disc	「・」を表示（デフォルト値）	● 初めての方ランチセット20%オフ！
circle	白丸を表示	○ 初めての方ランチセット20%オフ！
square	四角を表示	■ 初めての方ランチセット20%オフ！
none	マークを表示しない	初めての方ランチセット20%オフ！

● **書式** list-style プロパティにキーワードを指定する例

```
list-style: circle;
```

147

069 箇条書きのナンバリングを変更したい

利用シーン

序列リストの番号を、アルファベットなどに変更したいとき

要素／プロパティ

HTML

`<ol>`、`<li>`

━━ 番号付きの箇条書き ▶▶ 064

CSSプロパティ

`list-style: あらかじめ決められた値;`

━━ リストのマークを設定する

「list-style」プロパティで、非序列リストのマークを変更するのと同様、序列リストの番号を、アルファベットなどに変えることもできます。サンプルではlist-styleプロパティの値に「decimal-leading-zero」を指定することで、番号に「0」をつけて桁合わせしています。

■HTML

069／index.html

```
<h2>共有ファイルリスト</h2>
<ol class="files">
    <li>keyimage.jpg</li>
    <li>update-list.xlsx</li>
    <li>scan1027.jpg</li>
    <li>html-ref.txt</li>
</ol>
```

■CSS

069／css／style.css

```
.files {
    margin: 0;
    list-style: decimal-leading-zero;
}
```

共有ファイルリスト

01. keyimage.jpg
02. update-list.xlsx
03. scan1027.jpg
04. html-ref.txt

©HIRAGAR

.... **Column**

list-styleプロパティに指定できるおもな値

....

list-styleプロパティには、サンプルで使用した
「decimal-leading-zero」以外にも、いろいろな値が
定義されています。

list-styleに使える値

値	説明	表示例
lower-alpha	小文字のアルファベット (a, b, c...)	a. keyimage.jpg b. update-list.xlsx
upper-alpha	大文字のアルファベット (A, B, C...)	A. keyimage.jpg B. update-list.xlsx
lowr-roman	小文字のローマ数字 (i, ii, iii...)	i. keyimage.jpg ii. update-list.xlsx
upper-roman	大文字のローマ数字 (I, II, III...)	I. keyimage.jpg II. update-list.xlsx

Chap
4

リストのデザインテクニック

070

箇条書きのマークを
画像にしたい ❶

利用シーン 非序列リストのマークを
オリジナルの画像にしたいとき

要素/プロパティ

HTML

\<ul\>～\</ul\>
—— 箇条書き ▶▶063

CSSプロパティ

list-style: url（画像のパス）;
—— リストマークに使用する画像を指定する

箇条書きのマークを画像にするには、2つの方法があります。ここではそのうちの1つである、list-styleプロパティを使う方法を取り上げます。もう1つの方法は次の「071」で紹介します。
list-styleプロパティの値に「url（パス）」を指定すると、パス（→「001」）で指定された画像がリストマークとして表示されるようになります。指定するパスは相対パスでも絶対パスでもかまいません。

■**HTML** 070/index.html

```
<h2>東京の動物園</h2>
<ul>
    <li>上野動物園</li>
    <li>多摩動物園</li>
    <li>井の頭自然文化園</li>
</ul>
```

■**CSS** 070/css/style.css

```
ul {
    list-style: url(../images/star-bullet.png);
}
```

▼ ブラウザ表示

071 箇条書きのマークを画像にしたい ❷

利用シーン 非序列リストのマークを
オリジナルの画像にしたいとき

要素/プロパティ

HTML

<ul>～</ul>
―― 箇条書き ▸▸063

CSSプロパティ

list-style: none;
―― リストマークを表示しない

CSSプロパティ

padding: 上パディング 右パディング 下パディング 左パディング;
―― パディングを調整する ▸▸004

CSSプロパティ

background: url(マークの画像のパス) no-repeat;
―― 要素の背景を設定する ▸▸120 ▸▸121

箇条書きのマークを画像にする方法のひとつ目は「070」で紹介しましたが、ここではまったく別の方法を取り上げます。一般的には「070」よりも、今回の方法のほうがよく使われます。

この方法では、<li>に適用されるスタイルに、paddingプロパティ、list-styleプロパティ、backgroundプロパティを設定します。

このうち、list-styleプロパティの値は、必ず「none」にします。

backgroundプロパティの詳しい使い方は「120」で改めて説明しますが、リストマークの画像を表示することに限っていえば、値に「url(画像のパス)」と「no-repeat」を、半角スペースで区切って指定します。

それからもうひとつ、paddingプロパティで、<li>

の上右下左のパディングを調整します。このパディングに適用する数値は、使用する画像の大きさやリストのフォントサイズによって変わります。実際のWebサイトで使用するときは、表示結果を見ながら少しずつ数値を変えて調整することになります。

<li>に指定するパディングが作用するところ

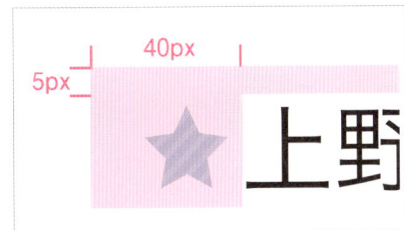

箇条書きのマークを画像にしたい ❷

■**HTML**　　　071/index.html

```
<h2>東京の動物園</h2>
<ul>
    <li>上野動物園</li>
    <li>多摩動物園</li>
    <li>井の頭自然文化園</li>
</ul>
```

■**CSS**　　　071/css/style.css

```
ul {
    margin: 0;
    padding: 0;
}
li {
    padding: 5px 0 0 40px;
    list-style: none;
    background: url(../images/
star.png) no-repeat;
}
```

Column

リストマークの画像変更、どちらを使う？

リストマークの画像を変更する方法として、「070」ではlist-styleプロパティだけを使用する方法を、この「071」のように、複数のプロパティを組み合わせる方法とふたつ紹介しました。明らかに「070」のほうが簡単ですが、「071」のほうがよく使われています。それはなぜでしょう？

おそらく、それは、list-styleプロパティだけを使う「070」の方法は、古いブラウザでは「マークとテキストがきれいに揃わなかった」のが原因だと考えられます。そのため、list-styleプロパティだけを使った方法がすっかり廃れてしまい、paddingプロパティやbackgroundプロパティを組み合わせる方法だけが普及しました。

ところが、現在のブラウザはlist-styleプロパティだけを使う「070」の方法でも、画像のリストマークとテキストがきれいに揃います。むしろ、今回の「071」の方法では、ページ全体を拡大表示したときや、paddingプロパティの設定によっては、リストマークに利用した画像の一部が表示されなくなるというデメリットがあります。

リストマークの画像を変更するには、「070」の方法でも、「071」の方法でも、どちらを使ってもかまいません。しかし、今後はより簡単な「070」のほうが優勢になるのではないかと、著者は考えています。

▼ ブラウザ表示

箇条書きのマークで
ランキングを表現したい

利用シーン
- ●ランキングなどを表示する場合に、先頭に順位がわかるようなアイコンをつけたいとき
- ●<li>など同じ要素が連続するときに、個別に別々のスタイルを適用したいとき

要素/プロパティ

CSSセレクタ

:nth-child(n)

——— n番目の要素を選択する ▶▶153

HTML

<ol>〜</ol>

——— 序列がある箇条書き ▶▶064

CSSプロパティ

list-style: none;

——— リストマークを表示しない

CSSプロパティ

padding: 上パディング 右パディング 下パディング 左パディング;

——— パディングを調整する ▶▶004

CSSプロパティ

background: url(マークの画像のパス) no-repeat;

——— 要素の背景を設定する ▶▶120 ▶▶121

箇条書き(<ol>)に含まれる<li>の先頭に、リストマークの代わりに背景画像を表示します。ただし、すべてのリスト項目に同じ背景画像を表示するのではなく、1番目から3番目までの<li>に、それぞれ別の画像を適用します。

箇条書きの先頭に画像を表示する方法は、基本的には「071」で紹介したテクニックと同じです。それに加えて、リスト項目の3番目まで、上から順に異なる背景画像を指定するために「:nth-child(n)」セレクタを使用しています※。このセレク

タは、「:」より前で選択される要素(このサンプルではli)のうち、「()」内の番号の順番に出てくるものだけを選択して、スタイルを適用します。

たとえば、セレクタが「.rank li:nth-child(1)」であれば、<ol class="rank">に含まれる<li>のうち、1番目に出てくる要素だけが選択されます。

「:nth-child(n)」セレクタについては、「153」に詳しい解説があります。

※「:」で始まるセレクタを「擬似クラス」といいます。

箇条書きのマークでランキングを表現したい

■ HTML

072/index.html

```
<h2>今週の人気レシピ</h2>
<ol class="rank">
    <li>混ぜて炊くだけ!きのこの炊き込み御飯</li>
    <li>これは簡単!かぼちゃのグラタン</li>
    <li>野菜たっぷり!秋鮭のホイル焼き</li>
</ol>
```

■ CSS

072/css/style.css

```
.rank {
    margin: 0;
    padding: 0;
}
.rank li {
    padding: 5px 0 20px 55px;
    list-style: none;
    background-color: #f30;
}
.rank li:nth-child(1) {
```

```
    background: url(../images/
crown1.png) no-repeat;
}
.rank li:nth-child(2) {
    background: url(../images/crown2.
png) no-repeat;
}
.rank li:nth-child(3) {
    background: url(../images/crown3.
png) no-repeat;
}
```

▼ ブラウザ表示

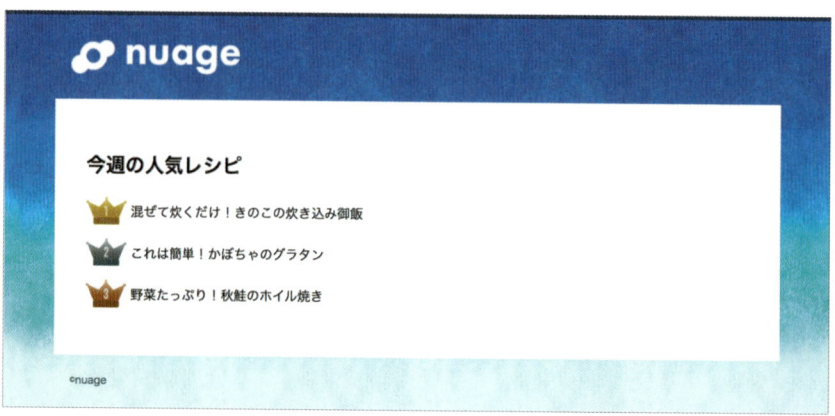

リンクと画像の
テクニック

Chapter

5

サイト内のほかのページに
リンクしたい

利用シーン サイト内のほかのページにリンクしたいとき

要素 / プロパティ

`HTML`

`<a href="リンク先ページのパス">～</a>` —— リンクを設定する

`<a>～</a>`は、「～」の部分のコンテンツにリンクを設定します。「～」の部分はテキストでも、画像でも、ほかのタグでも何でもかまいません。このサンプルではテキストにリンクを設定しています。リンク先はhref属性に、相対パスまたは絶対パスで指定します。一般的にリンク先はHTMLファイル（.html）にしますが、画像ファイルなどを指定することもできます。

また、`<a>`タグにはtitle属性を追加することもあります。title属性にはリンク先ページの概要を記した短いテキストを設定します。title属性があると、リンクにマウスがホバーしたときに、テキストが表示されます※。title属性は追加してもしなくてもかまいません。

※ title属性が追加されていても、AndroidやiOSで動作するスマートフォンやタブレットでは、ツールチップは表示されません。

■ HTML

073/index.html

```
<p>見積もり、コンサルティングのご依頼は<a href="contact.html" title="お問い合わせ">お問い合わせフォーム</a>よりご連絡ください。2営業日以内にお返事差し上げます。</p>
```

▼ ブラウザ表示

`<a>`タグにtitle属性があると、ホバーしたときにテキストが表示される

074 別のサイトへリンクしたい

利用シーン 別のサイトへリンクしたいとき

要素/プロパティ

HTML

<a href="リンク先ページのURL">〜</a>

――― リンクを設定する

ドメイン名が違う別のWebサイトのページにリンクするときは、href属性にリンク先URLを絶対パスで指定します。

■ HTML

074/index.html

<p>このイベントの詳細は、主催の<a href="http://gihyo.jp">技術評論社</a>にお問い合わせください。</p>

▼ ブラウザ表示

075 リンク先を別タブで開くようにしたい

利用シーン おもに別のサイトへリンクするときに、リンク先ページを別のタブ、または別のウィンドウで開きたいとき

要素/プロパティ

HTML

<a href="リンク先ページのURL" target="_blank">～</a>
───── リンクを設定する

リンクをクリックしたときに、リンク先ページを別のタブで開きたいときは、<a>タグに「target="_blank"」を追加します。このtarget属性はリンクを開くウィンドウを指定するのに使います。

target属性に指定できる値はいくつかありますが、現在よく使われるのは「_blank」と、まれに「_top」のふたつです。「_top」については「107」で詳しく取り上げます。

■ **HTML**   075/index.html

```
<p>このイベントの詳細は、主催の<a href="http://gihyo.jp" target="_blank">技術評論社</a>にお問い合わせください。</p>
```

▼ ブラウザ表示

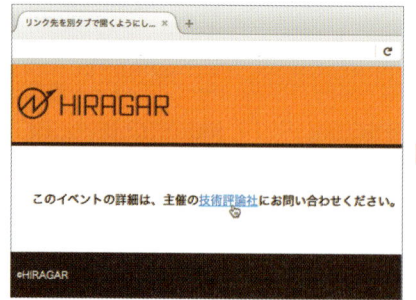 

076 ページ内リンクを設定したい

利用シーン
- ●別のページではなく、同じページ内の特定の場所にリンクを設定したいとき
- ●別のページの特定の場所にリンクを設定したいとき

要素 / プロパティ

`HTML`

`<a href="#リンク先要素のid属性">～</a>`
—— ページ内リンクを設定する

`HTML`

`<a href="リンク先ページのパス#リンク先要素のid属性">～</a>`
—— 別のページの特定の場所にリンクする

<a>タグで、同じページの特定の場所にリンクを設定することができます。こうしたリンクのことをとくに「ページ内リンク」と呼びます。
ページ内リンクを設定するには、まずリンク先要素（タグ）にid属性を追加します。それから、リンクの<a>タグのhref属性を「#リンク先要素のid属性」というように、id属性の名前の前に「#」をつけて指定します。ここで紹介するサンプルでは、ページの途中にある「<h2 id="address">アクセス</h2>」をリンク先として、「<a href="#address">アクセス</a>」というリンクを設定しています。

● **書式** リンク先要素のid属性が「id_name」だった場合に、ページ内リンクを設定する例

```
<a href="id_name">ページ内リンク</a>
中略
<h1 id="id_name"></h1>
```

■ **HTML**　　　　　　　　　　　　　076/index.html

```
<p>当社へおいでの方は<a href="#address">アクセス</a>をご確認ください</p>
中略
<p>代表取締役社長：星 太郎<br>
社員：80名<br>
資本金：5000万円<br>
```

159

```
所在地：東京都太田区榎本町1-11-1AAビル9F<br>
電話：03-0000-1111</p>
<h2 id="address">アクセス</h2>
<p>各線新宿駅西口より徒歩10分。<br>
新宿中央公園に隣接するAAビルの9Fです。</p>
```

中略

▼ ブラウザ表示

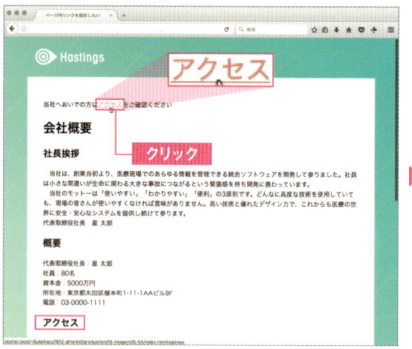

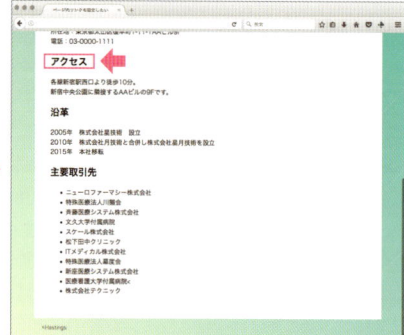

Column

別のページの特定の場所にリンクするときは

同じページ内だけでなく、別のページの特定の場所にリンクを設定することもできます。その場合は、<a>タグのhref属性を次のようにします。

● **書式**　別のページの特定の場所にリンクする

```
<a href="リンク先ページのURL#リンク先要素のid属性">〜</a>
```

たとえば、「about.html」の「<h2 id="address">アクセス</h2>」にリンクを設定するなら、次のようなHTMLを書きます。

● **書式**　別のページの特定の場所にリンクする例

```
<a href="about.html#address">〜</a>
```

077

ページ内リンクで移動した 先の見た目を変化させたい

利用シーン ページ内リンクで特定の場所に移動した際に、 移動した場所を目立たせたいとき

要素/プロパティ

HTML

`<a href="#リンク先要素のid属性">～</a>`
—— ページ内リンクを設定する

CSSセレクタ

`:target`
—— クリックしたリンクのリンク先要素

CSSプロパティ

`background: 背景の設定;`
—— 要素の背景を設定する ▶▶120

ページ内リンクをクリックしたら一瞬でリンク先まで移動するので、どこに移動したのかがわかりづらいのが難点です。
移動先がどこかをわかりやすくするテクニックのひとつとして「:target」セレクタを使う方法があります。これはクリックしたリンクの移動先の要素を選択するセレクタです。このセレクタを使えば、移動先要素に特別なスタイルを適用することができます。このサンプルでは、リンクの移動先要素に背景色をつけて目立たせています。

■ **HTML**   077/index.html

```
<ul class="link">
    <li><a href="#greet">社長挨拶</a></li>
    <li><a href="#outline">概要</a></li>
    <li><a href="#address">アクセス</a></li>
    <li><a href="#history">沿革</a></li>
    <li><a href="#client">主要取引先</a></li>
</ul>
```

ページ内リンクで移動した先の見た目を変化させたい

```
<h1>会社概要</h1>
<h2 id="greet">社長挨拶</h2>
中略
<h2 id="outline">概要</h2>
中略
<h2 id="address">アクセス</h2>
中略
<h2 id="client">主要取引先</h2>
中略
```

■CSS

077/css/style.css

```
:target {
    background: #ffa2a4;
}
```

▼ ブラウザ表示

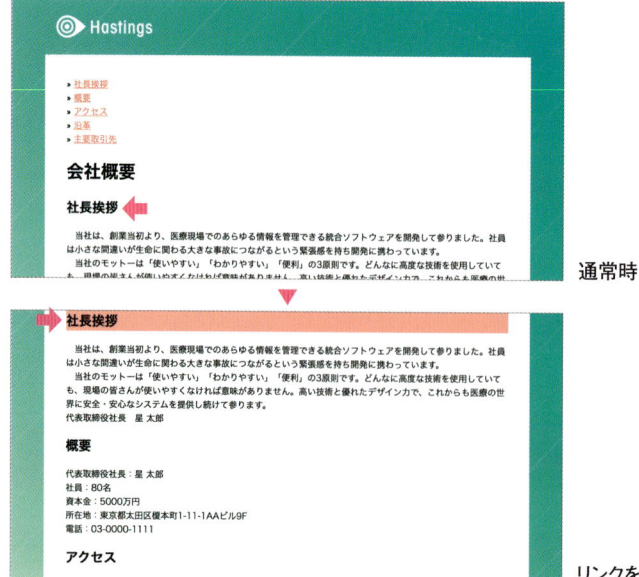

通常時

リンクをクリックしたとき

078 メールアドレスをリンクにしたい

利用シーン お問い合わせやコメントなどを
メールで受けつけたいとき

要素/プロパティ

HTML

\<a href="mailto:メールアドレス"\>〜\</a\>

—— メールアドレスをリンクにする

\<a\>タグのhref属性に「mailto:メールアドレス」という形式でメールアドレスを書いておくと、そのリンクをクリックしたときにメールアプリが起動するようになります。ただし、Webサイトにメールアドレスを書いてしまうと、悪意のあるクローラー※に収集され、ほぼ間違いなくスパムメールが増えることになります。そのため、あまりおすすめできるテクニックではありません。

※Webサイトを巡回して、特定の情報を収集して回るように作られたプログラムのこと。検索エンジンもクローラーを使って世界中のWebサイトの情報を収集していますし、すべてのクローラーが悪い動作をするわけではありません。

■ HTML

078/index.html

```
<p>お申し込みはメールで<a href="mailto:contact@example.com">contact@example.com</a>宛にお送りください。</p>
```

▼ ブラウザ表示

お申し込みはメールでcontact@example.com宛にお送りください。

©Hastings

079 電話番号をリンクにしたい

利用シーン 電話番号をリンクにして、
タップしたら電話がかかるようにしたいとき

要素/プロパティ

HTML

```
<a href="tel:電話番号">～</a>
```
—— 電話番号をリンクにする

`<a>`タグのhref属性に「tel:電話番号」という形式で電話番号を書いておくと、リンクをタップして電話をかけられるようになります。もちろん、スマートフォンなど電話の発信ができる機器にだけ有効な機能です。

ただし、発信機能があるかどうかにかかわらず、どんな機器で動作するブラウザでもリンク自体は有効になります。つまり、発信機能がないパソコンなどでも、リンクをクリックすることはできてしまうことに注意が必要です。

■ **HTML** 079/index.html

```
<p>お問い合わせは<a href="tel:0300001111">03-0000-1111</a>までお電話ください。
</p>
```

▼ ブラウザ表示

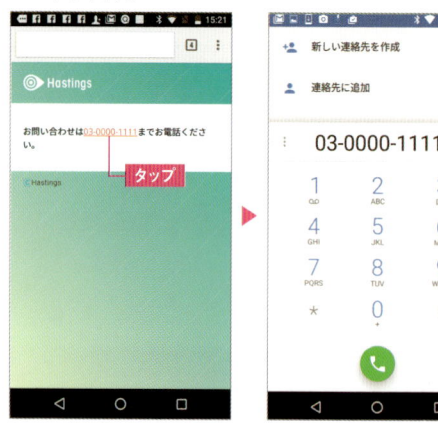

リンクをタップすると電話アプリが起動する

Column

電話番号のフォーマット

`<a>`タグのhref属性に指定する電話番号は、途中に「-」があってもなくても問題ありません。次の2つのフォーマットのどちらでも、電話番号として正しく認識されます。

・`<a href="tel:0300001111">`
（「-」なし）
・`<a href="tel:03-0000-1111">`
（「-」あり）

080

PDFファイルを
ダウンロードさせたい

利用シーン

リンク先のファイルを開くのではなく、
ダウンロードさせたいとき

要素/プロパティ

HTML

<a href="リンクファイルのパス" download="ダウンロードしたファイルのファイル名">〜</a>

―――― リンク先ファイルを、ブラウザで開くのではなくダウンロードさせる

<a>タグのリンク先にPDFファイル（.pdf）を指定していると、現在の多くのブラウザはブラウザウィンドウ内で表示します※。でも、たとえば銀行の取引明細や通話料金の請求書など、PDFファイルをブラウザウィンドウ内で表示するのではなく、ユーザーにダウンロードしてほしいときがあります。PDFファイルなど、通常はブラウザウィンドウ内で表示される種類のファイルをダウンロードさせたい場合は、<a>タグにdownload属性を追加します。download属性の値には、ダウンロードしてパソコンやスマートフォンに保存されるときのファイル名を指定します。

※IE11は、標準状態ではPDFファイルを表示できません。

■**HTML**　　　　　　　　　　　　　　　　　　　080/index.html

```
<p>カタログダウンロード</p>
<p><a href="product-all-2016.pdf" download="product.pdf">総合カタログ</a></p>
```

▼ ブラウザ表示

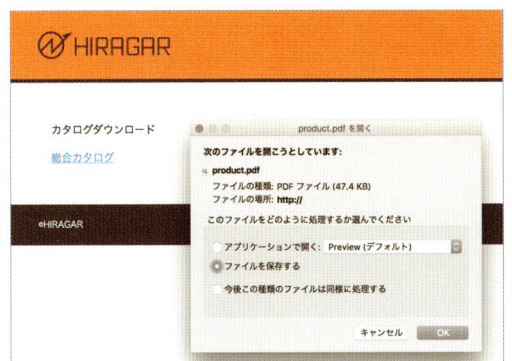

※download属性があるリンクをクリックしたときの挙動はブラウザによって異なります。いきなりファイルをダウンロードするものもあれば、ダイアログを表示して保存場所などを確認するものもあります。実行例はFirefoxのものです。

081

リンクテキストの
スタイルを指定したい

 利用シーン

リンクテキストのスタイルを変更するとき。
ほぼすべてのページでおこなう使用頻度の高い機能

要素/プロパティ

CSSセレクタ

:link
リンク先が未訪問の\<a\>タグのスタイル

CSSセレクタ

:visited
リンク先が訪問済みの\<a\>タグのスタイル

CSSセレクタ

:hover
リンクにマウスがホバーした状態のときのスタイル

CSSセレクタ

:active
リンクをクリックしたときのスタイル

ここに挙げた4つのセレクタを使うと、ユーザーが要素にマウスポインタを重ねたり（ホバー）、クリックしたりするのに合わせて、適用するスタイルを切り替えることができます。おもにリンクの\<a\>要素に対して使われますが、:hoverセレクタと:activeセレクタは、\<a\>だけでなくほかのタグに対しても適用可能です。これらのセレクタを使うときに注意しなければならないのは記述の順番です。CSSには、必ず「:link」「:visited」「:hover」「:active」の順番で書いておかないと、思った通りにスタイルが適用されません。実際の記述例はサンプルのソースコードを参考にしてみてください。このサンプルでは、状態が変化したときにリンクテキストの色を変えています。

■HTML　　　　　　　081/index.html

```
<h1>代表的な検索サイト</h1>
<ul>
    <li><a href="https://www.google.
co.jp/">Google</a></li>
    <li><a href="http://www.yahoo.
co.jp/">Yahoo!</a></li>
</ul>
```

■CSS　　　　　　　081/css/style.css

```
a:link {
    color: #4fb24b;
}
a:visited {
    color: #8b8b8b;
}
a:hover {
    color: #ff7c7e;
}
a:active {
    color: #5e85ff;
}
```

▼ ブラウザ表示

通常時

ホバー時

Column

実践的なリンクのCSS

実際のWebサイトでは、リンクの<a>タグにスタイルを適用するときに、未訪問リンクの:link、訪問済みリンクの:visitedは使わないで、次のようなCSSを書く場合も多いです。:linkや:visitedを省略する場合は、代わりに「a」をセレクタにしたスタイルを作成します。制作するWebサイトのデザインに合わせて、「:link」「:visited」のスタイルを作るかどうかを決めましょう。

● **書式** 実際のWebサイトでよく使われる
リンクのCSSの例

```
a {
    color: #4fb24b;
}
a:hover {
    color: #ff7c7e;
}
a:active {
    color: #5e85ff;
}
```

Column

スマートフォンの「:hover」「:active」の動作はパソコンと違う

指で直接画面を操作するスマートフォンでは「:hover」や「:active」の状態に切り替わるタイミングが、マウスを使うパソコンとは異なります。基本的には、パソコンに比べてかなり遅いタイミングで状態が切り替わります。たとえば、リンクをタップすると、「ホバー状態」に切り替わるよりも前にリンク先のページが表示されることも多く、:hoverに適用したスタイルに切り替わらない（と感じる）ケースが多いのです。
スマートフォンでは「:hoverセレクタや:activeセレクタで表示を切り替えるのはあまり有効でない」と考えておいたほうがよいでしょう。
その代わり、スマートフォンのブラウザには「-webkit-tap-highlight-color」というプロパティが用意されています。このプロパティの使い方は、「086」で紹介します。

082 マウスがホバーしたときに テキストを半透明にしたい

利用シーン リンクにマウスがホバーしたときの演出（フィードバック）として、テキストを半透明にしたいとき

要素/プロパティ

CSSセレクタ

:hover

ーー 要素にマウスポインタがホバーしたときのスタイル ▶▶081

CSSプロパティ

opacity: 透明度;

ーー 要素の透明度を設定する

opacityプロパティは、要素の透明度を設定するのに使います。値には、単位なしで0～1の小数を指定します。この値が0のとき要素は完全に透明で見えなくなり、1のとき完全に不透明になります。たとえば、透明度を75％に設定したいのであれば、次のようなCSSを書きます。

● **書式** 透明度を75％に設定するCSS

```
opacity: 0.75;
```

「:hover」セレクタのスタイルにopacityプロパティを追加しておくと、マウスがホバーしたときだけコンテンツを半透明にすることができます。

■ **HTML** 082/index.html

```
<h1>代表的な検索エンジン</h1>
<ul>
    <li><a href="https://www.google.co.jp/">Google</a></li>
    <li><a href="http://www.yahoo.co.jp/">Yahoo!</a></li>
</ul>
```

■ **CSS**

```css
a {
    color: #4fb24b;
}
a:hover {
    color: #4fb24b;
    opacity: 0.5;
}
```

▼ ブラウザ表示

Column

フィードバックとは

フィードバックとは「何かの操作や処理に対する応答や反応」のことをいいます。リンクにマウスがホバーしたときやクリックしたときにテキスト色が変わるのも、ユーザーの操作に反応するフィードバックの一種です。

Webサイトの場合、「このテキストはリンクだ」とか、「リンクをクリックできた」ということをユーザーが理解できるように作る必要があります。とくに、フィードバックがなければリンクをクリックできたかどうかがユーザーにはわからなりません。「:hover」や「:active」でスタイルを切り替えることは、単なる演出ではない、重要な意味を持つのです。

083 リンクの下線を点線にしたい

利用シーン
- リンクテキストに、下線の代わりに点線を引きたいとき
- ユーザーの操作に対するフィードバックを作るとき

要素/プロパティ

CSSプロパティ

color: 色;

―――― テキスト色を変更する ▶▶043

CSSプロパティ

text-decoration: none;

―――― リンクテキストの下線を消す ▶▶054

CSSプロパティ

border-bottom: ボーダーの太さ ボーダーの形状 ボーダー色;

―――― 要素のボックス下部にボーダーを引く ▶▶109

リンクの下線を点線にするには、次のふたつのプロパティを<a>タグに設定する必要があります。

- <a>タグに「text-decoration: none;」を適用して、テキストそのものについている下線を消す
- border-bottomプロパティを使って、下辺にボーダーラインを引く

また、ホバーのときに実線に戻したいときも、border-bottomプロパティを使って、ボーダーの形状を変更します（→「109」）。

■ **HTML**

083/index.html

```
<h1>代表的な検索エンジン</h1>
<ul>
    <li><a href="https://www.google.co.jp/">Google</a></li>
    <li><a href="http://www.yahoo.co.jp/">Yahoo!</a></li>
</ul>
```

■CSS

```css
a {
    color: #ea6357;
    text-decoration: none;
    border-bottom: 1px dashed #ea6357;
}
a:hover {
    color: #ea6357;
    border-bottom: 1px solid #ea6357;
}
```

▼ ブラウザ表示

084 マウスがホバーしたときに背景色をつけたい

利用シーン ユーザーの操作に対するフィードバックを作るとき

要素 / プロパティ

CSS プロパティ

background: 背景の設定;

── 要素の背景を設定する ▶120

:hover セレクタのスタイルに background プロパティを追加しておくと、ホバーしたときだけリンクテキストに背景色をつけることができます。よく使われるフィードバック(→「082」)のテクニックです。

■ HTML
084 / index.html

```
<h1>代表的な検索エンジン</h1>
<ul>
    <li><a href="https://www.google.co.jp/">Google</a></li>
    <li><a href="http://www.yahoo.co.jp/">Yahoo!</a></li>
</ul>
```

■ CSS
084 / css/style.css

```
a {
    color: #ea6357;
}
a:hover {
    color: #ea6357;
    background: #ffee94;
}
```

▼ ブラウザ表示

代表的な検索エンジン

- Google
- Yahoo!

▶

代表的な検索エンジン

- Google
- Yahoo!

085 マウスがホバーしたときに枠線をつけたい

利用シーン ユーザーの操作に対するフィードバックを作るとき

要素 / プロパティ

CSS プロパティ

color: 色 ; ——— テキスト色を変更する ▶043

CSS プロパティ

outline: アウトラインの太さ アウトラインの形状 アウトライン色 ;

——— 要素のボックスにアウトライン（枠線）を引く

outlineプロパティは、要素のボックスに外枠線をつけるのに使われます。borderプロパティと同じところに線が引かれ、設定する値もまったく同じです。唯一違うのは、outlineプロパティで引かれた枠線は、要素のボックスモデルには影響しないことです。

outlineプロパティを実際のWebデザインで使うことはあまり多くありませんが、ここで紹介するサンプルのように、状況によって枠線がついたり消えたりするのに使うと便利です。

サンプルのHTMLは「084」と同じです。

■CSS
085/css/style.css

```css
a {
    color: #ea6357;
    text-decoration: none;
}
a:hover {
    outline: 1px solid #ea6357;
}
```

▼ ブラウザ表示

代表的な検索エンジン

- Google
- Yahoo!

Column

なぜborderプロパティでなくoutlineプロパティを使うほうがよいのか

リンクの通常時とホバーのときで、borderプロパティで設定するボーダーがあったりなかったりすると、ボックスのサイズが変わってしまいます。その結果、リンクテキストにホバーすると、そのテキストの位置がずれてしまいます。少し違和感のある動作をするので、このサンプルではborderプロパティではなくoutlineプロパティを使用しています。

どんな動作になるかは、サンプルのCSSの「outline」の部分を「border」に変えるだけで簡単に試せます。ぜひ試してみてください。

086 スマートフォンの
ハイライト色を変更したい

利用シーン スマートフォンのリンクをタップしたときの
背景を消すか、または色を変えたいとき

要素 / プロパティ

CSSプロパティ

-webkit-tap-highlight-color: rgba(赤 , 緑 , 青 , 透明度);
—— リンクをタップしたときの背景色を設定する

スマートフォン（Android Chrome、iOS Safari）では、リンクをタップした
ときに:hoverセレクタや:activeセレクタの状態に遅れて切り替わるた
め、思った通りに動作しない場合があります。
その代わり、スマートフォンはリンクをタップした瞬間に、リンクのテキスト
がハイライトするようになっています[※]。

[※]最新のAndroid ChromeやiOS Safariでは、リンクテキストに背景色がつきます。
少し前のAndroid Chromeでは、背景色でなくボーダーラインが表示されます。

リンクをタップしてハイライトした瞬間

Android

iOS

「-webkit-tap-highlight-color」プロパティを使うと、この背景色を変えたり、非表示にすることができます。このプロパティの値は「045」で紹介している、「rgba(赤, 緑, 青, 透明度)」で指定します。サンプルでは、このプロパティを使ってハイライト色を黄色に変更しています。

なお、このプロパティは「:hover」セレクタではなく、通常の「a」や「a:link」セレクタのスタイルに組み込んでおく必要があります。

なお、このプロパティは現在のところ標準仕様ではなく、Android Chrome や iOS Safari のみが実装しています。また、パソコンのブラウザでは何の働きもしません。

■ HTML
086/index.html

```html
<h1>代表的な検索エンジン</h1>
<ul>
    <li><a href="https://www.google.co.jp/">Google</a></li>
    <li><a href="http://www.yahoo.co.jp/">Yahoo!</a></li>
</ul>
```

■ CSS
086/css/style.css

```css
a {
    color: #ea6357;
    text-decoration: none;
    -webkit-tap-highlight-color: rgba(255, 238, 148, 0.8);
}
a:hover {
    outline: 1px solid #ea6357;
}
```

▼ ブラウザ表示

175

087 画像を表示したい

利用シーン **Webページに画像を掲載するとき**

要素/プロパティ

```HTML
<img src="画像のパス" alt="代替テキスト" width="幅" height="高さ">
```
—— 画像を表示する

画像を表示するには<img>タグを使用します。<img>タグは、終了タグがない「空要素」の一種です。

画像を表示するためには、<img>タグにいくつかの属性を追加する必要があります。中でもsrc属性とalt属性が重要で、原則としてすべての<img>タグに含めます。

src属性には、表示したい画像のパスを指定します。指定できるファイルは次の5種類です。ただし、<img>タグでPDFファイルを表示することは多くありません。

- JPEGファイル（.jpg）
- PNGファイル（.png）
- GIFファイル（.gif）
- SVGファイル（.svg）
- 1ページのPDFファイル（.pdf）

alt属性には、画像が何らかの理由で表示できなかった場合に、代わりとなるテキストを指定します。

このふたつの属性以外には、width属性、height属性があります。これらの属性には、表示するときのサイズ——widthが幅、heightが高さ——をピクセル数で指定します。おもに、画像の実サイズとは異なる幅・高さで表示したいときに使用します。

width属性もheight属性も、表示速度を速めるために、以前はほぼ必ず使用していました。いまでもできるだけ指定したほうがよいのですが、レスポンシブWebデザインが当たり前になった現代では、画像の表示サイズを固定できないことも多いため、省略するケースが増えています。width属性、height属性を省略した場合、画像は実サイズで表示されます※。

サンプルでは2点画像を表示しています。そのうちのひとつ、「logo.png」にはwidth属性、height属性を指定して、画像の実サイズ（300ピクセル×300ピクセル）よりも小さく表示させています。

※ CSSで表示サイズを調整することも可能です。詳しくは「222」をご覧ください。

■HTML

087/index.html

```html
<img src="images/logo.png" alt="Tokyo Zoo" width="150" height="150">
<img src="images/photo.jpg" alt="カバ">
```

▼ ブラウザ表示

・・ Column

alt属性のテキスト

・・

ブラウザは、ネットワーク接続が切れたり、パスが間違っていたりして画像を表示できない場合には、代わりにalt属性のテキストを表示します。また、おもに視覚障害者が使用するスクリーンリーダーは、alt属性のテキストを読み上げるようになっています。

そのため、alt属性には、画像が表示されなくてもその内容がわかるテキストを指定します。基本的には、ページが音声で読み上げられるところを想像して、画像を見なくても声を聞いただけでページの内容が理解できるようなalt属性をつけるようにしましょう。

ただ、掲載する画像の中には、装飾の意味合いが強かったり、すぐ下にキャプションがあったりして、仮に表示されなく

画像が表示できなかったときは、alt属性のテキストが代わりに表示される

てもページの内容を理解する妨げにはならないものもあります。そういう画像の場合には、alt属性のテキストを空にして、次のような書き方をします。テキストを空にする場合でも、alt属性自体は残しておくのがポイントです。

● **書式** alt属性にテキストを指定しない`<img>`タグ

```
<img src="picture.jpg" alt="">
```

088 base64のデータで画像を表示したい

サーバーへのリクエスト数を減らして
表示速度を速くするために、小さな画像データを
直接HTMLに埋め込みたいとき

要素/プロパティ

HTML

\<img src="data:メディアタイプ;base64,データ..." alt=""\>

━━ base64でエンコードされた画像データを表示する

\<img\>タグのsrc属性には、一般的には画像
ファイルのパスを指定しますが、base64という形
式でエンコードされたデータをHTMLに直接埋め
込むこともできます。

Webページで使用するHTMLファイル、CSS
ファイル、画像ファイルは、1枚1枚ブラウザから
Webサーバーに「リクエスト」して、ダウンロード
します。この「リクエスト」にはそれなりの時間がか
かるため、使用する画像ファイルが多いと、ペー
ジが表示されるのが遅くなります。

画像データをbase64でエンコードして直接
HTMLに埋め込んでおくと、そのぶんリクエストす
るファイルの数が減り、表示速度が速くなる可能
性があります。使用する画像のファイルサイズが
ごく小さい（おおむね32KB以下）場合には、埋
め込みを検討してみてもよいでしょう。

base64でエンコードされたデータを埋め込むに
は、src属性を次のように記述します。サンプルで
は「088/参考資料/mark.png」をbase64に
エンコードして埋め込んでいます。

• もとの画像データがJPEGファイルの場合
   \<img src="data:image/jpeg;base64,デー
   タ"\>
• もとの画像データがPNGファイルの場合
   \<img src="data:image/png;base64,デー
   タ"\>
• もとの画像データがGIFファイルの場合
   \<img src="data:image/gif;base64,データ
   "\>

■ **HTML**　　　　　　　　　　　　　088/index.html

```
<img src="data:image/png;base64,iVBORw0KGgoAAA 中略
NoSXEEoqEYAAAAASUVORK5CYII=" alt="">
```

▼ ブラウザ表示

Column

base64とは

コンピュータで扱うことができるすべてのファイルは、「テキストデータ」か「バイナリデータ」の2種類に分けられます。このうちテキストデータは、テキストファイル (.txt) やHTMLファイル (.html) など、データの中身が、人間でも理解できる「文字」で記されたデータのことをいいます。テキストデータは、メモ帳やテキストエディタなどで開くことができます。

いっぽうのバイナリデータは、データの中身が文字以外で記されたデータのことを指します。バイナリデータのファイルを開くには、専用のアプリケーション——ExcelファイルならExcel、画像データならPhotoshopなど——が必要です。

JPEGファイル、PNGファイル、GIFファイルなど、画像ファイルはほとんどすべて「バイナリデータ」です※。

base64は、こうしたバイナリデータを文字列に変換するための「フォーマット」の一種です。

もともとはテキストデータしか扱えないメールに、ファイルを添付するために考え出されたフォーマットです。

なお、バイナリデータをbase64形式に変換することを「エンコード」、base64形式からもとのバイナリデータに戻すことを「デコード」といいます。

※ SVGファイルなど、一部のファイル形式を除く。

Column

画像データをbase64にエンコードする方法

画像データをbase64にエンコードするにはいくつか方法がありますが、Webサービスを使うのがもっとも手軽です。「base64 エンコード」などのキーワードで検索すれば、いくつかのWebサービスが見つかります。

参考までに、base64エンコードサービスを提供しているWebサイトを紹介しておきます。

base64エンコードサービスを提供しているWebサイト

・画像をbase64エンコードするツール
【URL】https://syncer.jp/base64-encoder

・Online Base64 decoder and encoder
【URL】http://www.motobit.com/util/base64-decoder-encoder.asp

089

SVG形式の画像ファイルを表示したい

利用シーン SVGファイルを表示するとき

要素/プロパティ

HTML

`<img src="SVG画像のパス" alt="代替テキスト" width="幅" height="高さ">`
── 画像を表示する

SVG形式の画像を使用するにはふたつの方法があります。そのひとつは<img>タグを使って、SVGファイルのパスを指定する方法です。
<img>タグでwidth属性、height属性でサイズを指定せずに読み込んだ場合、SVGファイルは可能な限り大きく表示されることに注意が必要です。そのため、このサンプルではheight属性だけを指定して、SVGファイルを2枚読み込んでいます。

知っておこう

width属性、height属性のどちらか片方を指定する

SVGに限らずどんな画像でも、<img>タグのwidth属性、height属性のどちらか片方だけを指定しておくと、もともとの画像の縦横比を維持したまま、拡大・縮小して表示させることができます。

■ **HTML**

089/index.html

```
<p>Sponsored by</p>
<span class="sponsor"><img src="images/teardrop.svg" alt="TearDrop Inc."
height="40"></span>
<span class="sponsor"><img src="images/filmloop.svg" alt="TearDrop Inc."
height="40"></span>
```

▼ ブラウザ表示

SVGのデータを直接埋め込みたい

利用シーン　SVG形式の画像データをHTMLに直接埋め込みたいとき

要素/プロパティ

HTML

<svg>～</svg>
━━ SVG画像データを埋め込む

SVG形式の画像は、<img>タグでファイルを読み込む以外に、<svg>タグを使ってHTMLに直接データを埋め込むことができます。

実は、SVGデータの中身は「テキストデータ」です。XMLという、HTMLに似た言語で書かれているので、ほかの画像データと違ってテキストエディタでも開くことができます。

SVGがテキストデータであることから、JavaScriptプログラミング言語と組み合わせれば、Webページ上でリアルタイムに編集することができます。その利点を生かして、グラフなどを表示するときにはSVGデータがよく使われます。JavaScriptと組み合わせてリアルタイムに変化するグラフィックを表示させたいときは、SVGを<img>タグで読み込むのではなく、<svg>タグを使ってHTMLに直接埋め込みます。

■ HTML　　　　　　　　　　　　　　　　090/index.html

```
<svg xmlns="http://www.w3.org/2000/svg" viewBox="0 0 200 200" width="300" height="300">
    <defs>
        <style>
        .a{fill:#1a80b2;}
        </style>
    </defs>
    <path class="a" d="M297.64,320.94a100,100,0,1,0,100,100A100,100,0,0,0,297.64,320.94Zm0,152c-16.68,0-30.2-13.59-30.2-42.31s30.2-61.68,30.2-61.68,30.2,33,30.2,61.68S314.32,472.94,297.64,472.94Z" transform="translate(-197.64 -320.94)"/>
</svg>
```

▼ ブラウザ表示

 Column

SVGデータの作り方

SVGはテキストデータなので、簡単な図形であれば手でソースコードを書くこともできますが、一般的にはAdobe Illustratorなどの、ベクターグラフィックを描けるアプリケーションを使って作成します。
SVGデータをHTMLに埋め込みたいときは、いったんIllustratorなどで作ったSVGファイルをテキストエディタで開き、中身をコピー&ペーストします。

091 画像にリンクをつけたい

利用シーン サムネイル画像などにリンクを設定するとき

要素/プロパティ

HTML

\<a href="URL"\>〜\</a\>

───── リンクを設定する ▶▶073

HTML

\<img src="画像のURL" alt="代替テキスト"\>

───── 画像を表示する ▶▶087

画像にリンクをつけるには、\<a\>タグで\<img\>タグを囲みます。非常に
簡単ですが、よく使われるテクニックです。

■**HTML** 091/index.html

```
<div>
    <a href="http://example.com">
        <img src="images/banner.png" alt="banner">
    </a>
</div>
```

▼ブラウザ表示

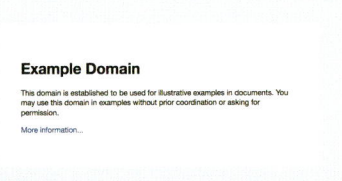

092 画像を半透明にしたい

利用シーン **サムネイルなど、リンクがついている画像に
フィードバックを作りたいとき**

要素／プロパティ

CSSセレクタ

:hover

———— 要素にマウスがホバーした状態のときのスタイル ▸▸081

CSSプロパティ

opacity: 透明度;

———— 要素の透明度を設定する ▸▸082

画像にマウスがホバーしたときに、その画像を半透明にします。CSSは「082」でテキストを半透明にしたときと同じです。ポイントは「:hover」セレクタが<a>タグだけではなく、どんな要素に対しても使えることです。このサンプルではセレクタを「.banner:hover」として、「<img class="banner">にマウスがホバーしたとき」に、画像の透明度を0.5にするCSSを適用しています。

■HTML
092/index.html

```
<div>
    <a href="http://example.com">
        <img src="images/banner.png" alt="banner" class="banner">
    </a>
</div>
```

■CSS
092/css/style.css

```
.banner:hover {
    opacity: 0.5;
}
```

▼ ブラウザ表示

ページ全体に
適用する
デザインのテクニック

Chapter

6

093 ウィンドウ外周の マージンをなくしたい

ほとんどすべてのページに適用

要素/プロパティ

CSSプロパティ

margin: 上 右 下 左;

━━ マージンを設定する ▶▶004

ブラウザのデフォルトCSS（→「005」）では、ウィンドウの4辺に8ピクセルのマージンがついています。このマージンはページのデザインを作り込むうえでは邪魔になるので、ほとんどの場合ゼロにします。

ウィンドウ外周のマージンをゼロにするには、<body>に適用されるスタイルに「margin: 0;」を指定するだけです。どんなデザインにするかにかかわらず、ほとんどすべてのWebページで適用する定番のテクニックです。

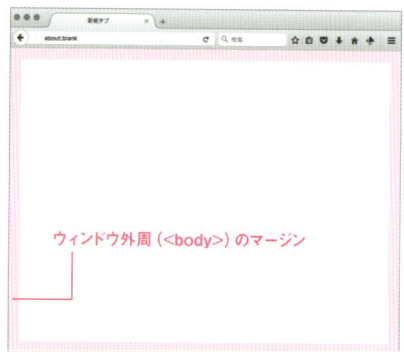

デフォルトCSSでは、ウィンドウの外周に8ピクセルのマージンがついている

■HTML

093/index.html

```
<!DOCTYPE html>
<html lang="ja">
<head>
<meta charset="utf-8">
<title>ウィンドウ外周のマージンをなくしたい</title>
<link rel="stylesheet" href="css/style.css">
</head>
<body>
<div>HTML Basic</div>
</body>
</html>
```

■CSS

```css
@charset "utf-8";

body {
    margin: 0;
}
div {
    background-color: #fec22d;
}
```

ページ全体に適用するデザインのテクニック

▼ ブラウザ表示

ウィンドウ外周にマージンが残っているときと残っていないとき

\<body\>のマージンを0に
要素がウィンドウの端に接触

\<body\>のデフォルトマージン
要素がウィンドウの端に接触
しない

094

ページ全体の
背景色を設定したい

利用シーン ページ全体を単一の背景色で塗りつぶしたいとき

要素/プロパティ

CSSプロパティ

background: 色；
—— 要素の背景を設定する ▶120 ▶121

ページ全体を背景色で塗りつぶしたいときは、\<body\>タグに適用されるスタイルにback groundプロパティを適用します。

■HTML
094/index.html

```
<!DOCTYPE html>
<html lang="ja">
<head>
<meta charset="utf-8">
<title>ページ全体の背景色を設定したい</title>
<link rel="stylesheet" href="css/style.css">
</head>
<body>
<div>HTML Basic</div>
</body>
</html>
```

■CSS
094/css/style.css

```
body {
    margin: 0;
    background: #73c86c;
}
```

▼ ブラウザ表示

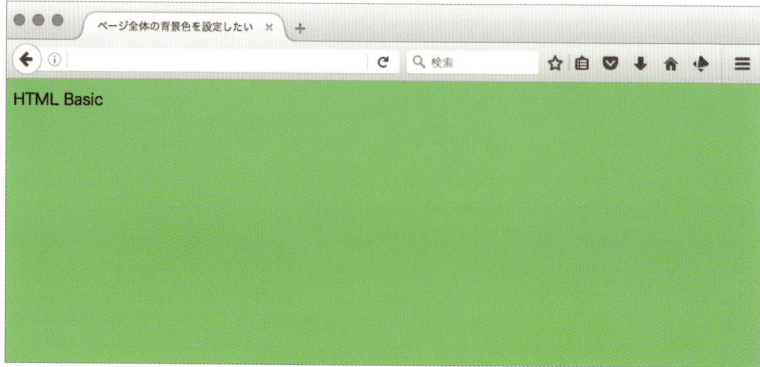

095 ページ全体の
フォントを設定したい

利用シーン ブラウザ間の表示の違いを少しでもなくすために、
フォントを設定したいとき

要素/プロパティ

CSSプロパティ

font-family: フォント名 , フォント名 , ... ;
━━ フォントを設定する

フォントを指定するには、大きく分けてふたつのパターンがあります。ひと
つは、パソコンやスマートフォンなど、Webページを閲覧する端末にインス
トールされているフォントの中から選んで指定する方法、もうひとつは
Webフォントを使う方法です。Webフォントの使用例は「187」や「188」
で取り上げますが、ここではより標準的な、端末にインストールされている
フォントから選ぶ方法を紹介します。
使用するフォントを指定するには、font-familyプロパティを使用します。
このプロパティには、「,」で区切って複数のフォント名を指定します。ブラ
ウザは、指定されたフォントを順番に検索して、最初に見つかったものを
使ってページを表示します。日本語のWebサイトの場合は、多くの場合
ゴシック体から選び、次のような指定をするのが一般的です。

● **書式**　日本語Webサイトで一般的におこなわれるフォントの指定法

```
font-family: "Hiragino Kaku Gothic ProN", "ヒラギノ角ゴ ProN W3", "メイリオ", Meiryo, "
MS Pゴシック", "MS PGothic", sans-serif;
```

最近は、あまり細かくフォント名を列挙せずに、次のように単純化して指
定するときもあります。

● **書式**　最近よく使われる、省略されたフォントの指定法

```
font-family: sans-serif;
```

■ HTML

095/index.html

```
<h1>HTMLとCSSの基礎（1）</h1>
<p>この講座では、Webサイト制作に必須のHTMLとCSSの基礎を学びます。初心者を対象に
基本的な仕組みの解説から始めるので、通常のパソコン操作ができる方ならどなたでも受講できま
す。4時間の講座で、シンプルな自己紹介ページを作成します。</p>
```

■ CSS

095/css/style.css

```
body {
    font-family: "Hiragino Kaku Gothic ProN", "ヒラギノ角ゴ ProN W3", "メイリオ",
Meiryo, "MS Pゴシック", "MS PGothic", sans-serif;
}
```

▼ ブラウザ表示

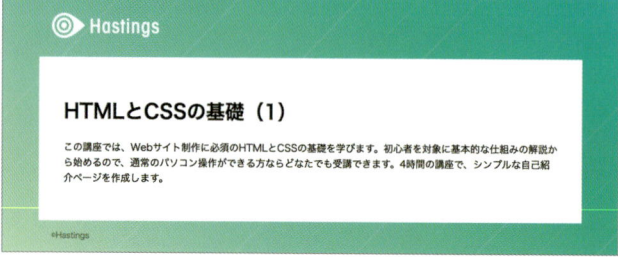

serif と sans-serif

font-familyプロパティに指定している「sans-serif」は、ゴシック体を意味します。ほかに指定されているすべてのフォントが見つからなかった場合でもとにかくゴシック体で表示できるように、フォントの指定の最後に「sans-serif」を指定しておきます。

ゴシック体と明朝体

「sans-serif」と同じような、特定のフォント名を指定しないキーワードに「serif」があります。これは日本語フォントでは「明朝体」を意味します。

096 ページ全体に背景画像を敷きつめたい

利用シーン ページ全体に背景画像を表示したいとき

要素/プロパティ

CSSプロパティ

background: url(背景画像のパス); —— 要素の背景を設定する ▶▶120

CSSプロパティ

background-image: url(背景画像のパス); —— 背景画像を指定する ▶▶120

ページ全体に背景画像を繰り返し表示させたいときは、<body>に適用されるスタイルに、backgroundプロパティ、またはbackground-imageプロパティを追加します。これらのプロパティの書式などについては「120」で詳しく説明していますので、そちらもご覧ください。
ここで紹介するサンプルでは、300ピクセル×300ピクセルの画像を縦横に繰り返しています。

背景に使用した画像

HTML

096/index.html

```
<div class="content">
    <h1>Summer Vacation Plan</h1>
    <p>夏休み向けの旅行プランはもう立てましたか?当店ではたくさんのプランを用意して皆様のご来店をお待ちしております。</p>
    <h2>海だ!プールだ!</h2>
    <p>やっぱり夏は水遊び!海やプールでの遊びを中心にしたプランです。雨の日の代替コースもご提案します。</p>
    <h2>ファミリー向け</h2>
    <p>小さなお子様がいても安心のコースとホテルをご提案。お子様向け特別サービスも見逃せません。 </p>
```

```
    <h2>夏は涼しくゆったりと</h2>
    <p>避暑地でゆっくりくつろぎたい方向け。高原の空気と景色のいいところを厳選した滞在型
プランも。</p>
</div>
```

■CSS

```
body {
    margin: 0;
    background: url(../images/bg.jpg);
}
.content {
    margin: 64px auto 0 auto;
    padding: 32px;
    max-width: 900px;
    border-radius: 16px;
    background: rgba(255, 255, 255, 0.8);
}
```

▼ ブラウザ表示

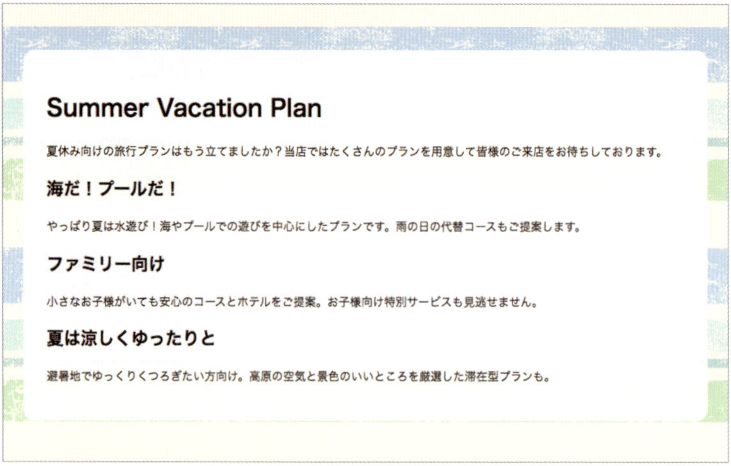

Summary Vacation Plan

Summer Vacation Plan

夏休み向けの旅行プランはもう立てましたか？当店ではたくさんのプランを用意して皆様のご来店をお待ちしております。

海だ！プールだ！

やっぱり夏は水遊び！海やプールでの遊びを中心にしたプランです。雨の日の代替コースもご提案します。

ファミリー向け

小さなお子様がいても安心のコースとホテルをご提案。お子様向け特別サービスも見逃せません。

夏は涼しくゆったりと

避暑地でゆっくりくつろぎたい方向け。高原の空気と景色のいいところを厳選した滞在型プランも。

※<div class="content">には半透明の白い背景色を適用しています。

097 ページ全体に適用した
背景画像の位置を固定したい

利用シーン **ページをスクロールしても
背景画像の位置は固定しておきたいとき**

要素/プロパティ

CSS プロパティ
background: url(背景画像のパス);
—— 要素の背景を設定する ▶▶120

CSS プロパティ
background-image: url(背景画像のパス);
—— 背景画像を指定する ▶▶120

CSS プロパティ
background-repeat: 背景画像の繰り返し;
—— 背景画像の繰り返しを設定する ▶▶120

CSS プロパティ
background-attachment: 背景画像の固定;
—— 背景画像を固定する ▶▶120

「background-attachment: fixed;」を適用すると、ページをスクロールしても背景画像の位置は固定したままになります。背景画像を固定すると、コンテンツの一部分が浮遊しているような印象になり、うまく使えば効果的な演出ができます。
また、このサンプルでは、背景画像を横方向にだけ繰り返すように「background-repeat」プロパティも使用しています。背景に関係する各種プロパティの詳しい使い方は「120」で取り上げています。

背景に使用した画像

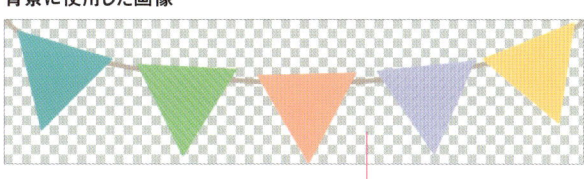

—— ここは透明部分

```html
<div class="content">
    <h1>CAFE ABC</h1>
    <h2>お誕生日・記念日プラン</h2>
    <p>お祝い用のスペシャルデザートをご用意してサプライズ演出をいたします。</p>
    <p>ホールケーキ 2000円（4名様用～）<br>
    スペシャルパフェ　500円／お一人<br>
    スペシャルデザート盛り合わせ　1000円（2名様用～）</p>
    <p>前日までにご予約ください。</p>

    <h2>貸切パーティープラン</h2>
    <p>カフェの暖かい雰囲気を生かしたアットホームなパーティーを演出いたします。<br>
お子様メニューにも対応いたしますので、お誕生会や、卒園パーティーなどにもご利用いただ
けます。</p>
    <p>20名様～<br>
    大人2000円・子供1000円～</p>
    <p>詳しくは、お気軽にご相談ください。</p>
</div>
```

```css
body {
    background-image: url(../images/bg.png);
    background-repeat: repeat-x;
    background-attachment: fixed;
}
.content {
    margin: 64px auto 0 auto;
    padding: 32px;
    max-width: 900px;
    border-radius: 16px;
    background: rgba(255, 255, 255, 0.5);
}
```

097

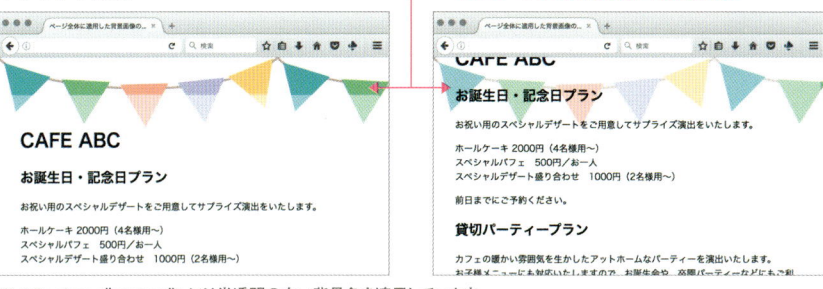

ページ全体に適用した背景画像の位置を固定したい

▼ ブラウザ表示

スクロールしても背景画像の位置は固定

※ <div class="content"> には半透明の白い背景色を適用しています。

Column

背景のプロパティを1行で書く方法

このサンプルでは、背景の設定をするのに3つのプロパティ——background-image、background-repeat、background-attachment——を使用しました。これらのプロパティは、backgroundショートハンドプロパティを使えば1行で、次のように書くことができます。

● **書式** backgroundショートハンドプロパティで記述する例

```
body {
    background: url(../images/bg.png) repeat-x fixed;
}
```

なお、backgroundプロパティのように、複数のプロパティの値を一括で指定できるものを「ショートハンド」といいます。それに対し、background-imageなど、値をひとつだけ設定できるプロパティを「ロングハンド」と呼ぶこともあります。

098 ページの上から下に グラデーションをかけたい

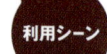 **利用シーン** ページ全体にグラデーションを適用したいとき

要素/プロパティ

CSSプロパティ

min-height: 高さ;
—— 最小限の高さを設定する

CSSプロパティ

background: 背景の設定;
—— 要素の背景を設定する ▶▶120

CSSの値

linear-gradient(最初の色, 最後の色);
—— 線状グラデーションをかける

画像を作成しなくても、CSSでグラデーションを設定することができます。このサンプルでは<body>に背景を適用して、ページ全体にグラデーションがかかるようにしています。

CSSでグラデーションをかけるには、backgroundプロパティ、もしくはbackground-imageプロパティに「linear-gradient()」という値を適用します※。値の設定方法にはいろいろなバリエーションがあるのですが、もっとも簡単なのは「グラデーションの開始色」と「グラデーションの終了色」を

カンマで区切って指定することです。このようにしておけば、上下に一直線のグラデーションをかけることができます。それぞれの色の指定には「055」で紹介している方法を使用します。より詳しいグラデーションの設定方法については「122」「123」でも取り上げています。

※グラデーションは「色」ではなく「画像」として扱われます。そのため、background-colorプロパティではなく、background-imageプロパティ(もしくはbackgroundプロパティ)を使うことに注意しましょう。

● **書式** 上下に一直線のグラデーションをかける

```
background: linear-gradient(開始色, 終了色);
```

なお、ページ全体にグラデーションをかける際には注意しなければならないことがあります。それは、<html>要素に適用されるスタイルに、「min-

height: 100%;」と書いておかなければならないことです。このスタイルを書いておかないと、グラデーションが途切れることがあります。

「min-height: 100％;」がないとグラデーションが途中で切れることがある

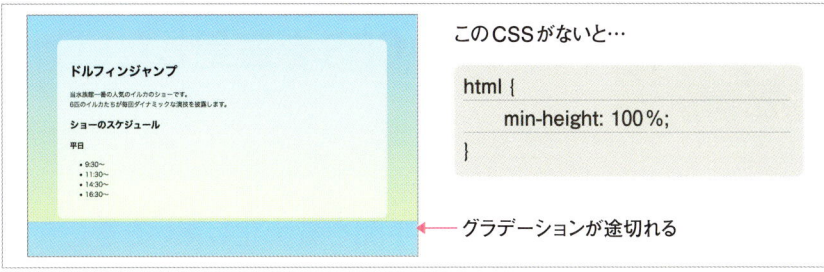

このCSSがないと…

```
html {
    min-height: 100％;
}
```

← グラデーションが途切れる

■ **HTML**　　　　　098／index.html

```
<div class="content">
    <h1>ドルフィンジャンプ</h1>
    <p>当水族館一番の人気のイルカの
ショーです。<br>
    6匹のイルカたちが毎回ダイナミックな
演技を披露します。</p>
    <h2>ショーのスケジュール</h2>
    <h3>平日</h3>
    <ul>
        <li>9:30〜</li>
        <li>11:30〜</li>
        <li>14:30〜</li>
        <li>16:30〜</li>
    </ul>
    <h3>土日祝日</h3>
    中略
</div>
```

■ **CSS**　　　　　098／css/style.css

```
html {
    min-height: 100％;
}
body {
    background: linear-gradient(#9ad4
fc, #dcffb8);
}
.content {
    margin: 64px auto 0 auto;
    padding: 32px;
    max-width: 800px;
    border-radius: 16px;
    background: rgba(255, 255, 255,
0.6);
}
```

▼ ブラウザ表示

※ <div class="content">には半透明の
白い背景色を適用しています。

197

099 リセットCSSを適用したい

 **利用シーン** CSSのコーディングの手間を省力化したいとき

要素/プロパティ

HTML

`<link rel="stylesheet" href="パス/reset.css">`
——— リセットCSSを読み込む

この「099」から「101」では、CSSを書く労力を省力化する3種類の
CSSライブラリ——リセットCSS、ノーマライズCSS、サニタイズCSS
——を紹介します。この「099」では、リセットCSSを紹介します。
サンプルのHTMLには、リセットCSSを読み込むと表示がどう変わるか
がわかりやすいように、見た目の変化が大きい代表的なタグを含めてあり
ます。また、HTMLをまったく適用しないソースコードを、サンプルデータの
「099/no-css.html」に保存してあります。両方開いて比較してみると違
いがわかるでしょう。
なお、下記のソースコードには<body>部分のHTMLを掲載していませ
んので、サンプルデータでご確認ください。

■HTML

099/index.html

```
<head>
<meta charset="utf-8">
<title>リセットCSSを読み込みたい</title>
<link rel="stylesheet" href="css/reset.css">
<link rel="stylesheet" href="css/style.css">
</head>
```

▼ ブラウザ表示

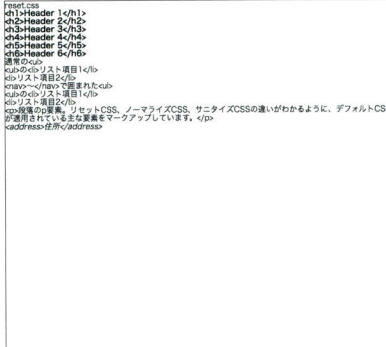

CSSを読み込まない標準的な表示　　　　reset.cssを読み込んだ表示

.... Col_um_n

リセットCSSとは

....

リセットCSS（reset.css）は、デフォル
トCSS（→「005」）をほとんどすべてリ
セットするCSSです。見出しの<h1>
～<h6>はすべて同じフォントサイズ
（16px）になりますし、<p>タグの上下
マージンもなくなります。<li>の先頭に
ある「・」も表示されなくなります。どんな
タグを使っても、ほとんど同じような表
示になると考えておけばよいでしょう。
リセットCSSは「まっさらな状態からすべ
てのCSSを書いてデザインを作りたい
人」向けです。<p>タグや<ul>タグな
ど、デフォルトCSSでついているマージ
ンなどを気にしなくて済むという利点はあ
りますが、CSSを書く手間自体は増える

でしょう。
新規に作成するWebサイトでリセット
CSSを採用することはそれほど多くない
と思われますが、数年前までに作られた
サイトではよく使われています。既存の
Webサイトをメンテナンスする必要があ
る場合には、リセットCSSの特性を理
解しておいた方がよいでしょう。
なお、リセットCSSには何種類かのバリ
エーションがあります。本書では
「HTML5 Doctor」というサイトが公開し
ているリセットCSSを使用しています。
最新版のリセットCSSを使いたいとき
は、下記URLのページから、CSSのソー
スコードをコピーします。

リセットCSSのダウンロード（ページに掲載されているCSSソースをコピーします）
【URL】 http://html5doctor.com/html-5-reset-stylesheet/

100

ノーマライズCSSを適用したい

利用シーン CSSのコーディングの手間を省力化したいとき

要素/プロパティ

HTML

```
<link rel="stylesheet" href="パス/
normalize.css">
```

──── ノーマライズCSSを読み込む

このサンプルでは「ノーマライズCSS」を読み込みます。HTMLソースは「099」のものとほぼ同じなので、リセットCSSや、CSSを一切使用しないHTMLの表示と比較してみてください。

■HTML   100/index.html

```
<head>
<meta charset="utf-8">
<title>ノーマライズCSSを読み込みたい</
title>
<link rel="stylesheet" href="css/
normalize.css">
<link rel="stylesheet" href="css/style.
css">
</head>
```

▼ ブラウザ表示

```
no css
# <h1>Header 1</h1>
## <h2>Header 2</h2>
### <h3>Header 3</h3>
#### <h4>Header 4</h4>
##### <h5>Header 5</h5>
###### <h6>Header 6</h6>

通常の<ul>
  • <ul>の<li>リスト項目1</li>
  • <li>リスト項目2</li>

<nav>〜</nav>で囲まれた<ul>
  • <ul>の<li>リスト項目1</li>
  • <li>リスト項目2</li>

<p>段落のp要素。リセットCSS、ノーマライズCSS、サニタイズCSSの違いがわかるように、デフォルト
CSSが適用されている主な要素をマークアップしています。</p>

<address>住所</address>
```

CSSを読み込まない標準的な表示

```
normalize.css
# <h1>Header 1</h1>
## <h2>Header 2</h2>
### <h3>Header 3</h3>
#### <h4>Header 4</h4>
##### <h5>Header 5</h5>
###### <h6>Header 6</h6>

通常の<ul>
  • <ul>の<li>リスト項目1</li>
  • <li>リスト項目2</li>

<nav>〜</nav>で囲まれた<ul>
  • <ul>の<li>リスト項目1</li>
  • <li>リスト項目2</li>

<p>段落のp要素。リセットCSS、ノーマライズCSS、サニタイズCSSの違いがわかるように、デフォルトCSS
が適用されている主な要素をマークアップしています。</p>

<address>住所</address>
```

normalize.cssを読み込んだ表示

.... **Column**

ノーマライズCSSとは

ノーマライズCSSは、デフォルトCSSで適用されるスタイルは可能な限り残しつつ、ブラウザ間で表示の誤差があるところだけ微調整するように設計されたCSSライブラリです。ノーマライズCSSの最新版は、下記のURLからダウンロードできます。

ノーマライズCSSのダウンロード
【URL】https://necolas.github.io/
normalize.css/

101 サニタイズCSSを適用したい

利用シーン CSSのコーディングの手間を省力化したいとき

要素/プロパティ

HTML

<link rel="stylesheet" href="パス/sanitize.css">
——— サニタイズCSSを読み込む

このサンプルでは「サニタイズCSS」を読み込みます。HTMLソースは
「099」のものとほぼ同じなので、リセットCSS、ノーマライズCSS、
CSSを一切使用しないHTMLの表示と比較してみてください。

■ HTML 101/index.html

```
<head>
<meta charset="utf-8">
<title>サニタイズCSSを読み込みたい</title>
<link rel="stylesheet" href="css/sanitize.css">
<link rel="stylesheet" href="css/style.css">
</head>
```

▼ ブラウザ表示

CSSを読み込まない標準的な表示

sanitize.cssを読み込んだ表示

Column

サニタイズ CSS とは

サニタイズ CSS は、ノーマライズ CSS をベースに作られた比較的新しいライブラリです。ノーマライズ CSS 同様、ブラウザ間の表示の差を少なくするのがおもな目的ですが、そこから一歩踏み込んで、よくおこなう CSS の処理なども含まれています。たとえば、ページのナビゲーションは <nav> タグ、<ul> タグ、<li> タグを組み合わせて作成しますが、この組み合わせのときだけ、<li> の先頭の「・」を表示しないようになっています。

<nav> ～ </nav> に含まれる <li> 先頭の「・」は表示しないようになっている

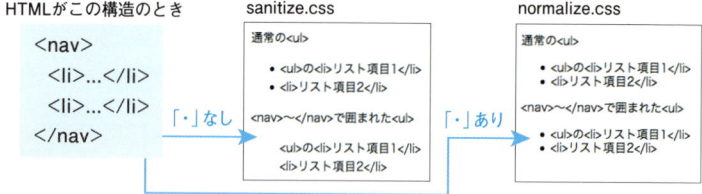

さらに、サニタイズ CSS の最大の特徴は、すべての要素に「box-sizing: border-box;」が適用されていることです。ボーダーボックスのボックスモデルを採用することで、レスポンシブ Web デザインの CSS を書くのに便利なようになっているのです。

サニタイズ CSS の最新版は、下記の URL からダウンロードできます。

サニタイズ CSS のダウンロード
【URL】https://jonathantneal.github.io/sanitize.css/

Column

CSS ライブラリを使うときの注意

リセット CSS、ノーマライズ CSS、サニタイズ CSS は、どれかひとつを選んで読み込みましょう。また、CSS ライブラリは、ご自分で作成する CSS よりも先に読み込むようにします。そうしておかないと、自分で作成した CSS がうまく適用されないことがあります。

CSS ライブラリは必ず先に読み込む

ライブラリを先に読み込み

```
<link rel="stylesheet" href="css/sanitize.css">
<link rel="stylesheet" href="css/style.css">
```

ボックスの整形と
デザインテクニック

102 基本のボックスを作成したい

利用シーン

● 複数の要素をグループ化するとき
● 装飾の一環として、コンテンツを四角く囲みたいとき

要素/プロパティ

HTML

`<div>～</div>`

—— 複数の要素をグループ化する。ブロックボックスを作成する ▶▶004

CSSプロパティ

`border: ボーダーの太さ ボーダーの形状 ボーダー色;`

—— 要素のボックスにボーダーを引く ▶▶109

CSSプロパティ

`padding: 上 右 下 左;`

—— ボックスの周囲にパディングを設定する ▶▶110

CSSプロパティ

`width: 幅;`

—— ボックスの幅を指定する ▶▶115

このサンプルで使用する`<div>`タグは、それ自身は何の意味も持っていません。基本的にはほかの要素をグループ化するために使います。
ヘッダー、フッター、サイドバー、さらに分割すればサブナビゲーションやバナー広告まで、Webページはいくつもの「部品」で構成されています。

こうした、ひとつひとつの部品を作るために、複数の要素をグループ化するのが`<div>`タグの役割です。
もっとも基本的な部品の例として、サンプルでは`<div>`タグとCSSを使ってボックスを作成しています。

■HTML
102/index.html

```
<div class="forecast">
    <h2>今日の東京地方の天気予報</h2>
    <p>晴れ時々曇り。<br>
    最高気温は20度、最低気温は14度。</p>
    <p>日中は過ごしやすいでしょう。</p>
</div>
```

■CSS

```css
.forecast {
    border: 5px solid #5abbe4;
    padding: 25px;
    width: 300px;
}
```

▼ ブラウザ表示

今日の東京地方の天気予報

晴れ時々曇り。
最高気温は20度、最低気温は14度。

日中は過ごしやすいでしょう。

Column

<div>には積極的にclass属性をつけよう

<div>タグは、複数の要素をグループ化して、ページを構成する「部品」を作るのがおもな役割です。そのため、「何の部品なのか」がわかるようなclass属性をつけるのが基本的な<div>タグの使い方です。

Chap
7

ボックスの整形とデザインテクニック

103 「記事」「セクション」の ボックスを作成したい

 利用シーン ページに記事が含まれる、ニュースサイトやブログサイトの作成をするとき

要素/プロパティ

HTML

`<article>～</article>`
—— 記事全体、もしくは独立したコンテンツ

HTML

`<section>～</section>`
—— ページ全体の一部分や、記事の節（セクション）

`<article>`と`<section>`は、HTML5になって登場した比較的新しいタグです。

`<article>`は、「記事」を意味するタグです。タグの仕様上の定義としては「それだけで独立するコンテンツ」を意味します。基本的には、「その部分だけコピー＆ペーストしても意味が通じる」場合には`<article>`で囲みます。ニュースやブログの記事をはじめ、SNSのひとつの投稿なども、`<article>`で囲むと考えてよいでしょう。

`<section>`は、「ページ全体の一部分」や「記事の一部分（節）」などを意味するタグです。見出し（`<h1>`など）と、それに続く段落やコンテンツ（`<p>`など）をまとめて囲み、グループ化するのに使われます。

■HTML

103/index.html

```
<section>
    <h1>サーバーメンテナンス・障害情報</h1>
    <article>
        <h2>メール送受信障害</h2>
        <p>7月20日1時24分から2時10分まで、ABC01サーバーにてメールの送受信がしづらい状態が発生しておりました。ご利用の皆様には大変ご迷惑をおかけいたしました。</p>
    </article>
    <article>
        <h2>サーバーメンテナンスのお知らせ</h2>
        <p>8月10日2時00分から5時00分の間、セキュリティ対策のためサーバーメンテナンスを行います。対象のサーバーはABC01、ABC02、ABC03、ABC04、ABC05です。ご利用中の皆様にはご迷惑をおかけしますが、ご理解のほどお願い申し上げます。</p>
    </article>
</section>
```

▼ ブラウザ表示

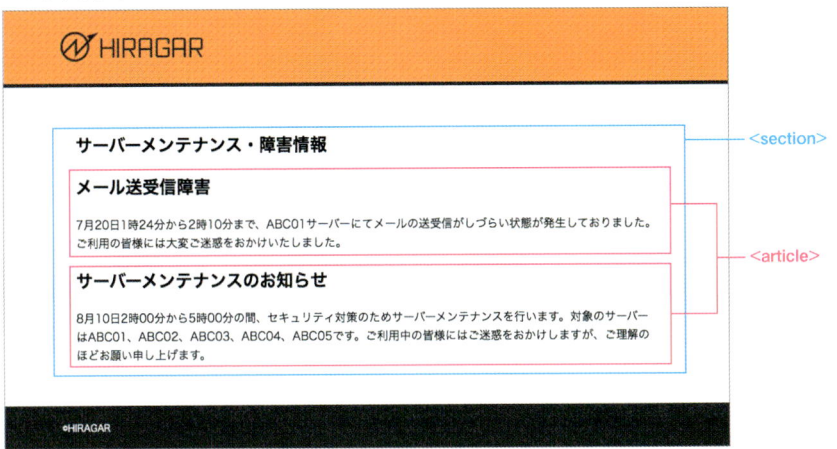

104

そのページの中心的な コンテンツが含まれる ボックスを作成したい

利用シーン そのページの「中心的なコンテンツ」を 明確にマークアップするとき

要素/プロパティ

HTML

<main>〜</main>

ーーー ページの中心的なコンテンツ

ページの中心的なコンテンツは、<main>〜</main>で囲むことができます。<div>タグだけでなく、<main>タグや「103」で紹介した<article>タグ、<section>タグを使用すると、HTMLが読みやすくなり、メンテナンス性が向上します。<main>タグは<article>タグに比べて意味がわかりやすく使いやすいといえます。ニュースサイトやブログサイトだけでなく、どんなサイトのページでも使える応用範囲の広さが<main>タグの特徴です。

ただし、<main>タグにはひとつだけ注意点があります。それは、<main>タグを<article>、<header>、<footer>、<nav>、<aside>タグの子要素にしてはいけないということです※。この点だけ注意しましょう。

※<aside>は、そのページのあまり重要でないコンテンツ（たとえばバナーなど）を囲むタグです。

<main>タグを<article>タグの子要素にすることはできない

○<main> が <article> の親要素	×<main> が <article> の子要素
<main>	<article>
<article>	<main>
...	...
</article>	</main>
</main>	</article>

■HTML

104/index.html

```
<body>
<header>
    中略
</header>
<div class="contents">
    <div class="contents-container">
```

```
        <main>
            <section>
                <h1>サーバーメンテナンス・障害情報</h1>
                <article>
                    <h1>メール送受信障害</h1>
                        <p>7月20日1時24分から2時10分まで、ABC01サーバーにてメール
の送受信がしづらい状態が発生しておりました。ご利用の皆様には大変ご迷惑をおかけいたしまし
た。</p>
                </article>
                <article>
                    <h1>サーバーメンテナンスのお知らせ</h1>
                        <p>8月10日2時00分から5時00分の間、セキュリティ対策のためサー
バーメンテナンスを行います。対象のサーバーはABC01、ABC02、ABC03、ABC04、ABC05で
す。ご利用中の皆様にはご迷惑をおかけしますが、ご理解のほどお願い申し上げます。</p>
                </article>
            </section>
        </main>

        </div>
    </div>
    <footer>
        中略
    </footer>
</body>
```

▼ ブラウザ表示

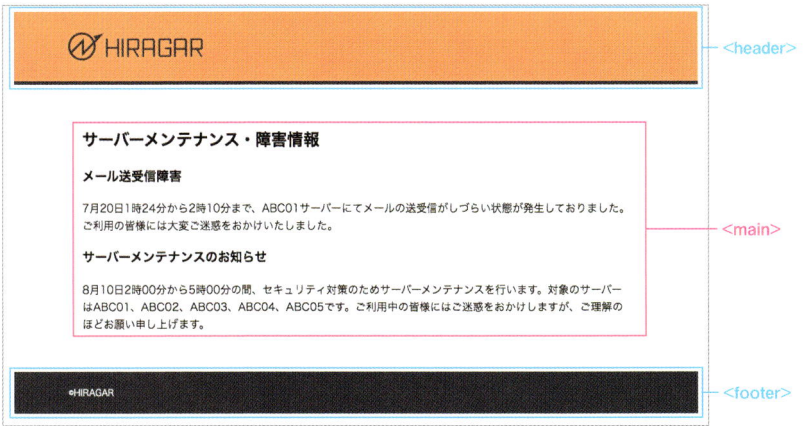

105 ボックス全体をリンクにしたい

利用シーン

- ● ボックス全体をリンクにするとき
- ● 画像だけでなくテキストなども含まれる、
  複数の要素を使ったバナーを作成するとき
- ● 通販サイトなどで、画像と商品名をまとめてリンクにするとき

要素 / プロパティ

HTML

```
<a href="リンク先ページのパス">～</a>
```
── リンクを設定する ▶▶073 ▶▶074

HTML5が登場するまで、<a>タグはテキストやフレージング要素※しか囲むことができませんでした。そのため、非常に古いブラウザの中には、<a>タグで<p>タグや<div>タグなどを囲むと表示が崩れるものがありましたが、いまではそのような心配はありません。
<a>タグで<div>タグなどを囲んでボックス全体をリンクにするのは、現代的なWebデザインでは非常によくおこなわれるテクニックです。クリックできる面積が大きくなるので、ユーザーにも使いやすいといえます。

※ HTML5以前は「インライン要素」と呼ばれていました。フレージング要素については「023」で取り上げています。

■ HTML

105/index.html

```
<a href="contact.html">
    <div class="campaign">
        <h1>入会金無料キャンペーン実施中</h1>
        <p>資料請求・お問い合わせはこちら</p>
    </div>
</a>
```

■ CSS

105/css/style.css

```
a {
    text-decoration: none;
}
.campaign {
    width: 50%;
```

```
    margin: 0 auto;
    padding: 20px;
    background: #389bc2;
    color: #ffffff;
    text-align: center;
}
.campaign:hover {
    background: #fdb657;
}
```

▼ ブラウザ表示
マウスポインタがホバーするとボックス全体の色が変わる

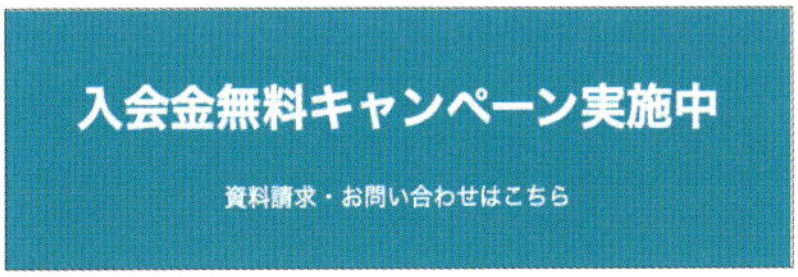

通常時

マウスホバー時

106

図とキャプションを表示したい

 利用シーン
- ●記事内で、図とそのキャプションを表示するとき
- ●バナーとキャプションを表示するとき
- ●電子機器などの操作を説明するページで、写真と説明を掲載するとき

要素/プロパティ

HTML

<figure>〜</figure>
——— 図

HTML

<figcaption>〜</figcaption>
——— 図のキャプション

<figure>は「図」を意味するタグです。<figure>〜</figure>の中にはどんなタグでも含めることができ、1枚の画像で作成したグラフでもかまいませんし、HTMLで作成したテーブルなどでもかまいません。
また、その図にキャプションのテキストをつけるときは、<figure>〜</figure>の中に、<figcaption>タグを含めます。ここでは基本的なマークアップとして、円グラフの画像1枚とキャプションテキストを表示させる例を紹介します。

■HTML

106/index.html

```
<figure>
    <img src="images/graph.png" alt="" class="graph">
    <figcaption>朝食に何を食べますか? <br>
    2016年6月学生食堂実施朝食アンケートより</figcaption>
</figure>
```

▼ ブラウザ表示

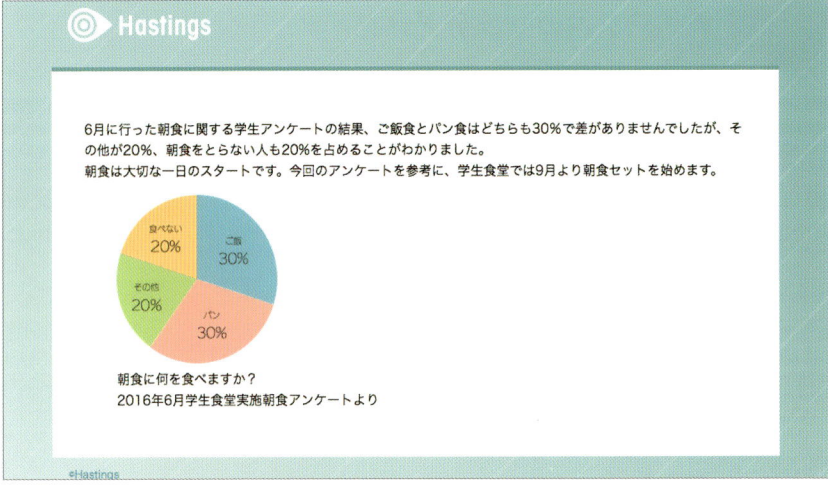

··· Column

<figure>はデフォルトのCSSに注意

「図」と「キャプション（または説明など）」を掲載するケースは多く、<figure>タグを知っていれば意外と便利に使えます。ただ、<figure>タグにはデフォルトで少し特殊なCSSが適用されているため、レイアウトには注意が必要です。

<figure>のデフォルトCSSには、上下に1em、左右に40ピクセルのマージンがついていて、CSSで多少調整しないとあまりきれいな表示になりません。具体的なCSSの適用アイディアは「204」で取り上げています。

<figure>のデフォルトCSSのマージン

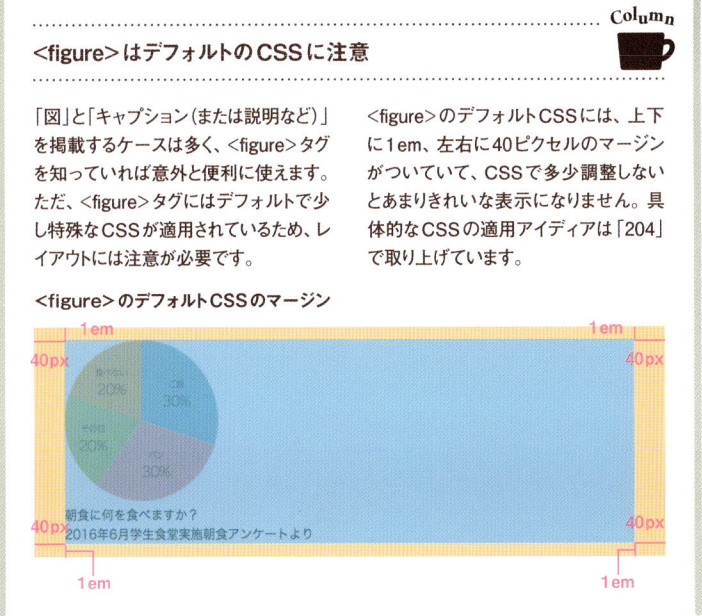

107

ページの一部分に ほかのHTMLを表示したい ❶

利用シーン

● ページ内に別のHTMLを読み込みたいとき
● ページ内の一部分だけを スクロールできるようにしたいとき

要素/プロパティ

HTML

`<iframe src="読み込むHTMLのパス" width="幅" height="高さ"></iframe>`
—— 別のHTMLを読み込む

<iframe>タグは、HTMLファイル内に別の HTMLファイルを読み込んで表示させるときに使 用します。読み込むHTMLファイルは、 <iframe>のsrc属性で指定します。

また、<iframe>で読み込まれるHTMLの表示サ イズは、width属性、height属性で指定できま す。幅や高さをとくに指定する必要がなければ省 略してかまいません。

なお、<iframe>には終了タグ（</iframe>）があ ります。しかし、開始タグと終了タグの間にテキス トやほかのタグを含めても、何も表示されないので 注意が必要です。

ここで紹介するサンプルでは、ベースのHTML （107/index.html）に、サブHTML（107/sub/ sub.html）を読み込んでいます。

■ **HTML**　　　　　　　　　　　　　　　　107/index.html（ベースHTML）

```
<section class="info">
    <h1>サーバーメンテナンス・障害情報</h1>
    <iframe src="sub/sub.html" width="400" height="200"></iframe>
</section>
<div>
    <p>お問い合わせ：tel 00-0000-1111</p>
</div>
```

■ **HTML**　　　　　　　　　　　　　　　　107/sub/sub.html（サブHTML）

```
<body class="report">
<main>
    <ul class="report-list">
        <li><a href="#0810">サーバーメンテナンスのお知らせ（8/10）</a></li>
        <li><a href="#0720">メール送受信障害（7/20）</a></li>
```

```
        </ul>
        <article id="0810">
                <h2>サーバーメンテナンスのお知らせ</h2>
                <p>8月10日2時00分から5時00分の間、セキュリティ対策のためサーバーメンテナ
ンスを行います。対象のサーバーはABC01、ABC02、ABC03、ABC04、ABC05です。ご利用
中の皆様にはご迷惑をおかけしますが、ご理解のほどお願い申し上げます。</p>
        </article>
        <article id="0720">
                <h2>メール送受信障害</h2>
                <p>7月20日1時24分から2時10分まで、ABC01サーバーにてメールの送受信がし
づらい状態が発生しておりました。ご利用の皆様には大変ご迷惑をおかけいたしました。</p>
        </article>
        <div class="contact">
                <h2>管理会社</h2>
                <p><a href="http://studio947.net" target="_top">株 式 会 社Studio947</
a></p>
        </div>
</main>
</body>
```

■CSS

107/css/style.css

```
/* iframe内のHTML(107/sub/sub.html)用のCSS */
.report h2 {
    font-size: 1em;
}
.report p {
    font-size: 0.85em;
}
```

▼ ブラウザ表示

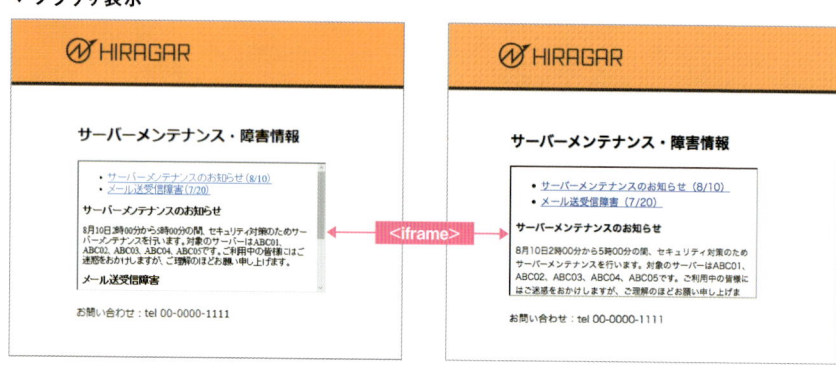

Windows 10（Edge）での表示

Mac OS（Firefox）での表示

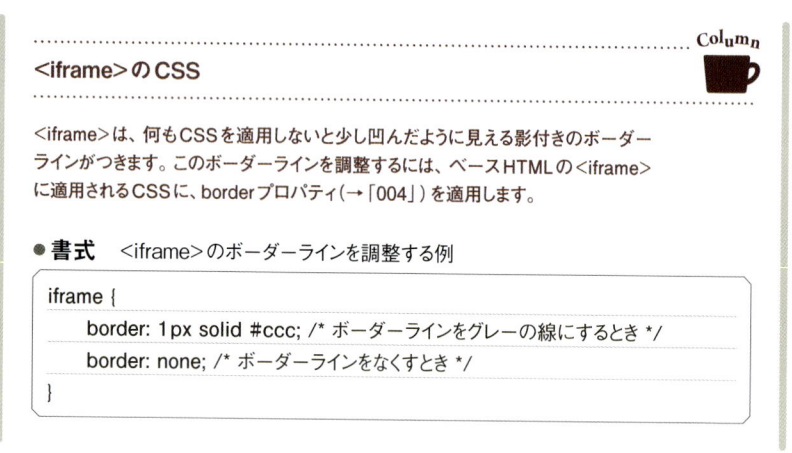

Column

＜iframe＞の CSS

＜iframe＞は、何も CSS を適用しないと少し凹んだように見える影付きのボーダーラインがつきます。このボーダーラインを調整するには、ベース HTML の＜iframe＞に適用される CSS に、border プロパティ（→「004」）を適用します。

● **書式** ＜iframe＞のボーダーラインを調整する例

```
iframe {
    border: 1px solid #ccc; /* ボーダーラインをグレーの線にするとき */
    border: none; /* ボーダーラインをなくすとき */
}
```

Column

サブHTMLにリンクが含まれているときの注意

<iframe>で読み込まれるサブHTMLに含まれるリンクをクリックすると、リンク先はその<iframe>の中に表示されます。

<iframe>内のHTMLのリンクをクリックすると、リンク先は<iframe>内に表示される

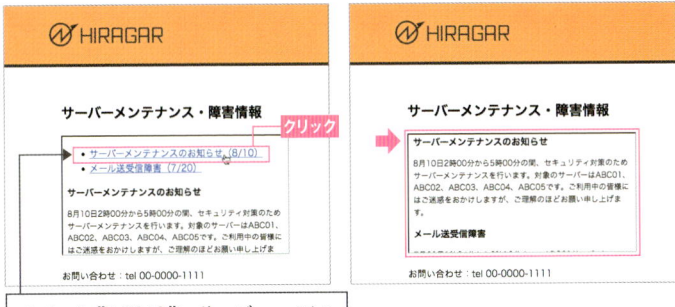

もし、<iframe>内のHTMLに含まれるリンクをクリックして、リンク先をベースHTMLのほうに表示したいときは、そのリンクの<a>タグに「target="_top"」を追加します。

● **書式**　リンク先をベースHTMLのほうに表示したいときの<a>タグ

<a href="リンク先のパス" target="_top">リンクテキスト</a>

「target="_top"」があると、リンク先はベースHTMLのほうに表示される

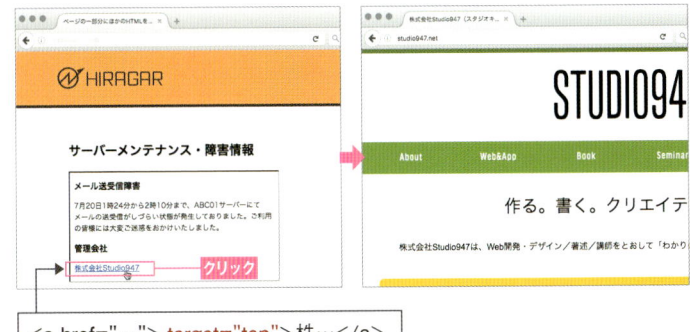

ページの一部分に
ほかのHTMLを表示したい ❷

 **利用シーン** ページ内に別のHTMLを読み込みたいときで、読み込んでいることがわからないようなデザインにしたいとき

要素/プロパティ

HTML

`<iframe src="読み込むHTMLのパス" width="幅" height="高さ"></iframe>`
—— 別のHTMLを読み込む

CSSプロパティ

`overflow: hidden;` —— スクロールできないようにする

「107」では基本的な`<iframe>`の使用法を紹介しました。今回も`<iframe>`を使ってHTML内に別のHTMLを読み込みますが、別のHTMLを読み込んでいることが見ただけではわからないようにして、あたかも通常のページのように見せるようにします。

見た目にわからないので気がつきませんが、このテクニックは意外とよく使われています。たとえば、サイトの更新情報やアンケートフォーム、またはその集計結果など、サーバー側のプログラムで自動的に生成するコンテンツをページ内に組み込みたいときにとられる手法です。

■ **HTML** 108/index.html（ベースHTML）

```
<section class="info">
    <h1>サーバーメンテナンス・障害情報</h1>
    <iframe src="sub/sub.html" width="100%" id="inner-frame"></iframe>
</section>
<div>
    <p>お問い合わせ：tel 00-0000-1111</p>
</div>
```

■ **HTML** 108/sub/sub.html（サブHTML）

```
<body class="report">
<main>
    中略
</main>
<script>
```

```
document.addEventListener('DOMContentLoaded', function(){
    var iframe = window.parent.document.getElementById('inner-frame');
    iframe.style['height'] = document.body.scrollHeight + 'px';
});
</script>
</body>
```

■ CSS　　　　108/css/style.css

```css
iframe {
    border: none;
}

/* iframe内のHTML(sub/sub.html)
用のCSS */
.report {
    overflow: hidden;
    margin: 0;
}
.report-list {
    margin: 0;
}
.report h2 {
    font-size: 1em;
}
.report p {
    font-size: 0.85em;
}
```

▼ ブラウザ表示

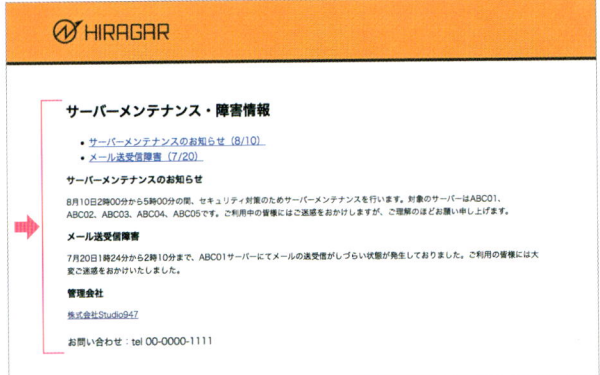

109 ボックスに ボーダーをつけたい

利用シーン ボックスを四角く囲まれたように見せたいとき

要素 / プロパティ

CSS プロパティ

border: 太さ 形状 色; ── 要素のボックスにボーダーを引く

CSS プロパティ

border-top: 太さ 形状 色; ── ボックスの上辺に線を引く

CSS プロパティ

border-right: 太さ 形状 色; ── ボックスの右辺に線を引く

CSS プロパティ

border-bottom: 太さ 形状 色; ── ボックスの下辺に線を引く

CSS プロパティ

border-left: 太さ 形状 色; ── ボックスの左辺に線を引く

要素のボックスの四辺にボーダー（外枠線）をつけるには、borderプロパティを適用します。このborderプロパティには、3種類の値を半角スペースで区切って指定します。半角スペースで区切ってさえいれば、順序はどうでもかまいません。それぞれの値は次のように設定します。

・太さ
ボーダーの太さは、「数値＋単位」で指定します。単位には「px」を使うことがほとんどです。「%」は使えません。たとえば、太さを10ピクセルにするなら、「10px」と書きます。

・形状
ボーダーの形状には、右上の表にあるキーワードから選んで指定します。

おもなボーダーの形状の値

値	説明	表示例
solid	実線	今日の東京地方のヲ
none	線なし	今日の東京地方のヲ
dotted	点線	今日の東京地方のヲ
dashed	少し長い点線	今日の東京地方のヲ
double	二重線	今日の東京地方のヲ

・色
ボーダーの色は、「043」「044」「045」で紹介した方法でカラーを指定します。

▪ HTML

109/index.html

```
<div class="forecast">
    <h2>今日の東京地方の天気予報</h2>
    <p>晴れ時々曇り。<br>
    最高気温は20度、最低気温は14度。</p>
    <p>日中は過ごしやすいでしょう。</p>
</div>
```

▪ CSS

109/css/style.css

```
.forecast {
    border: 3px solid #ff9723;
}
```

▼ ブラウザ表示

今日の東京地方の天気予報

晴れ時々曇り。
最高気温は20度、最低気温は14度。

日中は過ごしやすいでしょう。

110 ボーダーとコンテンツの間にスペースを作りたい

利用シーン
- ●ボックスのボーダーとコンテンツがくっつくと美しく見えないので、両者の間にスペースを作りたいとき
- ●ボーダーを設定していなくても、コンテンツと親要素などとの間にスペースを作りたいとき

要素 / プロパティ

CSS プロパティ

padding: 上 右 下 左; —— 四辺のパディングを設定する

CSS プロパティ

padding-top: 上パディングの大きさ; —— 上パディングを調整する

CSS プロパティ

padding-right: 右パディングの大きさ; —— 右パディングを調整する

CSS プロパティ

padding-bottom: 下パディングの大きさ; —— 下パディングを調整する

CSS プロパティ

padding-left: 左パディングの大きさ; —— 左パディングを調整する

パディングとは、ボックスのコンテンツとボーダーとの間のスペースを指します（→「004」）。このスペースはpaddingプロパティを使って調整します。

paddingプロパティには、ボックスの上、右、下、左の順に※、それぞれを半角スペースで区切ってパディングの大きさを設定します。なお、paddingプロパティの値は省略することができます。値を省略すると、次のようにボックスのパディングが設定されます。

※つまり上から順に時計回りです。

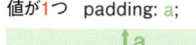

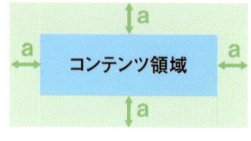

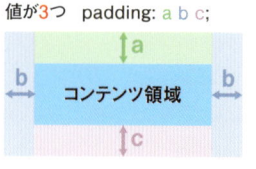

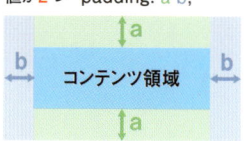

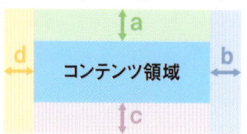

paddingプロパティの値の数によって、設定されるパディングの場所が変わる

■ HTML

110/index.html

```
<div class="forecast">
    <h2>今日の東京地方の天気予報</h2>
    <p>晴れ時々曇り。<br>
    最高気温は20度、最低気温は14度。</p>
    <p>日中は過ごしやすいでしょう。</p>
</div>
```

■ CSS

110/css/style.css

```
.forecast {
    border: 3px solid #ff9723;
    padding: 30px;
}
```

▼ ブラウザ表示

今日の東京地方の天気予報　　　　パディングが設定されているところ

晴れ時々曇り。
最高気温は20度、最低気温は14度。

日中は過ごしやすいでしょう。

....Column

paddingプロパティの値の単位

paddingプロパティの値の単位には、一般的には「px」もしくは「em」
を使用します。単位を「em」にすると、そのボックスに指定されている
フォントサイズ——デフォルトでは16px——を「1em」とした大きさが
指定されます。たとえば、「2em」と指定したら「2文字分」のパディン
グが作られることになります。
また、paddingプロパティの値に「%」を指定することもできます。こ
の場合、パディングの大きさはその親要素の幅、または高さに対する
パーセンテージになります。

111 ボックスとボックスの距離を離したい

利用シーン

- 上下左右に並ぶボックスとボックスの間にスペースを作りたいとき
- 親要素のボックスと子要素のボックスとの間にスペースを作りたいとき

要素/プロパティ

CSSプロパティ

margin: 上 右 下 左; —— 四辺のマージンを設定する

CSSプロパティ

margin-top: 上マージンの大きさ; —— 上マージンを調整する

CSSプロパティ

margin-right: 右マージンの大きさ; —— 右マージンを調整する

CSSプロパティ

margin-bottom: 下マージンの大きさ; —— 下マージンを調整する

CSSプロパティ

margin-left: 左マージンの大きさ; —— 左マージンを調整する

「マージン」とは、ボックス四辺のボーダーの外側に作られる、余白を指します（→「004」）。感覚的には、ボックスの上下左右に隣接するボックス、または親要素のボックスとの間の「距離」だと考えた方がわかりやすいかもしれません。

marginプロパティの値の設定方法はpaddingプロパティと同じです（→「110」）。値の単位には「px」や「em」を使うことが多いですが、「%」にすることもできます。単位を「%」にした場合、マージンの大きさはボックスの親要素の幅、または高さに対するパーセンテージになります。

サンプルでは、HTMLのふたつの<div class="forecast">の四辺に、30ピクセルのマージンを設定しています。

■HTML

111/index.html

```
<div class="forecast">
    <h2>今日の東京地方の天気予報</h2>
    <p>晴れ時々曇り。<br>
    最高気温は20度、最低気温は14度。</p>
    <p>日中は過ごしやすいでしょう。</p>
```

```
</div>

<div class="forecast">
    <h2>明日の東京地方の天気予報</h2>
    <p>曇り。<br>
    最高気温は16度、最低気温は11度。</p>
    <p>肌寒くなるでしょう。</p>
</div>
```

■ CSS　　111/css/style.css

```
.forecast {
    margin: 30px;
    border: 3px solid #ff9723;
    padding: 30px;
}
```

▼ ブラウザ表示

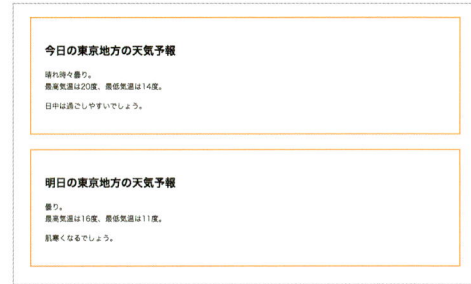

.... Column

上下マージンの「たたみ込み」

上下に隣接するボックス、もしくは隣接する親要素のボックスと子要素のボックスのマージンは、どちらか大きい方が採用されます。これを「たたみ込み」といいます。
たとえば、今回のサンプルでは、ふたつの<div class="forecast">に上下左右30ピクセルのマージンを設けています。このふたつが隣接する部分のマージンは、本来なら30ピクセル＋30ピクセルで60ピクセルのマージンが設定されているはずですが、30ピクセルしか空いていません。上下のマージンが隣接しているので、たたみ込みが発生しているのです※。
ただし、隣接するボックスのどちらか片方にフロート、ポジション、フレックスボックス、overflowプロパティなどが適用されている場合、マージンはたたみ込まれません。

マージンのたたみ込みが発生している部分

▨ ▨　<div class="forecast">のマージン

たたみ込みが発生している部分

※たたみ込みは、上下に隣接するマージンのどちらか大きい方が採用されます。マージンの大きさが同じ場合は片方だけが採用されます。

112　見出しに下線をつけたい

利用シーン　見出し（\<h1\>〜\<h6\>）を目立たせるために装飾をしたいとき

要素／プロパティ

CSSプロパティ

border-bottom: 太さ 形状 色;

 ボックスの下辺に線を引く ▶▶109

border-bottomプロパティで、見出しの\<h1\>や\<h2\>などに下線を引く、基本例を紹介します。border関係のプロパティを使って見出しを目立たせるテクニックは非常によく使われています。サンプルでは、\<div class="contents"\>内の\<h1\>と\<h2\>に下線を引いています。

■HTML　　　　　112/index.html

```
<h1>事業内容</h1>
<p>当社の事業内容をご紹介します。</p>
<h2>アプリ開発</h2>
<p>スマートフォン、タブレット用のアプリ開発をい
たします。企画立案から設計・デザイン・プログラ
ム開発までトータルでできるのが強みです。</p>
<h2>ウェブ制作</h2>
<p>目的にあったウェブサイトをご提案します。標
準で、スマートフォン、タブレット向けにも対応いた
します。</p>
```

■CSS　　　　112/css/style.css

```
.contents h1 {
    border-bottom: 4px solid
#2097B6;
}
.contents h2 {
    border-bottom: 1px dotted
#2097B6;
}
```

▼ ブラウザ表示

⊘ HIRAGAR

事業内容

当社の事業内容をご紹介します。

アプリ開発

スマートフォン、タブレット用のアプリ開発をいたします。企画立案から設計・デザイン・プログラム開発まで
トータルでできるのが強みです。

ウェブ制作

目的にあったウェブサイトをご提案します。標準で、スマートフォン、タブレット向けにも対応いたします。

113 枠線で見出しをデザインしたい

 **利用シーン** 見出し（<h1>〜<h6>）を目立たせるために装飾をしたいとき

要素/プロパティ

CSSプロパティ
border-top: 太さ 形状 色; —— ボックスの上辺に線を引く

CSSプロパティ
border-right: 太さ 形状 色; —— ボックスの右辺に線を引く

CSSプロパティ
border-bottom: 太さ 形状 色; —— ボックスの下辺に線を引く

CSSプロパティ
border-left: 太さ 形状 色; —— ボックスの左辺に線を引く

CSSプロパティ
padding: 上 右 下 左; —— 四辺のパディングを設定する ▶▶110

CSSプロパティ
text-align: 行揃え; —— テキストの行揃えを変更する ▶▶052

見出しを装飾する応用例として、ボックスの各辺のボーダーを設定したり、パディングやテキストの行揃えを変更する例を紹介します。border関係のプロパティ、paddingプロパティ、text-alignプロパティなどを組み合わせるだけでも、さまざまな

デザインのパターンが作れます。
サンプルでは、<h1>、<h2>、<h3>それぞれに、いま挙げたプロパティを組み合わせたスタイルを適用しています。プロパティの組み合わせや値を変えて、いろいろ試してみるとよいでしょう。

■ **HTML** 　　　　　　　　　　　　　　113/index.html

```
<h1>事業内容</h1>
<p>当社の事業内容をご紹介します。</p>
<h2>アプリ開発</h2>
<p>スマートフォン、タブレット用のアプリ開発をいたします。企画立案から設計・デザイン・プログラム開発までトータルでできるのが強みです。</p>
<h3>iOS対応</h3>
```

```
<p>iPhone、iPad向けのアプリです。</p>
<h3>Android対応</h3>
<p>上記以外のスマートフォン、タブレットで使われるAndroid向けのアプリです。</p>
<h2>ウェブ制作</h2>
<p>目的にあったウェブサイトをご提案します。標準で、スマートフォン、タブレット向けにも対応いたします。</p>
```

■CSS　　113/css/style.css

```css
.contents h1 {
    padding: 20px;
    border-top: 5px solid #2097B6;
    border-bottom: 1px dashed #999;
    text-align: center;
}
.contents h2 {
    padding-left: 10px;
    border-left: 8px solid #2097B6;
```

```css
}
.contents h3 {
    padding: 10px;
    border-top: 1px dotted #2097B6;
    border-left: 3px solid #2097B6;
    color: #2097B6;
}
```

▼ ブラウザ表示

114 ボックスの 幅と高さを指定したい

 利用シーン ボックスの幅と高さを指定して、 サイズを固定したいとき

要素/プロパティ

CSSプロパティ

width: 幅;

―― ボックスの幅を指定する

CSSプロパティ

height: 高さ;

―― ボックスの高さを指定する

ボックスの幅を指定するにはwidthプロパティ、高さを指定するには heightプロパティを使用します。値はどちらも「数値＋単位」で指定しま す。単位には「px」や「em」を使用することが多いですが、「％」にするこ ともできます。単位を「％」にした場合の幅や高さは、親要素の幅または 高さを100％としたときのパーセンテージになります。ページ全体のレイ アウトを作るときなどは、単位を「％」にすることがよくあります。詳しくは 12章の各サンプルで取り上げています。

今回紹介するサンプルでは、ボックスの幅を260ピクセル、高さを280 ピクセルに固定しています。

なお、ボックスの幅や高さを指定できるのは、すべてのブロックボックスと、 一部のインラインボックス（<img>、<input>など）だけです。通常のイン ラインボックスにはwidthプロパティ、heightプロパティを適用できませ ん。

■ **HTML**   114/index.html

```
<div class="sale-box">
    <h1>SALE</h1>
    <p>最大60％OFF！</p>
    <p>8/3〜8/15店内各所にて実施</p>
</div>
```

■CSS   114/css/style.css

```css
body {
    font-family: sans-serif;
}
.sale-box {
    padding: 20px 20px 0 20px;
    width: 260px;
    height: 280px;
    background: #ffc41c;
    text-align: center;
}
.sale-box h1 {
    font-size: 50px;
}
```

▼ ブラウザ表示

SALE

最大60%OFF！

8/3〜8/15店内各所にて実施

115 ボックスの高さを固定して スクロールバーを表示させたい

利用シーン ボックスの高さを指定したが、 コンテンツが収まらないとき

要素／プロパティ

CSSプロパティ

overflow: scroll;

—— ボックスに収まりきらないコンテンツの表示方法を決める

CSSプロパティ

overflow-x: scroll;

—— 横方向のスクロールを出す

CSSプロパティ

overflow-y: scroll;

—— 縦方向のスクロールを出す

通常、要素のボックスはそのコンテンツが収まるように高さが調節されます。そのため、コンテンツの量が少なければボックスの高さは短くなり、逆に多ければ長くなります。

しかし、heightプロパティを使ってボックスの高さを固定したときに、もしコンテンツの量が多くて収まりきらなかったらどうなるのでしょう？　その場合、コンテンツはボックスからはみ出してでもすべて表示されます。

コンテンツの量が多くてボックスからはみ出す場合に、そのはみ出す部分をどうやって表示するかを決めるのが「overflowプロパティ」です。このoverflowプロパティの値を「scroll」にすると、ボックスにスクロールバーがつくようになります。はみ出したコンテンツはスクロールバーを動かせば見ることができます。

高さが固定されていても、コンテンツの量が多い場合ははみ出て表示される

SALE

最大60%OFF！

8/3～8/15店内各所にて実施

《実施売り場》
B1食品売り場各店、2F婦人雑貨特設コーナー、3・4F婦人服各店、5F紳士雑貨特設コーナー・紳士服各店、7F子ども服特設コーナー、8F生活雑貨特設コーナー、9F催事場

```
<div class="sale-box">
    <h1>SALE</h1>
    <p>最大60%OFF！</p>
    <p>8/3〜8/15店内各所にて実施
</p>
    <p>《実施売り場》<br>
B1食品売り場各店、2F婦人雑貨特設コー
ナー、3・4F婦人服各店、5F紳士雑貨特設
コーナー・紳士服各店、7F子ども服特設コー
ナー、8F生活雑貨特設コーナー、9F催事
場</p>
</div>
```

```
body {
    font-family: sans-serif;
}
.sale-box {
    overflow: scroll;
    padding: 20px 20px 0 20px;
    width: 260px;
    height: 280px;
    background: #ffc41c;
    text-align: center;
}
.sale-box h1 {
    font-size: 50px;
}
```

▼ ブラウザ表示

ボックスが縦にスクロール可能になる

.... Column

overflow-x プロパティ、overflow-y プロパティ

「overflow: scroll」とした場合、ボックスには縦横にスクロールバーが表示されます※。しかし、overflowプロパティの代わりに「overflow-x」プロパティや「overflow-y」プロパティを使うと、それぞれ横スクロールバーだけ、または縦スクロールバーだけを表示させることができます。ただし、必要なスクロールバー

を隠すことはできません。たとえば今回のサンプルの場合、縦スクロールバーはコンテンツをすべて表示するために必要です。そのため、overflow-xプロパティを使用しても縦スクロールバーは表示されます。

※表示はブラウザやOSによって多少異なります。

116

ボックスの高さを固定して
コンテンツを非表示にしたい

利用シーン コンテンツを表示することよりも
ボックスの高さを固定することが優先されるとき

要素／プロパティ

CSSプロパティ

overflow: hidden;

—— ボックスに収まりきらないコンテンツを非表示にする

横に同じ形のボックスが並ぶときなどに、コンテンツを表示することよりも高さを揃えることを優先したいケースがごくまれにあります。その場合は、ボックスに「overflow: hidden;」を適用します。サンプルのHTMLは「115」と同じです。

■ CSS　　116/css/style.css

```
body {
    font-family: sans-serif;
}
.sale-box {
    overflow: hidden;
    padding: 20px 20px 0 20px;
    width: 260px;
```

```
    height: 280px;
    background: #ffc41c;
    text-align: center;
}
.sale-box h1 {
    font-size: 50px;
}
```

▼ ブラウザ表示

SALE

最大60%OFF！

8/3～8/15店内各所にて実施

《実施売り場》
B1食品売り場各店、2F婦人雑貨特

ボックスからはみ出したコンテンツは
表示されず、スクロールバーも出ない

Column

「overflow: hidden;」の別の用途

今回のサンプルで使用したように、「overflow: hidden;」は、高さを指定したボックスからはみ出したコンテンツを非表示にするのが本来の機能です。でも実は、この本来の機能で使われることよりも「フロートの解除」に使われることの方が圧倒的に多いです。overflowプロパティをフロートの解除に使う方法については「207」で取り上げています。

117

1行で収まらないテキストを省略したい

利用シーン 画像やサムネイルなどのキャプションを表示するときなど、長いテキストを表示するだけの十分なスペースがない場合

要素/プロパティ

CSSプロパティ

text-overflow: ellipsis;
—— はみ出たテキストを「…」に置き換える

CSSプロパティ

white-space: 改行を制御するキーワード;
—— テキストの改行を調整する ▶▶155

CSSプロパティ

overflow: hidden;
—— ボックスに収まりきらないコンテンツを非表示にする ▶▶116

ボックスに収まりきらないほど長いテキストを表示するときに、末尾を「…」に置き換えて省略するCSSプロパティがあります。それが「text-overflow」プロパティです。画像のサムネイルとキャプションが並ぶ「ギャラリーページ」やブログページの関連項目へのリンクなど、テキストを表示するためのスペースがあまり大きくない場合に使用すると便利です。

長いテキストを省略して末尾を「…」にしたいときは、テキストが含まれるボックスに次のCSSを適用します。サンプルでは、このCSSを<p class="caption">～</p>に適用しています。

● **書式** 収まりきらないテキストの末尾を省略するCSS

```
overflow: hidden;
white-space: nowrap;
text-overflow: ellipsis;
```

なお、text-overflowプロパティに適用できる値には「ellipsis」と「clip」があります※。値をclipにした場合、長すぎるテキストは省略されますが、「…」は表示されません。

※3つ点が並んだ「…」の字のことを「ellipsis（エリプシス）」といいます。

■HTML

117/index.html

```html
<div class="picture">
    <img src="images/photo.jpg" alt="">
    <p class="caption">これからは大事なチャンスも逃さない!夜景の撮影テクニック（1）</p>
</div>
```

■CSS

117/css/style.css

```css
.picture {
    border: 1px solid #ccc;
    padding: 20px;
    width: 400px;
    border-radius: 10px;
}
.caption {
    overflow: hidden;
    white-space: nowrap;
    text-overflow: ellipsis;
    margin: 0;
}
```

Chap

7

ボックスの整形とデザインテクニック

▼ ブラウザ表示

118 アイコンとテキストの位置を揃えたい

利用シーン

- 行の始まりやテキストの途中に画像を挿入したいとき
- 画像とテキストの上下方向の位置を揃えたいとき

要素/プロパティ

CSSプロパティ

vertical-align: キーワードまたは数値;
—— インラインボックスの縦方向の位置を調整する

1行のテキストの中に、異なるフォントサイズの文字や画像を挿入すると、それらと通常のテキストがきれいに揃わないことがあります。そういうときは、vertical-alignプロパティを使って位置を調整します。

vertical-alignプロパティを使うときのポイントは、このプロパティを「位置を調整したいインライン

ボックスに直接適用すること」です。

たとえばこのサンプルでは、<img>タグで挿入されるアイコン画像と、テキストを横に並べています。このようなときに画像とテキストの位置を調整するのであれば、<img>タグにvertical-alignプロパティを適用します。

■HTML

118/index.html

```html
<div class="snsbox">
    <h3>公式SNSをチェック!</h3>
    <ul>
        <li><img src="images/fb.png" 中略 class="sns">公式ページをフォロー</li>
        <li><img src="images/twitter.png" 中略 class="sns">最新情報満載の公式アカウント</li>
        <li><img src="images/youtube.png" 中略 class="sns">楽しい動画がたくさん</li>
    </ul>
</div>
```

■CSS

118/css/style.css

```css
.sns {
    padding-right: 12px;
    vertical-align: -6px;
}
```

▼ ブラウザ表示

公式SNSをチェック！

:f: 公式ページをフォロー
:bird: 最新情報満載の公式アカウント
:youtube: 楽しい動画がたくさん

.... **Col**u**mn**

vertical-align プロパティ

vertical-alignは、インラインボックスの縦方向の位置を調整するプロパティです。「テキストの行揃えを変更するプロパティ」だと思われがちですが、実際にはそうではありません。たとえば今回のサンプルのように画像とテキストが並ぶ場合に、親要素——サンプルでは<li>——にvertical-alignプロパティを設定しても、うまく整列してくれません。なぜかといえば、vertical-alignプロパティは、テキスト行全体の行揃えを調整するものではなく、個別のインラインボック

スの位置を調整するものだからです。そのため、このプロパティを使うときは、<img>や<span>など、インラインボックスで表示される要素に直接適用する必要があります。
vertical-alignプロパティの値には、専用のキーワードか、もしくは「数値＋単位」を指定します。単位には「px」か、もしくは「em」を使用します。専用のキーワードには次のようなものがあります。ただ、定義が非常にわかりづらいため、いろいろな値を試してみることをおすすめします。

vertical-align プロパティのおもな値

値	説明	表示例
baseline	文字のベースライン[1]に整列（日本語の文字の場合はtext-bottomと同じ）	:f: Follow our page
text-top	親要素のコンテンツ領域の上端に整列	:f: Follow our page
middle	文字のxハイト[2]の1／2の高さに整列	:f: Follow our page　xハイト
text-bottom	親要素のコンテンツ領域の下端に整列	:f: Follow our page
top	テキスト行の上端に整列	:f: Follow our page　テキスト行
bottom	テキスト行の下端に整列	:f: Follow our page

※1 欧文書体が整列する基準線のことを指します。aやxなど、下に飛び出す部分がない文字は、このベースラインを基準に整列します。gやpなど、下に飛び出す部分がある文字は、飛び出す部分がベースラインよりも下になるように整列されます。
※2 aやxの高さのこと。

119 ボックスと画像の下に空く スペースをなくしたい

キービジュアルやスライドショー、大きなバナー
などで、ボックスの高さと画像の高さを
ぴったり揃えたいとき

要素/プロパティ

CSSプロパティ

vertical-align: キーワードまたは数値;

━━ インラインボックスの縦方向の位置を調整する **▶▶118**

〜 の中に<img>タグがあるとき、もう少し正確にいえば、
あるボックスのコンテンツに画像が入っているとき、ボックスの下の部分
に意図しないスペースが空いてしまいます。Webサイトのトップページに
掲載されるキービジュアルやスライドショー、大きなバナーなど、目立つ
画像を載せるときにはこのスペースがしばしば問題になります。

CSSを適用しないと、ボックスの下部にスペースができる

━画像　　　　　　　　　　　　　　　　　　　━背景色

なぜこうなるかというと、<img>タグのデフォルトCSSには「vertical-
align: baseline;」が適用されているからです。つまり、画像の横にテキス
トが並ぶとして、そのテキストの下に飛び出す部分（→「118」）を表示す
るスペースができてしまっているのです。
このスペースをなくすには、<img>に適用されるCSSにvertical-align
プロパティを設定し、その値を「top」「middle」「bottom」のいずれかに
します。

■ HTML

119/index.html

```
<div class="sale-banner">
    <img src="images/sale.png" width="300" height="220" alt="" class="img-align">
</div>
```

■ CSS

119/css/style.css

```
.sale-banner {
    margin-bottom: 30px;
    padding-left: 20px;
    background: #ffc41c;
}
.img-align {
    vertical-align: middle;
}
```

▼ ブラウザ表示

120 ボックスの背景色を指定したい

利用シーン ボックスに色をつけたいとき

要素/プロパティ

CSS プロパティ

background: 背景の設定;
—— 要素の背景を設定する

CSS プロパティ

background-color: 色;
—— 要素の背景色を設定する

要素のボックスに背景色を指定するのは、非常によくおこなわれます。背景色を設定するには、backgroundプロパティか、background-colorプロパティで色を指定します。色の指定には「043」「044」「045」で紹介した方法が使えます。このサンプルでは4つの<div>に背景色を設定しています。例を挙げるために、それぞれのボックスで違う色の指定の方法を使用しています。

■ HTML
120/index.html

```
<div class="course html-css">
    <p>HTML・CSS 入門コース</p>
</div>
<div class="course design">
    <p>Web デザインコース</p>
</div>
<div class="course js">
    <p>Javascript コース</p>
</div>
<div class="course app">
    <p>スマートフォンアプリ開発コース</p>
</div>
```

```css
.course {
    margin-bottom: 10px;
    padding: 30px 0;
    width: 300px;
}
.course p {
    margin: 0;
    text-align: center;
    color: #ffffff;
}
.html-css {
    background-color: #38a3a5;
}
.design {
    background-color: rgba(230,135,135,1.0);
}
.js {
    background-color: hsla(35,80%,60%,1.0);
}
.app {
    background-color: skyblue;
}
```

▼ ブラウザ表示

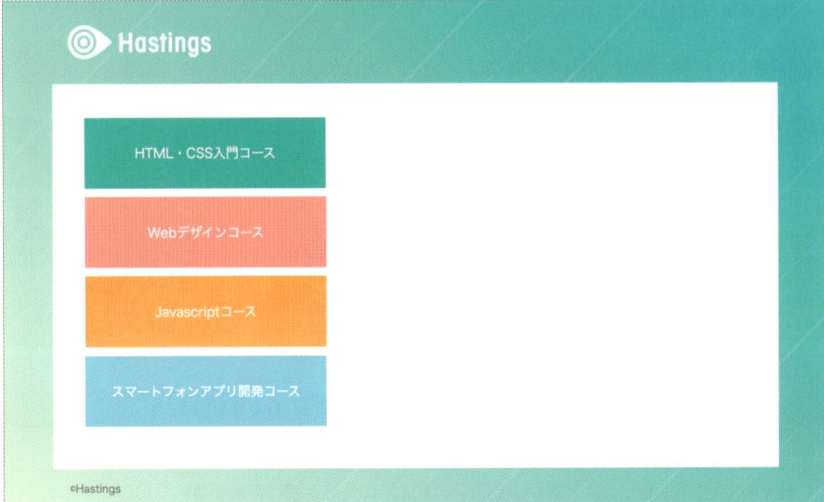

背景を設定するCSS

ボックスの背景は、背景色または背景画像で塗りつぶすことができます。また、塗りつぶしにはさまざまな設定ができるようになっていて、全部で6種類のプロパティが用意されています。

①background-colorプロパティ（背景色の指定）

ボックスを単色で塗りつぶすには、background-colorプロパティを使用します。値に指定するのは「色」です。今回のサンプルで取り上げた通り、16進数のHEXカラー、rgb()、rgba()、カラーキーワードなどが使えます。

また、色を指定する代わりに「transparent」というキーワードを使うこともできます。背景色をつけない場合には値をtransparentにします。

● **書式** background-colorプロパティ

```
background-color: 色;
```

②background-imageプロパティ（背景画像の指定）

背景画像を指定するには、background-imageプロパティを使用します。値には「url()」の()内に、使用する画像のパスを指定します。また、画像ではなくグラデーションを指定する場合にもbackground-imageプロパティを使用します。詳しくは「122」「123」で取り上げます。

● **書式** background-imageプロパティ

```
background-image: url( 背景画像のパス);
```

③background-positionプロパティ（背景画像の表示位置の指定）

背景画像を表示する位置を設定するのが、background-positionプロパティです。書式は次のようになっています。

background-positionプロパティの指定方法

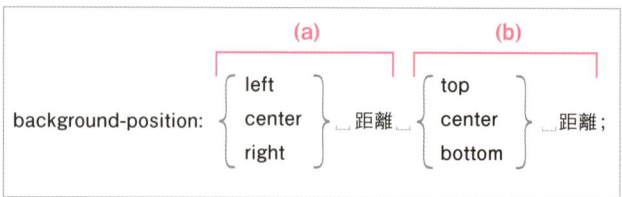

この図の中で(a)には「横方向の位置」を、(b)には「縦方向の位置」を指定します。
(a)の部分には、ボックスの左端(left)／中央(center)／右端(right)からの「距離」を指定します。距離は「数値＋単位」のかたちで指定します。
たとえば、左端から50ピクセルの位置に背景画像を配置したいなら、(a)の値を「left 50px」とします。
(b)の部分には、ボックスの上端(top)／中央(center)／下端(bottom)からの距離を指定します。たとえば、下端からボックスの高さの10％の位置に背景画像を配置したいなら、(b)の値を「bottom 10％」とします。なお、(a)も(b)も、距離に指

定する数値が「0px」なら、省略することができます。

なお、background-positionを使用しなければ、背景画像はボックスの左上に表示されます。background-positionの実際の使用例は「127」「128」で取り上げています。

④background-sizeプロパティ（背景画像の表示サイズの指定）

背景画像を、その画像の実際の大きさではなく、拡大／縮小して表示したいときは、background-sizeプロパティを使用します。background-sizeプロパティのデフォルト値は「auto」で、このプロパティを使用しなければ、背景画像はその画像の実サイズで表示されます。

レスポンシブWebデザインでは、スマートフォンなど高解像度のディスプレイを持つ端末できれいに見えるように、実際に表示されるサイズよりも2～3倍大きく作った画像を使用することがあります。そうした画像を背景に使用するときなどに役立つプロパティです。

background-sizeプロパティの値には「contain」か「cover」というキーワード、もしくは横方向・縦方向の表示サイズを「数値＋単位」のかたちで、半角スペースで区切って指定します。具体的な使用例は「129」（contain）、「130」（cover）で取り上げています。

● **書式**　background-size プロパティ

> background-size: contain または cover; /* 背景画像をボックスに合わせてリサイズ */
> background-size: 50％ 50％; /* 背景画像を横50％、縦50％に縮小して表示 */

⑤background-repeat（背景画像の繰り返し）

background-repeatプロパティは、ボックスよりも背景画像が小さいときに、画像を繰り返し表示するかどうか、などを設定します。値には次表にあるキーワードを指定します。background-repeatプロパティのデフォルト値は「repeat」なので、背景画像は基本的にはボックスを埋め尽くすように縦横に繰り返し表示されます。

background-repeatの値

値	説明	表示例
repeat	縦横に繰り返す（デフォルト値）	
no-repeat	繰り返さない	
repeat-x	横方向にだけ繰り返す	
repeat-y	縦方向にだけ繰り返す	

```
background-repeat: 表の値のどれか；
```

⑥ background-attachment プロパティ（背景画像の固定）

通常、背景画像はページのスクロールに合わせて移動します。しかし、back
ground-attachment プロパティを使うと、ページをスクロールしても背景画像は移
動しない、ということができます。値には次表のキーワードを指定します。このプロ
パティの実際の使用例は「097」「264」で確認できます。

background-attachment のおもな値

値	説明
scroll	ページに合わせてスクロール (デフォルト値)
fixed	背景画像の位置を固定

● **書式**　background-repeat プロパティ

```
background-attachment: 表の値のどれか；
```

background プロパティ

ここまで、背景色・背景画像を設定するためのプロパティ 6 種類を紹介してきました。
もうひとつ、背景の設定には「background」プロパティがあります。このプロパティ
を使うと、各種背景の設定を一括でおこなうことができます。具体的な書式は次の
通りです。書式中の番号は、前出の各プロパティについている番号に対応していま
す。

● **書式**　background プロパティ

```
background: ① ② ③ / ④ ⑤ ⑥；
```

background プロパティには、①〜⑥すべての値を指定しなければいけないわけで
はありません。①（background-color）か、もしくは②（background-image）のど
ちらかが指定されていれば、あとは省略してかまいません。
それぞれのプロパティは、半角スペースで区切って指定します。ただし、④
（background-size）を指定するときは、③（background-position）に続ける必要
があり、それらの間を半角の「/」で区切ります。
background プロパティで④を指定しようとすると書式がややこしくなるので、④だ
けは個別のプロパティで指定することにして、次のように書くことが多いようです。

● **書式**　background-size プロパティだけは個別に書く例

```
background: ① ② ③ ⑤ ⑥；
background-size: contain もしくは cover もしくは表示サイズ；
```

121 ボックスの背景に画像を適用したい

利用シーン ボックスに背景画像を表示させたいとき

要素/プロパティ

CSSプロパティ

background: 背景の設定;

―― 要素の背景を設定する

CSSプロパティ

background-image: url(背景画像のパス);

―― 要素の背景画像を設定する

CSSプロパティ

background-repeat: 背景画像の繰り返し;

―― 背景画像の繰り返しを設定する ▶▶120

ボックスに背景画像を指定するには、backgroundプロパティか、background-imageプロパティを使用します。このサンプルでは、backgroundプロパティを使用して、背景画像のパスを指定すると同時に、その画像を繰り返さないように設定しています。

■ **HTML**　　　　　　　　121/index.html

```
<div class="sale-image">
    <p class="copy">FINAL SALE</p>
</div>
```

■ **CSS**　　　　　　　　121/css/style.css

```
.sale-box {
    margin: 0 auto;
    padding: 80px;
    width: 600px;
    background: url(../images/
bg.jpg) no-repeat;
}
.copy {
    margin: 0;
    text-align: center;
    font-size: 80px;
    color: #ffffff;
}
```

▼ ブラウザ表示

245

122 ボックスの背景に 線状グラデーションをかけたい

● CSSでボックスにグラデーションを適用したいとき
● 線状グラデーションをかけたいとき

要素/プロパティ

CSSプロパティ

background: 背景の設定;

―― 要素の背景を設定する

CSSプロパティ

background-image: グラデーション;

―― 要素にグラデーションをかける

CSSの値

linear-gradient(グラデーションの設定)

―― 線状グラデーションの設定

要素のボックスにグラデーションを適用するには、backgroundプロパティ、もしくはbackground-imageプロパティの値に「linear-gradient()」を指定します。()にはグラデーションの設定を記述します。「098」では開始色と終了色の2色を設定する簡単な書式を紹介しましたが、それに加えてグラデーションの「傾き」も指定することができます。

傾きは、角度の度数に単位「deg」をつけます。度数には0〜360の値を指定します。マイナスの値でもかまいません。サンプルでは傾きを90°にして、左から右へ横方向のグラデーションを実現しています。

グラデーションの角度は省略可能で、省略したときのデフォルト値は「180deg」になります。

● **書式**　線状グラデーションをかける

> background: linear-gradient(傾きdeg,
> 開始色, 終了色);

グラデーションに設定する傾き

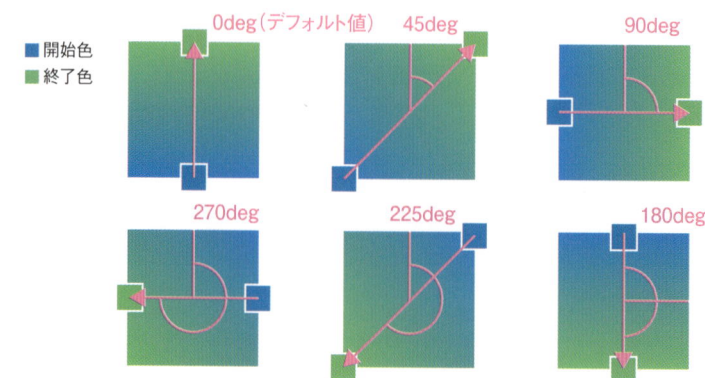

■ 開始色
■ 終了色

0deg（デフォルト値）　45deg　90deg

270deg　225deg　180deg

▪ HTML

122/index.html

```
<div class="sale-box">
    <p class="copy">FINAL SALE</p>
</div>
```

▪ CSS

122/css/style.css

```
.sale-box {
    margin: 0 auto;
    padding: 80px;
    width: 600px;
    background: linear-gradient(90deg, #ff7f82, #dcffb8);
}
.copy {
    margin: 0;
    text-align: center;
    font-size: 80px;
    color: #ffffff;
}
```

Chap

7

ボックスの整形とデザインテクニック

▼ ブラウザ表示

FINAL SALE

123 ボックスの背景に放射状グラデーションをかけたい

利用シーン
- ●CSSでボックスにグラデーションを適用したいとき
- ●放射状グラデーションをかけたいとき

要素/プロパティ

CSSプロパティ

background: 背景の設定；

—— 要素の背景を設定する

CSSプロパティ

background-image: グラデーション；

—— 要素にグラデーションをかける

CSSの値

radial-gradient(グラデーションの設定)；

—— 放射状グラデーションの設定

線状グラデーションだけでなく、放射状のグラデーションをかけることもできます。放射状グラデーションを適用する際は、background（またはbackground-image）プロパティの値に「radial-gradient()」を使用します。

サンプルでは、開始色と終了色を指定して、円形のグラデーションをかけています。

●**書式** 放射状グラデーションをかける

background: radial-gradient(開始色, 終了色);

■HTML

123/index.html

```
<div class="sale-box">
    <p class="copy">FINAL SALE</p>
</div>
```

■CSS

123/css/style.css

```
.sale-box {
    margin: 0 auto;
    padding: 80px;
    width: 600px;
    background: radial-gradient(#ff7072, #fae8ad);
}
.copy {
    margin: 0;
    text-align: center;
    font-size: 80px;
    color: #ffffff;
}
```

▼ ブラウザ表示

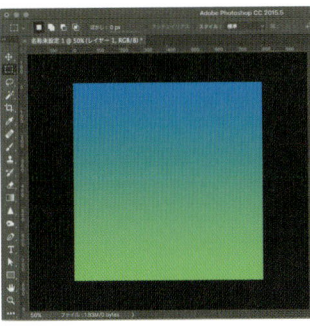

FINAL SALE

··· Column

グラデーションはアプリやサービスを使うと便利

線状グラデーションを適用するliner-gradient()、放射状グラデーションを適用するradial-gradient()とも、正式な書式は本書で紹介しているよりもさらに複雑です。手書きするのは不可能ではありませんがあまり楽しくないの で、画像処理アプリケーションやWebサービスを使うことをおすすめします。
Adobe Photoshopなどの画像処理ソフトは、グラデーションのCSSソースコードを書き出してくれます。

Photoshopからグラデーションの CSS を書き出す

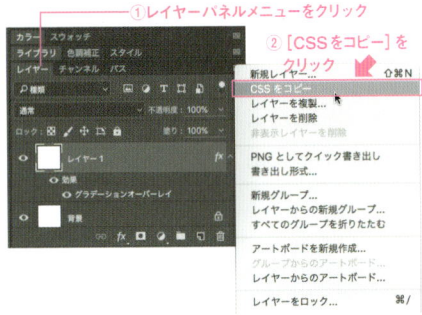

また、グラデーションのソースコードを書き出してくれる Web サービスもあります。
Photoshop をお持ちでない場合は、次のようなサービスを試してみましょう。

グラデーションの CSS を書き出してくれる Web サービス

【URL】http://grad3.ecoloniq.jp
【URL】http://www.colorzilla.com/gradient-editor/
【URL】http://www.cssmatic.com/gradient-generator

249

124 背景画像を横方向にだけ繰り返したい

利用シーン ページの上部や区切り線の飾りとして、画像を使用したいとき

要素/プロパティ

CSSプロパティ

background: url(画像のパス) repeat-x;
—— 要素の背景を設定する

CSSプロパティ

background-image: url(背景画像のパス);
—— 要素の背景画像を設定する ▶▶120

CSSプロパティ

background-repeat: repeat-x;
—— 背景画像を横方向に繰り返す ▶▶120

背景画像を横方向にだけ繰り返すときは、background プロパティ、またはback ground-repeat プロパティの値を「repeat-x」にします。background プロパティを使用するときは「repeat-x」に加え、「url(画像のパス)」で背景画像も指定します。サンプルで使用している画像は「images」フォルダの「bg.png」です。この画像を横方向に繰り返します。

背景画像に使用しているbg.png

■HTML

124/index.html

```
<div class="activity">
    <h1>自然体験教室</h1>
    <p>野山に入り、虫や野草の観察をしたあと、川に出て、川の生き物を観察します。</p>
    <p>火おこし体験をし、焚き火でウィンナーを焼いて食べたりスイカ割りをしたり、楽しい企画がいっぱいの、一日野外教室です。</p>
    <p>対象：小学1年生～6年生。1～3年生は保護者の付き添いをお願いします。</p>
</div>
```

■ CSS

```
.activity {
    margin: 0 auto;
    padding: 100px 40px 40px 40px;
    width: 800px;
    background: #f5f1dd url(../images/bg.png) repeat-x;
}
```

▼ ブラウザ表示

自然体験教室

野山に入り、虫や野草の観察をしたあと、川に出て、川の生き物を観察します。

火おこし体験をし、焚き火でウィンナーを焼いて食べたりスイカ割りをしたり、楽しい企画がいっぱいの、一日野外教室です。

対象：小学1年生～6年生。1～3年生は保護者の付き添いをお願いします。

Chap

7

ボックスの整形とデザインテクニック

125 背景画像を縦方向にだけ繰り返したい

利用シーン 装飾の一環として、ボックスの縦方向に画像を適用したいとき

要素/プロパティ

CSSプロパティ

background: url(画像のパス) repeat-y;
—— 背景画像を縦方向に繰り返す ▶120

CSSプロパティ

background-image: url(背景画像のパス);
—— 要素の背景画像を設定する ▶120

CSSプロパティ

background-repeat: repeat-y;
—— 背景画像を縦方向に繰り返す ▶120

背景画像を縦方向にだけ繰り返すときは、backgroundプロパティ、またはbackground-repeatプロパティの値を「repeat-y」にします。backgroundプロパティを使用するときは「repeat-y」に加え、少なくとも「url(画像のパス)」で背景画像も指定します。サンプルで使用している元の画像は「images」フォルダの「bg.jpg」です。この画像を縦方向に繰り返します。

背景画像に使用している bg.jpg

■ HTML

125/index.html

```
<div class="course">
    <h1>Webデザイナー講座 [中級]</h1>
    <p>この講座では、デザインを実現するためのHTMLとCSSの使い方をマスターします。実際のWebサイトでよく見られるデザインのパターンをもとに、HTMLとCSSのコードを解説します。実習では、カフェのメニューページを実際にコーディングします。</p>
    <p>初級からのステップアップをしたい方、独学で少し自信がない方におすすめです。</p>
    <h2>受講の目安</h2>
    <p>HTMLとCSSの基礎を理解している方。</p>
    <h2>講座時間</h2>
    <p>90分×全4回</p>
</div>
```

```
.course {
    margin: 0 auto;
    padding: 40px 40px 40px 100px;
    border: 1px solid #cfcfcf;
    width: 600px;
    background: url(../images/bg.jpg) repeat-y;
}
```

▼ ブラウザ表示

Webデザイナー講座 [中級]

この講座では、デザインを実現するためのHTMLとCSSの使い方をマスターします。実際のWebサイトでよく見られるデザインのパターンをもとに、HTMLとCSSのコードを解説します。実習では、カフェのメニューページを実際にコーディングします。

初級からのステップアップをしたい方、独学で少し自信がない方におすすめです。

受講の目安

HTMLとCSSの基礎を理解している方。

講座時間

90分×全4回

126 背景画像が 繰り返さないようにしたい

利用シーン
- ●ボックスと同じ大きさの画像を、背景画像として表示したいとき
- ●背景画像を一度だけ表示したいとき

要素/プロパティ

CSSプロパティ

background: url(画像のパス) no-repeat;

— 背景画像を繰り返さず、一度だけ表示する
▶▶120

CSSプロパティ

background-image: url(背景画像のパス);

— 要素の背景画像を設定する ▶▶120

CSSプロパティ

background-repeat: no-repeat;

— 背景画像を繰り返さない ▶▶120

背景画像を繰り返さないようにするときは、backgroundプロパティ、またはbackground-repeatプロパティの値を「no-repeat」にします。backgroundプロパティを使用するときは「no-repeat」に加え、少なくとも「url(画像のパス)」で背景画像も指定します。サンプルで使用している画像は「images」フォルダの「bg.png」です。

実践的なWebデザインでは、背景画像を繰り返すこともよりも繰り返さないことのほうが多いかもしれません。

背景画像に使用するbg.png

■HTML

126/index.html

```
<div class="special">
    <h1>お花見ランチ</h1>
    <p>桜の季節限定の、お花見ランチのご紹介です。桜のよく見える窓際やテラス席でぜひお楽しみください。<br>
    テイクアウト用のお弁当も毎日限定数ご用意しています。</p>
</div>
```

```
.special {
    margin: 0 auto;
    border: 1px solid #cfcfcf;
    padding: 50px;
    width: 600px;
    background: url(../images/bg.png) no-repeat;
}
.special h1 {
    text-align: center;
}
```

▼ ブラウザ表示

127 背景画像をボックスの真ん中に表示したい

 **利用シーン** 繰り返さない背景画像を、ボックスの特定の位置に配置するとき

要素/プロパティ

CSSプロパティ

background: url(画像のパス) center center no-repeat;
—— 背景画像をボックスの中央に配置する ▶▶120

CSSプロパティ

background-image: url(背景画像のパス);
—— 要素の背景画像を設定する ▶▶120

CSSプロパティ

background-position: center center;
—— 背景画像を中央に配置する ▶▶120

CSSプロパティ

background-repeat: no-repeat;
—— 背景画像を繰り返さない ▶▶120

背景画像をボックスの中央に配置するには、backgroundプロパティ、もしくはbackground-positionプロパティを使用します。background-positionプロパティの値の設定方法は「120」で詳しく紹介していますが、背景画像をボックスの中央に配置することに限っていえば、値は「center center」にします※。

なお、サンプルではbackgroundプロパティを使って各種の設定を一括でおこなっていますが、値が長くて書きづらいということであれば、次のような記述にしてもかまいません。

※実際には次の書き方でも中央に配置されます。どれでも好きなものを使ってかまいません。
・background-position: left 50% top 50%;
・background-position: 50% 50%;

● **書式**　サンプルの「background」の部分は次のように書いてもよい

```
background-image: url(../images/bg.png);
background-position: center center;
background-repeat: no-repeat;
```

■ HTML

127/index.html

```
<div class="event">
    <h1>ABC書店にてイベント開催</h1>
    <p>8月16日、ABC書店5F児童書エリアに、当社の知育玩具のお試しコーナーが設置され
ます。皆様お気軽にお立ち寄りください。</p>
</div>
```

■ CSS

127/css/style.css

```
.event {
    margin: 0 auto;
    border: 1px solid #7eb169;
    padding: 80px 50px;
    width: 500px;
    background: url(../images/bg.png) center center no-repeat;
}
.event h1 {
    text-align: center;
}
```

▼ ブラウザ表示

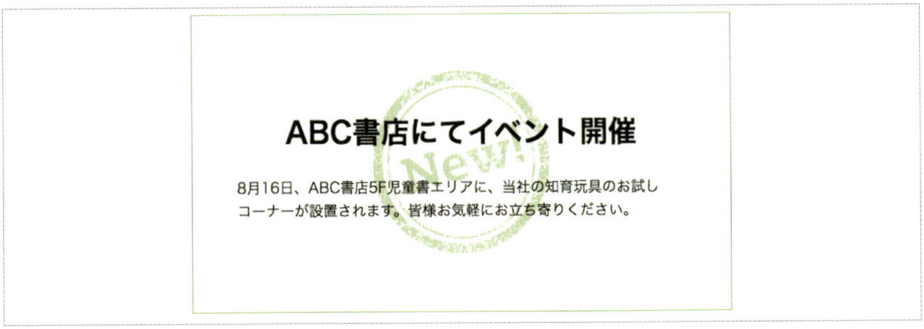

128 背景画像の表示位置を 数値で指定したい

 **利用シーン** 背景画像を位置を細かく指定して配置したいとき

要素/プロパティ

CSSプロパティ

background: url(画像のパス) 横方向の位置 縦方向の位置 no-repeat;
—— 背景画像の位置を細かく指定して配置する ▶▶120

CSSプロパティ

background-image: url(背景画像のパス);
—— 要素の背景画像を設定する ▶▶120

CSSプロパティ

background-position: 横方向の位置 縦方向の位置;
—— 背景画像の位置を設定する ▶▶120

CSSプロパティ

background-repeat: no-repeat;
—— 背景画像を繰り返さない ▶▶120

「120」で取り上げている、背景画像の位置を指定するbackground-positionプロパティの具体的な使用例を紹介します。
このサンプルでは、ボックスの左から20ピクセル、上から40ピクセルの位置に背景画像を表示しています。backgroundプロパティを使用して背景の設定を一括でおこなっていますが、個別のプロパティを使って次のように記述してもかまいません。

●書式 サンプルの「background」の部分は次のように書いてもよい

```
background-color: #1b90aa;
background-image: url(../images/bg.png);
background-repeat: no-repeat;
background-position: left 20px top 20px;
```

■HTML

128/index.html

```html
<div class="special">
    <h1>Gift Selections</h1>
    <p>ギフトにぴったりの商品を、年齢別、性別別、シーン別にご紹介します。</p>
    <p>誕生日、アニバーサリー、卒業・入学、ご結婚など、様々な大切な記念に記憶に残るギフトを選んでください。</p>
</div>
```

■CSS

128/css/style.css

```css
.special {
    margin: 0 auto;
    padding: 80px 40px;
    width: 600px;
    background: #1b90aa url(../images/bg.png) left 20px top 20px no-repeat;
    color: #ffffff;
}
.special h1{
    font-size:50px;
    text-align: center;
}
```

▼ ブラウザ表示

129 背景画像のサイズをボックスに合わせて変化させたい ❶

利用シーン 幅が伸縮するフルーイドデザイン、レスポンシブWeb
デザインなどで、ボックスのサイズに合わせて1枚の
背景画像を伸縮させたいとき

要素/プロパティ

CSSプロパティ

background-size: contain;
—— 背景画像の表示サイズを設定する

CSSプロパティ

background: url(画像のパス) 横方向の位置 縦方向の位置 no-repeat;
—— 背景画像の位置を細かく指定して配置する ▶▶120

CSSプロパティ

background-image: url(背景画像のパス);
—— 要素の背景画像を設定する ▶▶120

CSSプロパティ

background-repeat: no-repeat;
—— 背景画像を繰り返さない ▶▶120

---

background-sizeプロパティは、実際の画像サイズとは異なる大きさで背景画像を表示するときに使用します。スマートフォン向けWebサイトを作成したり、レスポンシブWebデザインの実現に重要なプロパティです。
このプロパティを使う場面は、大きく分けて次の2通りに分けられます。

(1) ブラウザウィンドウのサイズに合わせてサイズが伸縮するボックスに、背景画像を適用するとき
(2) 表示サイズよりも2〜3倍のピクセル数を持つ「高解像度画像」を、背景画像として使用するとき※

この「129」では、おもに(1)の目的で使用する方法を紹介します。
background-sizeプロパティの値を「contain」にすると、ボックスサイズに合わせて、画像の縦横比を維持したまま、全体が表示されるように伸縮します。

※この場合の使用例は「222」や、「277」「278」でハンバーガーメニューボタンを表示するためのCSS (P.573) を参考にしてみてください。

「background-size: contain;」の伸縮

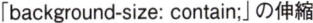

画像（bg.png）

ボックスが大きいとき

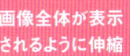

画像全体が表示
されるように伸縮

ボックスが小さいとき

■ **HTML**　　129/index.html

```html
<main>
    <div class="campaign">
        <h1>新年度の部屋さがし</h1>
        <p>入学、就職などをきっかけに
新生活をスタートさせるみなさんのために、単身
者向け・交通の便が良い・安全な物件のみを
特集します。</p>
    </div>
</main>
```

■ **CSS**　　129/css/style.css

```css
main {
    width: 80%;
    max-width: 1000px;
}
.campaign {
    border: 1px solid #c9c9c9;
    background: url(../images/
bg.png) left bottom no-repeat;
    background-size: contain;
}
.campaign h1 {
    margin: 50px 30px 30px 30px;
    font-size: 30px;
    text-align: center;
}
.campaign p {
    margin: 0 30px 50px 30px;
}
```

▼ ブラウザ表示

新年度の部屋さがし

入学、就職などをきっかけに新生活をスタートさせるみなさんのために、単身者向け・交通の便が良
い・安全な物件のみを特集します。

130 背景画像のサイズをボックスに合わせて変化させたい ❷

 **利用シーン** 幅が伸縮するフルーイドデザイン、レスポンシブWebデザインなどで、ボックスのサイズに合わせて1枚の背景画像を伸縮させたいとき

要素/プロパティ

CSSプロパティ

background-size: cover;
—— 背景画像の表示サイズを設定する

CSSプロパティ

background: url(画像のパス) 横方向の位置 縦方向の位置 no-repeat;
—— 背景画像の位置を細かく指定して配置する ▶▶120

CSSプロパティ

background-image: url(背景画像のパス);
—— 要素の背景画像を設定する ▶▶120

CSSプロパティ

background-repeat: no-repeat;
—— 背景画像を繰り返さない ▶▶120

background-sizeプロパティの値には、ひとつ前のサンプル「129」で紹介した「contain」以外に「cover」があります※。値を「cover」にした場合も、ボックスのサイズに合わせて背景画像は縦横比を維持したまま伸縮します。ただし「contain」と違い、背景画像は「ボックス全体を覆う」サイズで伸縮されるので、表示されない部分が出てきます。キービジュアルなどで、ボックス全体を画像が覆っていることが優先される局面で使用します。

※ background-sizeプロパティには、画像の表示サイズを指定する方法もあります。詳しくは「231」を参照してください。

「cover」と「contain」の違い

画像（bg.png）

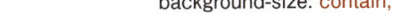

表示されない部分

ボックス

background-size: cover;　　　　　　　　　　background-size: contain;

■HTML　　　　130/index.html

```
<main>
    <div class="keyvisual">
        <img src="images/
logo.png" alt="">
    </div>
</main>
```

■CSS　　　　　130/css/style.css

```
main {
    width: 80%;
    max-width: 1000px;
    min-width: 500px
}
.keyvisual {
    padding: 50px 0;
    background: url(../images/bg.jpg) center
bottom no-repeat;
    background-size: cover;
    text-align: center;
}
```

▼ ブラウザ表示

※ <div class="keyvisual">は、背景画像（bg.jpg）の上にロゴ（logo.png）を表示しています。

263

131 複数の背景画像を表示させたい

利用シーン
ボックスに複数の背景を適用して、より複雑なイメージを作成したいとき

要素/プロパティ

CSSプロパティ

background: 背景の設定;

—— 要素の背景を設定する ▶▶120

CSSプロパティ

background-image: url(背景画像のパス);

—— 要素の背景画像を設定する ▶▶120

CSSプロパティ

background-color: 色 ;

—— 要素の背景色を設定する ▶▶120

CSSプロパティ

background-position: 横方向の位置 縦方向の位置 ;

—— 背景画像の位置を設定する ▶▶120

CSSプロパティ

background-repeat: 背景画像の繰り返し ;

—— 背景画像の繰り返しを設定する ▶▶120

backgroundプロパティ、または各種背景を設定するプロパティの値を、「,」で区切って複数指定することで、ひとつのボックスに複数の背景画像と背景色を指定することができます。

なお、複数の背景画像・背景色を指定した場合、先に指定されたものほど上に重なるように表示されます。そこで、ボックス全体を塗りつぶす背景色は最後に指定するようにしましょう。

■ HTML

131/index.html

```
<div class="setmenu">
    <h1>ABC CAFE</h1>
    <p>材料にこだわった自家製ケーキが自慢のカフェです。 中略 </p>
    <h2>ケーキセット</h2>
    <p>お好きなケーキに＋200円でコーヒー／紅茶がつきます。</p>
    <h2>ランチセット</h2>
    <p>サンドイッチランチ、パスタランチを日替わりメニューで 中略 </p>
</div>
```

```
.setmenu {
    padding: 80px;
    width: 500px;
    background: url(../images/bg1.
png) left top repeat-x,
                url(../images/bg2.
png) right 20px bottom 20px no-repeat,
```

```
                url(../images/bg3.jpg)
repeat left top,
                #bb9167;
}
setmenu h1 {
    text-align: center;
}
```

▼ ブラウザ表示

····················· Colum**n**

個別のプロパティを使って指定するときの書き方

複数の背景画像を指定すると、値がどうしても横に長くなってしまいます。横に長くなって読みづらいと思ったら、「,」の前後で改行してもかまいません。

また、紹介したサンプルでは background プロパティを使って個々の背景画像の位置や繰り返しの設定を一括で指定しています。が、background-image や background-position などの、個別のプロパティを使って複数の背景画像の設定をすることも可能です。

サンプルと同じ設定を、個別のプロパティを使ってする場合は、CSSを次のように記述します。

● **書式**　個別のプロパティを使って指定する場合

```
background-image: url(../images/bg1.png),
                  url(../images/bg2.png),
                  url(../images/bg3.jpg);
background-color: #bb9167;
background-position: left top,
                     right 20px bottom
 20px,
                     left top;
background-repeat: repeat-x,
                   no-repeat,
                   repeat;
```

132 ボーダーを画像にしたい

利用シーン

- サイズが変化するボックスのボーダーに画像を適用したいとき
- 目立たせたいボックスや、Webアプリケーションのデザインにひとひねりほしいとき

要素/プロパティ

CSSプロパティ
border-image-source: url(画像のパス);
—— ボーダーの画像を指定

CSSプロパティ
border-image-slice: 数値;
—— 画像を9分割するときのひとつずつのサイズ

CSSプロパティ
border-image-width: 太さ;
—— ボーダー画像の太さ

CSSプロパティ
border-image-repeat: repeat;
—— ボーダー画像の繰り返しの設定

IE11以降の比較的新しいブラウザでは、ボーダーに画像を設定することができます。ボーダーに設定する画像はボックスのサイズが変化しても適用されるため、複雑なデザインを実現できます。

ただし、ボーダー画像の表示メカニズムは少し特殊なので、使いこなすにはある程度仕組みを理解しておく必要があります。

サンプルでは<div class="info">のボーダーを画像にしています。使用した画像は「border.png」で、サイズは180ピクセル×180ピクセルです。

■HTML

132/index.html

```
<div class="detail">
    <h1>HTMLとCSSの基礎</h1>
    <p>この講座では、ウェブサイト制作に必須のHTMLとCSSの基礎を学びます。初心者を対象に基本的な仕組みの解説から始めるので、通常のパソコン操作ができる方ならどなたでも受講できます。4時間の講座で、概要を理解し、シンプルな自己紹介ページを作成します。</p>
    <p>(1)基本的な文書／(2)HTMLの基礎／(3)CSSの基礎／(4)ページ作成実習</p>
</div>
```

■ CSS　132/css/style.css

```
.detail {
    border: 20px solid #fce377;
    border-image-source: url(../images/
border.png);
    border-image-slice: 60;
    border-image-width: 60px;
    border-image-repeat: repeat;
```

```
    padding: 80px;
}
.detail h1 {
    text-align: center;
}
```

▼ ブラウザ表示

HTMLとCSSの基礎

この講座では、ウェブサイト制作に必須のHTMLとCSSの基礎を学びます。初心者を対象に基本的な仕組みの解説から始めるので、通常のパソコン操作ができる方ならどなたでも受講できます。4時間の講座で、概要を理解し、シンプルな自己紹介ページを作成します。

(1) 基本的な文書／　(2) HTMLの基礎／　(3) CSSの基礎／　(4) ページ作成実習

Column

ボーダーを画像にする方法と仕組み

ボーダー画像を使用するには、次の4つのプロパティを指定する必要があります。

- border-image-source プロパティ
- border-image-slice プロパティ
- border-image-width プロパティ
- border-image-repeat プロパティ

ボーダーに使用する画像の指定はborder-image-sourceプロパティでおこないます。
ブラウザは、このボーダー画像を図のように9分割します。

分割された画像が表示される場所

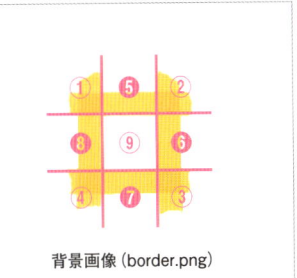

背景画像（border.png）

267

そして、分割された画像の①②③④を、それぞれボックスの4つの角に時計回りで表示します。さらに、⑤⑥⑦⑧を、ボックスの4つの辺に表示します[1]。

ボックスの各辺——⑤⑥⑦⑧——が背景画像のサイズと同じでないときは、「border-image-repeat」で設定された値の通りに、画像を繰り返したり、引き伸ばしたりして表示します。画像を繰り返したい場合は値を「repeat」に、引き伸ばす場合には値を「stretch」にします[2]。

あとふたつのプロパティが残っています。そのうちのひとつはborder-image-widthプロパティで、これはボーダーの太さを設定するものです。値には「px」を使うのが一番直感的な表示結果を得られます。

**border-image-widthプロパティは
ボーダーの太さを設定する**

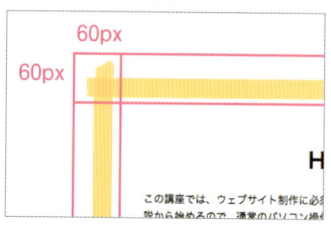

※1 ⑨はどこにも使われません。
※2 実際には「round」という値もあります。この値は画像を整数回繰り返すという指定です。整数回で辺が埋まらない場合、画像を拡大／縮小します。点線のような画像を使用するケースを想定した値ですが、きれいに見せる調整が難しいため、あまり利用することはないかもしれません。

border-image-sliceは、画像を9分割する際の、ひとつひとつの画像の大きさを指定します。値には分割するサイズのピクセル数を、単位なしで指定します。

ボーダーに画像を指定するこれら4つのプロパティは、値を変えることによって表示を変化させることができます。しかし、どのプロパティも制御が難しいため、あまり悩まないで済むよう、次のようなルールで制作するとよいでしょう。

まず、画像はあとから9分割されることを考えて、3で割り切れるピクセル数の正方形で作成します。サンプルでは180ピクセル×180ピクセルにしています。

さらに、画像のピクセル数を3で割った数、サンプルなら「60」を、border-image-sliceプロパティには単位なしで、border-image-widthプロパティには単位「px」をつけて指定します。

border-image-sliceプロパティは、分割するひとつひとつの画像の大きさを指定する

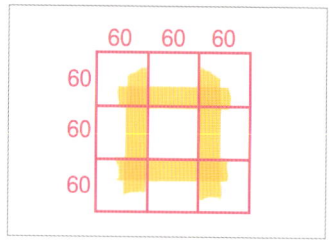

画像のピクセル数を3で割った数を指定する

133 ボックスを 角丸四角形にしたい

 **利用シーン** ボーダーもしくは背景画像・背景色が適用されている ボックスの四辺の角を丸くしたいとき

要素/プロパティ

CSSプロパティ

border-radius: 角丸の半径;
—— ボックスの角を丸くする

border-radiusプロパティは、ボックスの角を丸くするプロパティです。値には角の丸さの半径を指定します。値をひとつだけ指定すると、ボックスの四辺が同じように丸くなります。

サンプルでは値をひとつだけ指定して、ボックスの四辺を半径10ピクセルの円に丸めています。なお、border-radiusプロパティの値の指定方法にはいくつかのバリエーションがあります。詳しくは「209」「218」で取り上げています。

border-radiusプロパティの値は、
角丸の半径を表している

border-radius: a;

■ **HTML**　　　　　　133/index.html

```
<div class="thumbnail">
    <img src="images/photo.jpg"
alt="" width="400" height="260">
    <p>横浜のおすすめ夜景スポット</p>
</div>
```

■ **CSS**　　　　　　133/css/style.css

```
.thumbnail {
    border: 1px solid #c0c0c0;
    padding: 10px;
    width: 400px;
    border-radius: 10px;
    background-color: #e7e7e7;
}
```

▼ ブラウザ表示

横浜のおすすめ夜景スポット

134 ボックス全体を 半透明にしたい

ボックス全体を常時半透明にしたいとき。
とくに「いまはクリックできない・利用できない」など
を表現するときに有効

要素／プロパティ

CSSプロパティ

opacity: 透明度 ;

—— 要素の透明度を設定する ▶▶082

「082」や「092」では、マウスがホバーしたとき
にテキストや画像を半透明にするサンプルを紹介
しましたが、ボックス全体を半透明にすることもで
きます。このサンプルでは、<div class=
"thumbnail">にopacityプロパティを適用して
います。

■HTML   134／index.html

```
<div class="thumbnail">
    <img src="images/photo.jpg" alt="" width="400" height="260">
    <p>横浜のおすすめ夜景スポット《現在休止中》</p>
</div>
```

■CSS   134／css/style.css

```
.thumbnail {
    border: 1px solid #c0c0c0;
    padding: 10px;
    width: 400px;
    background-color: #e7e7e7;
    border-radius: 10px;
    opacity: 0.5;
}
```

▼ ブラウザ表示

横浜のおすすめ夜景スポット《現在休止中》

135 ボックスに ドロップシャドウをつけたい

 **利用シーン** ボックスを目立たせるために、ドロップシャドウ（影）をつけるとき

要素／プロパティ

CSSプロパティ

box-shadow: 影の設定;

—— ドロップシャドウをつける

box-shadowプロパティを使うと、ボックスに影（ドロップシャドウ）をつけて、浮き上がったような視覚的効果をつけることができます。box-shadowは比較的よく使われるプロパティで、少し複雑ですが値の設定方法を知っておいたほうがよいでしょう。

box-shadowプロパティの書式は次のようになっています。

● **書式** box-shadowプロパティ

> box-shadow: a（横方向のずれ）b（縦方向のずれ）c（ぼかし量）d（拡張量）e（色）;

・**a ― 横方向のずれ・b ― 縦方向のずれ**

box-shadowプロパティのはじめのふたつの値には影をずらす量を、横方向、縦方向の順に半角スペースで区切って指定します。一般的に単位は「px」を使用します。

・**c ― ぼかし量**

3番目の値は「影のぼかし量」です。この値も一般的に単位は「px」で指定します。この値の数値が大きいほど、ぼんやりとした影が、小さいほどはっきりした影が落ちるようになります。この値が「0」のとき、影はまったくぼやけません。

・**d ― 拡張量**

4番目の値は「スプレッド」といい、「ボックスよりもどれだけ影を大きくするか」を指定します。「拡張量」に指定する数値の分だけ、ボックスよりも大きい影になります。

・**e ― 色**

5番目の値には影の色を指定します。サンプルではrgba()を使用し

ていますが、16進数のHEXカラーやカラーキーワードなどでも指定
できます※。

※色の指定方法については「043」「044」「045」で取り上げています。

box-shadowプロパティの値の設定

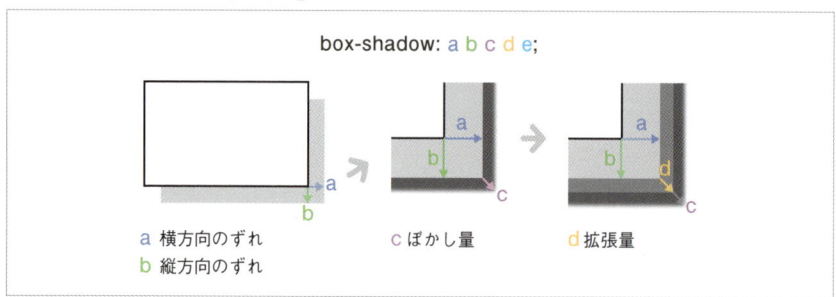

box-shadow: a b c d e;

a 横方向のずれ　　c ぼかし量　　d 拡張量
b 縦方向のずれ

■HTML

135/index.html

```
<div class="thumbnail">
    <img src="images/photo.jpg" alt="" width="400" height="260">
    <p>横浜のおすすめ夜景スポット</p>
</div>
```

■CSS

135/css/style.css

```
.thumbnail {
    border: 1px solid #c0c0c0;
    padding: 10px;
    width: 400px;
    background-color: #e7e7e7;
    border-radius: 10px;
    box-shadow:0px 3px 10px 2px rgba(0,0,0,0.3);
}
```

▼ ブラウザ表示

横浜のおすすめ夜景スポット

136 ボックスの内側に シャドウをつけたい

利用シーン 立体感を演出するために、ボックスの内側に 影をつけてへこんだように見せたいとき

要素 / プロパティ

CSSプロパティ

box-shadow: inset 影の設定；

—— ボックスの内側にドロップシャドウをつける ▶▶135

box-shadowプロパティの先頭に「inset」というキーワードをつけると、 ボックスの内側にドロップシャドウをつけることができます。そのほかのプ ロパティの設定方法は、ボックスの外側につけるドロップシャドウのときと 同じです。

■ HTML

136 / index.html

```
<div class="thumbnail">
    <img src="images/photo.jpg" alt="" width="400" height="260">
    <p>自宅でカバを飼う方法?! </p>
</div>
```

■ CSS

136 / css/style.css

```
body{
    background-color: #89c680;
    margin: 50px;
}
div{
    border: 1px solid #c0c0c0;
    padding: 10px;
    width: 400px;
    background-color: #ffffff;
    box-shadow: inset 0 0 6px
4px rgba(0,0,0,0.5);
}
```

▼ ブラウザ表示

テーブルの
デザインテクニック

Chapter

8

137 テーブルの基本マークアップ

 **利用シーン** テーブル（表）を作成したいとき

要素 / プロパティ

HTML

`<table>～</table>`
—— テーブルの親要素

HTML

`<tr>～</tr>`
—— テーブル行

HTML

`<td>～</td>`
—— テーブルセル

テーブルのHTMLマークアップには決まりきった
パターンがあります。そのパターンを一度覚えてし
まえば、あとはどんなテーブルでも作成できます。
テーブルの作成はまず、全体を`<table>～</`
`table>`タグで囲みます。さらに、テーブル行を
`<tr>～</tr>`で作成し、その中に必要な数だけ
テーブルセルの`<td>～</td>`を挿入します。
ポイントは、`<tr>～</tr>`の各行には、原則とし
て同じ数のセルを作る必要がある、ということで
す。行によってセルの数が違うと、うまくテーブル
が表示されなくなります。

テーブルの基本構造

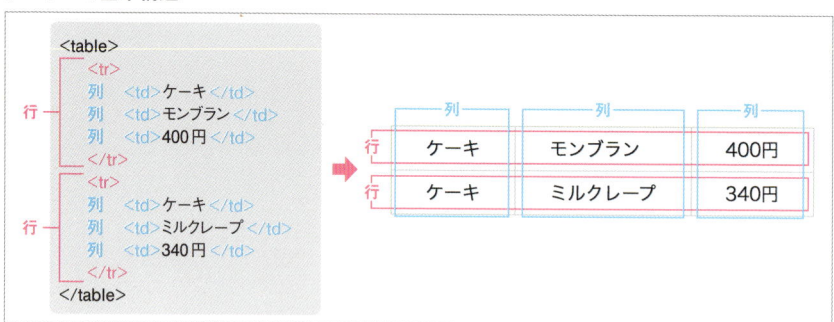

■ **HTML**　　　　　　　　　　　　　　　　　　　137／index.html

```
<table>
    <tr>
        <td>ケーキ</td>
        <td>いちごのショートケーキ</td>
        <td>380円</td>
    </tr>
    <tr>
        <td>ケーキ</td>
        <td>モンブラン</td>
        <td>400円</td>
    </tr>
    中略
    <tr>
        <td>タルト</td>
        <td>フルーツタルト</td>
        <td>450円</td>
    </tr>
</table>
```

▼ ブラウザ表示

ケーキ	いちごのショートケーキ	380円
ケーキ	モンブラン	400円
ケーキ	レアチーズケーキ	350円
ケーキ	ベイクドチーズケーキ	350円
ケーキ	チョコレートケーキ	340円
ケーキ	ミルクレープ	340円
ホールケーキ	いちごのショート（12cm）	1800円
ホールケーキ	いちごのショート（18cm）	2800円
タルト	レモンクリームタルト	340円
タルト	チョコバナナタルト	340円
タルト	キャラメルナッツタルト	350円
タルト	りんごタルト	400円
タルト	いちごタルト	420円
タルト	フルーツタルト	450円

138 テーブルに標準的な罫線をつけたい

 **利用シーン**

テーブルを作成するときには ほぼ毎回使用する必須のCSS

要素/プロパティ

HTML

<table>〜</table>
—— テーブルの親要素

HTML

<tr>〜</tr>
—— テーブル行

HTML

<td>〜</td>
—— テーブルセル

CSSプロパティ

border-collapse: collapse;
—— セルとセルの間の罫線を1本にする

CSSプロパティ

border: 太さ 形状 色;
—— 要素のボックスにボーダーを引く ▶▶109

サンプル「137」の表示を見るとわかりますが、テーブルはCSSを適用しない限り罫線も引かれません。せめて罫線くらいは引きたいので、テーブルを作成するときにはほぼ毎回適用するCSSがあります。それが、<table>に適用する「border-collapse」プロパティと、テーブルセル（<td>または<th>）に適用する「border」プロパティです。このうち、border-collapseプロパティは、「セルとセルの間の罫線を1本にするか、それともセルごとにボーダーラインを引くか」を決めます。セルとセルの間の罫線を1本にするなら、値を「collapse」にします。

border-collapseプロパティの値は「separate」にすることもできます。値が「separate」のとき、ボーダーラインはセルごとに引かれるようになります。しかし、ほとんどすべてのテーブルでは「border-collapse: collapse;」にすることになります。

また、テーブルの罫線自体は、テーブルセルにborderプロパティを適用します。

---

border-collapse: collapse;とseparate

ケーキ	いちごのショートケーキ	380円
ケーキ	モンブラン	400円
ケーキ	レアチーズケーキ	350円
ケーキ	ベイクドチーズケーキ	350円

border-collapse: collapse;

ケーキ	いちごのショートケーキ	380円
ケーキ	モンブラン	400円
ケーキ	レアチーズケーキ	350円
ケーキ	ベイクドチーズケーキ	350円

border-collapse: separate;

■ HTML
138/index.html

```
<table>
    <tr>
        <td>ケーキ</td>
        <td>いちごのショートケーキ</td>
        <td>380円</td>
    </tr>
    中略
    <tr>
        <td>タルト</td>
        <td>フルーツタルト</td>
        <td>450円</td>
    </tr>
</table>
```

■ CSS
138/css/style.css

```
table {
    border-collapse: collapse;
}
td {
    border: 1px solid #b7b7b7;
}
```

▼ ブラウザ表示

ケーキ	いちごのショートケーキ	380円
ケーキ	モンブラン	400円
ケーキ	レアチーズケーキ	350円
ケーキ	ベイクドチーズケーキ	350円
ケーキ	チョコレートケーキ	340円
ケーキ	ミルクレープ	340円
ホールケーキ	いちごのショート（12cm）	1800円
ホールケーキ	いちごのショート（18cm）	2800円
タルト	レモンクリームタルト	340円
タルト	チョコバナナタルト	340円
タルト	キャラメルナッツタルト	350円
タルト	りんごタルト	400円
タルト	いちごタルト	420円
タルト	フルーツタルト	450円

139 テーブルの 見出しセルを作成したい

利用シーン

テーブルの1行目や1列目などを 「見出し」にしたいとき

要素／プロパティ

HTML

`<th>～</th>`
—— 見出しセル

テーブルに「見出しセル」を作りたいときは、`<td>`タグの代わりに`<th>`タグを使用します。サンプルではテーブルの1行目を見出しにしています。

■HTML
139/index.html

```
<table>
    <tr>
        <th>種別</th>
        <th>品名</th>
        <th>価格</th>
    </tr>
    <tr>
        <td>ケーキ</td>
        <td>いちごのショートケーキ</td>
        <td>380円</td>
    </tr>
    中略
</table>
```

■CSS
139/css/style.css

```
table {
    border-collapse: collapse;
}
td, th {
    border: 1px solid #b7b7b7;
}
```

▼ ブラウザ表示

種別	品名	価格
ケーキ	いちごのショートケーキ	380円
ケーキ	モンブラン	400円
ケーキ	レアチーズケーキ	350円
ケーキ	ベイクドチーズケーキ	350円
ケーキ	チョコレートケーキ	340円
ケーキ	ミルクレープ	340円
ホールケーキ	いちごのショート（12cm）	1800円
ホールケーキ	いちごのショート（18cm）	2800円
タルト	レモンクリームタルト	340円
タルト	チョコバナナタルト	340円
タルト	キャラメルナッツタルト	350円
タルト	りんごタルト	400円
タルト	いちごタルト	420円
タルト	フルーツタルト	450円

140 セルを横方向に結合したい

利用シーン 見出しセルや通常のセルを横（行）方向に結合して、大きなセルを作成したいとき

要素／プロパティ

HTML

`<td colspan=" 結合するセルの数 ">〜</td>`
—— セルを横方向に結合する

<td>タグ、または<th>タグにcolspan属性を追加すると、セルを横方向に結合することができます。colspan属性の値には、結合するセルの数を指定します。

また、セルを結合したときは、その分セルを減らすことも忘れないようにしましょう。

■HTML 140／index.html

```
<table>
    <tr>
        <th colspan="2">品名</th>
        <th>価格</th>
    </tr>
    <tr>
        <td>ケーキ</td>
        <td>いちごのショートケーキ</td>
        <td>380 円</td>
    </tr>
    中略
</table>
```

■CSS 140／css/style.css

```
table {
    border-collapse: collapse;
}
td, th {
    border: 1px solid #b7b7b7;
}
```

▼ ブラウザ表示

品名		価格
ケーキ	いちごのショートケーキ	380円
ケーキ	モンブラン	400円
ケーキ	レアチーズケーキ	350円
ケーキ	ベイクドチーズケーキ	350円
ケーキ	チョコレートケーキ	340円
ケーキ	ミルクレープ	340円
ホールケーキ	いちごのショート（12cm）	1800円
ホールケーキ	いちごのショート（18cm）	2800円
タルト	レモンクリームタルト	340円
タルト	チョコバナナタルト	340円
タルト	キャラメルナッツタルト	350円
タルト	りんごタルト	400円
タルト	いちごタルト	420円
タルト	フルーツタルト	450円

281

141 セルを縦方向に結合したい

 **利用シーン** 見出しセルや通常のセルを縦（列）方向に結合して、大きなセルを作成したいとき

要素/プロパティ

`HTML`

```
<td rowspan="結合するセルの数">
〜</td>
```
——— セルを縦方向に結合する

`<td>`タグ、または`<th>`タグにrowspan属性を追加すると、セルを縦方向に結合することができます。colspan属性の値には、結合するセルの数を指定します。サンプルでは2行目第1列の見出しセルを6個分、8行目第1列の見出しセルを2個分、10行目第1列の見出しセルを6個、縦方向に結合しています。

■HTML　　　　　　　　　　　　　　　　　141/index.html

```html
<table>
    <tr>
        <th colspan="2">品名</th>
        <th>価格</th>
    </tr>
    <tr>
        <th rowspan="6">ケーキ</th>
        <td>いちごのショートケーキ</td>
        <td>380円</td>
    </tr>
    中略
    <tr>
        <th rowspan="2">ホールケーキ</th>
        <td>いちごのショート（12cm）</td>
        <td>1800円</td>
    </tr>
    中略
    <tr>
        <th rowspan="6">タルト</th>
        <td>レモンクリームタルト</td>
        <td>340円</td>
    </tr> 中略
</table>
```

■ CSS

141/css/style.css

```css
table {
    border-collapse: collapse;
}
td, th {
    border: 1px solid #b7b7b7;
}
```

▼ ブラウザ表示

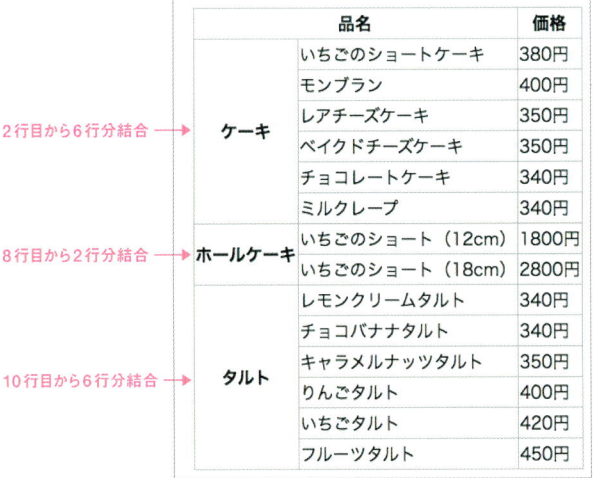

	品名	価格
ケーキ	いちごのショートケーキ	380円
	モンブラン	400円
	レアチーズケーキ	350円
	ベイクドチーズケーキ	350円
	チョコレートケーキ	340円
	ミルクレープ	340円
ホールケーキ	いちごのショート（12cm）	1800円
	いちごのショート（18cm）	2800円
タルト	レモンクリームタルト	340円
	チョコバナナタルト	340円
	キャラメルナッツタルト	350円
	りんごタルト	400円
	いちごタルト	420円
	フルーツタルト	450円

2行目から6行分結合 →

8行目から2行分結合 →

10行目から6行分結合 →

テーブル行をヘッダー、ボディ、フッターに分けたい

 **利用シーン** 効率的にテーブルの CSS を適用したいとき

要素/プロパティ

HTML

`<thead> ～ </thead>`

── テーブルのヘッダー行

HTML

`<tbody> ～ </tbody>`

── テーブルのボディ行

HTML

`<tfoot> ～ </tfoot>`

── テーブルのフッター行

テーブルのヘッダー行を`<thead>`～`</thead>`、ボディ行（データ行）を`<tbody>`～`</tbody>`、フッター行を`<tfoot>`～`</tfoot>`でそれぞれ囲むことができます。

ヘッダー行やフッター行にだけ背景色をつけたり、ボディ行だけ罫線を変えたりしたいときに、これらのタグを使用していると、CSSのセレクタを書くのが簡単になります。あまり使われていないタグですが、知っていて損はないでしょう。

サンプルでは、例としてヘッダー行とフッター行にだけ背景色をつけています。

■ **HTML**　　　　　　　　　　　　　　　　　　142/index.html

```
<table>
    <thead>
        <tr>
            <th colspan="2">品名</th>
            <th>価格</th>
        </tr>
    </thead>
    <tbody>
        <tr>
            <th rowspan="6">ケーキ</th>
            <td>いちごのショートケーキ</td>
            <td>380円</td>
        </tr>
        中略
        <tr>
            <td>フルーツタルト</td>
```

```
                <td>450円</td>
            </tr>
        </tbody>
        <tfoot>
            <tr>
                <td colspan="2">季節限定のケーキ・タルトが登場します</td>
                <td>税抜き価格</td>
            </tr>
        </tfoot>
    </table>
```

■ CSS
142/css/style.css

```
table {
    border-collapse: collapse;
}
td, th {
                                            border: 1px solid #b7b7b7;
                                        }
                                        thead tr, tfoot tr {
                                            background: #f1c1ba;
                                        }
```

▼ ブラウザ表示

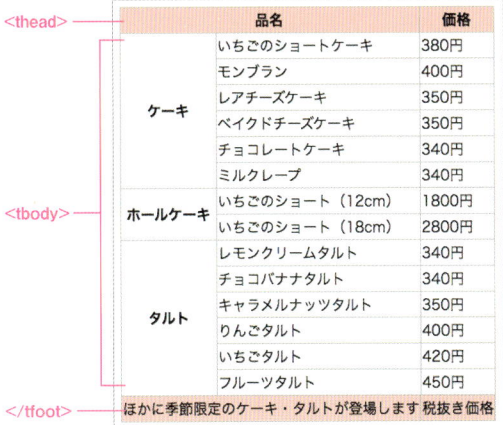

<thead>	品名	価格
	いちごのショートケーキ	380円
	モンブラン	400円
ケーキ	レアチーズケーキ	350円
	ベイクドチーズケーキ	350円
	チョコレートケーキ	340円
	ミルクレープ	340円
ホールケーキ	いちごのショート（12cm）	1800円
	いちごのショート（18cm）	2800円
	レモンクリームタルト	340円
	チョコバナナタルト	340円
タルト	キャラメルナッツタルト	350円
	りんごタルト	400円
	いちごタルト	420円
	フルーツタルト	450円
<tfoot>	ほかに季節限定のケーキ・タルトが登場します 税抜き価格	

<tbody>

●テーブルにキャプションをつけるとき
●アクセシビリティを向上させたいとき

要素/プロパティ

HTML

<caption>キャプションのテキスト</caption>
—— テーブルのキャプション

<caption>タグは、テーブルにキャプションをつけるときに使用します。
<caption>タグは、必ず<table>開始タグのすぐ次の行に書く必要があ
ります。

■HTML   143/index.html

```
<table>
    <caption>ケーキメニュー</caption>
    <thead>
        <tr>
            <th colspan="2">品名</th>
            <th>価格</th>
        </tr>
    </thead>
    <tbody>
        <tr>
            <th rowspan="6">ケーキ</th>
            <td>いちごのショートケーキ</td>
            <td>380円</td>
        </tr>
        中略
    </tbody>
    <tfoot>
        <tr>
            <td colspan="2">ほかに季節限定のケーキ・タルトが登場します</td>
            <td>税抜き価格</td>
```

```
            </tr>
        </tfoot>
</table>
```

■ CSS 　143/css/style.css

```
table {
    border-collapse: collapse;
}
td, th {
    border: 1px solid #b7b7b7;
}
```

▼ ブラウザ表示

➡ ケーキメニュー

	品名	価格
ケーキ	いちごのショートケーキ	380円
	モンブラン	400円
	レアチーズケーキ	350円
	ベイクドチーズケーキ	350円
	チョコレートケーキ	340円
	ミルクレープ	340円
ホールケーキ	いちごのショート（12cm）	1800円
	いちごのショート（18cm）	2800円
タルト	レモンクリームタルト	340円
	チョコバナナタルト	340円
	キャラメルナッツタルト	350円
	りんごタルト	400円
	いちごタルト	420円
	フルーツタルト	450円
ほかに季節限定のケーキ・タルトが登場します		税抜き価格

Column

<caption>タグはアクセシビリティを
向上させるのに有効

おもに視覚障害者が使用する、画面上のテキストを音声で読み上げる「スクリーンリーダー」というアプリケーション（またはOSの機能）があります。このスクリーンリーダーは、テーブルのセルを左上から順に読み上げてくれます。しかし、キャプションがないと「それが何のテーブルなのか」は、音声を聞いているだけではなかなかわかりません。

しかし、<caption>タグを使ってキャプションをつけておくと、とたんにテーブルの内容が理解しやすくなります。アクセシビリティ※の対策としては非常に簡単なので、可能な限り<caption>タグは使ったほうがよいでしょう。

※健常者でも、障害者でも、高齢者でも、誰でも等しく情報を得たり、操作したりすることができるデザインのこと。

Chap

8

テーブルのデザインテクニック

144

テーブル下部に
キャプションをつけたい

 **利用シーン** キャプションをテーブルの下部に移動したいとき

要素/プロパティ

HTML

`<caption>キャプションのテキスト</caption>`
——— テーブルのキャプション ▸▸ **143**

CSS プロパティ

`caption-side: bottom;`
——— キャプションをテーブル下部に表示する

`<caption>`タグは`<table>`開始タグのすぐ次の行に追加しないといけないため、HTMLだけではキャプションをテーブルの下部に表示することができません。

テーブルの下部にキャプションを表示するには、CSSの「caption-side」プロパティを使用します。

このプロパティで使用できる値は「top」と「bottom」です。caption-sideプロパティのデフォルト値は「top」なので、テーブル上部にキャプションをつけたいときはわざわざこのCSSを書く必要はありません。

■HTML

144/index.html

```
<table>
    <caption>ケーキメニュー一覧</caption>
    <thead>
        <tr>
            <th colspan="2">品名</th>
            <th>価格</th>
        </tr>
    </thead>
    <tbody>
        <tr>
            <th rowspan="6">ケーキ</th>
            <td>いちごのショートケーキ</td>
            <td>380円</td>
```

```
        </tr>
    中略
    </tbody>
    <tfoot>
        <tr>
            <td colspan="2">ほかに季節限定のケーキ・タルトが登場します</td>
            <td>税抜き価格</td>
        </tr>
    </tfoot>
</table>
```

■ CSS　　　　144/css/style.css

```
table {
    border-collapse: collapse;
}
td, th {
    border: 1px solid #b7b7b7;
}
caption {
    caption-side: bottom;
}
```

▼ ブラウザ表示

品名		価格
ケーキ	いちごのショートケーキ	380円
	モンブラン	400円
	レアチーズケーキ	350円
	ベイクドチーズケーキ	350円
	チョコレートケーキ	340円
	ミルクレープ	340円
ホールケーキ	いちごのショート（12cm）	1800円
	いちごのショート（18cm）	2800円
タルト	レモンクリームタルト	340円
	チョコバナナタルト	340円
	キャラメルナッツタルト	350円
	りんごタルト	400円
	いちごタルト	420円
	フルーツタルト	450円
ほかに季節限定のケーキ・タルトが登場します		税抜き価格

➡ ケーキメニュー一覧

145 セル内のテキストの行揃えを変更したい

利用シーン

- 見出しセル（<th>）や通常セル（<td>）の横方向の行揃えを変更するとき
- セルの縦方向の行揃えを変更するとき

要素 / プロパティ

CSS プロパティ

text-align: 行揃え ;

—— テキストの行揃えを変更する ▶052

CSS プロパティ

vertical-align: キーワードまたは数値 ;

—— セルの垂直方向の行揃えを変更する

CSS セレクタ

:last-child

—— 最後の要素にスタイルを適用 ▶153

テーブルのセルには、デフォルトCSSで行揃えがあらかじめ設定されています。見出しセルの<th>の場合は、横方向には「中央揃え」、縦方向には「上下中央揃え」に設定されています。また、通常セルの<td>は、それぞれ左揃え、上下中央揃えに設定されています。

セルに含まれるテキストの行揃えを変更するには、横方向には「text-align」プロパティ、縦方向には「vertical-align」プロパティを使用します。サンプルでは、1列目の見出しセルを左揃え・上端揃えに、各行最後の通常セルを右揃えに変更しています。

■HTML

145/index.html

```
<table>
    <thead>
        <tr>
            <th colspan="2">品名</th>
            <th>価格</th>
        </tr>
    </thead>
    <tbody>
        <tr>
            <th rowspan="6">ケーキ</th>
            <td>いちごのショートケーキ</td>
            <td>380円</td>
        </tr>
        中略
        <tr>
            <th rowspan="2">ホールケーキ</th>
```

```
            <td>いちごのショート (12cm) </td>
            <td>1800円</td>
        </tr>
        中略
        <tr>
            <th rowspan="6">タルト</th>
            <td>レモンクリームタルト</td>
            <td>340円</td>
        </tr>
        中略
    </tbody>
    <tfoot>
        <tr>
            <td colspan="2">ほかに季節限定のケーキ・タルトが登場します</td>
            <td>税抜き価格</td>
        </tr>
    </tfoot>
</table>
```

■ CSS

145/css/style.css

```css
table {
    border-collapse: collapse;
}
td, th {
    border: 1px solid #b7b7b7;
}
tbody th {
    text-align: left;
    vertical-align: top;
}
tbody td:last-child {
    text-align: right;
}
```

▼ ブラウザ表示

品名		価格
ケーキ	いちごのショートケーキ	380円
	モンブラン	400円
	レアチーズケーキ	350円
	ベイクドチーズケーキ	350円
	チョコレートケーキ	340円
	ミルクレープ	340円
ホールケーキ	いちごのショート（12cm）	1800円
	いちごのショート（18cm）	2800円
	レモンクリームタルト	340円
	チョコバナナタルト	340円

CSS適用前

左揃え・上揃え　　　　　　　　　右揃え

品名		価格
ケーキ	いちごのショートケーキ	380円
	モンブラン	400円
	レアチーズケーキ	350円
	ベイクドチーズケーキ	350円
	チョコレートケーキ	340円
	ミルクレープ	340円
ホールケーキ	いちごのショート（12cm）	1800円
	いちごのショート（18cm）	2800円
タルト	レモンクリームタルト	340円
	チョコバナナタルト	340円

CSS適用後

Column

vertical-alignプロパティ

テーブルセルの垂直方向の行揃えを調整するには、<td>または<th>に、vertical-alignプロパティを適用します。
vertical-alignプロパティをテーブルセルに適用する場合には、次のキーワードが使えます。

vertical-alignプロパティに使用できる値

値	説明
top	上端揃え
middle	上下中央揃え
bottom	下端揃え

top/middle/bottomの表示例

vertical-align:
top　　　middle　　　bottom

top		
	middle	
		bottom

146 セル内のコンテンツと罫線の間にスペースを作りたい

利用シーン テーブルのレイアウトにゆとりを持たせたいとき

要素/プロパティ

CSSプロパティ

padding: 上 右 下 左;
—— 四辺のパディングを設定する ▶▶110

テーブルセルの罫線（ボーダー）とコンテンツの間にスペースを作るには、\<th>もしくは\<td>にpaddingプロパティを設定します。サンプルでは、各セルの上下に6ピクセル、左右に10ピクセルのパディングを設けています。
サンプルのHTMLは「145」と同じです。

> **注 意**
>
> **テーブルのセルにマージンはない**
> テーブルに「border-collapse: collapse;」が設定されているとき（→「138」）、\<tr>、\<th>、\<td>にmarginプロパティを指定することはできません。

■CSS 146/css/style.css

```
table {
    border-collapse: collapse;
}
td, th {
    border: 1px solid #b7b7b7;
    padding: 6px 10px;
}
tbody th {
    vertical-align: top;
    text-align: left;
}
tbody td:last-child {
    text-align: right;
}
```

▼ ブラウザ表示

パディング

	品名		価格
ケーキ		いちごのショートケーキ	380円
		モンブラン	400円
		レアチーズケーキ	350円
		ベイクドチーズケーキ	350円
		チョコレートケーキ	340円
		ミルクレープ	340円
ホールケーキ		いちごのショート（12cm）	1800円
		いちごのショート（18cm）	2800円
タルト		レモンクリームタルト	340円
		チョコバナナタルト	340円

293

147 テーブルの各行に下線を引きたい

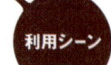
利用シーン

● テーブルの各行に下線だけを引きたいとき
● テーブルの各列に区切り線を引きたいとき

要素/プロパティ

CSS プロパティ

border-top: 太さ 形状 色;

—— ボックスの上辺に線を引く ▶109

CSS プロパティ

border-right: 太さ 形状 色;

—— ボックスの右辺に線を引く

CSS プロパティ

border-bottom: 太さ 形状 色;

—— ボックスの下辺に線を引く

CSS プロパティ

border-left: 太さ 形状 色;

—— ボックスの左辺に線を引く

<th>・<td>に、四辺のボーダーを一括で指定するborderプロパティではなく、一辺ごとに指定できるborder-bottomプロパティを適用すると、各行の下線にだけ罫線を引くことができます。また、border-leftプロパティやborder-rightプロパティを使用すれば、各列の区切りにだけ罫線を引くことができます。テーブルの見た目の印象は罫線の引き方で大きく変わるので、いろいろ試してみるとよいでしょう。

サンプルでは、テーブルの周囲と1行目の見出し行の下部に水色の太い罫線を引き、各行には点線の下線を引いています。

■HTML

147/index.html

```
<table>
    <thead>
        <tr>
            <th>商品コード</th>
            <th>種別</th>
            <th>商品名</th>
            <th>価格</th>
            <th>担当</th>
            <th>個数</th>
        </tr>
    </thead>
    <tbody>
```

```
            <tr>
                <td>A001</td>
                <td>ケーキ</td>
                <td>いちごのショートケーキ</td>
                <td>380円</td>
                <td>竹田</td>
                <td>30</td>
            </tr>
            中略
        </tbody>
</table>
```

■ CSS

147/css/style.css

```
table {
    border-collapse: collapse;
}
td, th {
    padding: 8px 20px;
}
td:nth-child(4), td:nth-child(6) {
    text-align: right;
}
table {
```

```
    border: 3px solid #7facc9;    ——①
}
thead th {
    border-bottom: 3px solid #7facc9;
                                   ②
}
tbody td {
    border-bottom: 1px dashed
#bdbdbd;                          ——③
}
```

▼ ブラウザ表示

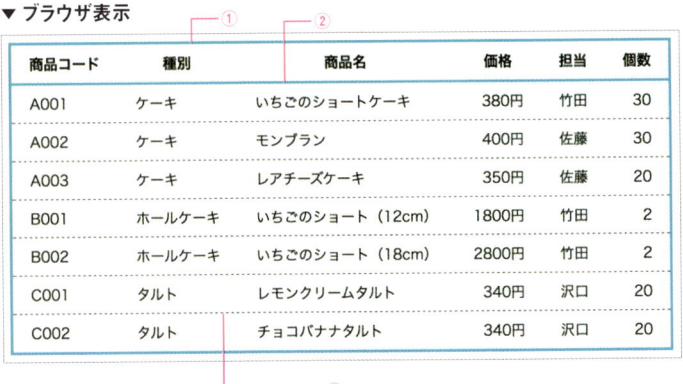

商品コード	種別	商品名	価格	担当	個数
A001	ケーキ	いちごのショートケーキ	380円	竹田	30
A002	ケーキ	モンブラン	400円	佐藤	30
A003	ケーキ	レアチーズケーキ	350円	佐藤	20
B001	ホールケーキ	いちごのショート（12cm）	1800円	竹田	2
B002	ホールケーキ	いちごのショート（18cm）	2800円	竹田	2
C001	タルト	レモンクリームタルト	340円	沢口	20
C002	タルト	チョコバナナタルト	340円	沢口	20

148 セルのサイズを固定したい

利用シーン 特定のセルだけ幅や高さを指定したいとき

要素／プロパティ

CSSプロパティ

width: 幅;

—— ボックスの幅を指定する

CSSセレクタ

:nth-child(n);

—— n番目の要素を選択する ▶▶ 153

テーブル各セルの幅は、コンテンツの量に合わせて自動的に調整されます。現代的なWebデザインでは、ページ全体の幅をウィンドウサイズに合わせて伸縮するように作ることが多いため、テーブルも原則として幅を固定しません。

どうしても一部のセルの幅を固定したいときは、<th>や<td>にwidthプロパティを適用して、サイズを指定することができます。サンプルでは3列目のセルを300ピクセルに固定しています。

サンプルのHTMLは「147」と同じです。

■ CSS
148/css/style.css

```
table {
    border-collapse: collapse;
}
td, th {
    padding: 8px 20px;
    border: 1px solid #b7b7b7;
}
td:nth-child(4), td:nth-child(6) {
    text-align: right;
}
th:nth-child(3) {
    width: 300px;
}
```

▼ ブラウザ表示

商品コード	種別	商品名	価格	担当	個数
A001	ケーキ	いちごのショートケーキ	380円	竹田	30
A002	ケーキ	モンブラン	400円	佐藤	30
A003	ケーキ	レアチーズケーキ	350円	佐藤	20
B001	ホールケーキ	いちごのショート（12cm）	1800円	竹田	2
B002	ホールケーキ	いちごのショート（18cm）	2800円	竹田	2
C001	タルト	レモンクリームタルト	340円	沢口	20
C002	タルト	チョコバナナタルト	340円	沢口	20

この列の幅を300ピクセルに固定

Column

テキストが折り返さないようにしたいときはほかの方法を検討しよう

セルの幅が小さくてテキストが折り返す（改行する）ことを防ぎたいときは、セルの幅を固定するのではなく、べつの方法を検討しましょう。詳しくは「155」を参照してみてください。

149

テーブル全体の幅を指定のサイズで固定したい

利用シーン
- ●テーブル全体の幅を固定したいとき
- ●とくに、狭く表示されるテーブルの幅を広げたいとき

要素／プロパティ

CSSプロパティ

width: 幅;

—— ボックスの幅を指定する

テーブル全体の幅を固定したいときは、<table>に適用されるスタイルにwidthプロパティを追加します。ただ、「148」でも説明していますが、現代的なWebデザインではテーブルの幅を固定することはあまりないので、使用の際はよく検討するようにしましょう。

サンプルでは、テーブル全体の幅を800ピクセルに固定しています。HTMLは「147」と同じです。

■CSS

149/css/style.css

```css
table {
    border-collapse: collapse;
    width: 800px;
}
td, th {
    padding: 8px 20px;
    border: 1px solid #b7b7b7;
}
td:nth-child(4), td:nth-child(6) {
    text-align: right;
}
```

▼ブラウザ表示

全体の幅を800ピクセルに固定

商品コード	種別	商品名	価格	担当	個数
A001	ケーキ	いちごのショートケーキ	380円	竹田	30
A002	ケーキ	モンブラン	400円	佐藤	30
A003	ケーキ	レアチーズケーキ	350円	佐藤	20
B001	ホールケーキ	いちごのショート（12cm）	1800円	竹田	2
B002	ホールケーキ	いちごのショート（18cm）	2800円	竹田	2
C001	タルト	レモンクリームタルト	340円	沢口	20
C002	タルト	チョコバナナタルト	340円	沢口	20

150 セルの幅を均等にしたい

利用シーン
セルの幅（列の幅）を自動調整に任せるのではなく、
すべて均等にしたいとき

要素/プロパティ

CSSプロパティ

table-layout: fixed;

—— 列幅を均等にする

テーブルセルの幅は、そのセルのコンテンツ量に
応じて自動調整されます。しかし、\<table\>の
CSSに「table-layout: fixed;」を適用すると、す
べての列幅が均等になります。

ただし「table-layout: fixed;」を有効にするため
には、\<table\>の幅を指定しておく必要がありま
すので、次のようなCSSを書くことになります。

● **書式**　列幅を均等にするためのCSSの例

```
table {
    width: 100％;
    table-layout: fixed;
}
```

サンプルでは、\<table\>に適用されるスタイルに
「width: 100%;」を追加しています。widthプロ

パティの値を「%」にしておけば、テーブルの幅を
固定せずにすみます。

■ HTML

150/index.html

```
<table>
    <thead>
        <tr>
            <th>商品コード</th>
            <th>種別</th>
            <th>商品名</th>
            <th>価格</th>
            <th>担当</th>
            <th>個数</th>
        </tr>
```

```
        </thead>
        <tbody>
            <tr>
                <td>A001</td>
                <td>ケーキ</td>
                <td>いちごのショートケーキ</td>
                <td>380円</td>
                <td>竹田</td>
                <td>30</td>
            </tr>
```
中略
```
        </tbody>
</table>
```

■CSS

150/css/style.css

```css
table {
    border-collapse: collapse;
    width: 100%;
    table-layout: fixed;
}
td, th {
    padding: 6px 20px;
    border: 1px solid #b7b7b7;
}
td:nth-child(4), td:nth-child(6) {
    text-align: right;
}
```

▼ ブラウザ表示   列の幅が均等

商品コード	種別	商品名	価格	担当	個数
A001	ケーキ	いちごのショートケーキ	380円	竹田	30
A002	ケーキ	モンブラン	400円	佐藤	30
A003	ケーキ	レアチーズケーキ	350円	佐藤	20
B001	ホールケーキ	いちごのショート（12cm）	1800円	竹田	2
B002	ホールケーキ	いちごのショート（18cm）	2800円	竹田	2
C001	タルト	レモンクリームタルト	340円	沢口	20
C002	タルト	チョコバナナタルト	340円	沢口	20

151 テーブル全体の背景を設定したい

利用シーン 見出し行にも通常の行にも同じ背景を設定したいとき

要素／プロパティ

CSSプロパティ

background: 背景の設定；
—— 要素の背景を設定する ▶▶120

テーブル全体に背景画像、もしくは背景色を設定するには、\<table>タグに適用されるスタイルにbackgroundプロパティを追加します。簡単ですがよく使われるテクニックのひとつです。
サンプルではこのbackgroundプロパティで画像を指定して、テーブル全体を背景画像で塗りつぶしています。
テーブル全体を背景画像でなく背景色で塗りつぶしたいときは、backgroundプロパティの値を次のようにします。

● **書式**　テーブル全体を背景色で塗りつぶすときのCSSの例

```
table {
    border-collapse: collapse;
    background: #e4f5f7;  ——— 値を色の指定にする
}
```

■ **HTML**　　　　　　　　　　　　　　　　　　　151／index.html

```
<table>
    <thead>
        <tr>
            <th>商品コード</th>
            <th>種別</th>
            <th>商品名</th>
            <th>価格</th>
            <th>担当</th>
            <th>個数</th>
        </tr>
    </thead>
```

```
            <tbody>
                <tr>
                    <td>A001</td>
                    <td>ケーキ</td>
                    <td>いちごのショートケーキ</td>
                    <td>380円</td>
                    <td>竹田</td>
                    <td>30</td>
                </tr>
                中略
            </tbody>
        </table>
```

■CSS

151/css/style.css

```
table {
    border-collapse: collapse;
    background: url(../images/bg.png);
}
td, th {
```

```
    padding: 8px 20px;
    border: 1px solid #b7b7b7;
}
td:nth-child(4), td:nth-child(6) {
    text-align: right;
}
```

▼ ブラウザ表示

商品コード	種別	商品名	価格	担当	個数
A001	ケーキ	いちごのショートケーキ	380円	竹田	30
A002	ケーキ	モンブラン	400円	佐藤	30
A003	ケーキ	レアチーズケーキ	350円	佐藤	20
B001	ホールケーキ	いちごのショート（12cm）	1800円	竹田	2
B002	ホールケーキ	いちごのショート（18cm）	2800円	竹田	2
C001	タルト	レモンクリームタルト	340円	沢口	20
C002	タルト	チョコバナナタルト	340円	沢口	20

152 見出し行にだけ背景を設定したい

利用シーン 見た目の変化を持たせるためやテーブルを見やすくするために、見出し行にだけ背景色や背景画像を設定したいとき

要素 / プロパティ

CSSプロパティ

background: 背景の設定；

──── 要素の背景を設定する ▶▶120

見出し行など、特定の行にだけ背景を設定したいときは、<th>や<td>に対してではなく、<tr>にCSSを適用します。また、HTMLで<thead>・<tbody>・<tfoot>タグを使用している場合は、それらにCSSを適用してもかまいません。

サンプルでは、<thead>にbackgroundプロパティを適用して、見出し行に背景画像を設定しています。

サンプルのHTMLは「151」と同じです。

■ CSS   152/css/style.css

```
table {
    border-collapse: collapse;
}
td, th {
    padding: 8px 20px;
    border: 1px solid #b7b7b7;
```

```
}
td:nth-child(4), td:nth-child(6) {
    text-align: right;
}
thead {
    background: url(../images/bg.png);
}
```

▼ ブラウザ表示

商品コード	種別	商品名	価格	担当	個数
A001	ケーキ	いちごのショートケーキ	380円	竹田	30
A002	ケーキ	モンブラン	400円	佐藤	30
A003	ケーキ	レアチーズケーキ	350円	佐藤	20
B001	ホールケーキ	いちごのショート（12cm）	1800円	竹田	2
B002	ホールケーキ	いちごのショート（18cm）	2800円	竹田	2
C001	タルト	レモンクリームタルト	340円	沢口	20
C002	タルト	チョコバナナタルト	340円	沢口	20

153 テーブルの背景色を奇数行と偶数行で塗り分けたい

利用シーン

● 奇数行と偶数行で交互に色を変え、
　しましまのテーブルを作るとき
● 横に長い（列数が多い）テーブルを見やすくしたいとき

要素/プロパティ

CSSセレクタ

:nth-child(n)
└── n番目の要素を選択する

「:nth-child(n)」セレクタを使って、テーブル行を交互に塗り分けます。非常によく使われるテクニックで、とくに列数が多く横に長いテーブルに用いると、読みやすくなって効果的です。サンプルのHTMLは「151」と同じです。

■ CSS　　　　　　　　　　153/css/style.css

```css
table {
    border-collapse: collapse;
}
td, th {
    padding: 8px 20px;
    border: 1px solid #b7b7b7;
}
td:nth-child(4), td:nth-child(6) {
```

```css
    text-align: right;
}
thead {
    background: #2c8daa;
    color: #fff;
}
tbody tr:nth-child(2n) {
    background: #ecfafc;
}
```

▼ ブラウザ表示

商品コード	種別	商品名	価格	担当	個数
A001	ケーキ	いちごのショートケーキ	380円	竹田	30
A002	ケーキ	モンブラン	400円	佐藤	30
A003	ケーキ	レアチーズケーキ	350円	佐藤	20
B001	ホールケーキ	いちごのショート（12cm）	1800円	竹田	2
B002	ホールケーキ	いちごのショート（18cm）	2800円	竹田	2
C001	タルト	レモンクリームタルト	340円	沢口	20
C002	タルト	チョコバナナタルト	340円	沢口	20

Chap 8 テーブルのデザインテクニック

:nth-child(n) セレクタ

....

「:nth-child(n)」セレクタは、「○番目の要素を選択する」セレクタです。()の中に入れる数字、もしくは簡単な数式で、何番目の要素が選択されるかが決まります。サンプルのソースコードを例に詳しく見てみましょう。

td:nth-child(4)

<td>の親要素、つまり<tr>の子要素のうち、4番目が<td>なら選択されます。同じように「td:nth-child(6)」なら、<tr>の子要素の6番目が<td>なら選択されます。

td:nth-child(4)、td:nth-child(6)で選択される要素

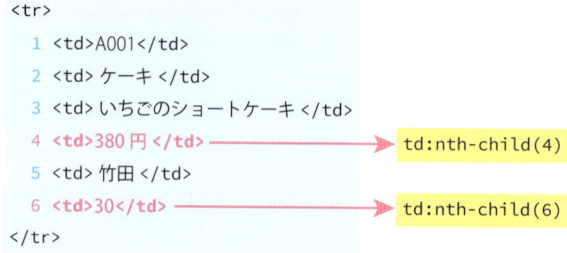

```
<tr>
  1  <td>A001</td>
  2  <td> ケーキ </td>
  3  <td> いちごのショートケーキ </td>
  4  <td>380 円 </td>          ──────→   td:nth-child(4)
  5  <td> 竹田 </td>
  6  <td>30</td>              ──────→   td:nth-child(6)
</tr>
```

「tbody tr:nth-child(2n)」

()内には、「n」を使った簡単な数式を入れることができます。nは、0、1、2、3…と、0以上の整数を指します。たとえば「2n」と書いたら、「0、1、2、3…の2倍」、つまり「0、2、4、6…番目」の要素が選択されることになります。

また、()内に数字や数式でなく「odd」「even」というキーワードも使えます。「:nth-child(odd)」の場合は奇数番目の要素が選択されます。これは、「:nth-child(2n+1)」と書くのと同じです。

また、「:nth-child(even)」の場合は偶数番目の要素が選択されます。「:nth-child(2n)」と書くのと同じです。

:nth-child(n)の()内を変えて選択される要素

	`tbody tr:nth-child`	`(2n)` または `(even)`	`(2n+1)` または `(odd)`
`<tbody>`			

1 `<tr>`
`  <td>A001</td>`
`</tr>`
			選択

2 `<tr>`
`  <td>A002</td>`
`</tr>`
		選択	

3 `<tr>`
`  <td>A003</td>`
`</tr>`
			選択

4 `<tr>`
`  <td>B001</td>`
`</tr>`
		選択	

5 `<tr>`
`  <td>B002</td>`
`</tr>`
			選択

6 `<tr>`
`  <td>C001</td>`
`</tr>`
		選択	

7 `<tr>`
`  <td>C002</td>`
`</tr>`
			選択

`</tbody>`			

「:first-child」「:last-child」

「:nth-child(n)」と似たようなセレクタに「:first-child」「:last-child」というセレクタもあります。これらはそれぞれ「最初（1番目）の要素」「最後の要素」を選択します。前掲の図であれば、「:first-child」なら最初の<tr>要素、「:last-child」なら最後の<tr>要素が選択されます。

Chap

8

テーブルのデザインテクニック

154 マウスが重なった行の背景色を変更したい

利用シーン

- どの行を見ているのかがわかりやすくしたいとき
- 列にも行にも項目数が多い、規模の大きいテーブルを見やすくしたいとき

要素 / プロパティ

CSSプロパティ

background: 背景の設定；

—— 要素の背景を設定する ▶▶120

CSSプロパティ

cursor: カーソルの形状；

—— カーソルの形状を変更する ▶▶036

CSSセレクタ

:hover

—— リンクにマウスがホバーした状態のときのスタイル ▶▶081

テーブルのセルにマウスポインタがホバーしたときだけ、その行の背景色を変更します。よく使われるテクニックで、とくに列数・行数の多いテーブルを少しでも読みやすくするのに効果的です。ポイントは<tr>に適用されるスタイルに「:hover」クラスを追加する点です。<tr>のホバー時にだけ適用させるスタイルを作ることで、行全体の背景色を変更することができます。

■HTML   154/index.html

```
<table>
    <thead>
        <tr>
            <th>商品コード</th>
            <th>種別</th>
            <th>商品名</th>
            <th>価格</th>
            <th>担当</th>
            <th>個数</th>
        </tr>
    </thead>
    <tbody>
        <tr>
            <td>A001</td>
            <td>ケーキ</td>
```

```
            <td>いちごのショートケー
キ</td>
            <td>380円</td>
            <td>竹田</td>
            <td>30</td>
        </tr>
        中略
    </tbody>
</table>
```

■CSS
154/css/style.css

```css
table {
    border-collapse: collapse;
}
td, th {
    padding: 8px 20px;
    border: 1px solid #b7b7b7;
}
td:nth-child(4), td:nth-child(6) {
    text-align: right;
```

```css
}
th {
    background-color: #2c8daa;
    color: #fff;
}
tr:hover {
    cursor: default;
    background: #ecfafc;
}
```

▼ ブラウザ表示

商品コード	種別	商品名	価格	担当	個数
A001	ケーキ	いちごのショートケーキ	380円	竹田	30
A002	ケーキ	モンブラン	400円	佐藤	30
A003	ケーキ	レアチーズケーキ	350円	佐藤	20
B001	ホールケーキ	いちごのショート（12cm）	1800円	竹田	2
B002	ホールケーキ	いちごのショート（18cm）	2800円	竹田	2
C001	タルト	レモンクリームタルト	340円	沢口	20
C002	タルト	チョコバナナタルト	340円	沢口	20

通常時

商品コード	種別	商品名	価格	担当	個数
A001	ケーキ	いちごのショートケーキ	380円	竹田	30
A002	ケーキ	モンブラン	400円	佐藤	30
A003	ケーキ	レアチーズケーキ	350円	佐藤	20
B001	ホールケーキ	いちごのショート（12cm）	1800円	竹田	2
B002	ホールケーキ	いちごのショート（18cm）	2800円	竹田	2
C001	タルト	レモンクリームタルト	340円	沢口	20
C002	タルト	チョコバナナタルト	340円	沢口	20

ホバー時

Column

セルにホバーしたときのカーソル

セルにテキストが含まれている場合にマウスポインタが重なると、テキスト選択が可能であることを示す「Iビームカーソル」に変わります。そのままでも実用上問題はありませんが、このサンプルではカーソルを「矢印カーソル」にしています。

Iビームカーソルと矢印カーソル

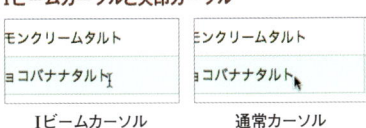

Iビームカーソル　　　通常カーソル

155 テキストが折り返さない セルを指定したい

利用シーン

テーブルの幅が狭くなっても、改行させたくないテキストがあるとき

要素/プロパティ

CSSプロパティ

white-space: 改行を制御するキーワード;

―― テキストの改行を調整する

テーブルの全体の幅が狭いときでもテキストを改行させたくないセルがあるときは、そのセルに「white-space: nowrap;」を適用します。
サンプルでは、4列目以降(「価格」「担当」「個数」)の各列はテーブルの幅が狭くなっても改行しないようにしています。

■ HTML　　　　155/index.html

```
<table>
    <thead>
        <tr>
            <th>商品コード</th>
            <th>種別</th>
            <th>商品名</th>
            <th>価格</th>
            <th>担当</th>
            <th>個数</th>
        </tr>
    </thead>
    <tbody>
        <tr>
            <td>A001</td>
            <td>ケーキ</td>
            <td>いちごのショート
ケーキ</td>
            <td>380円</td>
            <td>竹田</td>
            <td>30</td>
        </tr> 中略
    </tbody>
</table>
```

■ CSS　　　　155/css/style.css

```
table {
    border-collapse: collapse;
}
td, th {
    padding: 8px 20px;
    border: 1px solid #b7b7b7;
}
th {
    background-color: #2c8daa;
    color: #fff;
}
td:nth-child(4), td:nth-child(6) {
    text-align: right;
}
th:nth-child(n+4), td:nth-child(n+4) {
    white-space: nowrap;
}
```

▼ ブラウザ表示

4列目以降は幅が狭くても改行しない

ウィンドウ幅：広い

商品コード	種別	商品名	価格	担当	個数
A001	ケーキ	いちごのショートケーキ	380円	竹田	30
A002	ケーキ	モンブラン	400円	佐藤	30
A003	ケーキ	レアチーズケーキ	350円	佐藤	20
B001	ホールケーキ	いちごのショート（12cm）	1800円	竹田	2
B002	ホールケーキ	いちごのショート（18cm）	2800円	竹田	2
C001	タルト	レモンクリームタルト	340円	沢口	20
C002	タルト	チョコバナナタルト	340円	沢口	20

ウィンドウ幅：狭い

商品コード	種別	商品名	価格	担当	個数
A001	ケーキ	いちごのショートケーキ	380円	竹田	30
A002	ケーキ	モンブラン	400円	佐藤	30
A003	ケーキ	レアチーズケーキ	350円	佐藤	20
B001	ホールケーキ	いちごのショート（12cm）	1800円	竹田	2
B002	ホールケーキ	いちごのショート（18cm）	2800円	竹田	2
C001	タルト	レモンクリームタルト	340円	沢口	20
C002	タルト	チョコバナナタルト	340円	沢口	20

狭くなっても改行しない

Column

white-spaceプロパティ

white-spaceプロパティは「テキストを途中で改行するかどうか」を制御するだけでなく、正確には「空白文字」と呼ばれる半角スペース、タブ、改行（Enter）などの文字をどう表示するかを決めるのに使われます。
このプロパティの値には次のようなものがあります。

white-spaceプロパティの値

値	説明
normal	スペースが連続するなど空白文字が続くとき、半角スペース1文字分のスペースだけが空きます。また、テーブルのセルなど表示できるスペースが限られているとき、テキストは改行されます。
nowrap	連続する空白文字は1文字分のスペースだけ空きます。表示できるスペースが限られていても改行しません。
pre	連続するスペースをそのまま表示します。改行文字（Enter）や\<br\>で改行しますが、それ以外では改行しません。
pre-wrap	連続するスペースをそのまま表示します。改行文字（Enter）や\<br\>で改行し、表示できるスペースが限られているときも改行します。
pre-line	連続する空白文字は1文字分のスペースだけ空きます。改行文字（Enter）や\<br\>で改行し、表示できるスペースが限られているときも改行します。

フォームの
デザインテクニック

Chapter

9

156 フォームの基本マークアップ

利用シーン

どんなフォームを作るときも重要な HTMLのパターン

要素/プロパティ

`HTML`

```
<form action="送信先URL" method="送信メソッド">～</form>
```
──── フォームの親要素

`HTML`

```
<input type="text" name="送信時の名前">
```
──── テキストフィールド ▶▶157

`HTML`

```
<input type="submit" value="送信ボタンの名前">
```
──── 送信ボタン ▶▶176

フォームとは「ユーザーが入力した内容をWebサーバーに送信する」ための機能です。フォームにはさまざまな専用のタグが用意されていて、それらを組み合わせて作成します。

フォームのHTMLは、<form>～</form>を親要素として、その中に必要なフォーム部品をマークアップしていくのが基本的なパターンです。

<form>タグには、action属性と、method属性を含めます[1]。action属性には「ユーザーが入力した内容を送る先のURL」を設定します。また、method属性には「POST」か「GET」のどちらか

を設定します。これは、Webサーバーにユーザーが入力したデータを送る際の「送信方式」です[2]。これらの属性に設定する値は、一緒にプロジェクトに取り組んでいるサーバーサイドのエンジニアが知っているか、使用しているサーバー側ソフトウェアなどの仕様書などに書かれているはずなので、「何を設定するのか」をあまり心配する必要はありません。

※1 method属性は省略する場合もあります。
※2 POSTやGETは、大文字でも小文字でもかまいません。

●**書式** フォームの基本的なHTMLの構造

```
<form action="URL">
    <input type="text" name="text-name">──── フォーム部品を必要な数だけ作成
    中略
    <input type="submit" value="送信">──── 最後にはたいてい「送信ボタン」を設置
</form>
```

312

```
<h1>店頭在庫チェック</h1>
<form action="#" method="POST">
    <p><label>タイトル <input type="text" name="book_title"></label></p>
    <p><input type="submit" value=" 送信 "></p>
</form>
```

▼ ブラウザ表示

313

157

テキストフィールドを表示したい

利用シーン 名前、住所、ユーザーID、コメントやお問い合わせのタイトルなど、短いテキストを入力できる欄を作成したいとき

要素/プロパティ

HTML

`<input type="text" name="送信時の名前">` ── テキストフィールド

HTML

`<label>` ── フォーム部品にラベルをつける ▶▶158 ▶▶159

`<input>`はフォーム部品を作るためのタグのひとつです。type属性の値を変えると、テキストフィールドからチェックボックスまで、さまざまなかたちのフォーム部品を作ることができます。このtype属性の値を「text」にすると、テキストフィールドを作ることができます。テキストフィールドに入力するテキストは途中で改行できないため、名前やユーザーIDなど、比較的短いテキストを入力してもらうのに使用します。

なお、テキストフィールドの`<input>`には、type属性のほかに、ほとんどのケースでname属性も必要です。name属性の値には、Webサーバーにユーザーが入力した内容を送信するときに、それが何のデータであるかを識別するための「名前」をつけます。その名前は勝手につけてはいけないので、連携して作業に当たっているサーバーサイドのエンジニアに聞くか、使用しているサーバーソフトウェアのマニュアルなどを参照します。

■ **HTML**   157/index.html

```
<h1>お問い合わせ</h1>
<form action="#" method="POST">
    <p><label>お名前 <input type="text" name="realname"></label></p>
    <p><input type="submit" value="送信"></p>
</form>
```

▼ ブラウザ表示

158 フォーム部品にラベルをつけたい ❶

利用シーン フォーム部品とラベルを関連づけて、ユーザビリティを向上させる

要素/プロパティ

HTML

<label>

———— フォーム部品にラベルをつける

フォーム部品には、そこに何を入力すればよいかがわかる「ラベル」をつける必要があります。<label>タグは、フォーム部品と「ラベル」のテキストを関連づけるために使用します。

<label>タグでフォーム部品とラベルテキストを関連づける方法は2種類あります。そのうちのひとつが、ラベルテキストとフォーム部品タグを<label>～</label>で囲む方法です。

このサンプルでは、ラベルテキストの「お名前」とテキストフィールドを<label>タグで囲み、関連づけています。

> **知っておこう**
>
> **ラベルテキストとフォーム部品を改行するには**
>
> ラベルテキストとフォーム部品の間で改行するには、サンプルのソースコードのように
タグを追加します。

● **書式** ラベルとフォーム部品を関連づける

<label>ラベルテキスト <input などのフォーム部品></label>

■**HTML** 158/index.html

```html
<h1>お問い合わせ</h1>
<form action="#" method="POST">
    <p><label>お名前<br>
        <input type="text" name="realname"></label></p>
    <p><input type="submit" value=" 送信 "></p>
</form>
```

▼ ブラウザ表示

○ auberge

お問い合わせ

お名前

送信

.... Column

<label> の効果

<label>タグを使ってラベルテキストとフォーム部品を関連づけておくのは、ユーザービリティやアクセシビリティの向上に効果があります。

ラベルテキストをクリックすると、関連するフォーム部品が選択され、入力可能になります[1]。ラジオボタンやチェックボックスであれば、ラベルテキストをクリックして「チェックをつける／外す」操作が可能になります。クリックできる領域が広がるので、ユーザーにとって使いやすいフォームになり、ユーザビリティ[2]を高めることができます。

また、視覚障害者が使用するスクリーンリーダーの一般的な動作では、「ラベルテキスト」を読み上げたあと、すぐに関連するフォーム部品が選択され、入力可能になります。フォームへの入力がしやすくなり、アクセシビリティが向上します。フォーム部品を作成するときには、必ず<label>タグを使うようにしましょう。

[1] フォーム部品が選択された状態を「フォーカス (focus)」といいます。
[2] ユーザーの利便性や、操作のしやすさのこと。

ラベルテキストをクリックすると、テキストフィールドが選択される

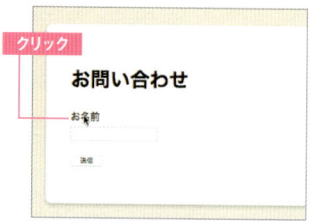

159 フォーム部品に ラベルをつけたい ❷

利用シーン
- フォーム部品とラベルを関連づけて、 ユーザビリティを向上させる
- ラベルとフォーム部品を\<label\>タグで 囲めないときはこの方法を使用する

要素 / プロパティ

HTML

\<label for="関連するフォーム部品のid属性"\>

—— フォーム部品にラベルをつける

「158」でも紹介していますが、ラベルテキストとフォーム部品を関連づける方法は2種類あります。ここで紹介するのは、\<label\>タグのfor属性を使用する方法です。for属性には、そのラベルテキストに関連するフォーム部品のid属性を指定します。

● **書式**　ラベルとフォーム部品を関連づける

```
<label for="関連するフォーム部品のid属性">ラベルテキスト</label>
<input id="id名">
```

「158」の方法と今回取り上げるfor属性を使う方法に機能上の違いはなく、どちらも正しくラベルとフォーム部品を関連づけることができます。どちらでも、好きなほうを使ってかまいません。
ただし、HTMLの構造によっては、\<label\>〜

\</label\>でラベルテキストとフォーム部品を囲めないときがあります。たとえば、次のソースコードのように、フォームがテーブルで組まれているときは、for属性を使うしかありません。

● **書式**　このようなHTMLの場合は「158」の方法は使えない

```
<table>
    <tr>
        <td>お名前</td>
        <td><input type="text" name="name"></td>
    </tr>
</table>
```

317

■HTML

```
<h1>お問い合わせ</h1>
<form action="#" method="POST">
    <p>
        <label for="realname">お名前</label><br>
        <input type="text" name="realname" id="realname">
    </p>
    <p><input type="submit" value="送信"></p>
</form>
```

▼ ブラウザ表示

160

メールアドレス入力用 テキストフィールドを表示したい

利用シーン メールアドレスを入力するフィールドを作りたいとき

要素 / プロパティ

HTML

`<input type="email" name="送信時の名前">`

── メールアドレスを入力するためのテキストフィールド

ユーザーにメールアドレスを入力してもらうためのテキストフィールドは、
`<input type="email">`タグで作成します。

■HTML

160 / index.html

```
<h1>お問い合わせ</h1>
<form action="#" method="POST">
    <p>
        <label for="realname">お名前</label><br>
        <input type="text" name="realname" id="realname">
    </p>
    <p>
        <label for="mail">メールアドレス</label><br>
        <input type="email" name="mail" id="mail">
    </p>
    <p><input type="submit" value="送信"></p>
</form>
```

▼ ブラウザ表示

お問い合わせ

お名前

メールアドレス

送信

Column

メールアドレスフィールドは
「メールアドレスかどうか」をチェックしてくれる

メールアドレスフィールドは、見た目だけでは通常のテキストフィールドと区別がつきません。しかし、多くのブラウザでは、メールアドレスフィールドにメールアドレスの書式でないテキストが入力されると、警告を表示するようになっています[※]。

※警告は［送信］ボタンをクリックしたときに表示されます。

警告表示の例（Chrome）

こうした、入力された内容をチェックすることを「バリデーション」といいます。バリデーションについては「164」でも取り上げているので、参考にしてみてください。

161 電話番号入力用
テキストフィールドを表示したい

利用シーン 電話番号を入力するフィールドを作りたいとき

要素／プロパティ

HTML

```
<input type="tel" name="送信時の名前">
```
── 電話番号を入力するためのテキストフィールド

ユーザーに電話番号を入力してもらうためのテキストフィールドは、<input type="tel">タグで作成します。電話番号フィールドを選択すると、スマートフォンでは電話番号の入力に適したテンキー型のキーボードが表示されるようになっています。

しかし、「160」で紹介したメールアドレスフィールドと違って、電話番号でない形式のテキストが入力されていても警告は表示されません。

電話番号フィールドを選択すると専用のキーボードが表示される

Android

iOS

■**HTML**

161／index.html

```
<h1>お問い合わせ</h1>
<form action="#" method="POST">
    中略
    <p>
        <label for="phone">電話番号</label><br>
        <input type="tel" name="phone" id="phone">
    </p>
    <p><input type="submit" value="送信"></p>
</form>
```

▼ ブラウザ表示

○ auberge

お問い合わせ

お名前

メールアドレス

電話番号

送信

○auberge

.... **Col**u**m**n

メールアドレスフィールド、電話番号フィールドは
古いブラウザでも大丈夫

....

メールアドレスフィールドの<input type="email">、電話番号フィールドの<input type="tel">は、どちらもHTML5で定義された、比較的新しいタグです。IE10（2013年）以降に登場したブラウザが対応しています。

しかし、これらのフィールドに対応していないブラウザであっても、大きな問題は起こりません。古いブラウザは、これらのフィールドをただのテキストフィールド（<input type="text">）として扱うため、ユーザーは少なくとも入力ができ、フォームとしての基本的な機能は維持されます。

162 パスワード入力のテキストフィールドを表示したい

利用シーン ログイン画面などでパスワードの入力をしてもらうとき

要素/プロパティ

HTML

<input type="password" name="送信時の名前">
── パスワードを入力するためのテキストフィールド

パスワード入力用のテキストフィールドは、<input type="password">
で作成します。このテキストフィールドには、どんな文字を入力しても「・」
が表示されます。

■HTML 162/index.html

```
<h1>ユーザーログイン</h1>
<form action="#" method="POST">
    <p>
        <label for="mail">メールアドレス</label><br>
        <input type="email" name="mail" id="mail">
    </p>
    <p>
        <label for="pw">パスワード</label><br>
        <input type="password" name="pw" id="pw">
    </p>
    <p><input type="submit" value="ログイン"></p>
</form>
```

▼ ブラウザ表示

163 テキストフィールドに
入力のヒントを表示したい

- テキストフィールド内にプレイスホルダーテキストを表示したいとき
- ユーザビリティを向上させたいとき

要素 / プロパティ

HTML

```
<input type="text" placeholder="テキスト">
```
━━ テキストフィールド内にテキストを表示する

テキストフィールドには、フィールド内にテキストを表示させておくことができます。このテキストは「プレイスホルダー」と呼ばれ、ユーザーが入力を開始すると消えます。何を入力すればよいか、ユーザーにわかりやすく説明するテキストを表示させておくことができます。

プレイスホルダーテキストは、<input>タグのplaceholder属性で指定します。placeholder属性は、通常のテキストフィールドだけでなく、メールアドレスフィールドや電話番号フィールドでも使用できます。サンプルでは、メールアドレスフィールドにplaceholder属性を追加しています。

■HTML

163/index.html

```
<h1>パスワードを忘れたら</h1>
<p>パスワードをリセットします。メールアドレスを入力してください。</p>
<form action="#" method="POST">
    <p>
        <label for="mail">メールアドレス</label><br>
        <input type="email" name="mail" id="mail" placeholder="例）nuage@example.com">
        <input type="submit" value="パスワードをリセット">
    </p>
</form>
```

▼ ブラウザ表示

パスワードをリセットします。メールアドレスを入力してください。

メールアドレス

例）nuage@example.com ［パスワードをリセット］

最初のフォーム部品を自動で選択したい

利用シーン ユーザビリティを向上させたいとき

要素/プロパティ

HTML

<input type="text" autofocus>

── ページが表示されたときに、自動でこのフォーム部品を入力可能にする

ページが表示されたときに、ユーザーがクリックしなくても自動的にフォーム部品を入力できる状態──フォーカス状態──にしてくれる属性があります。それが「autofocus」属性です。この属性は、<input>タグや<textarea>タグなど、フォーム部品のタグに追加できます。

この属性を使えばユーザーの操作を減らせるので、多少なりともユーザビリティの向上につながります。サンプルでは、ページが読み込まれた直後に、一番上の「お名前」欄がフォーカスされます。

■HTML

164/index.html

```html
<h1>お問い合わせ</h1>
<form action="#" method="POST">
    <p>
        <label for="realname">お名前</label><br>
        <input type="text" name="realname" id="realname" autofocus>
    </p>
    <p>
        <label for="mail">メールアドレス</label><br>
        <input type="email" name="mail" id="mail">
    </p>
    <p>
        <label for="phone">電話番号</label><br>
        <input type="tel" name="phone" id="phone">
    </p>
    <p><input type="submit" value="送信"></p>
</form>
```

▼ ブラウザ表示

ページが表示された直後に「お名前」欄が入力可能になる

Column

ブール属性

autofocus属性には値がありません。この属性をタグに含めるだけで、オートフォーカス機能が「オン」になり、含めなければその機能が「オフ」になります。

autofocus属性の有無だけでオートフォーカスのオン・オフが切り替わる

```
<input type="text" autofocus> ——— オートフォーカス機能：オン
<input type="text"> ——————————— オートフォーカス機能：オフ
```

このautofocus属性のように、属性の中には値がなく、タグに含まれているかどうかだけでオン・オフが切り替わるものがあります。こうした属性のことを「ブール属性」といいます※。

※「ブーリアン属性」と呼ばれることもあります。

165 必須入力項目にしたい

利用シーン フォーム部品を入力必須にするとき

要素/プロパティ

HTML

`<input type="text" required>`

―― フォーム部品を必須入力項目にする

`<input>`タグや`<textarea>`タグなどのフォーム部品タグに「required」属性を追加すると、必須入力項目になります。必須入力項目に何も入力せずに送信ボタンをクリックすると、多くのブラウザで警告が表示されます。
サンプルでは「お名前」欄と「メールアドレス」欄を必須入力項目にしています。

■ HTML

165/index.html

```
<h1>お問い合わせ</h1>
<form action="#" method="POST">
    <p>
        <label for="realname">お名前</label><br>
        <input type="text" name="realname" id="realname" autofocus required>
    </p>
    <p>
        <label for="mail">メールアドレス</label><br>
        <input type="email" name="mail" id="mail" required>
    </p>
    <p>
        <label for="phone">電話番号</label><br>
        <input type="tel" name="phone" id="phone">
    </p>
    <p><input type="submit" value="送信"></p>
</form>
```

▼ ブラウザ表示

入力せずに送信ボタンをクリックすると警告が出る

166

コピーはできるけれども入力はできない特殊なテキストフィールドを作りたい

- 情報を表示するだけのフォームを作りたいとき
- 入力はできないが、テキストの選択だけはできるテキストフィールドを作りたいとき

要素／プロパティ

HTML

`<input type="url">`

——— URLを入力・表示するためのテキストフィールド

HTML

`<input value="フォーム部品の初期値" readonly>`

——— 入力はできないが、表示されているテキストは選択できるテキストフィールド

「readonly」属性が追加されたフォーム部品は、入力はできないけれども表示されているテキストを選択することはできるようになります。使用機会は限られますが、Webアプリケーションなどで情報を表示することだけを目的にしたフォームを作成するときや、テキストをコピーしてほしいときには使われることがあります。readonly属性は「ブール属性」です（→「164」）。

また、フォーム部品には「value」属性を追加することもできます。このvalue属性は、そのフォーム部品の初期値を設定するためのものです。テキストフィールドにvalue属性を追加すると、フィールド内にテキストを表示することができます※。

value属性はテキストフィールドにはあまり使われませんが、ラジオボタンやチェックボックスなどでは重要な属性です（→「171」）。

このサンプルでは、テキストフィールドにURLを表示させています。また、このサンプルのフォームはユーザーに入力してもらって、Webサーバーにデータを送信することが目的ではないため、`<form>`タグを省略しています。

※ placeholder属性で指定したテキストはコピーできません。

■HTML

166／index.html

```
<p>短縮URLをコピー：<input type="url" value="bit.ly/2eHSN6t" readonly></p>
```

▼ ブラウザ表示

短縮URLをコピー： bit.ly/2eHSN6t

▶ 短縮URLをコピー： bit.ly/2eHSN6t

URL を表示する<input type="url">

<input type="url">は、URL を入力するためのテキストフィールドです。

.... Co**lumn**

disabled 属性

readonly 属性に似たものに「disabled」属性があります。disabled 属性は、入力できないしコピーもできず「情報を表示する」だけに使われます。多くの場合、JavaScript（→「018」）と組み合わせて使用します。

● **書式** diabled 属性を使用した例

```
<p>短縮 URL をコピー:<input type="url" value="bit.ly/2eHSN6t"
disabled></p>
```

disabled 属性の表示例。テキストの選択もできない

短縮URLをコピー： bit.ly/2eHSN6t ————<input disabled>

©Hastings

167 ファイルをアップロード できるようにしたい

利用シーン Webアプリケーションなどで、
ファイルのアップロード機能を作成するとき

要素/プロパティ

HTML

<input type="file" name="送信時の名前">
━━ アップロードボタンの表示

<input type="file">は、ファイルをアップロードするためのボタンを表示
するタグです。ファイルのアップロード機能は、ブログのようなシステムか
らWebアプリケーションまで、幅広く使われています。

■ **HTML**　　　　　　　　　　　　　　　　　　　　　　167/index.html

```
<h2>画像アップロード</h2>
<form action="#" method="POST">
    <p>
        <label for="image_file">ファイルを選択してください</label><br>
        <input type="file" name="image_file" id="image_file">
    </p>
    <p><input type="submit" value="アップロード"></p>
</form>
```

▼ ブラウザ表示

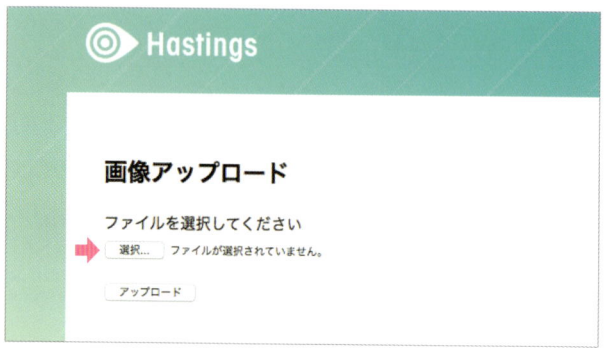

ブラウザによって表示は
多少異なります

168 ラジオボタンを表示したい

利用シーン 数種類の選択肢からひとつを選ばせたいとき

要素 / プロパティ

HTML

`<input type="radio" name="送信時の名前" value="送信される値">`

── ラジオボタン

HTML

checked 属性

── ページが表示されたときに選択しておきたい選択肢

`<input type="radio">`はラジオボタンを表示するタグです。ラジオボタンを正しく機能させるためには、name 属性とvalue 属性の設定が重要です。

ラジオボタンで作る選択肢は、複数のフォーム部品（`<input type="radio">`）を使ってひとつの設問を作ることになります。そのため、関連するラジオボタンは「グループ化」しておく必要があります。グループ化するために、関連するラジオボタンのname 属性には同じ値を指定します。

また、ラジオボタンには必ずvalue 属性を追加します。フォームを送信したとき、Web サーバーには「選択されたラジオボタンのvalue 属性の値」が送られます。

name 属性もvalue 属性も、実際の設定値はサーバー側エンジニアから教えてもらうことになるはずなのであまり心配はいりませんが、基本的な知識は持っておくとよいでしょう。

ひとつの設問に関連するラジオボタンの書式例

── name 属性の値は同じにする

`<input type="radio" name="gender" value="male">男性`
`<input type="radio" name="gender" value="female">女性`

── value 属性の値はそれぞれ別にする

ラジオボタンやチェックボックス（→「169」）には「checked」属性を含めることができます。checked 属性が追加されたタグは、ページが表示されたときからチェックがついている状態になります。サンプルでは、ひとつ目の選択肢にchecked 属性を追加してあります。

■ HTML

168／index.html

```html
<h1>体験講座ご予約</h1>
<form action="#" method="POST">
    <p>コース選択</p>
    <ul class="course_group">
        <li>
            <label><input type="radio" name="course" value="html" checked>
HTML+CSS初級</label>
        </li>
        <li>
            <label><input type="radio" name="course" value="js"> JavaScript初
級</label>
        </li>
        <li>
            <label><input type="radio" name="course" value="wp"> WordPress
初級</label>
        </li>
    </ul>
    <p><input type="submit" value="次へ"></p>
</form>
```

▼ ブラウザ表示

体験講座ご予約

コース選択

◉ HTML+CSS初級
◯ JavaScript初級
◯ WordPress初級

次へ

eHIRAGAR

Column

ラジオボタンに適した設問

ラジオボタンは「複数の選択肢からひとつを選んでもらう」ためのフォーム部品です。ただ、ラジオボタンの「部品」とラベルを横に並べるため、ひとつひとつが長くなりがちです。そのため、テキストが長かったり選択した多いと、ラジオボタンの設問は使いづらくなります。

そこで、たとえば性別を選んでもらうときなど、選択肢が少なく、それぞれの選択肢のラベルが比較的短い（テキストが短い）設問にラジオボタンを使うとよいでしょう。

Chap

9

フォームのデザインテクニック

169 チェックボックスを表示したい

 **利用シーン** 複数回答ができる選択肢を作りたいとき

要素/プロパティ

HTML

```
<input type="checkbox" name="送信時の名前" value="送信される値">
```
──── チェックボックス

\<input type="checkbox">はチェックボックスを表示するタグです。基本的なHTMLのマークアップはラジオボタンと同じで、name属性とvalue属性の設定が欠かせません。これらの属性の設定方法や役割については「168」で取り上げています。

■ **HTML**   169/index.html

```
<h1>パーティーご予約</h1>
<form action="#" method="POST">
    中略
    <p>ご希望のオプション（複数選択可）</p>
    <ul class="option_group">
        <li>
            <label><input type="checkbox" name="option" value="cake">お誕生日ケーキサービス</label>
        </li>
        <li>
            <label><input type="checkbox" name="option" value="photo">写真撮影サービス</label>
        </li>
        <li>
            <label><input type="checkbox" name="option" value="flower">花束サービス</label>
        </li>
        <li>
            <label><input type="checkbox" name="option" value="kids">子ども用
```

```
おもちゃサービス</label>
        </li>
    </ul>
    <p><input type="submit" value=" 次へ "></p>
</form>
```

▼ ブラウザ表示

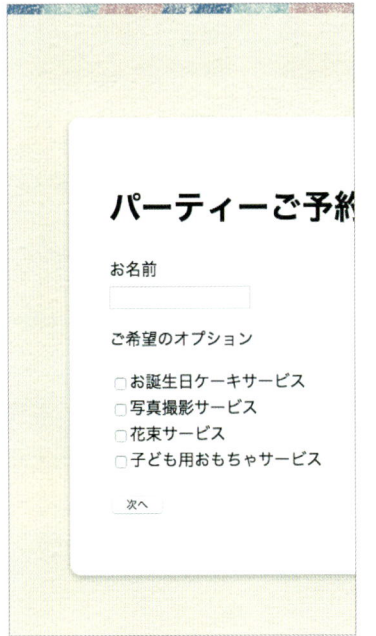

Column

チェックボックスに適した設問

チェックボックスは複数の項目にチェックをつけることができるため、「複数回答」が可能な設問に使用します。
また、「選択肢がひとつしかない」設問の場合も、ラジオボタンでなくチェックボックスを使用します。

選択肢がひとつしかない設問の例

チェックボックスは、一度チェックをつけてもまたクリックすればチェックを外せます。それに対しラジオボタンは、一度クリックしてしまったら選択を解除することができないため、選択肢がひとつしかない設問には使えないのです。

170 プルダウンメニューを表示したい

利用シーン
- ●複数の選択肢からひとつを選ばせたいとき
- ●選択肢が多い、または選択肢のテキストが長くてラジオボタンでは表示面積が広くなりすぎるとき

要素／プロパティ

HTML

<select name="送信時の名前">
—— プルダウンメニュー

HTML

<option value="送信される値">選択肢のテキスト</option>
—— プルダウンメニューの選択項目

HTML

selected 属性
—— ページが表示されたときに選択しておきたい選択肢

クリックしたら選択肢が表示されるものを「プルダウンメニュー」といいます※。ラジオボタン同様、選択肢の中からひとつだけ選べます。プルダウンメニューは<select>タグと、その子要素として<option>タグを組み合わせて作成します。

プルダウンメニューを正しく動作させるためには、<select>タグにname属性を、それぞれの<option>タグにはvalue属性を追加する必要があります。これらの属性の設定方法や役割につ

いては「168」で取り上げています。

<option>タグには、さらに「selected」属性を含めることができます。selected属性が追加されている<option>は、ページが表示されたときに選択された状態になります。

サンプルでは、都道府県を選択するプルダウンメニューを作成しています。selected属性は「選択してください」という選択肢に追加しています。

※ドロップダウンメニューと呼ばれることもあります。

● **書式** プルダウンメニューの基本構造

```
<select name="送信時の名前">
    <option value="送信される値1">選択肢のテキスト</option>
    <option value="送信される値2">選択肢のテキスト</option>
    中略
</select>
```

■**HTML**　　　　　170／index.html

```
<h1>パーティーご予約：ご住所</h1>
<form action="#" method="POST">
    <label for="pref">都道府県</label><br>
    <select name="prefecture" id="pref">
        <option value="" selected>選択してくだ
さい</option>
        <option value="1">北海道</option>
        中略
        <option value="47">沖縄県</option>
    </select>
    中略
</form>
```

■**CSS**　　　　　170／css/style.css

```
select {
    font-size: 14px;
}
input[name="address"] {
    width: 300px;
    font-size: 16px;
}
```

▼ ブラウザ表示

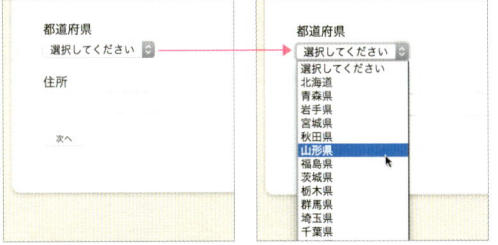

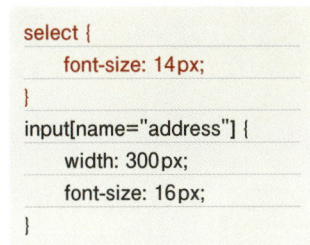

....　Column

**プルダウンメニューの
フォントサイズを変更するには**

....

プルダウンメニューのフォント
サイズを変更したいときは、
<select>タグに適用されるス
タイルの中で「font-size」プロ
パティを設定します。

....　Column

プルダウンメニューに適した設問

....

プルダウンメニューは、選択肢の中からひとつだ
け選べるという点で、ラジオボタンに似ています。
しかし、ラジオボタンよりも表示する面積が少な
くてすむことから、選択肢が多かったり、選択肢
のテキストが長かったりするときには、プルダウン

メニューを使うほうがよいでしょう。
また、スマートフォンではプルダウンメニューの
表示が大きく異なります。スマートフォンの場合
ラジオボタンよりもプルダウンメニューのほうが
タップできる領域が大きく操作しやすい傾向にあ
ります。スマート
フォンを中心に考
えるなら、原則と
してラジオボタン
よりもプルダウン
メニューを優先
的に検討したほう
がよいかもしれま
せん。

スマートフォンでのプルダウンメニューの表示

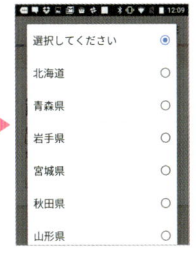

Android　　　　　　　　　　　　　iOS

171 複数の項目を選択できる リストを表示したい

●選択肢の中から複数の項目を選択できる
　設問を作るとき
●チェックボックスの代わりに、
　選択肢を一覧表示したいとき

要素/プロパティ

HTML

`<select name="送信時の名前" multiple>`
　── 選択肢のリスト表示 ▶▶170

HTML

`<option value="送信される値">選択肢のテキスト</option>`
　── リスト（プルダウンメニュー）の選択項目

プルダウンメニューを作成する<select>タグに「multiple」属性を追加すると、選択肢の中から複数の項目を選択できる「リスト」を表示できます。
パソコンでは、Ctrl キー（macOSの場合は command キー）を押しながらリスト項目をクリックすると、複数の選択肢を選ぶことができます。

■HTML 171/index.html

```
<h1>レストラン検索</h1>
<form action="#" method="POST">
    <label>希望条件（複数選択可）<br>
        <select name="restaurant" multiple>
            <option value="japanese">和食</option>
            <option value="western">洋食</option>
    中略
            <option value="anniversary">記念日サービ
スあり</option>
        </select>
    </label>
    <p><input type="submit" value="検索"></p>
</form>
```

知っておこう

**リストのフォントサイズ
も変更できる**

リストのフォントサイズを変更したいときは、プルダウンメニュー同様<select>タグに適用されるスタイルの中で「font-size」プロパティを設定します。サンプルではリストのフォントサイズを14pxにしています。

■ CSS　　　　171/css/style.css

```
select {
    font-size: 14px;
}
```

▼ ブラウザ表示

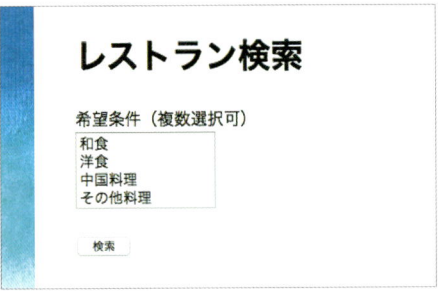

.... Column

リストに適した設問

リストは、機能的にはチェックボックスとまったく同じで、使い分ける明確な理由はないといえます。ただ、Ctrl キーを押せば複数選択できるということ自体が一般にはあまり知られていないため、リストの使用は避ける傾向にあります。
しかし、スマートフォンでは状況が違います。ス

マートフォンの場合は選択肢をタップすれば簡単に複数の項目を選べるため、チェックボックスよりも操作しやすいと感じる人も多いはずです。スマートフォンを中心に考えるなら、これからはリストも積極的に使ってよいかもしれません。

スマートフォンでのプルダウンメニューの表示

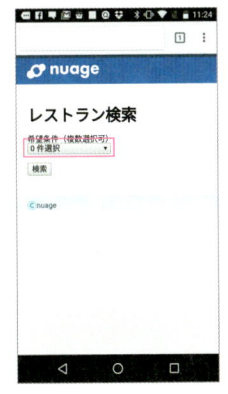
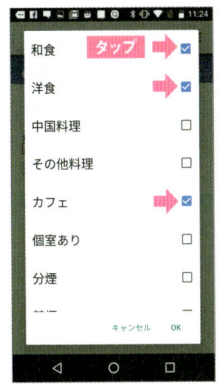
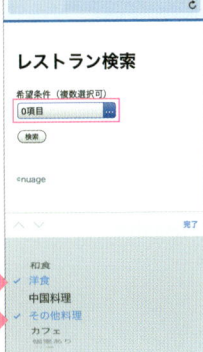

Android

iOS

172 プルダウンメニューの項目をグループ化して見やすくしたい

利用シーン プルダウンメニューの選択肢を整理して見せたいとき

要素/プロパティ

HTML

\<select name="送信時の名前"\>
—— プルダウンメニュー ▶▶170

HTML

\<option value="送信される値"\>選択肢のテキスト\</option\>
—— プルダウンメニューの選択項目 ▶▶170

HTML

\<optgroup label="グループ名"\>〜\</optgroup\>
—— 選択肢をグループ化する

\<optgroup\>タグは、プルダウンメニューの選択肢が多くて整理したいときに使用します。使い方は、グループ化したい選択肢（\<option\>）を、\<optgroup\>〜\</optgroup\>で囲みます。
なお、\<optgroup\>には「label」属性が必須で、値には「グループ名」を設定します。このグループ名がプルダウンメニューの中に表示されます。

● **書式** 　\<optgroup\>の使用法

```
<select>
    <optgroup label="グループ名">
        <option>選択肢1</option>
        <option>選択肢2</option>
        中略
    </optgroup>
</select>
```

340

■HTML

172/index.html

```html
<h1>ツアー検索</h1>
<form action="#" method="POST">
<label for="destination">目的地</label><br>
<select name="destination" id="destination">
    <optgroup label="北米">
        <option value="la">ロサンゼルス</option>
        中略
    </optgroup>
    <optgroup label="ヨーロッパ">
        <option value="fr">フランス</option>
        中略
    </optgroup>
    <optgroup label="ハワイ・オセアニア">
        <option value="hi">ハワイ</option>
        中略
    </optgroup>
</select>
</p>
<p><input type="submit" value="検索"></p>
</form>
```

■CSS

172/css/style.css

```css
select {
    font-size: 14px;
}
```

▼ ブラウザ表示

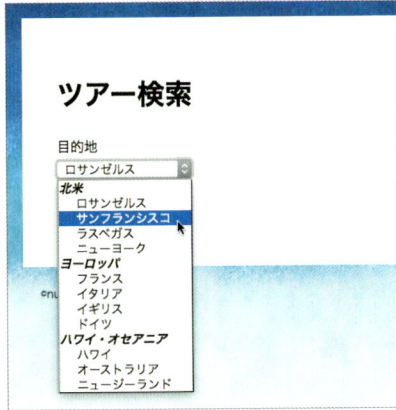

173 テキストエリアを表示したい

利用シーン お問い合わせの内容、ブログ・掲示板のコメントなど、長いテキストを入力するのに適したフォーム部品を作成するとき

> 要素／プロパティ

> **HTML**

`<textarea name="送信時の名前"></textarea>`
— テキストエリア

「テキストエリア」は、テキストフィールドと違って途中で改行できるフォーム部品です。SNSの投稿やブログのコメント欄、お問い合わせフォームの内容などを入力してもらうのに使用します。

テキストエリアを作成するには<textarea>タグを使います。<textarea>には終了タグ（</textarea>）があることに注意が必要です。一般的には開始タグと終了タグを続けて書きますが、それらの間にテキストを含めた場合、初期値としてそのテキストがテキストエリア内に表示されます。そのため、<textarea>～</textarea>の間に、どんな内容を入力すればよいのかのヒントを書いておくのに使われていましたが、現在は代わりにplaceholder属性があるため、そちらを使ったほうがよいでしょう（→「163」）。

<textarea>と</textarea>の間には何も書かず、代わりにplaceholder属性を使ったほうがよい

```
問題点の報告：

具体的にお書きください。




```
`<textarea placefolder="具体的にお書きください"></textarea>`

```
問題点の報告：

具体的にお書きください。




```
`<textarea>具体的にお書きください</textarea>`

■ HTML

173/index.html

```
<h1>お問い合わせ</h1>
<form action="#" method="POST">
    中略
    <p>
        <label for="message">お問い合わせ内容</label><br>
        <textarea name="message" id="message"></textarea>
    </p>
    <p><input type="submit" value="送信"></p>
</form>
```

▼ ブラウザ表示

174 非表示データを埋め込みたい

利用シーン 画面には表示されないデータを
フォームに埋め込みたいとき

要素/プロパティ

HTML

```
<input type="hidden" name="送信時の名前" value="送信する値">
```
── 非表示データ

`<input type="hidden">` は、画面に表示されないフォーム部品です。このタグの value 属性に指定された値が、ユーザーが入力したほかの内容と一緒に、Web サーバーに送信されます。お問い合わせやブログのコメントに簡易的な ID 番号をつけて、管理をしやすくするために使います。

■ HTML

174/index.html

```html
<form action="#" method="POST">
    <input type="hidden" name="contact_id" value="012345">
    中略
</form>
```

▼ ブラウザ表示

`<input type="hidden">` は
画面に表示されない

175 フォームの一部を グループ化したい

利用シーン 設問数が多いフォームなどで、
入力する項目ごとにまとめて見やすくしたいとき

要素/プロパティ

HTML

\<fieldset\>〜\</fieldset\>

—— グループ化されたフォームフィールド（フォーム部品）

HTML

\<legend\>テキスト\</legend\>

—— アップロードボタンの表示

\<fieldset\>タグは、フォーム部品をまとめてグループ化します。また、
\<legend\>タグは、グループ化されたフォームに、何のグループかを説明
するテキストを表示するのに用いられます。\<legend\>タグを使う際は、
\<fieldset\>開始タグのすぐ次の行に書かないといけません。
\<fieldset\>タグと\<legend\>タグは、おもに入力項目の多いフォームを
作成するときに、その部分部分をまとめることで、全体を見やすく、入力し
やすくするのに利用します。

● **書式** 　\<fieldset\>、\<legend\>を使用したHTMLの基本的な構造

```
<fieldset>
     <legend>グループ化されたフォームフィールドの説明</legend>
     フォーム部品
     中略
</fieldset>
```

Chap
9

フォームのデザインテクニック

■ HTML

```
<h1>エクササイズデータシート</h1>
<form action="#" method="POST">
    <p><label>氏名 <input type="text" name="name"></label></p>
    <fieldset>
        <legend>測定のため基礎データを入力します</legend>
        <p><label>体重 <input type="text" name="weight"></label> cm</p>
        <p><label>身長 <input type="text" name="height"></label> kg</p>
    </fieldset>
    <p><input type="submit" value=" 登録 "></p>
</form>
```

▼ ブラウザ表示

◎ Hastings

エクササイズデータシート ── `<fieldset>`

氏名 [_____]

┌─ 測定のため基礎データを入力します ──────────────┐
│   │
│ 体重 [_____] cm   │
│ 身長 [_____] kg   │
│   │
└──┘

[登録]

©Hastings

── `<legend>`

176 送信ボタンを表示したい

 **利用シーン** ほぼすべてのフォームで使用する

要素/プロパティ

HTML

`<input type="submit" value="ボタンの名前">`

―― 送信ボタン

`<input type="submit">`は、フォームに入力した内容をWebサーバーに送信する「送信ボタン」を表示します。value属性には、このボタンに表示されるテキストを指定します。

ところで、ボタンのテキストは、できるだけ「次に何が起こるか」がわかるようにするのがより親切です。たとえば次に確認のページが出てくるなら「確認」、次のフォームに移るのであれば「次へ」などにすることを検討しましょう。

■ HTML

176/index.html

```
<h1>エクササイズデータシート</h1>
<form action="#" method="POST">
    中略
    <p>
        <input type="submit" value="登録してアドバイスを受ける">
    </p>
</form>
```

▼ ブラウザ表示

氏名

　測定のため基礎データを入力します
　体重　　　　　　cm
　身長　　　　　　kg

登録してアドバイスを受ける

©Hastings

177

送信ボタンを画像にしたい

利用シーン 送信ボタンを目立たせたいとき

要素/プロパティ

```
HTML
```

`<input type="image" src="画像のパス" alt="代替テキスト">`
─── 画像の送信ボタン

`<input type="image">`タグを使うと、送信ボタンを画像にすることができます。このタグには、画像のパスを指定するsrc属性と、代替テキストのalt属性を指定する必要があります。これらの属性の設定方法は`<img>`タグと同じです（→「087」）。

ただ、送信ボタン（`<input type="submit">`）にはCSSが適用できます。CSSを書くほうが手軽で調整がしやすいことから、現在は送信ボタンを画像にする機会は減っています。送信ボタンにCSSを適用する方法については「184」で紹介しています。

■HTML
177/index.html

```html
<form action="#" method="POST">
    <p><strong>新着情報メールのお申し込み</strong></p>
    <p>
        <label for="mail">メールアドレス</label>
        <input type="email" name="mail" id="mail">
    </p>
    <p><input type="image" src="images/button.png" alt="申し込む"></p>
</form>
```

▼ ブラウザ表示

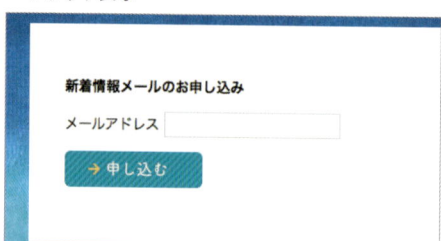

※サンプルではテキストフィールドにCSSを適用しています。詳しくは「185」で取り上げています。

178 汎用的なボタンを作成したい

 **利用シーン** 送信ボタン以外にもボタンが必要なとき

要素 / プロパティ

HTML

<button>ボタンのテキスト</button>
—— 汎用ボタン

送信ボタンとは別にボタンがほしいときがあります。たとえば、郵便番号から住所を自動入力してくれるボタンなどをよく見かけます。こうした「送信ボタンではないボタン」を作成するときは、<button>タグを使います。<button>～</button>の間に、ボタンに表示されるテキストを含めます。

<button>タグは、JavaScript プログラムを呼び出

して何らかの処理を実行させるのがおもな役割です。そのため、JavaScript プログラムを呼び出すために、id 属性を追加しておくのが一般的です。

ちなみに<button>タグは、フォーム部品ではありません。そのため、<form>～</form>の中でなくても、Webページのどこにでも使うことができます。

■ **HTML**   178/index.html

```
<h1>パーティーご予約：ご住所</h1>
<form action="#" method="POST">
    <p>
        <label for="postal">〒</label><input
type="text" name="postal" id="postal">
        <button id="fill_address">郵便番号から自
動入力</button>
    </p>
    中略
    <p>
        <label for="address">住所</label><br>
        <input type="text" name="address"
id="address">
    </p>
    <p><input type="submit" value="次へ"></p>
</form>
```

▼ **ブラウザ表示**

パーティーご予約：ご

〒 [   ] 郵便番号から自動入力

都道府県 選択してください ↕

住所

[   ]

次へ

179 テキストフィールド・テキストエリアのスタイルを調整したい

利用シーン テキストフィールドやテキストエリアを作るときは
どんなときでも利用可能

要素/プロパティ

CSSプロパティ

border: 太さ 形状 色;
—— 要素のボックスにボーダーを引く ▶▶109

CSSプロパティ

width: 幅;
—— ボックスの幅を指定する ▶▶114

CSSプロパティ

height: 高さ;
—— ボックスの高さを指定する ▶▶114

CSSプロパティ

font-family: フォント名, フォント名, ... ;
—— フォントを指定する ▶▶095

CSSプロパティ

font-size: フォントサイズ;
—— フォントサイズを指定する ▶▶046

CSSセレクタ

属性セレクタ
—— タグに含まれる属性やその値で要素を選択する

テキストフィールドやテキストエリアには多くのCSSプロパティが適用できます。とくに、長さや高さを調整するために、widthプロパティ、heightプロパティはよく使われます。

サンプルでは、テキストフィールド、テキストエリアの長さや高さ以外にも、次のスタイルを変更しています。

- フォント（sans-serifに変更）
- フォントサイズ
- テキストエリアのボーダー色

なお、サンプルでは、テキストエリアの幅だけ単位「%」で指定しています。こうしておくと、テキストエリアがウィンドウサイズに合わせて伸縮するので、現代のWebデザインでは重宝します。

サンプルのHTMLは「173」と同じです。

■CSS

```css
h1 {
    font-size: 24px;
}
input[type="text"], input[type="email"], input[type="tel"] {
    width: 300px;
    font-family: sans-serif;
    font-size: 16px;
}
textarea {
    border: 1px solid #ccc;
    width: 50%;
    height: 160px;
    font-family: sans-serif;
    font-size: 16px;
}
```

Chap 9

フォームのデザインテクニック

▼ ブラウザ表示

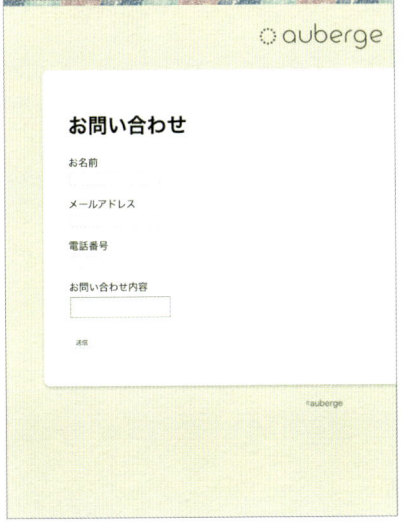

CSS適用前

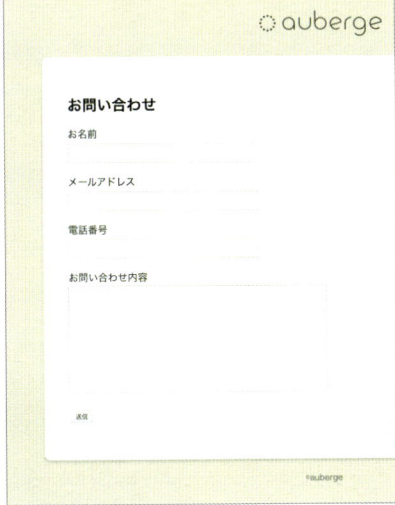

CSS適用後

Column

属性セレクタ

CSSの属性セレクタは、指定した属性、または属性の値を持つタグ（要素）にスタイルを適用します。属性セレクタにはいくつかのバリエーションがあって、柔軟に要素を選択することができます。ここでは比較的使用頻度が高く、便利な属性セレクタを紹介します。

[属性="属性値"]（実際の使用例→「195」）

「属性」の値が「属性値」になっている要素を選択します。たとえば、<a>タグに「target="_blank"」があるときにだけスタイルを適用するには、次のように書きます。

● **書式**　<a target="_blank">にスタイルを適用する

```
a[target="_blank"] { ... }
```

[属性]

指定した「属性」がついている要素を選択します。フォーム部品の<input>タグなどで使われる「ブール属性（→「164」）」の有無を評価するのによく使われます。たとえば、<input>タグにrequired属性がついているときにだけスタイルを適用するには、次のように書きます。

● **書式**　<input required>にスタイルを適用する

```
input[required] { ... }
```

[属性^="始まりの文字列"]

「属性」の値が「始まりの文字列」で始まっている要素を選択します。たとえば、<a href="https://...">と、href属性の値が「https://」で始まっているとき——つまりセキュアサイトにリンクしているとき——にだけスタイルを適用するには、次のように書きます。

● **書式**　<a href="https://...">にスタイルを適用する

```
a[href^="https://"] { ... }
```

[属性$="終わりの文字列"]（実際の使用例→「196」）

「属性」の値が「終わりの文字列」で終わっている要素を選択します。たとえば、<a href="....zip">と、ZIPファイルにリンクしているときにだけスタイルを適用するには次のように書きます。

● **書式**　<a href="...zip">にスタイルを適用する

```
a[href$="zip"] { ... }
```

テキストフィールド・テキストエリアの余白を調整したい

利用シーン

● テキストフィールド・テキストエリアを
　大きく見せたいとき
● テキストフィールド・テキストエリアの外枠（ボーダー）
　と入力するテキストの間にスペースを作りたいとき

要素／プロパティ

CSS プロパティ

margin: 上 右 下 左;
—— 四辺のマージンを設定する ▶▶111

CSS プロパティ

margin-top: 上マージンの大きさ;
—— 上マージンを調整する ▶▶111

CSS プロパティ

padding: 上 右 下 左;
—— 四辺のパディングを設定する ▶▶110

CSS プロパティ

padding-top: 上パディングの大きさ;
—— 上パディングを調整する ▶▶110

テキストフィールドやテキストエリアには、ボーダーだけでなくパディングやマージンも設定できます。サンプルでは、テキストフィールドとテキストエリアの両方に、四辺に6ピクセルのパディング、上部に0.5emのマージンを設定して、全体にゆとりを持たせています。

■ **HTML**　　　　　　　　　　　　　　　　　　　　　　　180／index.html

```
<h1>お問い合わせ</h1>
<form action="#" method="POST">
    <p>
        <label for="realname">お名前</label><br>
        <input type="text" name="realname" id="realname" required>
    </p>
    <p>
        <label for="mail">メールアドレス</label><br>
        <input type="email" name="mail" id="mail" required>
    </p>
```

```
<p>
    <label for="phone">電話番号 </label><br>
    <input type="tel" name="phone" id="phone">
</p>
<p>
    <label for="message">お問い合わせ内容 </label><br>
    <textarea name="message" id="message"></textarea>
</p>
<p><input type="submit" value="送信 "></p>
</form>
```

■CSS

180/css/style.css

```
h1 {
    font-size: 24px;
}
input[type="text"], input[type="email"],
input[type="tel"] {
    margin-top: 0.5em;
    padding: 6px;
    width: 300px;
    font-family: sans-serif;
    font-size: 16px;
}
textarea {
    margin-top: 0.5em;
    border: 1px solid #ccc;
    padding: 10px;
    width: 50%;
    height: 160px;
    font-family: sans-serif;
    font-size: 16px;
}
```

▼ ブラウザ表示

◌ auberge

お問い合わせ

お名前

宿屋太郎

メールアドレス

t.yadoya@example.com

電話番号

090-9876-5432

お問い合わせ内容

キャンセル料が発生するのはいつからでしょうか？

■ マージン　　■ パディング

181 選択されたらテキストフィールドの色を変えたい

利用シーン ## テキストフィールド・テキストエリアが選択されたら（フォーカスされたら）ハイライトしたいとき

要素／プロパティ

CSSプロパティ

border: 太さ 形状 色;

—— 要素のボックスにボーダーを引く ▶▶109

CSSプロパティ

background: 背景の設定;

—— 要素の背景を設定する ▶▶120

CSSセレクタ

:focus

—— フォーム部品がフォーカスしたときにスタイルを適用

テキストフィールド（メールアドレス用、電話番号用のテキストフィールドを含む）やテキストエリアが選択され、入力可能になった状態のことを「フォーカス状態」といいます。このフォーカス状態のときに、テキストフィールドなどの入力フィールドに背景色をつけて、どこが選択されているのかがわかるようにします。

CSSのセレクタに使用する「:focus」は、テキストフィールドなどフォーム部品がフォーカス状態になったときに、スタイルを適用します。

このサンプルでは、すべてのテキストフィールドとテキストエリアを対象に、フォーカス状態になったら入力フィールドに背景色をつけています。

なお、フォーカス状態のときのスタイルを適用する場合に、ひとつだけ注意しておきたい点があります。それは、テキストフィールドもテキストエリアも「border」プロパティを適用しておかなければいけないということです。そうしておかないと、ブラウザによってはフォーカス状態のときだけボーダーラインの見た目が変わってしまいます。

borderプロパティがあるかないかで、フォーカス時のボーダーの見た目が変わる（Firefox）

通常状態

お問い合わせ

お名前

フォーカス状態

お問い合わせ

お名前

borderプロパティを指定してあるとき

お問い合わせ

お名前

I

borderプロパティを指定していないとき

```html
<h1>お問い合わせ</h1>
<form action="#" method="POST">
    <p>
        <label for="realname">お名前</label><br>
        <input type="text" name="realname" id="realname" required>
    </p>
    <p>
        <label for="mail">メールアドレス<br>
        </label><input type="email" name="mail" id="mail" required>
    </p>
    <p>
        <label for="phone">電話番号</label><br>
        <input type="tel" name="phone" id="phone">
    </p>
    <p>
        <label for="message">お問い合わせ内容</label><br>
        <textarea name="message" id="message"></textarea>
    </p>
    <p><input type="submit" value="送信"></p>
</form>
```

```css
h1 {
    font-size: 24px;
}
input[type="text"], input[type="email"], input[type="tel"] {
    border: 1px solid #ccc;
    width: 300px;
    font-family: sans-serif;
    font-size: 16px;
}
textarea {
    border: 1px solid #ccc;
```

選択されたらテキストフィールドの色を変えたい

```
    width: 50%;
    height: 160px;
    font-family: sans-serif;
    font-size: 16px;
}
input[type="text"]:focus,
input[type="email"]:focus,
input[type="tel"]:focus,
textarea:focus {
    background: #faf4e2;
}
```

▼ ブラウザ表示

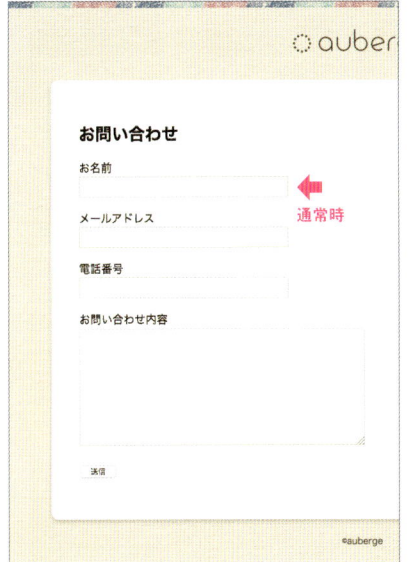

通常時

フォーカス時

182 入力チェックで引っかかった テキストフィールドの スタイルを変更したい

 **利用シーン** 入力内容に不備があることを知らせたいとき

要素 / プロパティ

CSS セレクタ

:required ——— 入力必須項目に入力がないときのスタイル

CSS セレクタ

:invalid ——— 入力内容が間違っているときのスタイル

CSS セレクタ

:valid ——— 入力内容が正しいときのスタイル

CSS の値

transparent ——— （背景に）色をつけない ▶▶120

入力内容に不備があるテキストフィールドやテキストエリアに、スタイルを適用することができます。

このうち「:required」セレクタは、必須入力項目——required属性がついている<input type="text">などのフォーム部品——に、なにも入力されていないときにスタイルを適用します。

また、「:invalid」セレクタは、メールアドレスフィールドに、メールアドレスでないテキストが入力されているなど、書式に誤りがあるときにスタイルを適用します。

そして「:valid」セレクタは、必須入力項目に入力があり、メールアドレスなどが正しい書式で入力されているときにスタイルを適用します。

サンプルでは、必須項目の「お名前」「メールアドレス」欄に入力がないとき、フィールドに薄い赤色の背景色をつけています。「メールアドレス」欄は、入力された内容がメールアドレスでないときも赤くなります。

なお、:requiredセレクタや:invalidセレクタを使ったら、必ず:validセレクタのスタイルも書きます。:validセレクタのスタイルがないと、間違っていた入力内容が正しくなったときに、もとの色に戻ってくれません。

> **注　意**
>
> **:focus セレクタの スタイルの前に書こう**
>
> CSSの書き方によっては、:requiredセレクタ、:invalidセレクタ、:validセレクタを追加したら、:focusセレクタのスタイルが効かなくなるかもしれません。その場合、CSSの詳細度が関係している可能性があります。:requiredセレクタ、:invalidセレクタ、:validセレクタのスタイルを、:focusセレクタのスタイルよりも前に書いてみましょう（→「005」）。

■CSS

182/css/style.css

```css
h1 {
    font-size: 24px;
}
input[type="text"], input[type="email"],
input[type="tel"] {
    中略
}
textarea {
    中略
}
input:required,
input[type="email"]:invalid {
```

```css
    background: #ffb3b3;
}
input[type="text"]:valid,
input[type="email"]:valid,
input[type="tel"]:valid {
    background: transparent;
}
input[type="text"]:focus,
input[type="email"]:focus,
input[type="tel"]:focus,
textarea:focus {
    background: #faf4e2;
}
```

▼ ブラウザ表示

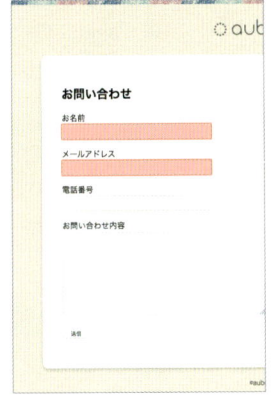

:required
必須項目に入力がない

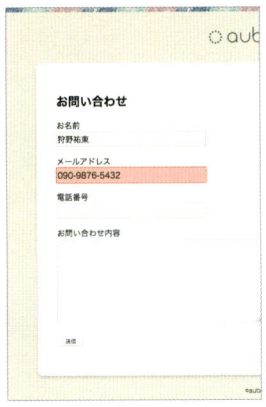

:invalid
書式が合っていない

:valid
入力内容が適正

183

送信ボタンの
見た目を変更したい

利用シーン

● フォームの「送信ボタン」を目立たせたいとき
● ボタンの作成に画像を作りたくないとき

要素／プロパティ

HTML

`<input type="submit" value="ボタンの名前 ">`

—— 送信ボタン ▶176

CSSセレクタ

`input[type="submit"]`

—— 属性セレクタ ▶179

CSSセレクタ

`:hover`

—— リンクにマウスがホバーした状態のときのスタイル ▶081

送信ボタン（<input type="submit">）にはさまざまなCSSを適用できます。ブラウザが用意しているデフォルトの送信ボタンは小さいので、多くの場合フォントサイズを大きくしたり、ボタンそのものの色（背景色）を変えたりします。

また、:hoverセレクタが使えるので、マウスホバー時のデザインを作ることもできます。

■ HTML

183/index.html

```
<form action="#" method="POST" id="login_form">
    <h1 class="login_title">ログイン</h1>
    <p class="login_line">
        <label>メールアドレス<br>
        <input type="email" name="mail_address"></label>
    </p>
    <p class="login_line">
        <label>パスワード<br>
        <input type="password" name="password"></label>
    </p>
    <p class="login_line"><input type="submit" value="ログイン"></p>
</form>
```

■CSS

```
中略
input[type="submit"] {
    padding: 6px 20px;
    border: 4px solid #ffd386;
    border-radius: 10px;
    background: #ff753e;
    font-size: 20px;
    color: #ffffff;
}
input[type="submit"]:hover {
    background: #ffd386;
}
```

▼ ブラウザ表示

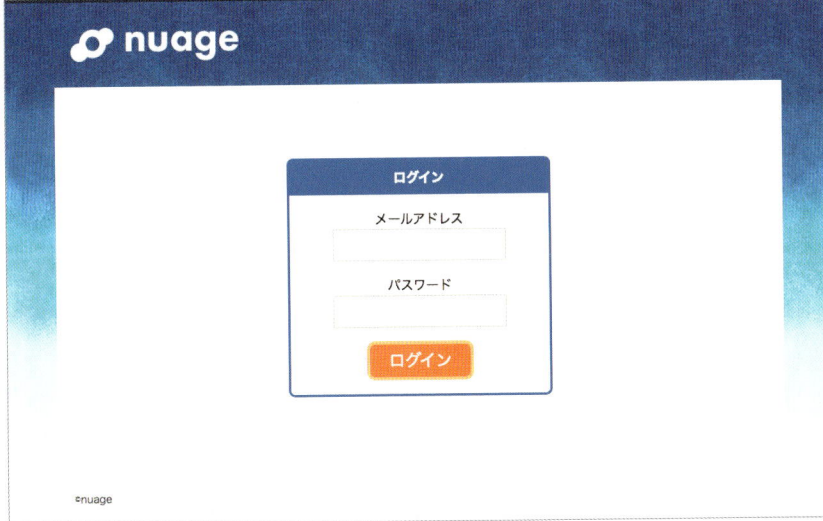

184 ラベルとテキストフィールドを 横に並べて整列させたい

利用シーン

● パソコン向けフォームのデザインで、 ラベルとテキストフィールドを横に並べるとき
● ラベルとテキストフィールドの位置を揃えたいとき

要素/プロパティ

CSSプロパティ

width: 幅;

── ボックスの幅を指定する

▶▶ 114

CSSプロパティ

display: 表示方法;

── 要素の表示方法を変更する

▶▶ 193

画面幅が広いパソコン向けのフォームでは、ラベルとフォーム部品が横に並んでいたほうがきれいに見える場合があります。そうしたレイアウトの場合、以前はテーブルを使うケースも少なくありませんでした。

しかし、パソコン向けページとスマートフォン向けページのHTMLを共用するレスポンシブWebデザインの場合、レイアウトの自由度を確保するために極力テーブルを使用しないほうが安全です。ここでは、テーブルを使わずにラベルとテキストフィールドを横に並べる方法を紹介します。

ラベルとテキストフィールドを横に並べ、かつそれらを整列させたいときには、＜label＞の幅をwidthプロパティで指定する必要があります。でも、＜label＞はインラインボックスで表示されるので、そのままではwidthプロパティを適用できません。そこで、＜label＞をインラインボックスではなく「inline-block」で表示させるように変更します。

▪HTML

184／index.html

```
<h1>お問い合わせ</h1>
<form action="#" method="POST">
    <p>
        <label for="realname" class="textfield_label">お名前</label>
        <input type="text" name="realname" id="realname" required>
    </p>
    <p>
        <label for="mail" class="textfield_label">メールアドレス</label>
        <input type="email" name="mail" id="mail" required>
    </p>
    <p>
        <label for="phone" class="textfield_label">電話番号</label>
        <input type="tel" name="phone" id="phone">
    </p>
```

```
    <p>
        <label for="message">お問い合わせ内容</label><br>
        <textarea name="message" id="message"></textarea>
    </p>
    <p><input type="submit" value="送信"></p>
</form>
```

■ **CSS**　　　　　184/css/style.css

```
h1 {
    font-size: 24px;
}
input[type="text"], input[type="email"],
input[type="tel"] {
    width: 300px;
    font-family: sans-serif;
    font-size: 16px;
}
textarea {
    border: 1px solid #ccc;
    width: 420px;
    height: 160px;
    font-family: sans-serif;
    font-size: 16px;
}
.textfield_label {
    display: inline-block;
    width: 7em;
}
```

▼ ブラウザ表示

メタデータと
外部サイトとの
連携テクニック

Chapter

10

185 ファビコンを設定したい

利用シーン
- ●ファビコン画像を設定したいとき
- ●すべてのWebページでファビコンは設定しておいたほうがよい

要素 / プロパティ

HTML

```
<link rel="shortcut icon" href="画像ファイルのパス" type="image/vnd.
microsoft.icon">
```
――― ファビコンの設定

ファビコンとは「そのサイトのアイコン」という位置づけで、ブラウザのブックマークや、アドレスバーに表示される画像です。画像のフォーマットにはPNG形式、GIF形式なども使えますが、古いブラウザとの互換性を確保するために、ICO形式にするのが一般的です。

ファビコンを設定するには、HTMLの\<head>～\</head>の中に、\<link rel="shortcut icon">を追加します。この\<link>タグには、href属性と

type属性を含める必要があります。このうちhref属性には、ファビコン画像のパスを指定します。また、type属性は、ファビコンにICO形式の画像を使用するなら常に「image/vnd.microsoft.icon」です。

なお、ファビコン画像は一般的にそのWebサイトのルートディレクトリに保存します。そのため、多くの場合href属性は、ルート相対パスを使用して次のように記述します。

●**書式** 一般的なファビコンの\<link>タグの書式

```
<link rel="shortcut icon" href="/favicon.ico" type="image/vnd.microsoft.icon">
```

ただしこのサンプルでは、Webサーバーにファイルをアップロードしなくてもファビコン画像が読み込まれるように、相対パスで、HTMLファイルと

同階層にある「favicon.ico」を読み込んでいます。

■**HTML**

185/index.html

```
<head>
<meta charset="UTF-8">
<title>ファビコンを設定したい</title>
<link rel="shortcut icon" href="favicon.ico" type="image/vnd.microsoft.icon">
</head>
```

▼ ブラウザ表示

Chrome

Firefox

Column

ファビコンは必ず読み込まれる

主要なブラウザは、HTMLに<link rel="shortcut icon">が書かれていなくても、ルートディレクトリに「favicon.ico」（またはfavicon.png、favicon.gif）というファイルがあるかどうか探して、あればファビコンとして利用します。そのため、「favicon.ico」をルートディレクトリに保存していさえすれば、<link rel="shortcut icon">を書く必要はありません。

逆にルートディレクトリにfavicon.icoがなく、<link>タグもない場合、「ファイルが見つからない」というエラー※が発生します。このエラーは発生するまでに少し時間がかかることから、若干ページの読み込み速度が遅くなるといわれています。また、存在しないファイルをWebサーバーが一生懸命探すことになるので、わずかではありますがサーバーの負荷が増大します。

そのため、faviconファイルは「飾り」ではなく「必ず作るもの」と考えておいたほうがよいでしょう。

※「ファイルが見つからない」というエラーは、そのエラーについている番号から「404エラー」と呼ばれています。

知っておこう

ファビコンファイルの作り方

ファビコンの「.ico」ファイルはPhotoshopでは作成できません。macOSであれば標準でインストールされている「プレビュー.app」で作成できるほか、多数のWebサービスが公開されているので、そうしたものを使用しましょう。Webサービスは、検索サイトで「ファビコン」「favicon」などで検索すればたくさん見つかります。

186 印刷用のCSSを読み込みたい

**画面用のCSSとは別に、ページを印刷するときの
レイアウトを整える必要がある場合**

要素／プロパティ

HTML

```
<link rel="stylesheet" href="CSSファイルへのパス" media="print">
```
——— 印刷用CSSファイルを読み込む

<link rel="stylesheet">タグにmedia属性を追加
すると、出力先――画面に表示するのか、それとも
ページを印刷するのかなど――に応じて、読み込む
CSSファイルを切り替えることができます。この
media属性の値を「media="print"」にすると、ペー
ジを印刷するときだけ読み込まれるCSSファイルを
作ることができます。

知っておこう

印刷用のCSSを用意する
必要性は、いまはあまりない

ブラウザはプリント時に、読みづらくなる背
景色や背景画像を取り除くなどの処理を自
動的におこないます。そもそもWebページ
を印刷したいという需要そのものが以前に
比べて減少していることから、印刷用の
CSSファイルを用意する必要は現在では
あまり多くないといえます。
印刷のときだけ出力したいコンテンツがある
ときなどに限って、印刷用のCSSを用意
するので十分です。

■ **HTML**   186/index.html

```
<head>
中略
<link rel="stylesheet" href="css/style-screen.css">
<link rel="stylesheet" href="css/style-print.css" media="print">
</head>
```

■ CSS

186/css/style-print.css

```css
.contents h1 {
    padding: 20px;
    border: 1px solid #42acac;
    color: #42acac;
}
.contents h2 {
    border-bottom: 1px solid #42acac;
}
```

▼ ブラウザ表示

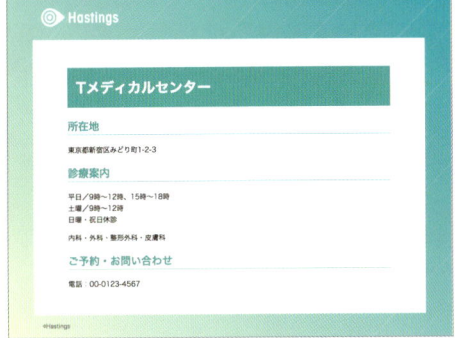

CSSを適用した印刷　　　　　CSSを適用しない印刷

187 Font Awesomeを使いたい

利用シーン ページのデザインに手軽に使える
アイコンを使いたいとき

要素/プロパティ

HTML

<i class="fa fa-hospital-o"></i>

──「イタリック」を意味する<i>タグを使用してFont Awesomeフォントを表示させる

Font Awesomeは、文字ではなくたくさんのアイコンが収録されたフォントデータです。Font Awesomeを使えば、ページのデザインをする際にアイコンを描かなくてすむため、作業負担を軽減させることができます。無料で使えて、何よりアイコンのクオリティが高いので、多くのサイトで利用されています。

このサンプルでは、Font Awesomeのデータをダウンロードして保存し、ページに組み込む方法を紹介します。

■HTML

187/index.html

```
<head>
中略
<link rel="stylesheet" href="css/font-awesome.min.css">
<link rel="stylesheet" href="css/style.css">
</head>
<body>
中略

      <main>
          <h1>Tメディカルセンター</h1>
          <h2><i class="fa fa-hospital-o"></i> 所在地</h2>
          <p>東京都新宿区みどり町1-2-3</p>
          <h2><i class="fa fa-stethoscope"></i> 診療案内</h2>
          <p>平日／9時〜12時、15時〜18時<br>
          土曜／9時〜12時<br>
          日曜・祝日休診</p>
          <p>内科・外科・整形外科・皮膚科</p>
          <h2><i class="fa fa-phone"></i> ご予約・お問い合わせ</h2>
```

```
            <p>電話：00-0123-4567</p>
        </main>
```

中略

```
    </body>
```

■CSS　　　　　　　187/css/style.css

```css
main {
    padding: 0 40px;
}
.contents h1 {
    padding: 20px;
    border: 1px solid #42acac;
    color: #42acac;
}
.contents h2 {
    padding: 10px 20px;
    background-color: #42acac;
    border-radius: 5px;
    color: #ffffff;
    font-size: 20px;
}
```

▼ ブラウザ表示

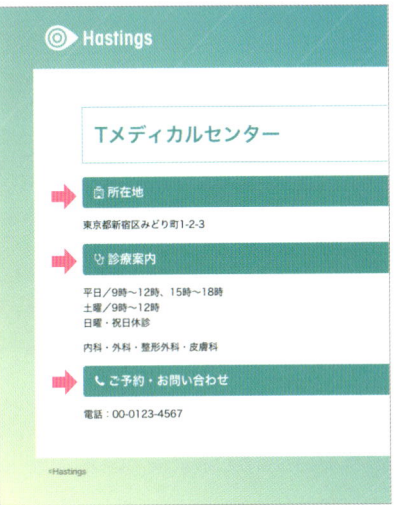

.... Col_umn

Font Awesomeを使うには

....

データのダウンロード

Font Awesomeを使うには、まずWebサイトから必要なデータをダウンロードします。次のURLのWebサイトにアクセスし、[Download]ボタンをクリックしてデータをダウンロードします。

・Font Awesome Webサイト
【URL】http://fontawesome.io/

ダウンロードしたZIPファイル (font-awesome-4.7.0.zip※) を解凍すると、いくつかのフォルダが出てきます。これらのうち、「fonts」フォルダと「css」フォルダを、制作しているWebサイトのディレクトリにコピーします。

※ファイル名の「4.7.0」の部分はバージョン番号です。ダウンロードした時期によって異なる場合があります。

[Download] をクリック

必要なデータをWebサイトのフォルダにコピー

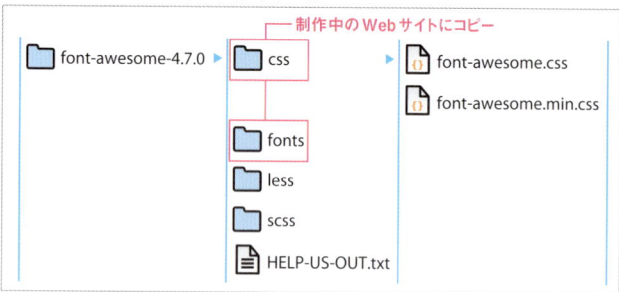

これでFont Awesomeを使用する準備は完了です。

Font Awesomeをページに組み込む

Font Awesomeをページに組み込むには、<head>〜</head>に、Font Awesome用のCSSをファイルを読み込む<link>タグを追加します。

● **書式** CSSを読み込む例

```
<head>
  中略
<link rel="stylesheet" href="font-awesome.min.cssへのパス">
</head>
```

使いたいアイコンを探して、HTMLに組み込む

Font Awesomeアイコンを表示させるには、HTMLにタグを追加します。まず、使いたいアイコンフォントのタグを、データをダウンロードした「fontawesome.io」サイトで探します。このサイトの「Icons」メニューから、フォントの検索ページに行きます。ここでは「All Icons」を選んでいます。

次のページにはアイコンがたくさん並んでいるので、ここから使いたいものを選んでクリックします。例では「address-book」を選んでいます。

[Icons] メニュー ─ [All Fonts] を選ぶ

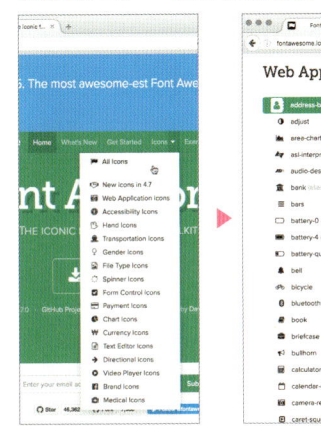
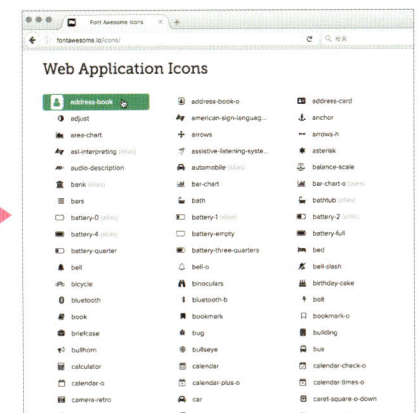

メタデータと外部サイトとの連携テクニック

アイコンをクリックすると次のページに行きます。このページに、フォントを使うためのHTMLタグが書かれているので、これをコピーします。あとは、コピーしたタグをHTMLの使いたいところにペーストするだけです。

タグをコピー

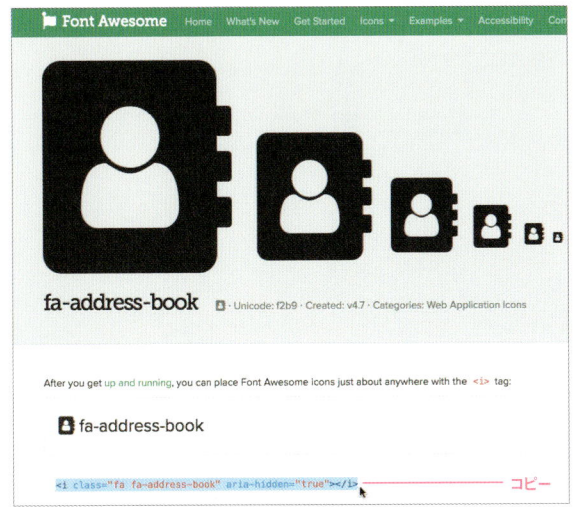

188 Webフォント「Google Fonts」を使用したい

利用シーン
- ●Webフォントを使ってフォントの選択肢を増やしたいとき
- ●無料でWebフォントを利用したいとき

要素/プロパティ

CSSプロパティ

font-family: フォント名 , フォント名 , ... ;
── フォントを設定する

CSSの「Webフォント」という機能を使うと、Webサーバーにアップロードされているフォントデータを利用することができます。Webフォントを利用すると、フォントの選択肢が増えてページのデザインの自由度が上がります。また、どんなフォントを使ってもテキスト自体はHTMLに残るため※、検索サイトにヒットする可能性が向上します。そのため、通常のパソコンやスマートフォンにインストールされていないフォントを使いたいときは、できるだけWebフォントを使ったほうがよいでしょう。

さて、Webフォントを利用する方法には、大きく分けて2通りあります。

（1）フォントデータをWebサーバーにアップロードして、それを利用する
（2）フォントサービスを利用する

「187」で紹介しているFont Awesomeを使う方法は、フォントデータをWebサーバーにアップロードすることになるので（1）の方法といえます。今回は（2）の方法を紹介します。

「Google Fonts」は代表的なWebフォントサービスのひとつで、無料で使えるのが大きな利点です。サンプルでは2種類のフォント──LobsterとHomenaje──を使用しています。

※Webフォントを使わずに特殊なフォントを使うとしたら、そのフォントのテキストを画像にしなければなりません。そうすると、テキストの内容がHTMLには残らないことになり、検索の観点からは不利です。

■HTML

188/index.html

```
<head>
  中略
<link href='https://fonts.googleapis.com/css?family=Lobster' rel='stylesheet' type='text/css'>
<link href='https://fonts.googleapis.com/css?family=Homenaje' rel='stylesheet' type='text/css'>
```

```
</head>
<body>
<main>
    <h1 class="name">Nick Burger</h1>
    <p class="info">4-5-6 Midorimachi Shinjuku-ku, Tokyo</p>
    <p class="info">Monday to Saturday 9am to 10pm<br>
    Sunday 11am to 10pm</p>
    <p class="info">03-9876-5432</p>
</main>
</body>
```

■CSS
188/css/style.css

```
body {
    background: #da5d29;
}
main {
    padding: 40px;
}
.name {
    font-family: 'Lobster', cursive;
    font-weight: normal;
    font-size: 80px;
    color: #f1e5d0;
}

.info {
    font-family: 'Homenaje', sans-serif;
    font-size: 30px;
}
```

▼ ブラウザ表示

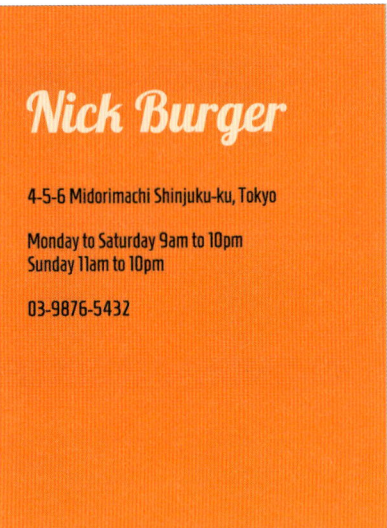

Column

Google Fonts のフォントを使うには

フォントを探す
Google Fonts のフォントを使うには、まず次の URL のサイトにアクセスし、そこから使いたいフォントを選びます。使いたいフォントが見つかったら、[+] マークをクリックします。ここでは例として「Lobster」を選択します。[+] マークをクリックすると、ページの下部に「1 Family selected」と書かれたタブが表示されます。

• **Google Fonts**
【URL】: https://fonts.google.com/

使いたいフォントが見つかったら [＋] をクリック

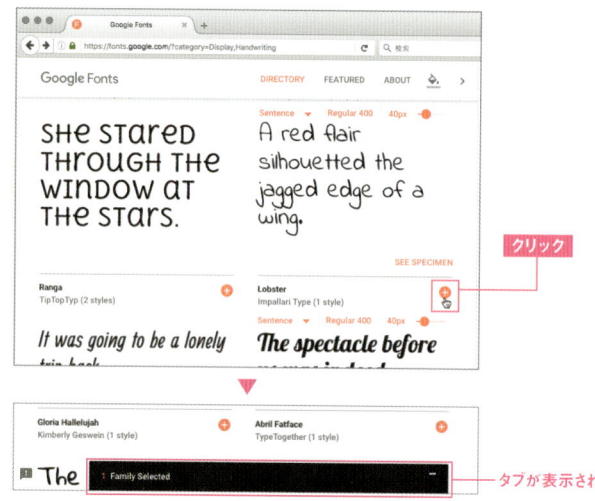

クリック

タブが表示される

フォントを使う

このタブをクリックすると、フォントを使用するためのHTMLやCSSのソースコードが出てきます。

このうち<link>タグは、コピーして編集しているHTMLファイルの<head>～</head>にペーストします。また、「font-family:」で始まるCSSのソースコードは、そのフォントを使いたい要素のスタイルにペーストします。

必要なソースコードをコピー＆ペースト

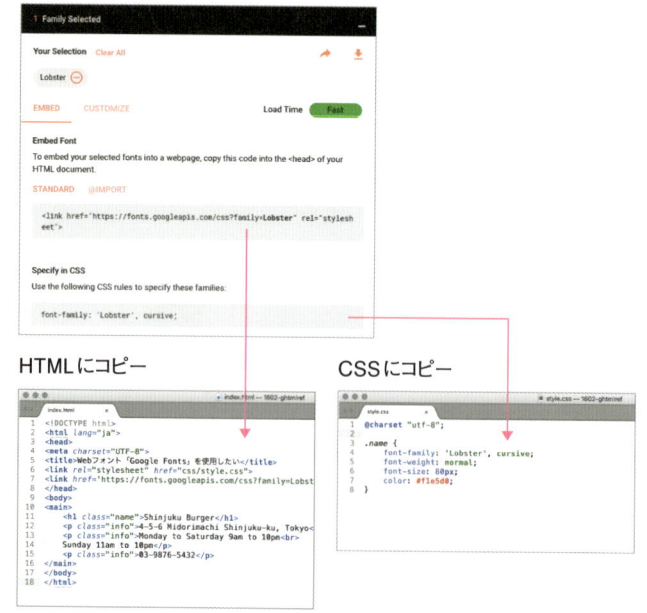

HTMLにコピー

CSSにコピー

189 ページが検索されないようにしたい

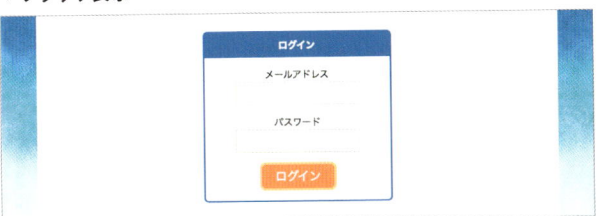

利用シーン 会員制ページや社内・グループ向けWebサイトのページで、検索サイトにヒットしないようにしたいとき

要素 / プロパティ

HTML

`<meta name="robots" content="noindex,nofollow">`

—— 検索サイトのクローラーに収集を許可しない

GoogleやYahoo!などの検索サイトは、常時クローラー（またはロボット）という名前のプログラムを実行させて、世界中のWebページのコンテンツを収集して回っています。収集したコンテンツはデータベースに保存され、検索に役立てられています。

ほとんどのページは検索サイトの検索にヒットしてほしいはずですが、会員制ページなどでは、検索にヒットしないほうがよい場合もあります。

そうしたページには、HTMLで「クローラーがコンテンツを収集しない」設定をします。その設定をするのが、ここで紹介する`<meta name="robots">`です。このタグを`<head>`～`</head>`内に追加しておくと、クローラーがページのコンテンツを収集しなくなります。

■**HTML**   189/index.html

```html
<head>
<meta charset="UTF-8">
<meta name="robots" content="noindex,nofollow">
<meta name="viewport" content="width=device-width,initial-scale=1">
<title>ページが検索されないようにしたい</title>
中略
</head>
```

▼ ブラウザ表示

※ページの表示自体はサンプル「183」と同じです。

190 アクセスキーを設定したい

 利用シーン　Webアプリケーションなど操作が主体のページに
アクセスキー（ショートカットキー）を設定したいとき

要素/プロパティ

HTML

accesskey属性
—— 要素にアクセスキーを設定する

HTMLのタグには、アクセスキー（ショートカットキー）をつけるための
「accesskey」属性を追加することができます。accesskey属性の値に
は、アクセスキーに設定したいキーを、アルファベット1文字で指定しま
す。

●**書式**　　<a>タグにアクセスキー「G」をつける例

```
<a href="http://gihyo.jp" accesskey="G">技術評論社</a>
```

accesskey属性はすべてのタグに追加することができますが、おもに
<a>タグやフォーム部品の<input>などに追加します[※1]。
要素にアクセスキーが設定されていると、「リンク先をクリックする」「フォー
ム部品にフォーカスする」などの操作を、マウスを使わなくてもできるよう
になります[※2]。
実際にアクセスキーが設定された要素を操作する場合は、次のキーの
組み合わせを押します。

* Windowsのブラウザ：[Alt]キーを押しながらアクセスキー（書式例の
  場合は[G]キー）
* Windows版Firefoxのみ：[Alt]キー＋[Shift]キー＋アクセスキー
* macOSのブラウザ：[control]キー＋[option]キー＋アクセスキー

[※1] accesskey属性とJavaScriptを組み合わせると、<a>タグや<input>タグでなく
ても、独自の処理を作ることができます。
[※2] スマートフォンはアクセスキーで操作はできません。

```html
<h1>登録情報</h1>
<form action="#" method="POST">
    <p>
        <label>IDの再設定（I）<input type="text" name="id_name" accesskey="I">
</label>
    </p>
    <p>
        <label>パスワードの再設定（P）<input type="password" name="pw" accesskey="P"></label>
    </p>
    <p>
        2段階認証を
        <label><input type="radio" name="tfa" value="y" accesskey="Y">使用する（Y）</label>
        <label><input type="radio" name="tfa" value="n" accesskey="N">使用しない（N）</label>
    </p>
    <p><input type="submit" value="設定変更（S）" accesskey="S"></p>
</form>
```

▼ ブラウザ表示

アクセスキー（例では Alt + Y キー）を押すと…

「使用する」ラジオボタンが選択される

191 タブキーの選択順序を設定したい

利用シーン
● Tab キーを押したときの選択順を変えたいとき
● Webアプリケーションなどで操作性を向上させたいとき

要素/プロパティ

HTML

tabindex 属性

―――― Tab キーを押したときに選択される順番

Tab キーを押すと、<a>タグや<input>タグを、HTMLに書かれている順番に選択できます。しかし、画面のレイアウトによっては、HTMLに書かれている順番に選択されたのでは不都合な場合もあります。そうしたときに Tab キーの選択順を意図的に変更するには、タグにtabindex属性を追加します。

tabindex属性の値には数値を指定します。小さい数が指定されている要素のほうが先に選択されるようになります。なお、値を「-1」など負の数にすると、その要素は Tab キーを押しても選択されなくなります。

● **書式** tabindex属性の設定例

```
<input type="text" name="start" tabindex="数値">
```

サンプルでは、tabindex属性を設定して、Tab キーを押したときの選択順を、「出発駅」「到着駅」「往復／片道」の順に変更しています。

サンプルのフォーム部品の選択順

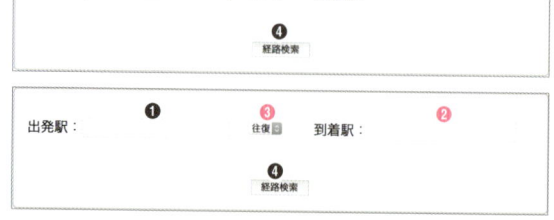

通常の選択順

tabindex属性を設定した選択順

■HTML

191／index.html

```html
<form action="#">
    <div class="stations">
        <p class="station">
            <label>出発駅:<input type="text" name="start" tabindex="1"></label>
        </p>
        <p class="ways">
            <select name="ways" tabindex="3">
                <option value="round">往復</option>
                <option value="oneway">片道</option>
            </select>
        </p>
        <p class="station">
            <label>到着駅:<input type="text" name="end" tabindex="2"></label>
        </p>
    </div>
    <div class="search_btn"><input type="submit" value="経路検索" tabindex="4">
</div>
</form>
```

▼ ブラウザ表示

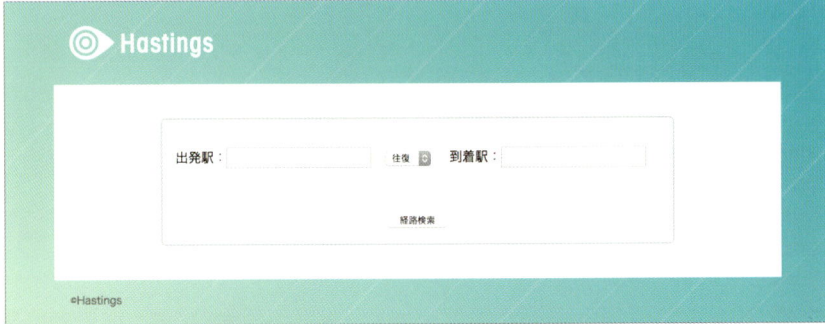

Tab キーを押すと各フォーム部品が選択される

※サンプルではCSSでレイアウトを調整していますが、本題とは関係ないため書籍には掲載し
ていません。詳しく知りたい方はサンプルデータの「191／css/style.css」をご覧ください。

192 5秒後に別のページに移動したい

利用シーン

●サイトが引っ越したか、以前はあったページがなくなったなどの理由で、自動的に別のページに移動させたいとき
●Webサーバーの機能が使えない、または使いたくないとき

要素/プロパティ

HTML

`<meta http-equiv="refresh" content="○秒; url=移動先URL">`

—— ○秒後に「移動先URL」に移動

あるページにアクセスがあったときに、自動的に別のページのURLに移動することを「リダイレクト」といいます。

一般にリダイレクトは、ここで紹介するHTMLの`<meta>`タグを使わずに、Webサーバーのリダイレクト機能を使って実現します。

Webサーバーのリダイレクト機能を使うと、「このページは引っ越した」ということを検索サイトに伝える効果があります。また、悪質なWebサイトへの誘導などを防止するため、検索サイトは基本的に`<meta>`タグを使ったリダイレクトを嫌います。

そのため、リダイレクトには極力Webサーバーのリダイレクト機能を使うべきなのですが、どうしても使えない特殊な事情がある場合に限り、ここで紹介する`<meta>`タグを使用します。サンプルでは、5秒後にGoogleの検索ページ（https://www.google.co.jp）にリダイレクトするようにしています。

■HTML 192/index.html

```html
<html lang="ja">
<head>
<meta charset="UTF-8">
<meta http-equiv="refresh" content="5;
url=https://www.google.co.jp">
<title>5秒後に別のページに移動したい</title>
</head>
<body>
<p>このURLにコンテンツはありません。5秒後にホームに移動します。</p>
</body>
</form>
```

▼ ブラウザ表示

パーツ作成の
テクニック

Chapter

11

193 タイトルとサブタイトルを表示したい

利用シーン 記事などのタイトルの下にサブタイトルをつけたいとき

要素/プロパティ

HTML

\<h1\>見出しテキスト\</h1\>

――― 見出しのテキスト（\<h2\>〜\<h6\>を使ってもよい）

HTML

\<span\>テキスト\</span\>

――― CSSを適用するためなどの用途で、テキストの一部分を囲む

見出しにサブタイトルをつけるとき、つい\<h1\>タグと\<h2\>タグの両方を使ってマークアップをしがちです。しかし、その方法は正しいとはいえません。

正しくは、\<h1\>〜\</h1\>の中に、タイトルもサブタイトルも入れてしまいます。そして、サブタイトルのほうだけ\<span\>〜\</span\>で囲みます。

タイトルとサブタイトルをマークアップする正しい例・正しくない例

> ✕ **タイトルもサブタイトルも見出し要素**
>
> \<h1\>夏のレジャー気分満喫！おすすめ日帰りコース5選 \</h1\>
> \<h2\>思い立ったらすぐ出発できる日帰りモデルコース \</h2\>
>
> ○ **サブタイトルがタイトルの子要素（\<span\>）**
>
> \<h1\>夏のレジャー気分満喫！おすすめ日帰りコース5選
> \<span\> 思い立ったらすぐ出発できる日帰りモデルコース \</span\>
> \</h1\>

知っておこう

\<span\>タグ

\<span\>タグは、それ自身は何の意味も持たないタグです。テキストの一部分を囲んで、そこにCSSを適用するために使用します。CSSを適用することから、\<span\>タグには一般的にclass属性をつけます。

■**HTML**　　　　　　　　　　　　　　　　　　　　　　193/index.html

```
<h1 class="article">夏のレジャー気分満喫!おすすめ日帰りコース5選<span class="subtitle">
思い立ったらすぐ出発できる関東エリアの日帰りモデルコースをご紹介します</span></h1>
```
中略

384

■CSS

```css
.article_head {
    padding: 70px 20px 30px 20px;
    background: url(../images/bg1.png) repeat-x top,
                url(../images/bg2.png) repeat-x bottom;
    font-size: 40px;
    color: #515151;
}
.subtitle {
    display: block;
    padding-top: 5px;
    border-top: 1px dashed #3b98b6;
    font-size: 16px;
    font-weight: normal;
    color: #3b98b6;
}
p {
    color: #515151;
}
```

▼ ブラウザ表示

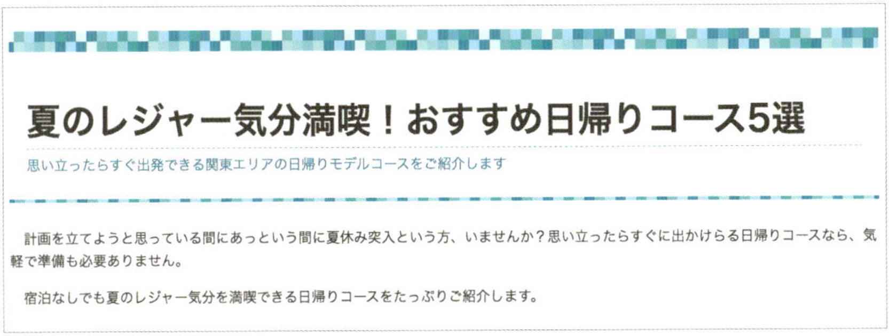

夏のレジャー気分満喫！おすすめ日帰りコース5選

思い立ったらすぐ出発できる関東エリアの日帰りモデルコースをご紹介します

計画を立てようと思っている間にあっという間に夏休み突入という方、いませんか？思い立ったらすぐに出かけらる日帰りコースなら、気軽で準備も必要ありません。

宿泊なしでも夏のレジャー気分を満喫できる日帰りコースをたっぷりご紹介します。

··· Column

インラインボックスで表示される要素を
ブロックボックスに切り替える

···

<span>タグは、デフォルトCSSではインラインボックスで表示されるため、そのままではタイトルとサブタイトルが改行されません。

CSSを適用しないと、タイトルとサブタイトルは改行されない

```
<h1>
                                          <span>
      夏のレジャー気分満喫！おすすめ日帰りコース5選思い立ったらすぐ
      出発できる関東エリアの日帰りモデルコースをご紹介します
                                          </span>
                                                     </h1>
```

タイトルとサブタイトルを改行するには、<span>開始タグの前に
タグを挿入して改行する方法と、今回のサンプルで紹介したように、CSSを調整して「<span>タグをブロックボックスで表示させる」方法があります。

要素のボックスをブロックボックスに変更して表示するには、その要素に適用されるCSSに「display: block;」を追加します。

displayプロパティは、要素の表示ボックスを切り替えるために使われます。アイディア次第でいろいろな使い方ができるプロパティですが、実際のWebデザインでは次のような場面でよく利用されています。

1 インラインボックスの要素（<span>など）をブロックボックスで表示する（今回のサンプル）
2 クリック領域を広くするために、<a>タグをブロックボックスで表示する（→「211」）
3 フロート機能（→「202」）を使わないで<li>を横に並べるために「インラインブロック」で表示する（→「200」）

このうち3番の「インラインブロック」は、インラインボックスとブロックボックスの特徴を併せ持つ表示ボックスです。インラインボックスのように、テキストの行に紛れ込むことができますが、コンテンツの途中で改行することはありません。また、ブロックボックスのように、幅、高さ、上下マージンの設定ができます。

194 キーボードの字を キーボードらしく見せたい

利用シーン

アプリケーションの操作説明やヘルプページで、 キーボードの使用方法を掲載したいとき

要素/プロパティ

HTML

<kbd>キー</kbd>

── キーボードのキー

<kbd>タグは、キーボードのキーを表すタグです。アプリケーションの操作説明をするときなどに、意外とよく使われるタグです。
ただ、<kbd>タグは、フォントが等幅フォント(→「039」)で表示されるだけなので、あまりキーボードらしい見た目で表示されるとはいえません。そこでこのサンプルでは、borderプロパティ、paddingプロパティなどを使い、キーボードに似せた表示にしています。
なお、<kbd>タグはインラインボックスで表示されるため、上下マージンや幅を設定することはできません。

■HTML

194/index.html

```
<h1>よく利用するショートカット</h1>
<ul class="shortcut">
    <li>クリップボードにコピー<br>
    [Windows] <kbd>Ctrl</kbd>+<kbd>C</kbd> / [macOS] <kbd>command</kbd>+<kbd>C</kbd>
    </li>
    <li>切り取り・カット<br>
    [Windows] <kbd>Ctrl</kbd>+<kbd>X</kbd> / [macOS] <kbd>command</kbd>+<kbd>X</kbd>
    </li>
    <li>貼り付け・ペースト<br>
    [Windows] <kbd>Ctrl</kbd>+<kbd>V</kbd> / [macOS] <kbd>command</kbd>+<kbd>V</kbd>
    </li>
</ul>
```

■CSS

```css
.shortcut li {
    margin-bottom: 20px;
}
kbd {
    margin: 0 0.5em;  ——————— 左右にだけマージンを設定
    padding: 2px 0.625em;
    border: 1px solid #d1d1d1;
    border-radius: 5px;
    background-color: #dbe4e7;
}
```

▼ ブラウザ表示

よく利用するショートカット

- クリップボードにコピー
  [Windows] `Ctrl` + `C` / [macOS] `command` + `C`

- 切り取り・カット
  [Windows] `Ctrl` + `X` / [macOS] `command` + `X`

- 貼り付け・ペースト
  [Windows] `Ctrl` + `X` / [macOS] `command` + `X`

195

リンク先が別ウィンドウで表示される場合にアイコンを表示したい

利用シーン リンク先を別ウィンドウ（別タブ）で開く
<a>タグがあるとき

要素/プロパティ

HTML

<a href="リンク先ページのURL" target="_blank">〜</a>

—— リンクを設定する ▶▶075

CSSセレクタ

[target="_blank"]

—— 属性セレクタ。「target="_blank"」が追加されたタグにだけスタイルを適用 ▶▶179

CSSセレクタ

::after

—— 要素のテキストの「直後」にスタイルを適用 ▶▶060

属性セレクタと「::after」セレクタを使用して、リンク先を別ウィンドウ（別タブ）で開く設定になっている<a>タグのテキストにだけ、後ろにアイコン画像を表示します。

リンクテキストの後ろにアイコン画像を表示する

のはよく見かけるデザインのひとつです。属性セレクタと::afterセレクタを使ってこのデザインを実現する方法は、活用の機会が多くてとても役に立ちます。

Chap
11
パーツ作成のテクニック

■HTML

195/index.html

```
<h1>インバウンド向け人気の東京名所</h1>
<ul>
    <li>東京タワー<br>
    <a href="tour1.html">当社のおすすめツアー</a>／<a href="https://www.
tokyotower.co.jp/" target="_blank">東京タワーウェブサイト</a></li>
    <li>東京スカイツリー<br>
    <a href="tour2.html">当社のおすすめツアー</a>／<a href="http://www.tokyo-
skytree.jp/" target="_blank">東京スカイツリーウェブサイト</a></li>
</ul>
```

■CSS　　　　195/css/style.css

```
li {
    margin-bottom: 20px;
    font-size: 18px;
}
a {
    color: #15b4ba;
}
a[target="_blank"]::after {
    content: url(../images/link.png);
    margin-left: 5px;

    position: relative;
    bottom: -1px;
}
```

▼ ブラウザ表示

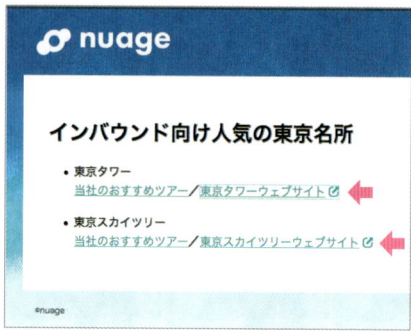
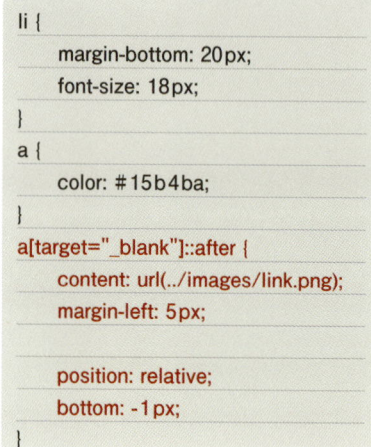

Column

アイコン画像の位置を調整するには

使用するアイコン画像によっては、テキストとうまく位置が合わず、ずれて見えることがあります。そのときは「a[target="_blank"]::after」のスタイルに、「position: relative;」と「bottom」プロパティ（またはtopプロパティ）を追加します。そして、bottomプロパティに適用する値を大きくしたり小さくしたりして、位置の調整をおこないます（→「224」）。
なお、このふたつのプロパティは、位置を調整する必要がない場合には省略してかまいません。

●書式　　位置を調整するためのCSS

```
a[target="_blank"]::after {
    中略
    position: relative;
    bottom: ○○;　───「○○」を大きくしたり小さくしたりして位置を調整
}
```

196

PDFなど特定の ファイルへのリンクだけ アイコンや囲みを表示したい

利用シーン　PDFファイルやZIPファイルなど、 ダウンロードができるファイルにリンクを設定するとき

要素/プロパティ

HTML

`<a href="リンク先ページのURL">～</a>`
―― リンクを設定する `075`

CSSセレクタ

`[href$=".pdf"]`
―― 属性セレクタ。href属性の値の最後が「.pdf」で終わるタグにだけスタイルを適用 `179`

CSSセレクタ

`::after`
―― 要素のテキストの「直後」にスタイルを適用 `060`

前節「195」同様、属性セレクタと::afterセレクタを利用して、リンク先がPDFファイル――つまり、リンク先の拡張子が「.pdf」――のときだけ適用されるスタイルを作成します。

PDFファイルやZIPファイルなどにリンクをするときに、リンクテキストの後ろにアイコン画像を表示させるのもよくおこなわれるデザイン処理といえます。こうしたファイルにだけスタイルを適用するには、リンク先の拡張子が「.pdf」や「.zip」かどうかを調べます。その際に使える属性セレクタの書式が、次に示す「属性$=値」です。

● **書式**　属性の値が○○で終わるときだけスタイルを適用する

```
[属性$="○○"]
```

サンプルでは、リンクテキストの後ろにアイコン画像を表示させるほか、リンク全体にボーダーと背景色をつけて囲んでいます。なお、<a>タグに適用されるスタイルについては「195」の解説・コラムでも取り上げています。

■HTML

```
<h1>インバウンド向け人気の東京名所</h1>
<ul>
    <li>東京タワー：
    <a href="tour1.html">当社のおすすめツアー</a> <a href="tour1.pdf">ツアーパンフ
レット</a></li>
    <li>東京スカイツリー：
    <a href="tour2.html">当社のおすすめツアー</a> <a href="tour2.pdf">ツアーパンフ
レット</a></li>
</ul>
```

■CSS

```
li {
    margin-bottom: 20px;
    font-size: 18px;
}
a {
    color: #1396c0;
}
a[href$=".pdf"] {
    padding: 8px 20px;
    border: 1px solid #1396c0;
```

```
    border-radius: 3px;
    background-color: #e0f4ff;
    text-decoration: none;
}
a[href$=".pdf"]::after {
    margin-left: 5px;
    content: url(../images/pdf.png);
    position: relative;
    bottom: -3px;
}
```

▼ ブラウザ表示

197 テキストをカプセル型に囲みたい

 利用シーン

●テキストの一部やリンクなどを強調表示したいとき
●テキストをボタンのような形に見せたいとき

要素/プロパティ

HTML

<span>テキスト</span>
—— CSSを適用するためなどの用途で、テキストの一部分を囲む ▶▶193

CSSプロパティ

border-radius: 角丸の半径;
—— ボックスの角を丸くする ▶▶133

CSSプロパティ

background: 背景の設定;
—— 要素の背景を設定する ▶▶120

CSSの値

linear-gradient(グラデーションの設定)
—— 線状グラデーションの設定 ▶▶122

背景を設定するbackgroundプロパティや、角丸四角形にするborder-radiusプロパティなどは、<span>タグや<a>タグ、<strong>タグなどのインラインボックスでも使用できます。強調表示するテクニックのひとつとして、ここではbackgroundプロパティ、border-radiusプロパティなどを使用して、<span>タグで囲まれたテキストをカプセル型に囲む——正確にいえばボックスの左右を半円にする——方法を紹介します。

■HTML

197/index.html

<p>ティラノサウルスのようなタイプの恐竜は<span class="keyword">竜盤類</span>で、トリケラトプスのようなタイプの恐竜は<span class="keyword">鳥盤類</span>です。両者は肉食・草食で分かれているのではなく、骨盤の骨の形で分類します。

■ CSS

197／css／style.css

```
.keyword {
    margin: 0 5px;
    padding: 4px 15px;
    border-radius: 20px;
    background: linear-gradient(#299a0b, #91c149);
    color: #ffffff;
}
```

▼ ブラウザ表示

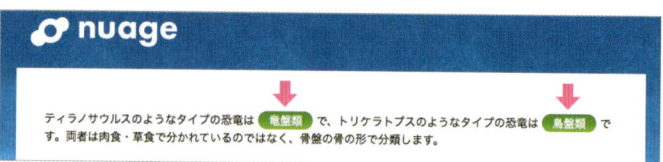

知っておこう

border-radius の半径

border-radiusの半径は、そのボックスの幅、または高さのうち、小さいほうの50％を超える数を指定しても、50％分までしか適用されません。どういうことか、サンプルを見ながら説明します。

サンプルのテキストは16ピクセル、そのボックスの上下パディングが4ピクセルに設定されているので、<span>で囲まれたテキスト要素の高さは、16＋4＋4＝24ピクセルになります※。その50％、つまり12ピクセルが、border-radiusプロパティに設定できる「最大半径」になります。それより大きい数を指定しても、最大半径までしか適用されないのです。

※実際には、ブラウザによって大きさが多少前後します。

border-radiusに指定できる最大半径

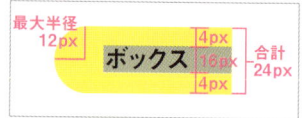

border-radiusプロパティを使ってボックスをカプセル型に囲むためには、実際には半径を高さの50％にする必要があります。しかし、テキストのフォントサイズはブラウザによって多少前後するため、常に指定した数（ここでは16ピクセル）ぴったりで表示されるとは限りません。

そこで、ボックスをカプセル型に囲みたい場合は、「最大半径までしか適用されない」ルールを利用して、border-radiusプロパティに、余裕を持って大きい数を指定しておきます。そうしておけば、確実にカプセル型の形状で表示させることができます。

198 テキストに太いペンで
引いたような下線をつけたい

利用シーン
- ●テキストの一部やリンクなどを強調表示したいとき
- ●太いマーカーペンで書いたような演出をしたいとき

要素/プロパティ

HTML

`<strong>重要なテキスト</strong>`

—— 重要を意味する ▶▶026

CSSの値

`linear-gradient(グラデーションの設定)`

—— 線状グラデーションの設定 ▶▶122

CSSプロパティ

`background: 背景の設定;`

—— 要素の背景を設定する ▶▶120

CSSの値

`transparent`

—— 透明 ▶▶120

テキストに重なるほど太い下線は、border-bottomプロパティで引くことができません。そこで、背景にグラデーションを適用するlinear-gradientの値を工夫して、下線を引きます。サンプルでは、`<strong>`タグで囲まれたテキストを、太い下線を引いて目立たせるようにしています。このテクニックはリンクに設定してもよいでしょう。

太い下線を引きたいときは、linear-gradientに次のような値を設定します。

太い下線を引くグラデーションの設定

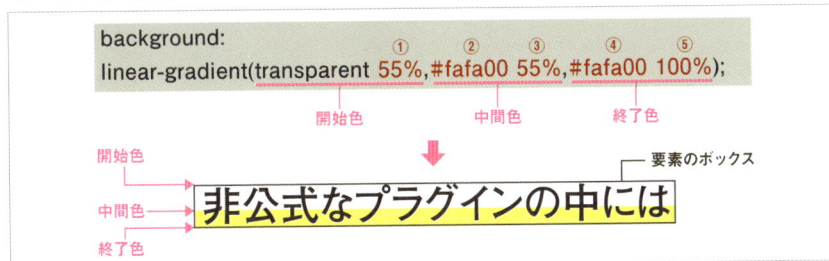

```
background:
linear-gradient(transparent 55%,#fafa00 55%,#fafa00 100%);
```

①開始色　②中間色　③　④終了色　⑤

開始色
中間色
終了色

非公式なプラグインの中には

要素のボックス

linear-gradient()には、3つの値を指定します。それぞれ「開始色」「中間色」「終了色」になります。太い下線を引く場合、線の色は②と④に設定します。開始色の「transparent」は変えません。

また、線の太さを変えたいときは、①と③の値を変更します。ただし、①と③には同じ値を指定し、⑤の「100%」は変えないようにします。

テキストに太いペンで引いたような下線をつけたい

▪HTML

```
<p>WordPressのプラグインは、必ず公式プラグインディレクトリ(<a href="https://ja.
wordpress.org/plugins/">https://ja.wordpress.org/plugins/</a>)で公開されているものか
ら選んでダウンロードするようにしましょう。<strong>非公式なプラグインの中には悪意を持って作
成されたようなものもあり、非常に危険です</strong>。</p>
```

▪CSS

```
body {
    line-height: 1.7;
}
strong {
    font-weight: normal;
    background: linear-gradient(transparent 55％, #fafa00 55％, #fafa00 100％);
}
```

▼ ブラウザ表示

WordPressのプラグインは、必ず公式プラグインディレクトリ(https://ja.wordpress.org/plugins/)で公開されているものから選んでダウンロードするようにしましょう。非公式なプラグインの中には悪意を持って作成されたようなものもあり、非常に危険です。

199 <button>タグのスタイルを変更したい

利用シーン
<button>タグで作成されるボタンのデザインを大幅に変えたいとき

要素/プロパティ

`HTML`

<button>ボタンのテキスト</button>

―――― 汎用ボタン ▶▶178

`HTML`

<img src="画像のパス" alt="代替テキスト">

―――― 画像を表示する ▶▶087

<button>タグは、フォームで使用する送信ボタン（<input type="submit">）以上にデザインのカスタマイズができます。なぜなら、ボタン上に表示するコンテンツを<button>～</button>の間に書けるため、テキストだけでなく画像を使うこともできるからです。
このサンプルでは、ボタンの上に画像を表示させるほか、CSSを調整してもともとの見た目から大きく変えています。

■ HTML

199/index.html

```
<h1>基本情報</h1>
<p>
    <button type="button" id="edit">
        <img src="images/edit.png"> 基本情報の編集
    </button>
</p>
<p>氏名：草田花子</p>
<p>電話番号：000-0000-0000</p>
<p>住所：新宿区緑町1-2-3</p>
```

■CSS

199/css/style.css

```
#edit {
    padding: 5px 20px;
    background: #e1e7eb;
    border-radius: 5px;
    border: 1px solid #9ea7ab;
    font-size: 14px;
    color: #1280af;
}
#edit:hover {
    background: #bfdcf1;
}
#edit:active {
    background: #94cdf9;
}
```

▼ ブラウザ表示

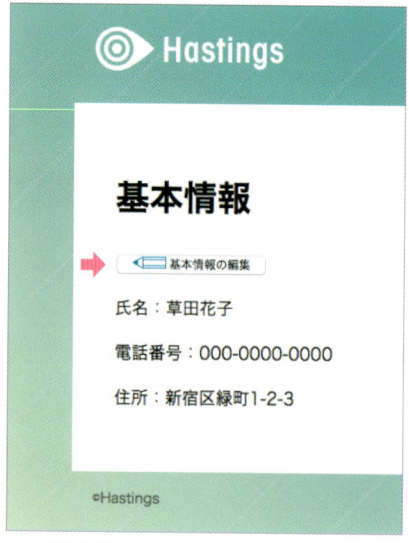

CSS適用前

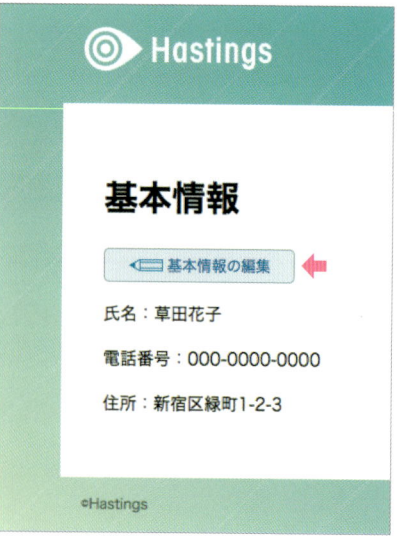

CSS適用後

200 パンくずリストを作成したい

**利用シーン** おもにパソコン向けのレイアウトのときに、
パンくずリストを表示したいとき

要素 / プロパティ

HTML

\<ol\>〜\</ol\>

—— 順序がある箇条書き（序列リスト）▶064

HTML

\<li\>〜\</li\>

—— 箇条書きのリスト項目 ▶064

CSS プロパティ

list-style: none;

—— リストマークを表示しない ▶069

CSS セレクタ

:last-child

—— 最後の要素を選択する ▶153

CSS セレクタ

::after

—— 要素のテキストの「直後」にスタイルを適用 ▶060

CSS プロパティ

content

—— テキストの直前や直後に挿入するコンテンツ ▶060

CSS プロパティ

display: inline-block;

—— 要素をインラインブロックで表示する ▶193

「パンくずリスト」とは、ユーザーがいまWebサイトのどこのページを見ているのかがわかるように、ホーム（トップページ）からのリンクを並べて表示したものです。おもにパソコン向けのレイアウトでよく見かけます。

パンくずリストは、\<ol\>タグと\<li\>タグを使ってマークアップするのが基本です。また、適用するCSSは少し複雑ですが、パターン化されています。以下のソースコードで強調されている部分は、パンくずリストを作るために必要な部分です。ここさえ忘れずに書いておけば、テキスト色の設定や各項目のスペースの取りかたなどは自由にカスタマイズできます。

## 200

■HTML   200/index.html

```html
<ol class="breadcrumb">
    <li><a href="#">ホーム</a></li>
    <li><a href="#">製品情報</a></li>
    <li><a href="#">家庭向け</a></li>
    <li><a href="#">キッチン</a></li>
    <li><a href="#">トースター</a></li>
    <li>TS-0123</li>
</ol>
```

■CSS   200/css/style.css

```css
.breadcrumb {
    list-style: none;
    border: 1px solid #b3b3b3;
    padding: 3px 20px;
    border-radius: 5px;
    background-color: #ececec;
    font-size: 14px;
}
.breadcrumb a {
    color: #e87a19;
    text-decoration: none;
}
.breadcrumb li {
    display: inline-block;
}
.breadcrumb li::after {
    content: "»";
    padding: 0 5px;
    color: #b3b3b3;
}
.breadcrumb li:last-child::after {
    content: none;
}
```

▼ ブラウザ表示

> ホーム » 製品情報 » 家庭向け » キッチン » トースター » TS-0123

201 記事に付属するキーワードや タグを表示をしたい

 **利用シーン** ニュースサイトやブログサイトで、記事ページに キーワードやカテゴリ、タグなどを表示したいとき

要素/プロパティ

HTML

`<a href="リンク先ページのパス">～</a>`

―― リンクを設定する ▶▶073

ニュースサイトやブログサイト、ECサイトの商品紹介ページなど、多数の記事ページがあるWebサイトでは、キーワードやカテゴリなどがぱっと一覧できる「タグ」をつけることが多いです。

「タグ」は、同じテーマを扱った関連記事または商品などに移動できるようにするため、<a>タグでマークアップするのが一般的です。HTMLの構造をできるだけシンプルにするため、<a>タグ

に直接パディングやボーダーなどのCSSプロパティを適用するのがポイントです。

<a>タグのテキストリンクを四角く囲むためのプロパティには、marginプロパティ※、borderプロパティ、paddingプロパティ、backgroundプロパティなどを使用します。

※<a>タグには原則として上下マージンが設定できないので、マージンは隣り合うタグとタグの間にスペースを設けるために使用します。

■ HTML　　　　　　　　201/index.html

```
<p class="tags">
    <a href="#">HTML</a><a
href="#">CSS</a><a href="#">Web
デザイン</a><a href="#">フロントエンド
</a><a href="#">javascript</a>
```

■ CSS　　　　　　　　201/css/style.css

```
.tags a {
    margin: 0 5px 0 0;
    padding: 3px 20px;
    background: #ececec;
    border: 1px solid #b3b3b3;
    border-radius: 3px;
    font-size: 12px;
    text-decoration: none;
    color: #4c4c4c;
}
.tags a:hover {
    background: #fcfcfc;
}
```

▼ ブラウザ表示

| HTML | CSS | Webデザイン | フロントエンド | javascript |

202 アイコンとテキストが上下に並ぶボタンを作りたい

利用シーン　ナビゲーションやツールバーなどで、テキストの説明がついたアイコンを表示させるとき

要素/プロパティ

HTML

`<a href="リンク先ページのパス">～</a>`

━━━ リンクを設定する　`▶▶073`

アイコンの下にテキストがついているボタンで、ボタン全体をクリックできるようにしたい場合のテクニックです。「105」と同じく、ボタンになるHTMLを`<a>～</a>`で囲んでいます。このサンプルで紹介するHTMLは、構造が比較的シンプルで、使うタグの数も最小限に抑えられます。そのため、ナビゲーションにボタンを横に並べるときなど、より複雑なレイアウトを作る場合でもHTMLの読みやすさを維持できて、Webサイトの管理、運営に役立ちます。

■HTML

202/index.html

```html
<a href="#" class="tool_btn">
    <div>
        <img src="images/document.png" alt=""><br>
        論文検索
    </div>
</a>
<a href="#" class="tool_btn">
    <div>
        <img src="images/data.png" alt=""><br>
        データ検索
    </div>
</a>
```

■CSS

```css
.tool_btn {
    text-decoration: none;
}
.tool_btn  div {
    margin-bottom: 10px;
    padding: 20px 0;
    width: 150px;
    background: #267f85;
    border-radius: 10px;
    font-size: 12px;
    text-align: center;
    color: #fff;
}
.tool_btn  div:hover {
    background: #329b99;
}
```

▼ ブラウザ表示

203 画像にテキストを回り込ませたい

利用シーン
● 記事ページに写真やバナー広告を掲載するとき
● おもにパソコン向けのレイアウトで使われる

要素/プロパティ

CSSプロパティ

float: 配置する場所;

—— 要素をフロートさせる

画像にテキストを回り込ませるには、画像の<img>タグに適用されるスタイルに「float」プロパティを追加します。floatプロパティに使用できる値は次の3つです。

floatプロパティの値

値	説明
left	親要素の左上に配置して、後続のテキストを回り込ませる
right	親要素の右上に配置して、後続のテキストを回り込ませる
none	フロートしない

floatプロパティが適用された要素は、親要素のボックスの左上、または右上に配置されます。そして、後続の要素は、いったん、floatが適用された要素が「ないもの」として配置されます。

しかしそれでは画像とテキストが重なってしまうので、後続の要素に含まれるテキストなどの「コンテンツ」は「floatプロパティが適用された要素に重ならないように、よけるように」配置されます。サンプルでは、画像に「float: left;」を適用して左に配置し、後続のテキストを回り込ませるようにしています。

フロートのメカニズム

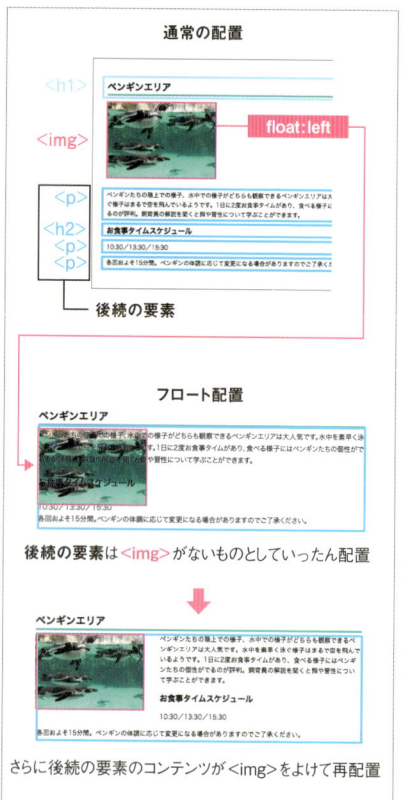

通常の配置

後続の要素は<img>がないものとしていったん配置

さらに後続の要素のコンテンツが<img>をよけて再配置

404

■ HTML   203／index.html

```html
<div class="float_block">
    <h1>ペンギンエリア</h1>
    <img src="images/photo.jpg" alt="ペンギンエリア" class="float_left">
    <p>ペンギンたちの陸上での様子、水中での様子がどちらも観察できるペンギンエリアは大人
気です。水中を素早く泳ぐ様子はまるで空を飛んでいるようです。1日に2度お食事タイムがあり、食
べる様子にはペンギンたちの個性がでるのが評判。飼育員の解説を聞くと餌や習性について学ぶこ
とができます。</p>
    <h2>お食事タイムスケジュール</h2>
    <p>10:30／13:30／15:30</p>
    <p>各回およそ15分間。ペンギンの体調に応じて変更になる場合がありますのでご了承くださ
い。</p>
</div>
```

■ CSS   203／css／style.css

```css
.contents h1 {
    font-size: 25px;
    border-bottom: 5px solid #40bdc2;
}
.contents h2 {
```

```css
    font-size: 20px;
}
img.float_left {
    float: left;
    margin: 0 10px 10px 0;
}
```

▼ ブラウザ表示

ペンギンエリア

ペンギンたちの陸上での様子、水中での様子がどちらも観察できるペ
ンギンエリアは大人気です。水中を素早く泳ぐ様子はまるで空を飛んで
いるようです。1日に2度お食事タイムがあり、食べる様子にはペンギ
ンたちの個性がでるのが評判。飼育員の解説を聞くと餌や習性につい
て学ぶことができます。

お食事タイムスケジュール

10:30／13:30／15:30

各回およそ15分間。ペンギンの体調に応じて変更になる場合がありますのでご了承ください。

405

204 図にテキストを回り込ませたい

利用シーン
- ●記事ページに図などを掲載するとき
- ●おもにパソコン向けのレイアウトで使われる

要素/プロパティ

CSSプロパティ

float: 配置する場所;

―― 要素をフロートさせる ▶▶203

CSSプロパティ

width: 幅;

―― ボックスの幅を指定する ▶▶114

floatプロパティを適用できるのは、<img>タグのようなインラインボックスだけではありません。<div>をはじめとするブロックボックスにもfloatプロパティを適用できます。

ただし、ブロックボックスの周りに後続の要素のコンテンツを回り込ませるには、floatプロパティを適用するだけでなく、そのボックスの幅を指定しておく必要があります。

ブロックボックスにfloatを適用するときの、CSSの基本構造

このサンプルでは、図を表示する<figure>タグにフロートを適用して右上に配置させて、後続のテキストコンテンツをその左側に回り込ませています。

```
<figure>
    <img src="images/graph.png" width="150" height="150" alt="大学生の朝食に関
する調査">
    <figcaption>2016年6月学生食堂実施朝食アンケートより</figcaption>
</figure>
<h1>朝食セット始めます</h1>
```

中略

```
<p>みなさん是非ご利用ください。</p>
```

■ CSS

204/css/style.css

```
.contents h1 {
    font-size: 25px;
}
.contents figure {
    float: right;
    margin: 0 0em 0 2em;
    width: 200px;
}
.contents figcaption {
    padding-top: 5px;
    font-size: 12px;
    color: #858585;
}
```

▼ ブラウザ表示

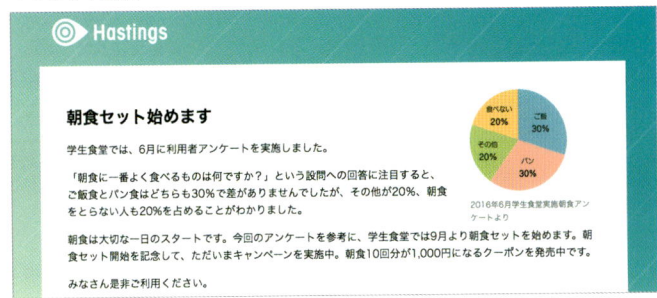

205 フロートを解除したい パターン❶ (clear)

利用シーン **テキストが回り込むのを途中で止めたいとき**

要素 / プロパティ

CSS プロパティ

float: 配置する場所;

―――― 要素をフロートさせる ▶▶ 203

CSS プロパティ

clear: both;

―――― フロートを解除する

ある要素にfloatプロパティを適用すると、後続の要素に含まれるコンテンツは、フロートが解除されるまで延々と回り込み続けます。フロートを適用したまま解除しないと、思わぬところでページのレイアウトが崩れることがあるため危険です。

一度適用したフロートを解除するには3つの方法があります。そのうちのひとつが「clear」プロパティを使うことです。

clearプロパティは、回り込みを解除したい要素に適用します。値には、左フロートを解除する「left」、右フロートを解除する「right」、両方とも解除する「both」があります。しかし、実際のレイアウトで「左フロートだけ解除して右フロートは残す」というようなことはまずしないため、「both」以外の値を使うことはほとんどありません。

このサンプルでは「203」で紹介したものをベースに、途中に出てくる見出しの<h2>で回り込みを解除しています。

■ HTML

205 / index.html

```
<div class="float_block">
    <h1>ペンギンエリア</h1>
    <img src="images/photo.jpg" alt=" ペンギンエリア " class="float_left">
    <p>ペンギンたちの陸上での様子、水中での様子がどちらも観察できるペンギンエリアは大人
気です。水中を素早く泳ぐ様子はまるで空を飛んでいるようです。1日に2度お食事タイムがあり、食
べる様子にはペンギンたちの個性がでるのが評判。飼育員の解説を聞くと餌や習性について学ぶこ
とができます。</p>
    <h2 class="float_clear">お食事タイムスケジュール</h2>
    <p>10:30 ／ 13:30 ／ 15:30</p>
    中略
</div>
```

```css
.contents h1 {
    font-size: 25px;
    border-bottom: 5px solid #40bdc2;
}
.contents h2 {
    font-size: 20px;
}
img.float_left {
    float: left;
    margin: 0 10px 10px 0;
}
.float_clear {
    clear: both;
}
```

▼ ブラウザ表示

ペンギンエリア

ペンギンたちの陸上での様子、水中での様子がどちらも観察できるペンギンエリアは大人気です。水中を素早く泳ぐ様子はまるで空を飛んでいるようです。1日に2度お食事タイムがあり、食べる様子にはペンギンたちの個性がでるのが評判。飼育員の解説を聞くと餌や習性について学ぶことができます。

お食事タイムスケジュール

10:30／13:30／15:30

各回およそ15分間。ペンギンの体調に応じて変更になる場合がありますのでご了承ください。

フロート解除前

ペンギンエリア

ペンギンたちの陸上での様子、水中での様子がどちらも観察できるペンギンエリアは大人気です。水中を素早く泳ぐ様子はまるで空を飛んでいるようです。1日に2度お食事タイムがあり、食べる様子にはペンギンたちの個性がでるのが評判。飼育員の解説を聞くと餌や習性について学ぶことができます。

`<h2>` ➡ **お食事タイムスケジュール**

10:30／13:30／15:30

各回およそ15分間。ペンギンの体調に応じて変更になる場合がありますのでご了承ください。

フロート解除後

206 ボックスを横に並べたい
（float版）

利用シーン
- **<div>など、ブロックボックスで表示される要素を横に並べたいとき**
- **IE10以前の古いブラウザをサポートする必要があるとき**

要素/プロパティ

CSSプロパティ

float: 配置する場所;

―― 要素をフロートさせる ▶ **203**

ボックスを横に並べるのは、おなじみのレイアウトです。おもにパソコン向けページのレイアウトで、非常によく使われます。

ボックスを横に並べるのは、伝統的なものとしてはfloatプロパティを中心に、いくつかのCSSプロパティを組み合わせて作るテクニックがあります。このサンプルではそのテクニックを紹介します。まずHTMLの構造は、横に並べたい要素をふたつ以上用意したうえで、それらを囲む親要素を作成します。サンプルは次のようなHTMLの構造をしています。

- <div class="box1">〜</div>と、<div class="box2">〜</div>を横に並べる
- そのふたつの要素を囲む親要素<div class="course">〜</div>を作成する

次にCSSの構造です。

横に並べるボックスの<div class="box1">と<div class="box2">には、どちらも幅を指定すると同時に、「float: left;」を適用します。また、ボックスとボックスの間にスペースを設けるため、左のボックス（<div class="box1">）に右マージンを設定します。

さらに、親要素の<div class="course">には、

フロートを解除するためのスタイルを適用します。フロートを解除する方法については、「207」「208」で詳しく取り上げます。

ボックスを横に並べる際のHTML・CSSの基本構造

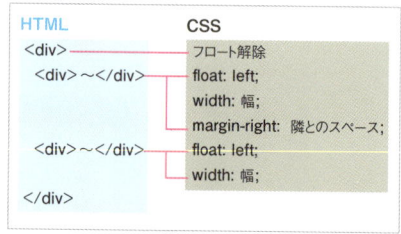

なお、ボックスを並べる際に注意しなければならないことがあります。それは、横に並べるボックスのマージン、ボーダー、パディング、幅（widthプロパティの値）の合計が、親要素のコンテンツ領域（widthプロパティの値）と同じか、それ以下でないといけないということです。そうでないとボックスは横に並びません。

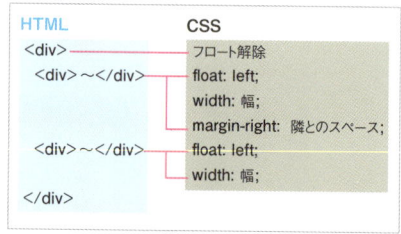

子要素の幅の合計が親要素のコンテンツ領域の幅を超えてはいけない

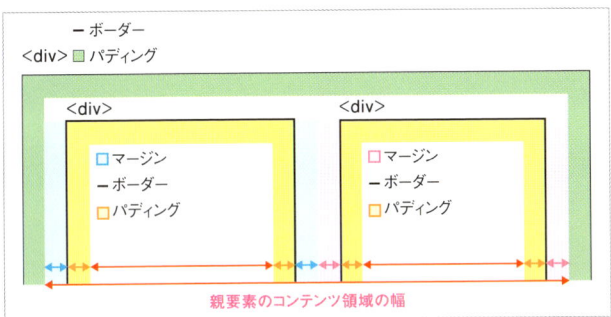

■HTML

206/index.html

```html
<main>
    <h1>コース紹介</h1>
    <div class="course">
        <div class="box1">
            <h2>Webデザイナーコース</h2>
            <p>Webサイト制作の基本であるHTMLとCSSの学習にはじまり、画像処理や
グラフィックデザインの基礎、Webデザインに特化した知識を身につけます。</p>
        </div>
        <div class="box2">
            <h2>エンジニアコース</h2>
            <p>HTMLとCSSに加え、JavaScript、PHPを学習し、エンジニアとしての基礎
を身につけます。</p>
        </div>
    </div>
</main>
```

■CSS

206/css/style.css

```css
main {
    width: 700px;
}
h1 {
    font-size: 25px;
```

```
        border-bottom: 5px solid #000000;
}
h2 {
        font-size: 20px;
}
.course {
        overflow: hidden;  ──────── フロート解除 (→「207」)
}
.box1 {
        float: left;
        margin-right: 20px;
        padding: 20px;
        width: 300px;
        background: #79c53e;
        border-radius: 10px;
}
.box2 {
        float: left;
        padding: 20px;
        width: 300px;
        background: #379ad4;
        border-radius: 10px;
}
```

▼ ブラウザ表示

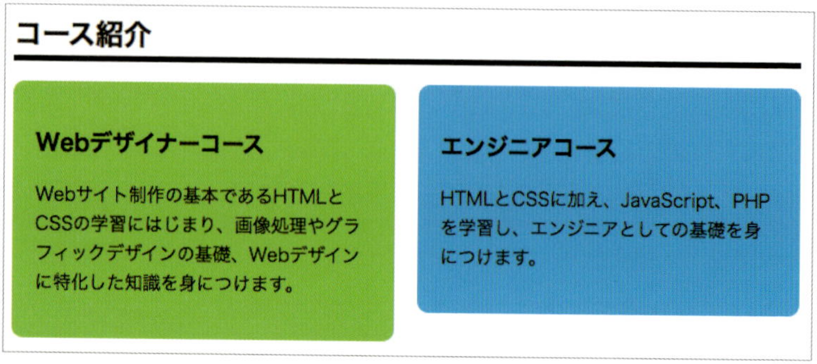

コース紹介

Webデザイナーコース

Webサイト制作の基本であるHTMLと
CSSの学習にはじまり、画像処理やグラ
フィックデザインの基礎、Webデザイン
に特化した知識を身につけます。

エンジニアコース

HTMLとCSSに加え、JavaScript、PHP
を学習し、エンジニアとしての基礎を身
につけます。

207

フロートを解除したい
パターン❷（overflow）

利用シーン フロート解除は、ボックスを横に並べたときには
必ずおこなう

要素/プロパティ

CSSプロパティ

overflow: hidden;
── フロートを解除する

floatプロパティを使ってボックスを横に並べる場合、そのボックスを囲む親要素で必ずフロートを解除しなければなりません。フロートを解除しないと、レイアウトが崩れたり、思ったようなデザインにならないことがあるからです。

フロートを解除する方法には3種類ありますが（→「205」）、ボックスを横に並べるときには、今回の方法か、次の「208」のどちらかを使います。

今回紹介する方法では、フロートの解除に

「overflow」プロパティを使用します。overflowプロパティは、本来は「ボックスからあふれたコンテンツの表示方法」を設定するものですが（→「115」）、CSSの仕様上、overflowプロパティの値を「hidden」にすれば※、フロートの解除にも使えます。

※実際には値が「scroll」「auto」でもフロート解除ができますが、一般的に「hidden」にします。

● **書式** フロートを解除するCSS

```
overflow: hidden;
```

■ **HTML**

207/index.html

```
<main>
    <h1>コース紹介</h1>
    <div class="course">
        <div class="box1">
            <h2>Webデザイナーコース</h2>
            <p>Webサイト制作の基本であるHTMLとCSSの学習にはじまり、画像処理や
グラフィックデザインの基礎、Webデザインに特化した知識を身につけます。</p>
        </div>
        <div class="box2">
            <h2>エンジニアコース</h2>
            <p>HTMLとCSSに加え、JavaScript、PHPを学習し、エンジニアとしての基礎
```

を身につけます。</p>
　　　　</div>
　　</div>
　<div class="notice">
　　　　<p>両方の講座を受講する方は、Webデザイナーコースを先に履修してください。プログラミング経験者のみ、エンジニアコースからの受講が可能です。</p>
　　</div>
</main>

■ CSS　　207/css/style.css

`中略`

```
.course {
    overflow: hidden;
}
.box1 {
    float: left;
    margin-right: 20px;
    padding: 20px;
    width: 300px;
    background: #79c53e;
    border-radius: 10px;
}
.box2 {
    float: left;
    padding: 20px;
    width: 300px;
    background: #379ad4;
    border-radius: 10px;
}
.notice {
    margin-top: 20px;
    padding: 20px;
    border: 2px dotted #fa479f;
    color: #fa479f;
}
```

▼ ブラウザ表示

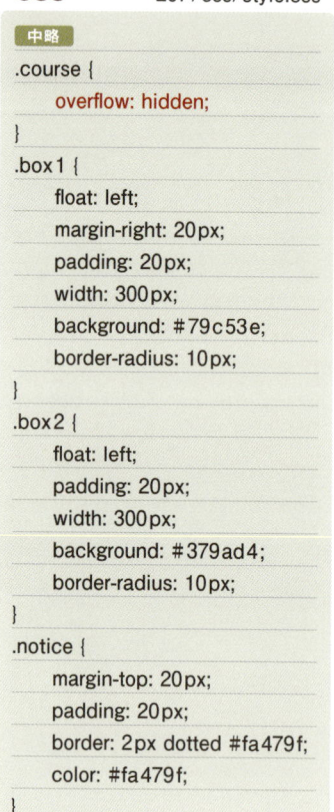

もしフロートを解除しなかったら？

このサンプルでは、floatプロパティを適用している<div class="box1">と<div class="box2">の親要素である、<div class="course">でフロートを解除しています。

もし<div class="course">でフロートを解除しなかったら、その下にある<div class="notice">の表示がおかしくなります。こうした事態を避けるため、フロートは必ず解除しましょう。

フロートを解除しないと、<div class="notice">が上に食い込む

414

208 フロートを解除したい パターン❸ (clearfix)

 **利用シーン** フロート解除は、ボックスを横に並べたときには必ずおこなう

要素/プロパティ

CSS セレクタ

::after
—— 要素のテキストの「直後」にスタイルを適用 ▶060

CSS プロパティ

content
—— テキストの直前や直後に挿入するコンテンツ ▶060

ボックスを横に並べたときのフロート解除の方法には「207」の方法か、今回紹介する、通称「clearfix」と呼ばれるCSSスタイルを使用します。どちらを使っても効果はまったく変わりません。

このclearfixというスタイルは、横に並んだ要素の親要素に適用します。

■ HTML

208/index.html

```html
<main>
    <h1>コース紹介</h1>
    <div class="course clearfix">
        <div class="box1">
            <h2>Webデザイナーコース</h2>
            <p>Webサイト制作の基本であるHTMLとCSSの学習にはじまり、画像処理やグラフィックデザインの基礎、Webデザインに特化した知識を身につけます。</p>
        </div>
        <div class="box2">
            <h2>エンジニアコース</h2>
            <p>HTMLとCSSに加え、JavaScript、PHPを学習し、エンジニアとしての基礎を身につけます。</p>
        </div>
    </div>
    <div class="notice">
        <p>両方の講座を受講する方は、Webデザイナーコースを先に履修してください。プログラミング経験者のみ、エンジニアコースからの受講が可能です。</p>
    </div>
</main>
```

■ **CSS**　　208/css/style.css

```css
.clearfix::after {
    content: " ";
    display: block;
    height: 0;
    clear: both;
}
```

中略

```css
.box1 {
    float: left;
    margin-right: 20px;
    padding: 20px;
    width: 300px;
    background: #79c53e;
    border-radius: 10px;
}
.box2 {
    float: left;
    padding: 20px;
    width: 300px;
    background: #379ad4;
    border-radius: 10px;
}
.notice {
    margin-top: 20px;
    padding: 20px;
    border: 2px dotted #fa479f;
    color: #fa479f;
}
```

▼ **ブラウザ表示**

コース紹介

Webデザイナーコース

Webサイト制作の基本であるHTMLと
CSSの学習にはじまり、画像処理やグラ
フィックデザインの基礎、Webデザイン
に特化した知識を身につけます。

エンジニアコース

HTMLとCSSに加え、JavaScript、PHP
を学習し、エンジニアとしての基礎を身
につけます。

同方の講座を受講する方は、Webデザイナーコースを先に履修してください。プログラミン
グ経験者のみ、エンジニアコースからの受講が可能です。

Column

フロート解除にはどれを使えばよい?

フロート解除の方法には3種類あります。ひとつは
「205」で取り上げたclearプロパティを使う方法、
もうひとつは「207」のoverflowプロパティを使う方
法、最後に今回のclearfixスタイルを適用する方法
です。この3つのうち、どれを選んだらよいのでしょ
うか?
テキストを画像に回り込ませるためにfloatプロパ
ティを使った場合は、clearプロパティを使用します。
それ以外の方法でもフロート解除ができないわけで
はありませんが、回り込みを解除する場所を柔軟に
選べるという点で、clearプロパティが最適です。
ボックスを横に並べるのにfloatプロパティを使った
場合は、overflowプロパティか、clearfixスタイルの
いずれかを使用します。どちらを使ってもかまいませ
んが、現在はoverflowプロパティを使うほうが主流
のようです。

209 ボックスの上部だけ角を丸くしたボタンを作りたい

利用シーン おもにタブ型のボタンやUI部品を作るとき

要素/プロパティ

CSSプロパティ

border-radius: 左上 右上 右下 左下;
—— ボックス四辺の角を丸くする半径をそれぞれ設定する

ボックスの角を丸くするborder-radiusプロパティは「133」でも紹介しています。が、実際には四辺を同じように丸くするだけでなく、それぞれの角ごとに異なる半径を設定することができます。よくおこなわれるのはボックスの上辺だけ、もしくは下辺にだけ角丸の半径を設定し、残りの部分は角張ったまま残しておくという手法です。
サンプルでは、ボックス(<a class="gotop">)の上辺だけ角を丸くして、下辺はそのままにしてあります。

border-radiusプロパティに4つ値を指定したときに適用される箇所

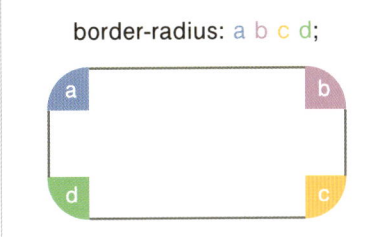

■**HTML**   209/index.html

```
<main>
    <a href="#top" class="gotop">^</a>
</main>
<footer>
    <p><small>©2016 Singularity Museum</small></p>
</footer>
```

ボックスの上部だけ角を丸くしたボタンを作りたい

■CSS

```css
.gotop {
    display: block;
    margin: 40px auto 0 auto;
    width: 80px;
    padding: 10px;
    text-align: center;
    background: #294175;
    border-radius: 15px 15px 0 0;
    text-decoration: none;
    font-size: 20px;
    color: #ffffff;
}
.gotop:hover {
    background: #94a8c7;
}
footer {
    padding: 30px;
    background-color: #294175;
}
footer p {
    color: #ffffff;
}
```

▼ ブラウザ表示

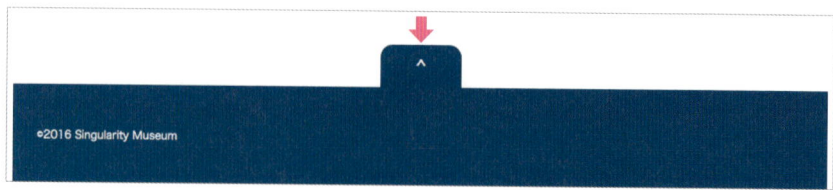

©2016 Singularity Museum

210 引用ブロックに装飾された「"」「"」を表示したい

利用シーン ボックスの左上、右下に画像を表示させたいとき

要素/プロパティ

CSSプロパティ

background: 背景の設定 , 背景の設定 , … , 背景色 ;
—— 要素に複数の背景を設定する ▶▶120 ▶▶131

要素に複数の背景画像を表示させる機能の使い方として、ボックスの左上と右下に、それぞれ違う画像を表示させるアイディアを紹介します。ポイントは、使用する背景画像を繰り返さないように、backgroundプロパティの値に「no-repeat」を含めておくことです。このテクニックはいろいろな場面に応用できるため、よく使われています。サンプルでは引用の<blockquote>の左上と右下に、それぞれ「"」「"」の形をした画像を表示させています。

使用している背景画像

bg1.png

bg2.png

■ **HTML**

210/index.html

```
<h1>受講者の声</h1>
<blockquote class="voice">全くの初心者だったのでとても不安でしたが、とてもわかりやすく安心して受けられました。課題は大変でしたがその分しっかり身につきます。（30代女性）</blockquote>
<blockquote class="voice">独学でこれまでやってきましたが、わかっているようで全然理解できていなかったこともあり、欠けていたことが埋まった気がします。きちんとプロの授業を受けて正解でした。（20代男性）</blockquote>
```

引用ブロックに装飾された「"」「"」を表示したい

■CSS

210/css/style.css

```
.contents h1 {
    padding: 20px;
    font-size: 25px;
    border: 1px dotted #989898;
    color: #565656;
}
.voice {
    margin-top: 50px;
    padding: 20px 60px;
    background: url(../images/bg1.png) top left no-repeat,
                url(../images/bg2.png) bottom right no-repeat;
    color: #565656;
}
```

▼ブラウザ表示

縦に並んだ
ナビゲーションを作りたい

利用シーン

- ●サブナビゲーションを作成するとき
- ●スマートフォンでの表示に適したナビゲーションを作成するとき
- ●Webサイトの同一カテゴリ内のページを移動するナビゲーションを作成するとき

要素 / プロパティ

HTML

`<nav>`～`</nav>` ── 主要なナビゲーション

HTML

`<ul>`、`<li>` ── 箇条書き ▶▶063

CSSプロパティ

`list-style: none;` ── リストマークを表示しない

CSSプロパティ

`border-radius: 角丸の半径;` ── ボックスの角を丸くする ▶▶133

Webサイトの主要なページ同士をリンクして、行き来をしやすくするのが「ナビゲーション」と呼ばれるUI部品です。

このサンプルで紹介するのは、同一カテゴリ内——企業サイトでいえば会社案内やサービス・製品紹介ページなど——のページ間を行き来しやすくするために設置されるリンクで、一般に「サブナビゲーション」と呼ばれています。

ナビゲーションを作成するには、`<nav>`～`</nav>`の中に、`<ul><li>`を使って各リンクをマークアップします。

また、ナビゲーションを作成する際のCSSには、2点重要なポイントがあります。まず1点目が、`<ul>`のデフォルトCSSをキャンセルすることです。このサンプルでは次に示すスタイルで、デフォルトCSSをキャンセルしています。

● **書式** `<ul>`のデフォルトCSSをキャンセルする

```
.submenu ul {
    list-style:none;     ── リストマークを表示しない
    margin: 0;           ── デフォルトCSSのマージンをなくす
    padding: 0;          ── デフォルトCSSのパディング（左パディング）をなくす
}
```

もうひとつは、各リンクの<a>タグに「display: block;」を適用することです。また、各リンクのクリック可能領域を大きくするため、<a>タグにパディングを設けます※。

※<a>タグはパディング領域までクリックできます。

パディングを設けることで、
各リンクのクリック可能領域が大きくなる

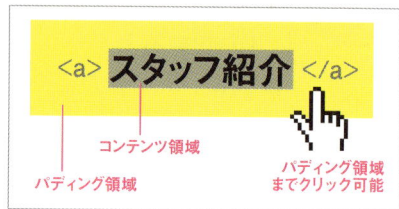

■HTML

211/index.html

```
<nav class="submenu">
    <ul>
        <li><a href="#">営業案内</a></li>
        <li><a href="#">料金表</a></li>
        <li><a href="#">スタッフ紹介</a></li>
        <li><a href="#">設備紹介</a></li>
        <li><a href="#">アクセス</a></li>
    </ul>
</nav>
```

■CSS

211/css/style.css

```
.submenu {
    width: 300px;
}
.submenu ul {  ──────── <ul>に適用されるスタイル
    list-style: none;
    margin: 0;
    padding: 0;

    border: 1px solid #98adb7;
    border-radius: 10px;
    background: #e7e7e7;
}
.submenu li {
```

```
        border-bottom: 1px solid #98adb7;
}
.submenu li:last-child {
        border-bottom: none;
}
.submenu li:hover {
        background: #c4d2dd;
}
.submenu a {
        display: block;
        padding: 10px 30px;
        text-decoration: none;
        color: #406485;
}
```

▼ ブラウザ表示

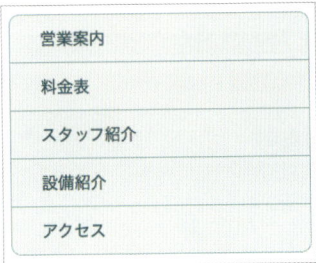

通常時

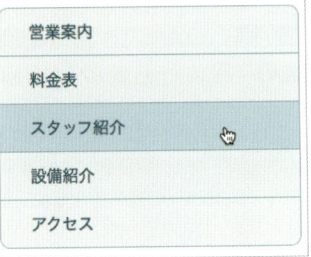

マウスホバー時

212

縦に並んだナビゲーションの各項目に矢印のマークを表示したい

利用シーン

- おもにスマートフォンでの表示に適したナビゲーションを作成するとき
- サブナビゲーションを作成するとき
- Webサイトの同一カテゴリ内のページを移動するナビゲーションを作成するとき

要素/プロパティ

HTML

`<nav>～</nav>` —— 主要なナビゲーション

HTML

`<ul>`、`<li>` —— 箇条書き ▶063

CSSプロパティ

`background: 背景の設定;` —— 要素の背景を設定する ▶120

CSSプロパティ

`list-style: none;` —— リストマークを表示しない

CSSプロパティ

`border-radius: 角丸の半径;` —— ボックスの角を丸くする ▶133

縦に並んだナビゲーションの各項目の右端に、矢印マーク（＞）を表示します。この矢印マークは、ナビゲーション項目（`<li>`）の背景画像に設定します。また、このサンプルでは`<nav>`の幅を指定せず、全体がウィンドウサイズに合わせて伸縮するようにもしています。

このナビゲーションのデザインは、スマートフォン向けWebサイトでよく見かけます。とくに目新しいHTMLやCSSの機能を使うわけではありませんが、応用範囲の広い重要なテクニックといえます。

サンプルのHTMLは「211」と同じです。

■CSS

212/css/style.css

```
/*
.submenu {
    width: 300px;
}
*/
.submenu ul {
    list-style:none;
    margin: 0;
    padding: 0;

    border: 1px solid #98adb7;
    border-radius: 10px;
    background: #e7e7e7;
}
.submenu li {
    border-bottom: 1px solid #98adb7;
    background:url(../images/arrow.
png) right 20px center no-repeat;
}
.submenu li:last-child {
    border-bottom: none;
}
.submenu li:hover {
    background: #c4d2dd;
}
.submenu a {
    display: block;
    padding: 10px 30px;
    text-decoration: none;
    color: #406485;
}
```

スマートフォン向けWebページでは要素の幅を極力指定しない

このサンプルでは<nav class="submenu">の幅を指定していないため、ウィンドウ幅に合わせて全体が伸縮します。参考までに、ウィンドウ幅を360ピクセルに狭めた場合は、次図のような表示になります。スマートフォンでサイトを見ているような雰囲気になりませんか?

ブラウザのウィンドウ幅を狭くしたときの表示

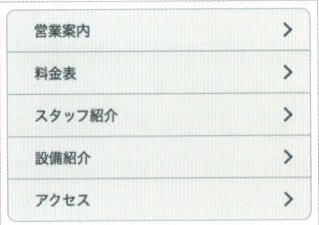

スマートフォン向けのWebサイトを作成するときや、スマートフォンとパソコンで同じHTMLを共用する「レスポンシブWebデザイン」では、要素の幅を固定する——単位「px」や「em」を使用して幅を指定する——ことは極力避けます。

Chap
11

パーツ作成のテクニック

▼ ブラウザ表示

213 見出しがついたボックス（パネル）を作成したい

利用シーン
ツールパネルのようなボックスを作りたいとき

要素/プロパティ

CSSプロパティ

border: 太さ 形状 色;

—— 要素のボックスにボーダーを引く ▶▶109

CSSプロパティ

border-radius: 左上 右上 右下 左下;

—— ボックス四辺の角を丸くする半径をそれぞれ設定する ▶▶133 ▶▶209

ツールパネルのような形状のボックスを作成し、そのボックスの四辺の角を丸くします。一見単純なデザインですが、ちょっとしたCSSのコツがいります。このサンプルでは、<div class="info">〜</div>をひとつのパネルとして、合計ふたつのパネルを表示させています。
まずはソースコードと完成形を見てみましょう。

■HTML
213/index.html

```
<div class="info">
    <h2>診療時間</h2>
    <p>（月）〜（金）<br>
    9:00〜12:00／15:00〜18:00<br>
    土・日・祝日休診</p>
</div>
<div class="info">
    <h2>診療科目</h2>
    <p>内科・小児科<br>
    皮膚科（月・水・金のみ診療）</p>
</div>
```

■CSS
213/css/style.css

```
.info {
    margin-bottom: 20px;
    width: 298px; —— フルーイドデザイン
                     にするならこの幅は
}                    指定しない
.info h2 {
    margin: 0;
    border: 1px solid #6bc5e2;
    padding: 5px;
    border-radius: 10px 10px 0 0;
    background: #6bc5e2;
    text-align: center;
    font-size: 18px;
    color: #ffffff;
}
.info p {
```

```
        margin: 0;
        border: 1px solid #6bc5e2;
        padding: 20px;
        border-radius: 0 0 10px 10px;
}
```

▼ ブラウザ表示

診療時間
（月）～（金） 9:00～12:00／15:00～18:00 土・日・祝日休診

診療科目
内科・小児科 皮膚科（月・水・金のみ診療）

Column

パネル作成のCSSのコツ

見出しとテキストなどが組み合わさった「パネル」を作成するには、2点コツがあります。

見出しのテキストのデフォルトCSSのマージンを「0」に
このサンプルでは、親要素に<div>、その子要素に見出しの<h2>とテキストの<p>をを使用してボックスを作成しています。この構造のとき、<h2>と<p>のマージンを「0」にして、デフォルトCSSをキャンセルしておきます。そうしておかないと<h2>と<p>がくっつきません。

デフォルトCSSをキャンセルしないと<h2>と<p>の間にマージンが空く

ボックスのボーダーと角丸四角形は、見出しとテキストで個別に設定する
ボックスを囲むボーダーと四辺を丸くする角丸四角形は、<h2>と<p>に、それぞれ個別に設定します。

ボーダーと角丸四角形は<h2>と<p>で個別に設定する

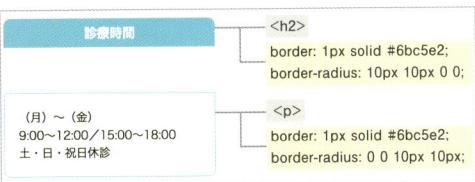

ボーダーと角丸四角形も、一見親要素の<div class="info">に設定すればよさそうですが、それはできません。<h2>に背景色（または背景画像）を適用すると、角丸の外まで塗りつぶされてしまうからです。

<div class="info">にボーダーと角丸四角形を設定すると、<h2>の背景色がはみ出す

214 タブボタンを作成したい

利用シーン

おもにパソコン向けのWebサイトで、
タブで表示を切り替えるUIを作成したいとき

要素／プロパティ

HTML

<ul>、<li>
—— 箇条書き ▶▶063

CSSプロパティ

float: 配置する場所;
—— 要素をフロートさせる ▶▶203

CSSプロパティ

overflow: hidden;
—— フロートを解除する ▶▶207

「タブ」とは、複数のボタンが横に並んだUI部品のことです。ブラウザの「タブ」のように、ページ内で複数のコンテンツを瞬時に切り替えるために使用します※。
タブボタンのHTMLには、<ul><li>を使います。ひとつの<li>～</li>が、ひとつのタブボタンになります。また、タブボタンをクリックして切り替えるコンテンツは、<div>でマークアップするのが一般的です。
タブボタンのデザインを作るCSSは少し長くなりますが、もっとも重要なのは、タブボタンの<li>を、floatプロパティを使って横に並べることです。下記のソースコードでは、タブボタンの表示を作るために重要な部分は強調してあります。CSSの詳しい構造を知りたい方は「206」「207」「211」も参照してみてください。

※実際にタブをクリックしてコンテンツを切り替えられるようにするためには、JavaScriptプログラムを書く必要があります。本書ではコンテンツを切り替える機能は扱っていません。

■HTML

214/index.html

```
<div class="tab">
    <ul class="tabmenu">
        <li class="current"><a href="#">概要</a></li>
        <li><a href="#">外観</a></li>
        <li><a href="#">デザイン</a></li>
        <li><a href="#">仕様</a></li>
    </ul>
    <div class="contents">
        <p>コンパクトでどこでも持ち運べるスピーカー、誕生。</p>
        <p>ストリーミング時代のBluetooth 中略 圧倒的な再現力。</p>
    </div>
</div>
```

■CSS

214/css/style.css

```
.wrapper {
    width: 800px;
}
/* タブボタンが並ぶ部分のスタイル */
.tabmenu {
    overflow: hidden;
    list-style: none;
    margin: 0;
    border-bottom: 5px solid #1495b5;
    padding: 0;
}
.tabmenu li {
    float: left;          ──────「206」参照
    margin: 0 8px 0 0;
    background: #d9dfe1;
    border-radius: 10px 10px 0 0;
}
.tabmenu li:hover {
    background: #cde0e5;
}
```

```
.tabmenu li a {
    display: block;       ──────「211」参照
    padding: 5px 30px;
    text-decoration: none;
    color: #3e5358;
}
/* 選択されているタブボタンのスタイル */
.tabmenu li.current {
    background: #1495b5;
}
.tabmenu li.current a {
    color: #ffffff;
}
/* タブボタンで切り替わるコンテンツ */
.tab .contents {
    padding: 20px;
    border-right: 1px solid #959595;
    border-bottom: 1px solid #959595;
    border-left: 1px solid #959595;
}
```

▼ ブラウザ表示

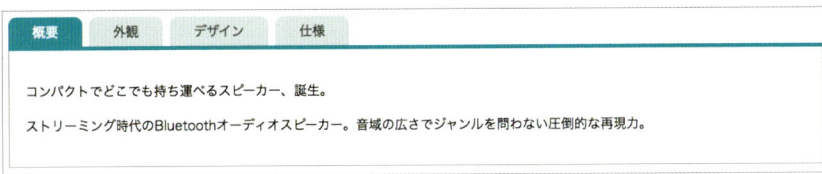

215 ページネーションを作成したい

利用シーン

ニュースサイト、ブログサイト、もしくはサイト内検索結果を表示するページなどで、次のページへ行き来するためのUIを組み込むとき

要素/プロパティ

HTML

`<ol>～</ol>`

━━ 順序がある箇条書き（序列リスト） ▸▸ 064

HTML

`<li>～</li>`

━━ 箇条書きのリスト項目 ▸▸ 064

ページネーションとは、サイト内検索の結果や、ニュースサイトで同じカテゴリの記事を一覧表示するページなどで、次のページや前のページに行ったり来たりするためのUI部品です。
基本的なHTML・CSSの構造は「214」で紹介したタブボタンと変わりません。ただし、ページネーションの各ボタンは序列がはっきりしていることから、箇条書きには`<ul>`ではなく`<ol>`を用いたほうがよいでしょう。

■HTML

215/index.html

```html
<ol class="pagenation">
    <li><a href="#">&lt;</a></li>
    <li class="current"><a href="#">1</a></li>
    <li><a href="#">2</a></li>
    <li><a href="#">3</a></li>
    <li><a href="#">4</a></li>
    <li><a href="#">5</a></li>
    <li><a href="#">&gt;</a></li>
</ol>

</body>
</html>
```

■CSS

215/css/style.css

```css
.pagenation {
    overflow: hidden;
    list-style: none;
    margin: 0;
    padding: 0;
```

```
}
.pagenation li {
    float: left;
    border-top: 1px solid #b9b9b9;
    border-bottom: 1px solid #b9b9b9;
    border-left: 1px solid #b9b9b9;
    background: #e0e0e0;
}
.pagenation li:first-child {
    border-radius: 10px 0 0 10px;
}
.pagenation li:last-child {
    border-right: 1px solid #b9b9b9;
    border-radius: 0 10px 10px 0;
}
.pagenation li:hover {
    background: #d1d1d1;
}
.pagenation li a {
    display: block;
    padding: 5px 20px;
    text-decoration: none;
    color: #3e5358;
}
.pagenation li.current {
    background: #f6d7b6;
}
```

▼ ブラウザ表示

216 サムネイル画像と
テキストを横に並べたい

利用シーン
- ● 複数の記事を魅力的にリストアップしたいとき
- ● パソコン向けのレイアウト、
スマートフォン向けのレイアウトどちらでも使える

要素/プロパティ

HTML

<ul>、<li>

── 箇条書き ▶▶063

CSSプロパティ

float: 配置する場所;

── 要素をフロートさせる ▶▶203

CSSプロパティ

overflow: hidden;

── フロートを解除する ▶▶207

パソコン向けのレイアウトであればサイドバーや記事本体の下に、スマートフォン向けのレイアウトであれば記事本体の下によく配置されている、複数の記事へのリンクをリストアップするサンプルです。ニュースサイトやブログサイトなど、たくさんの記事が掲載されているWebサイトで幅広く使えます。

HIMLの構造は一見複雑ですが、2段階に分けて考えるとすっきりします。まず、記事のひとつひとつは<ul><li>でマークアップします。さらに、それぞれの記事のサムネイルと概要のテキストを、<li>～</li>の中に含めます。

あとは、それぞれの記事のサムネイルとテキストを、floatプロパティで横に並べて表示します。

HTMLの基本構造

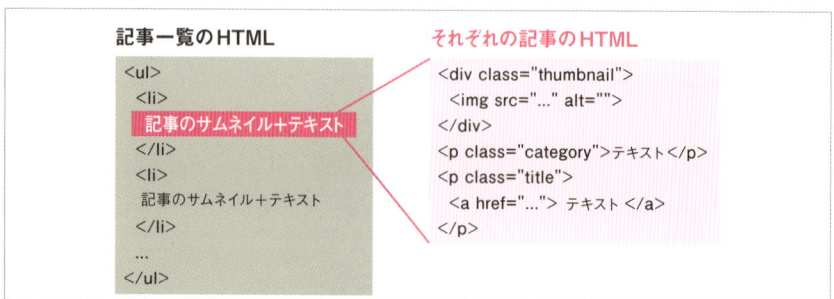

親要素 <div class="articles"> の幅は指定しなくてもよい

このサンプルでは、イメージがわきやすいように親要素の <div class="articles"> の幅を400ピクセルに固定しています。実際にページに組み込む際、とくにフルーイドデザインやスマートフォン向けのレイアウトを構築する場合は、この幅を指定する必要はありません。

■ HTML　　　　　　　　　　　　　　　　　　216／index.html

```
<div class="articles">
    <ul>
        <li>
            <div class="thumbnail">
                <img src="images/photo1.jpg" alt="">
            </div>
            <p class="category">COOKING</p>
            <p class="title">
                <a href="#">ただの目玉焼きがびっくりするほど美味しく焼ける秘密とは?
卵の専門家に聞いてみた!</a>
            </p>
        </li>
        <li>
            <div class="thumbnail">
                <img src="images/photo2.jpg" alt="">
            </div>
            <p class="category">KIDS</p>
            <p class="title">
                <a href="#">子供と作るデコレーションケーキ、楽しく仕上げるには?失
敗をステキに演出する3つのコツ。</a>
            </p>
        </li>
    </ul>
</div>
```

■CSS 216/css/style.css

```
.articles {
    width: 400px; ——— フルーイドデザイン
}                       のページに組み込む
.articles ul {          際には指定しない
    list-style:none;
    margin: 0 auto;
    padding: 0;
}
.articles li {
    overflow: hidden;
    padding: 10px;
    margin-bottom: 20px;
    background:#e9e2de;
}
.articles .thumbnail {
    float: left;
    margin-right: 10px;
    font-size: 0;
```

```
}
.articles .category {
    margin: 0 0 5px 0;
    font-size: 12px;
    font-weight: bold;
    color: #dd3a59;
}
.articles .title {
    margin: 0;
    font-size: 14px;
}
.articles .title a {
    text-decoration: none;
    color: #000000;
}
.articles .title a:hover {
    color: #717171;
}
```

▼ ブラウザ表示

COOKING
ただの目玉焼きがびっくりするほど美味し
く焼ける秘密とは？卵の専門家に聞いてみ
た！

KIDS
子供と作るデコレーションケーキ、楽しく
仕上げるには？失敗をステキに演出する３
つのコツ。

217 写真に枠線をつけたい

利用シーン 画像を表示する際の演出として、
写真の外枠に太い線をつけたいとき

要素/プロパティ

CSS プロパティ

border: 太さ 形状 色;
—— 要素のボックスにボーダーを引く ▶▶109

写真の外周に、太くて白いボーダーを引くことが
よくあります。簡単なテクニックですが、うまく使え
ば写真を際立たせるのに効果があります。
このサンプルでは、前節「216」のソースコード
にひと手間加えて、サムネイル画像の外周に幅
5ピクセルの白い線を引いています。HTMLは
「216」と同じです。

■ **CSS** 217/css/style.css

中略 ▶▶216

```
/* サムネイル画像にスタイルを適用 */
.thumbnail img {
    border: 5px solid #ffffff;
}
```

▼ ブラウザ表示

COOKING
ただの目玉焼きがびっくりするほど美味
しく焼ける秘密とは？卵の専門家に聞い
てみた！

KIDS
子供と作るデコレーションケーキ、楽し
く仕上げるには？失敗をステキに演出す
る3つのコツ。

218 正方形の画像を円形に切り抜きたい

利用シーン 画像を表示する際の演出として、写真を丸く切り抜きたいとき

要素/プロパティ

CSSプロパティ

border-radius: 角丸の半径;

ボックスの角を丸くする ▶▶133

<img>タグに適用されるスタイルに「border-radius: 50%;」と書いておくと、写真を円形に切り抜いて表示させることができます。わざわざ画像を編集して丸く切り抜かなくてもよいのでとても便利です。

ただし、このテクニックが有効なのは画像が正方形のときだけです。長方形の画像では思ったように切り抜くことができないので注意が必要です。

このサンプルでは「216」のソースコードをベースに、サムネイル画像を円形に切り抜いています。HTMLは「216」と同じです。

長方形の画像に適用すると楕円形に切り抜かれてしまう

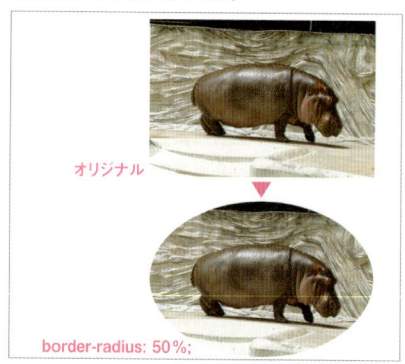

オリジナル

border-radius: 50%;

■CSS
218/css/style.css

中略 ▶▶216

```
/* サムネイル画像にスタイルを適用 */
.thumbnail img {
    border-radius: 50%;
}
```

▼ ブラウザ表示

COOKING
ただの目玉焼きがびっくりす
く焼ける秘密とは？卵の専門
た！

KIDS
子供と作るデコレーション
仕上げるには？失敗をステ
つのコツ。

画像の上に
別の画像を重ねて表示したい

利用シーン
- ●座標を指定して要素を自由に配置したいとき
- ●画像の上に別の画像を重ねたいとき

要素/プロパティ

CSSプロパティ

position: relative; ——— 自由配置したい要素の親要素に指定する

CSSプロパティ

position: absolute; ——— 自由配置したい要素自身に指定する

CSSプロパティ

left: 大きさ; ——— 「position: relative;」が指定されている要素の左隅からの距離

CSSプロパティ

top: 大きさ; ——— 「position: relative;」が指定されている要素の上端からの距離

「ポジション配置」と呼ばれるCSSの機能を使って、画像の上に別の画像を重ねます。ポジション配置とは、座標を指定して要素を自由に配置する機能のことで、positionプロパティやtopプロパティ、leftプロパティなど関連する複数のプロパティを使用して実現します。ポジション配置の詳しい解説は次のコラムでしますので、ここではサンプルの概要だけ掴んでおきましょう。
このサンプルでは、サンプル「216」をベースに、サムネイル画像の左上に「New」と書かれた画像を重ねて配置します。下記のソースコードには、ポジション配置に関係のある部分だけを抜粋して掲載しています。

写真に重ねる画像

→ 透明部分

new.png

■HTML

219/index.html

```
<div class="articles">
    <ul>
        <li>
            <div class="thumbnail">
```

```
        <img src="images/photo1.jpg" alt="">
        <div class="new"><img src="images/new.png" alt="new"></div>
    </div>                                          └── 重ねる画像
    <p class="category">COOKING</p>
    <p class="title">
        <a href="#">ただの目玉焼きがびっくりするほど美味しく焼ける秘密とは?
卵の専門家に聞いてみた!</a>
    </p>
    </li>
    中略
    </ul>
</div>
```

■CSS

219/css/style.css

```
中略
.articles .thumbnail {
    position: relative;
    float: left;
    margin-right: 10px;
    font-size: 0;
}
中略
/*「New」画像を重ねる */
.new {
    position: absolute;
    left: 0;
    top: 0;
}
```

▼ ブラウザ表示

.... Column

positionプロパティ ——要素の自由配置——

通常、HTMLの要素は、タグが書かれた順に、インラインボックス（<span>、<strong>、<input>など）であれば左から右へ、ブロックボックス（<div>、<h1>、<p>など）であれば上から下へ配置されます。

通常の要素の配置

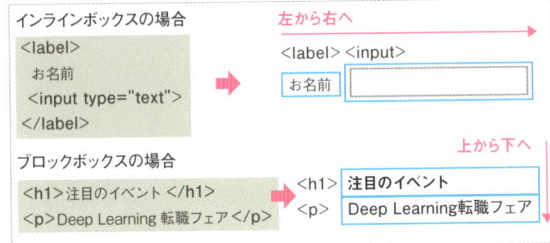

CSSのポジション機能を使うと、この通常配置を完全にキャンセルして、要素を自由な場所に配置できるようになります。

ポジション機能を使った自由配置にはいくつかの方法があるのですが、ここではもっとも標準的な手法を紹介します。サンプル「219」もこの方法で画像を自由配置しています。

ポジション配置の基本的なマークアップ

まず、ポジション配置したい要素には「position: absolute;」を指定します。「position: absolute;」が指定された要素は、その親要素、または祖先要素で、「position: relative;」が指定された要素のボックスの左上を、座標（0, 0）とする位置で配置されます。

positionプロパティを指定した親要素と子要素の関係

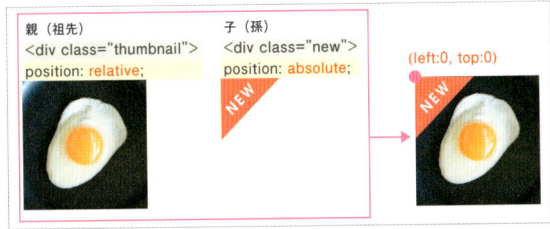

座標は、leftプロパティで横方向、topプロパティで縦方向の座標位置を指定します。これらのプロパティは「position: abolute;」を適用した要素

（<div class="new">）に追加します。たとえば、サンプルのようなCSS
を適用した場合、<div class="thumbnail">の左上に配置されます。

座標指定の例

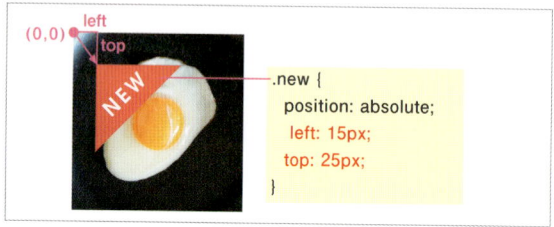

なお、leftプロパティやtopプロパティの代わりに、rightプロパティ、
bottomプロパティも使えます。これらのプロパティは、親要素の右下を
（right:0; bottom:0;）とした座標で位置を指定することができます。

rightプロパティ、bottomプロパティ

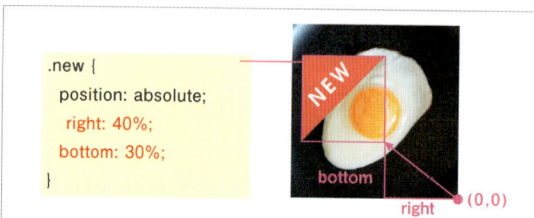

ポジション配置する要素の注意点

通常、ブロックボックスの幅は親要素の幅いっぱいに広がります。しかし、
「position: absolute;」が指定された要素は、たとえそれが<div>などのブ
ロックボックスであっても、幅は親要素いっぱいには広がらず、自身のコン
テンツが収まる最小限のサイズになります。

実際、サンプルで「position: absolute;」を指定した<div class="new">
の幅は、widthプロパティを指定していないのに、そのコンテンツ（<img>
タグ）が収まる幅だけを確保しています。

「position: absolute;」が指定されたボックスのサイズ

「position: absolute;」が指定されると、たと
えブロックボックスであってもコンテンツに
フィットする幅と高さになる（widthプロパティ、
heightプロパティで調整は可能）。

また、「position: absolute;」が指定された要素は、親要素よりも上に重なるだけでなく、positionプロパティが指定されていない兄弟要素よりも上に重なります。

このサンプルでいえば、「position: absolute;」を指定した<div class="new">には、兄弟要素「<img src="images/photo1.jpg" alt="">」があります。この場合、<div class="new">が必ず上に重なります。

座標指定の例

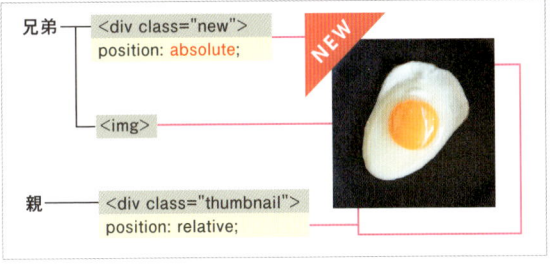

220 画像の上に テキストを重ねたい

利用シーン 記事などに掲載される「写真」と「タイトル」を 魅力的に、省スペースで見せたいとき

要素／プロパティ

CSSプロパティ

position: relative;

――― 自由配置したい要素の親要素に指定する ▶▶219

CSSプロパティ

position: absolute;

――― 自由配置したい要素自身に指定する ▶▶219

CSSプロパティ

left: 大きさ;

――― 「position: relative;」が指定されている要素の左隅からの距離 ▶▶219

CSSプロパティ

bottom: 大きさ;

――― 「position: relative;」が指定されている要素の下端からの距離 ▶▶219

画像の上にテキストなどを重ねるには、ポジション配置をおこないます。このサンプルでは、黒い半透明のボックスを画像の下部に重ねて配置しています。記事のリンクやトップページに掲載されるスライドショーなどでよく用いられるデザインです。

▪HTML

220/index.html

```
<div class="keyvisual">
    <div class="photo">
        <img src="images/photo1.jpg" alt="">
    </div>
    <div class="copy">
        <p><a href="#">展望階に上がれる高層ビルはここ!高層ビル群の意外な楽しみ方。
</a></p>
    </div>
</div>
```

■CSS　　220/css/style.css

```
.keyvisual {
    position: relative;
    width: 800px;
}
.photo {
    font-size: 0;　————— コラム参照
}
.copy {
    position: absolute;
    left: 0;
    bottom: 0;
    width: 100%;
    background: #353441;
    opacity: 0.8;
    text-align: center;
}
.copy a {
    text-decoration: none;
    color: #fff;
}
.copy a:hover {
    text-decoration: none;
    color: #ccc;
}
.copy p {
    padding: 20px 40px;
    font-size: 18px;
}
```

▼ ブラウザ表示

.... Column

<div class="photo">に 「font-size: 0;」を適用している理由

ある要素（このサンプルでは<div class="photo">）に<img>タグが含まれていると、そのボックスの下部と画像の間にスペースが空きます（→「119」）。しかし、画像と上に重ねた黒い半透明のボックスをぴったり重ねるためには、親要素のボックスと画像の間に空くスペースをなくす必要があります。

このスペースをなくすには、「119」のように<img>タグにvertical-alignプロパティを適用する方法もありますが、親要素のほうに「font-size: 0;」を適用しても同じことができます。

「font-size: 0;」を適用する理由

221 バッジを重ねて表示したい

● ボックスからはみ出すような位置にマークを
つけたいとき
● 「新着」や「新規」といった意味の通知をしたいとき

要素/プロパティ

CSSプロパティ

position: relative; ── 自由配置したい要素の親要素に指定する ▶▶219

CSSプロパティ

position: absolute; ── 自由配置したい要素自身に指定する ▶▶219

CSSプロパティ

left: 大きさ; ── 「position: relative;」が指定されている要素の左隅からの距離 ▶▶219

CSSプロパティ

right: 大きさ; ── 「position: relative;」が指定されている要素の右隅からの距離 ▶▶219

CSSプロパティ

box-shadow: 影の設定; ── ドロップシャドウをつける ▶▶135

ボックスの右上に「New」と書かれたバッジ(マーク)を、ポジション配置で表示させます。
left/top/right/bottom各プロパティには、マイナスの数値を指定することができます。この特性を利用して、バッジをボックスの上部からはみ出す位置に配置します。
なおこのサンプルでは、バッジには画像を使わず、すべてCSSだけで表現しています。

■ HTML

221/index.html

```
<div class="infobox">
    <div class="badge">NEW</div>
    <div class="thumbnail">
        <img src="images/photo1.jpg" alt="">
    </div>
    <p class="title">
        <a href="#">展望階に上がれる高層ビルはここ!高層ビル群の意外な楽しみ方。</a>
    </p>
</div>
```

■ **CSS**　　221／css/style.css

```
.infobox {
    position: relative;
    border: 1px solid #d0d0d0;
    padding: 10px;
    width: 300px;
    background: #e9e9e9;
}
.thumbnail {
    margin-bottom: 10px;
    font-size: 0;
}
.thumbnail img {
    width: 100%;  ——「222」参照
}
.title {
    margin: 0;
    font-size: 14px;
}
.title a {
    text-decoration: none;
    color: #000000;
}
.title a:hover {
    color: #717171;
}
/* バッジ */
.badge {
    position: absolute;
    right: 20px;
    top: -8px;

    padding-top: 20px;
    width: 60px;
    height: 40px;
```

```
    border-radius: 50%;

    background: #ff4f00;
    text-align: center;
    font-size: 12px;
    font-weight: bold;
    color: #ffffff;
    box-shadow: 0px 6px 6px 0px
rgba(0,0,0,0.5);
}
```

▼ ブラウザ表示

展望階に上がれる高層ビルはここ！高層ビル群
の意外な楽しみ方。

222 実際のサイズとは異なる 大きさで画像を表示したい

- ウィンドウサイズに合わせて伸縮する デザインのページを作成するとき
- スマートフォン向け、もしくはレスポンシブ Webデザインのページを作成するとき
- 最終的なデザインが確定せず、正確な 画像サイズがわからないとき

要素/プロパティ

CSSプロパティ

width: 幅;

—— ボックスの幅を指定する ▶▶114

現代のWebデザインでは、画像の実サイズとは異なるサイズでWebページに掲載するケースが増えています。とくに、スマートフォン向けのページを作るとき、またはパソコン向け・スマートフォン向けどちらにも対応するレスポンシブWebデザインのページを作るときは、画像を実サイズで表示することのほうが少ないくらいです。そのため、画像を実サイズとは異なるサイズで表示するテク

ニックはとても重要です。

画像を実サイズとは異なるサイズで表示させるには、一般的にはその画像を親要素の幅にフィットするようにします。<img>タグに「width: 100%;」を指定すると、画像は親要素の幅に合わせて、縦横比を保ったまま伸縮します。

このテクニックは「226」などでも使用しています。

■HTML

222/index.html

```
<div class="infobox">
    <div class="thumbnail">
        <img src="images/photo1.jpg" alt="">
    </div>
    <p class="title">
        <a href="#">展望階に上がれる高層ビルはここ!高層ビル群の意外な楽しみ方。</a>
    </p>
</div>
```

```
.infobox {
    position: relative;
    border: 1px solid #d0d0d0;
    padding: 10px;
    width: 300px;
    background: #e9e9e9;
}
.thumbnail {
    margin-bottom: 10px;
    font-size: 0;
}
.thumbnail img {
    width: 100%;
}
```

中略

▼ ブラウザ表示

展望階に上がれる高層ビルはここ！高層ビル群
の意外な楽しみ方。

正しい表示

展望階に上がれる高層ビルはここ！高層ビル群
の意外な楽しみ方。

もし「width: 100%」がないと、
画像は親要素のサイズを無視
して実サイズで表示される

223 ウィンドウ幅いっぱいに 背景画像を表示したい ❶

 **利用シーン** ウィンドウ幅いっぱいに広がったり、ページ全体を覆ったりするような、大きな画像を使いたいとき

要素/プロパティ

CSSプロパティ

background: 背景の設定；

―――― 要素の背景を設定する ▶▶120

Webサイトのトップページなどで、ブラウザのウィンドウサイズいっぱいに広がる画像を表示させたいことがあります。実現する方法はいくつかありますが、このサンプルでは、ウィンドウサイズいっぱいに広がる<div>タグに、大きな背景画像を適用しています。

できるだけ大きく画像を表示させるときのポイントとなるのが、background-positionプロパティで指定する背景画像の配置方法です。この値を「center top」にしておくと、ウィンドウの広さにかかわらず画像の中心部分は常に表示されるようになります。

このサンプルでは、ウィンドウサイズいっぱいに広がるように「height: 100%;」を適用した<div class="keyvisual">に背景画像を適用しています。なお、サンプルではbackground-positionプロパティを使わずに、背景の設定を一括でできるbackgroundプロパティを使用しています。これらのプロパティの詳しい書式については「120」で取り上げています。

> **注 意**
>
> **<body>の外周のマージンも「0」にしよう**
>
> ウィンドウの幅いっぱいに画像を表示するなら、背景画像の設定をするだけでなく、<body>のデフォルトCSSに適用されている8ピクセルのマージンも消しておく必要があります（→「093」）。

■ HTML
223/index.html

```
<div class="keyvisual">
    <img class="logo" src="images/logo.png" alt="TOKYO ART SUPPLIES">
</div>
```

```css
html {
    height: 100%;
}
body {
    margin: 0;
    height: 100%;
}
.keyvisual {
    position: relative;
    height: 100%;
    background: url(../images/bg.jpg) center top no-repeat;
}
.logo {
    position: absolute;
    top: 50%;
    left: 50%;
    margin-top: -200px;
    margin-left: -200px;
}
```

▼ ブラウザ表示

広い

狭い

ウィンドウが広くても狭くても、中心に表示される画像の位置は変わらない

224 ウィンドウ幅いっぱいに背景画像を表示したい ❷

利用シーン ウィンドウ幅いっぱいに広がったり、ページ全体を覆ったりするような、大きな画像を使いたいとき

要素 / プロパティ

CSSプロパティ

background: 背景の設定;
—— 要素の背景を設定する ▶▶120

CSSプロパティ

background-size: cover;
—— 背景画像の表示サイズを設定する ▶▶120

ブラウザのウィンドウ幅いっぱいに画像を表示させる方法のひとつとして紹介した前節のサンプル「223」は、常に画像の中心部分を表示するという利点があります。その反面、画像自体を伸縮させないため、極端にウィンドウサイズが大きいと埋め尽くせない場合が出てきます。

「223」の方法では画像で全体を覆えない場合がある

もし、ウィンドウ全体を背景画像で覆いたいときは、背景画像を適用する要素のスタイルに「background-size: cover;」を追加します。このプロパティがあると、背景画像はボックスの大きさに合わせて伸縮するようになり、常にウィンドウ全体に画像を表示させることができるようになります。

■ HTML

224/index.html

```
<div class="keyvisual">
    <img class="logo" src="images/logo.png" alt="TOKYO ART SUPPLIES">
</div>
```

■ CSS

224/css/style.css

```
html {
    height: 100%;
}
body {
    margin: 0;
    height: 100%;
}
.keyvisual {
    position: relative;
    height: 100%;
    background: url(../images/bg.jpg) center top no-repeat;
    background-size: cover;
}
.logo {
    position: absolute;
    top: 50%;
    left: 50%;
    margin-top: -200px;
    margin-left: -200px;
}
```

Chap 11
パーツ作成のテクニック

▼ ブラウザ表示

451

225

ウィンドウ幅に合わせて伸縮するキービジュアルを作成したい

利用シーン
- ●トップページなどで、ウィンドウ幅に合わせて伸縮するキービジュアルを表示したいとき
- ●ただし、画質の劣化を防ぐために画像を拡大させたくないとき

要素 / プロパティ

CSS プロパティ

width: 幅; ——— ボックスの幅を指定する ▶▶114

CSS プロパティ

max-width: 幅; ——— ボックスの最大幅を指定する

CSS プロパティ

margin: 0 auto; ——— ボックスを親要素の中央に配置する ▶▶232

ウィンドウ幅に合わせて伸縮する画像を表示します。画像は<img>タグで表示して、最大1200ピクセルまで拡大します。それよりウィンドウ幅が大きいときは、画像を中央揃えにして、足りない部分は背景色で塗りつぶします。逆にウィンドウ幅が1200ピクセル以下のときは画像を縮小します。このように拡大の上限がある画像を表示させるには、次のようなHTMLとCSSの構造にします。

HTMLとCSSの基本構造

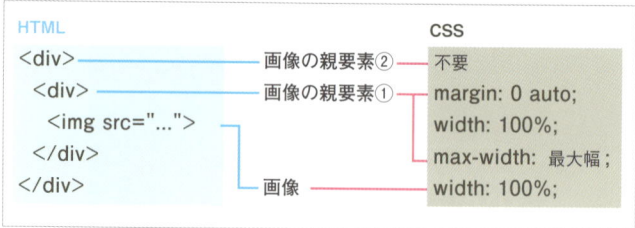

この図の親要素②に指定している「max-width」というプロパティがあります。これは、ボックスの最大幅を設定するプロパティで、ウィンドウ幅に合わせて伸縮するデザインを組むときによく使います。

■ HTML

```
<div class="wrapper">
    <div class="container">
        <img src="images/keyvisual.jpg" alt="">
    </div>
</div>
```

■ CSS

```
body {
    margin: 0;
}
.wrapper {
    background: #000000;
}
.container {
    margin: 0 auto;
    width: 100%;
    max-width: 1200px;
    font-size: 0;
}
.container img {
    width: 100%;
}
```

Chap
11

パーツ作成のテクニック

▼ ブラウザ表示

226 カレンダーを表示したい

利用シーン カレンダーを表示する必要があるとき

要素/プロパティ

HTML

<table>〜</table>
── テーブルの親要素 ▶137

HTML

<tr>〜</tr>
── テーブル行 ▶137

HTML

<td>〜</td>
── テーブルセル ▶137

HTML

<th>〜</th>
── 見出しセル ▶139

Webサービスやブログなど、特定のジャンルのWebサイトを作成するときには、カレンダーを作ることがよくあります。サーバー側のプログラムでHTMLが出力されることも多く、実際に制作する機会は少ないかもしれませんが、一度作っておけば使い回せて便利です。

■HTML

226/index.html

```
<div class="calendar-wrapper">
    <table class="calendar">
        <caption>2017年1月</caption>
        <thead>
            <tr>
                <th>日</th>
                <th>月</th>
                <th>火</th>
                <th>水</th>
                <th>木</th>
                <th>金</th>
                <th>土</th>
            </tr>
```

```
            </thead>
            <tbody>
                <tr>
                    <td></td>
                    <td class="holiday">1</td>  —— 祝日にはclass属性を追加
                    <td class="holiday">2</td>
                    <td>3</td>
                    <td>4</td>
                    <td>5</td>
                    <td>6</td>
                </tr>
                中略
            </tbody>
        </table>
</div>
```

■CSS

226/css/style.css

```
.calendar-wrapper {
    width: 400px; ———————————————————— カレンダーの幅を設定
}
.calendar {
    table-layout: fixed;
    width: 100%;
    border-collapse: collapse;
    border: 1px solid #cdcdcd;
}
.calendar th,
.calendar td {
    padding: 10px 0;
    border: 1px solid #cdcdcd;
    text-align: center;
    vertical-align: middle;
    font-size: 14px;
}
.calendar th {
    background-color: #dedede;
}
.calendar th:first-child { ———————————— 日曜日1行目（見出し）のスタイル
    background-color: #e05557;
    color: #ffffff;
```

```
}
.calendar td:first-child {                              ──────── 日曜日のスタイル
    color: #e05557;
}

.calendar th:last-child {                               ──────── 土曜日1行目（見出し）のスタイル
    background-color: #207bcf;
    color: #ffffff;
}

.calendar td:last-child {                               ──────── 土曜日のスタイル
    color: #207bcf;
}

.holiday {                                              ──────── 祝日のスタイル
    color: #e05557;
}

.calendar caption {
    margin: 0 0 10px 0;
    padding: 10px;
    font-size: 14px;
    border: 5px solid #dedede;
    border-radius: 30px;
    font-weight: bold;
}
```

▼ ブラウザ表示

2017年1月						
日	月	火	水	木	金	土
	1	2	3	4	5	6
7	8	9	10	11	12	13
14	15	16	17	18	19	20
21	22	23	24	25	26	27
28	29	30	31			

227 検索フィールドの中に 虫眼鏡アイコンを表示させたい

利用シーン テキストフィールドのデザインを少し変更したいとき

要素/プロパティ

HTML

`<input type="text" name="送信時の名前">`

—— テキストフィールド **▸▸157**

CSSプロパティ

`background: 背景の設定;`

—— 要素の背景を設定する **▸▸120**

CSSセレクタ

属性セレクタ

—— タグに含まれる属性やその値で要素を選択する **▸▸179**

テキストフィールド内に虫眼鏡アイコンを表示させます。フォーム部品にbackgroundプロパティを適用すれば、そのフィールド内に画像を表示できます。また、アイコン画像とユーザーが入力した文字が重ならないように、パディングも設定します。

テキストフィールド、とくにサイト内検索のフィールド内に画像を表示させるのはよくおこなわれるテクニックです。特殊なCSSを使うわけでもなく、手軽に見た目をカスタマイズできます。

サンプルのテキストフィールドに適用したパディングのサイズ

top: 10px
right: 10px
left: 40px
bottom: 10px

■**HTML**
227/index.html

```
<form action="#">
    <p><input type="text" name="search"></p>
    <p><input type="submit" value="検索"></p>
</form>
```

■ **CSS**

```css
input[type="text"] {
    border: 3px solid #dedede;
    padding: 10px 10px 10px 40px;
    width: 300px;
    background: url(../images/icon.png) 10px center no-repeat;
    font-size: 20px;
}
input[type="submit"] {
    padding: 5px 20px;
    border: none;
    border-radius: 5px;
    font-size: 14px;
    background: #2ca9b4;
    color: #ffffff;
}
```

▼ ブラウザ表示

228

テキストフィールドのすぐ横に送信ボタンを配置したい

利用シーン テキストフィールドのデザインを少し変更したいとき

要素/プロパティ

HTML

`<input type="text" name="送信時の名前">`

—— テキストフィールド ▶▶157

CSSプロパティ

`border: 太さ 形状 色;`

—— 要素のボックスにボーダーを引く ▶▶109

CSSプロパティ

`background: 背景の設定;`

—— 要素の背景を設定する ▶▶120

CSSセレクタ

属性セレクタ

—— タグに含まれる属性やその値で要素を選択する ▶▶179

サイト内検索のフォームで、テキストフィールドと送信ボタンを横にくっつけます。前節「227」同様、よくおこなわれるテクニックです。

このテクニックのコツは、実はHTMLにあります。テキストフィールドの`<input type="text">`と、送信ボタンの`<input type="submit">`の間で改行してはいけません。改行すると両者の間に半角スペース分のすき間が空いて、くっつけることができなくなります。

HTMLの「改行」は、ブラウザ上では「半角スペース」として表示されます。通常はあまり問題になりませんが、今回のサンプルのように、要素と要素をくっつけたいときには注意が必要です。

Chap
11
パーツ作成のテクニック

HTML内の改行は半角スペースとして表示される

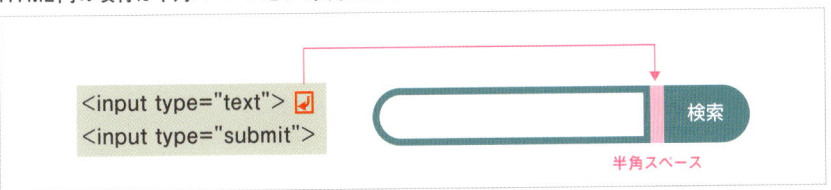

■**HTML**   228/index.html

```
<form action="#">
    <p><input type="text" name="search"><input type="submit" value="検 索"></p>
</form>
```

■CSS　228/css/style.css

```
input[type="text"] {
    padding: 10px 10px 10px 40px;
    width: 300px;
    height: 20px;
    border: 3px solid #2ca9b4;
    border-right: none;
    border-radius: 30px 0 0 30px;
    background: url(../images/icon.
png) 10px center no-repeat;
    font-size: 20px;
}
```

```
input[type="submit"]{
    margin: 0;
    border: none;
    padding: 0 20px;
    height: 46px;
    border-radius: 0 30px 30px 0;
    font-size: 12px;
    background: #2ca9b4;
    color: #fff;
    vertical-align: bottom;
}
```

▼ ブラウザ表示

.... Column

ボックスの3辺にボーダーを引く方法

このサンプルでは、テキストフィールドの3辺（上下左）にボーダーを引いています
が、右辺には引いていません。3辺に同じボーダーを引き、1辺だけ引かないような
ときには、CSSを次のように書くのがすっきりします。

● 書式　3辺にボーダーを引き、右辺には引かない例

```
border: 3px solid #2ca9b4;
border-right: none;
```

このCSSは、まず1行目で、ボックスの四辺にボーダーを設定してしまいます。そし
て2行目で、右辺のボーダーだけをなくしています。
このように、CSSは先に設定されたスタイル——このスタイルであれば1行目——
を、あとから設定するスタイル——2行目——で上書きすることができます。
なお、borderプロパティ、border-rightプロパティを含むボーダー関連のプロパティ
の値に「none」を指定すると、ボーダーが引かれなくなります。

3辺にボーダーを引くCSSの仕組み

229 プルダウンメニューの見た目を変えたい

利用シーン <select>タグで作るプルダウンメニューの見た目をどうしても変えたいとき

要素/プロパティ

CSSプロパティ

appearance: none;

—— 特殊なUI部品の見た目をなくす

CSSプロパティ

background: 背景の設定, 背景の設定, …, 背景色;

—— 要素に複数の背景を設定する ▶▶120 ▶▶131

フォーム部品の一部など、たとえば<select>タグには、ブラウザが用意した特殊なアピアランス(見た目)が用意されています。このアピアランスが用意されている要素の中には、CSSで表示を完全に作り替えることができないものがあります。

ただし、appearanceプロパティを適用して、その値を「none」にすれば、フォーム部品に用意されているアピアランスそのものを非表示にすることができます。いったんアピアランスを非表示にしてしまえば、あとはCSSで自由に見た目を作り替えることができます。

このサンプルでは、appearanceプロパティを使って、<select>タグ(プルダウンメニュー)の見た目をCSSで完全に作り替えています。appearanceプロパティ以外に特殊な機能を使っているわけではありませんが、backgroundプロパティで複数の背景を指定していることに注目してください。背景には、下向き矢印の画像と、背景色を適用しています。

> **注　意**
>
> **appearanceプロパティを使用するのはどうしても見た目を変えたいときだけにしよう**
>
> このサンプルで紹介するappearanceは、少なくともいまのところCSSの標準仕様には含まれていない非公式のプロパティです。ブラウザによって対応状況が違ったり、バージョンが変わると機能が変わったりすることがあるため、多用せず、「どうしても」プルダウンメニューなどの見た目を変えたいときだけ使用するようにしましょう。

■**HTML**

229/index.html

```
<h1>購入手続き</h1>
<form action="#" method="POST">
    <p><label for="size">Tシャツサイズ選択</label><br>
        <select name="size" id="size">
```

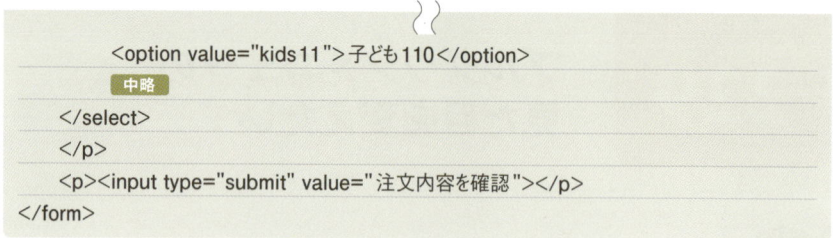

```
        <option value="kids11">子ども110</option>
        中略
    </select>
    </p>
    <p><input type="submit" value="注文内容を確認"></p>
</form>
```

■CSS

229/css/style.css

```
select {
    -webkit-appearance: none;
    -moz-appearance: none;
    appearance: none;

    margin-top: 10px;
    border: 2px solid #b6b6b6;
    padding: 5px 50px 5px 20px;
    border-radius: 5px;
    background: url(../images/arrow.png)
right 10px center no-repeat, #e7e7e7;
    font-size: 16px;
}
中略
```

▼ ブラウザ表示

.... Column

「-webkit-」「-moz-」ってなに?

CSSは現在でも活発に機能強化がされていて、かなりのペースで新しいプロパティやセレクタなどが追加されています。そうした新機能の中には、標準仕様になる前に、先行してブラウザに実装されるケースもよくあります。appearanceプロパティも先行して実装されているもののひとつです。

このような非公式なプロパティをブラウザに組み込む際に、実際のプロパティ名の前に「-webkit-」や「-moz-」など、ブラウザメーカー固有の文字をつけることがあります。この文字のことを「ベンダープリフィックス」といいます。

数年前までベンダープリフィックスがついたプロパティがたくさん使われていました。が、今回紹介したappearanceプロパティと、-webkit-tap-highlight-colorプロパティ(→「086」)を除けば、現在ではほとんど使われていません。ベンダープリフィックスつきのプロパティは、標準仕様でないため将来機能が変わる可能性もあり、極力使用しないほうがよいでしょう。

230

ローディングサインを表示したい

利用シーン

- ●ファイルサイズの大きい画像が表示される前にローディングサインを表示させたいとき
- ●ユーザーを待たせたくないとき

要素 / プロパティ

CSSプロパティ

background: 背景の設定 ;

—— 要素の背景を設定する ▶▶ 120

画像が表示されるまで、読み込み中であることを示す「ローディングサイン※」を表示させておくことがあります。

一般的には、ローディングサイン自体も画像で作成します。とくに、GIFアニメーションの画像を作成しておくと、動きが出てユーザーを待たせません。ローディングサインを表示させる場合はJavaScriptプログラムを使うことが多いのですが、より簡単に、CSSだけで実現できる方法があります。それは、本来の画像が表示されるボックスに、背景としてローディングサインを指定しておくことです。そうしておけば、本来の画像が表示されるとローディングサインは隠れて見えなくなります。

このサンプルでは、ファイルサイズの大きな画像を読み込ませて、それが表示されるまでの間ローディングサインを表示しています。ただ、ローカル環境でサンプルを開くと一瞬で画像が読み込まれてしまい、ローディングサインが表示される時間はほとんどありません。可能であればWebサーバーなどにアップロードして確認してみてください。

※「プリローダー」「スピナー」などと呼ばれることもあります。

■HTML

230 / index.html

```
<div class="wrapper">
    <div class="box"><img src="images/photo1.jpg" alt=""></div>
    <div class="box"><img src="images/photo2.jpg" alt=""></div>
    <div class="box"><img src="images/photo3.jpg" alt=""></div>
    <div class="box"><img src="images/photo4.jpg" alt=""></div>
    <div class="box"><img src="images/photo5.jpg" alt=""></div>
</div>
```

■CSS

中略

```css
.box {
    float: left;
    margin: 10px;
    width: 300px;
    height: 200px;
    border: 1px solid #dcdcdc;
    background: url(../images/loading.gif) center center no-repeat;
}
.box img {
    width: 100%;
}
```

▼ ブラウザ表示

ローディングサインが表示される

画像を読み込み中

読み込み完了

※通信速度が速いとすぐに画像が表示がダウンロードされるため、ローディングサインが表示されない場合があります。

ナビゲーションの
デザインテクニック

Chapter

12

231 一般的なナビゲーションのマークアップ（HTML5版）

利用シーン

●ナビゲーションを作成するとき
●HTMLをHTML5形式で書くとき

要素/プロパティ

HTML

`<nav>～</nav>`
—— 見主要なナビゲーション

HTML

`<ul>`、`<li>`
—— 箇条書き ▶▶063

ナビゲーションとは、Webサイトの主要なページの間を行ったり来たりできるリンクをまとめたものです。

一般に、Webサイトは「トップページ（ホームページ）」を頂点として、次に「カテゴリートップ」ページが続き、その次に実際の情報が掲載されるページがリンクされるという、どんどん枝分かれするような構造※を形成しています。

※「ツリー構造」「木構造」と呼ばれることもあります。

一般的なWebサイトの構造

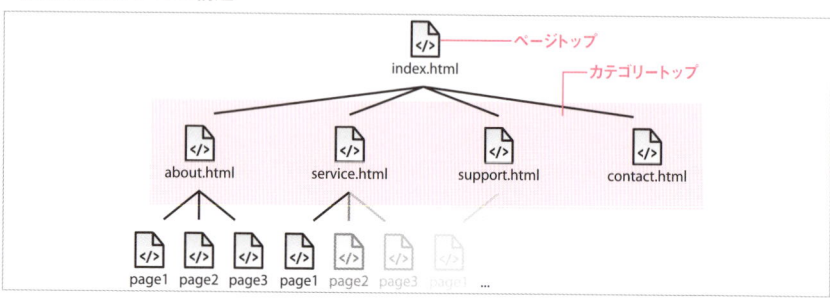

ナビゲーションのうち、おもにカテゴリートップページ、またはそのWebサイトの主要なページへのリンクを一カ所に集めたものが「グローバルナビゲーション」、カテゴリー内の各ページのリンクを集めたものを「ローカルナビゲーション」または「サブナビゲーション」といいます。通常のデザインでは、グローバールナビゲーションはページの上部に、ローカルナビゲーションはサイドバーか、そのページの主要なコンテンツの下に配置します。コンテンツの下にローカルナビゲーションを配置するのは、とくにスマートフォン向けのページでよく見かけるデザインです。

典型的なグローバルナビゲーション、ローカルナビゲーションの位置

このサンプルで紹介するHTMLは、グローバルナビ
ゲーションであっても、ローカルナビゲーションであっ
ても使える一般的なマークアップのパターンです。ナ
ビゲーションのリンクを増やすときは、<ul>の中の
<li>～</li>を追加します。

知っておこう

<nav>タグ

このHTMLで使用している<nav>タグは
「主要なナビゲーション」を意味します。一
般的には、グローバルナビゲーションや
ローカルナビゲーションを作成するときに
使用します。

■ **HTML**　　　　　　　　　　　　　　　　　　231/index.html

```
<nav>
    <ul>
        <li><a href="#">HOME</a></li>
        <li><a href="about/">会社概要</a></li>
        <li><a href="service/">業務内容</a></li>
        <li><a href="access/">アクセス</a></li>
        <li><a href="contact/">お問い合わせ</a></li>
    </ul>
</nav>
```

▼ ブラウザ表示

- HOME
- 会社概要
- 業務内容
- アクセス
- お問い合わせ

## 232

一般的なナビゲーションのマークアップ（XHTML版）

利用シーン

- ●ナビゲーションを作成するとき
- ●HTMLをXHTML1.0形式で書くとき

要素／プロパティ

HTML

\<div\>～\</div\>

—— 複数の要素をグループ化する。ブロックボックスを作成する ▶▶102

HTML

\<ul\>、\<li\>

—— 箇条書き ▶▶063

前節「231」でナビゲーションに使用した\<nav\>は、HTML5で登場した比較的新しいタグです。そのため、古くから運営されているWebサイトなどでは、\<nav\>を使っていない、本節で紹介するようなソースコードのナビゲーションを見かけるかもしれません。以前は、\<nav\>タグの代わりに、\<div\>タグにクラスをつけてナビゲーションを作成していました。

これから作るWebサイトでは\<nav\>タグを使ってかまいませんが、メンテナンス業務などで古いソースコードを見かけることを考えて、参考サンプルとして以前の典型的なナビゲーションのHTML例を紹介しておきます。

■**HTML**

232／index.html

```html
<div class="navigation">
    <ul>
        <li><a href="#">HOME</a></li>
        <li><a href="about/">会社概要</a></li>
        <li><a href="service/">業務内容</a></li>
        <li><a href="access/">アクセス</a></li>
        <li><a href="contact/">お問い合わせ</a></li>
    </ul>
</div>
```

▼ ブラウザ表示

- HOME
- 会社概要
- 業務内容
- アクセス
- お問い合わせ

233 スマートフォン向けの グローバルナビゲーション を作成したい

利用シーン
- スマートフォン向けのデザインで、 ナビゲーションを縦に並べるとき
- パソコン向けのデザインで、 サブナビゲーションを作成するとき

要素／プロパティ

CSSプロパティ

width: 幅 ;

── ボックスの幅を指定する ▶▶114

CSSプロパティ

display: block;

── 要素をブロックボックスで表示する ▶▶193

CSSプロパティ

text-decoration: 線を引く位置 ;

── テキストに装飾する ▶▶054

このサンプルでは、スマートフォン向けグローバルナビゲーションの基本形を作成します。

スマートフォン向けのデザインでは、多くの場合グローバルナビゲーションを横ではなく縦に並べます。

「231」で紹介したHTMLにCSSを適用してデザインを整えていくのですが、スマートフォン向けのグローバルナビゲーションを作る場合は、画面サイズに合わせて全体が伸縮するように、<nav>や<ul>に幅を指定しないでおくことがポイントです。

また、ナビゲーションのリンクになる<a>タグに適用するスタイルも重要です。

<li>タグに含まれる<a>タグには、「display: block;」と「width: 100%;」を指定します。それから、これは必須ではありませんが、クリックできる領域を増やすためにパディングも設定するとよいでしょう。そうすることで、ナビゲーションの各項目を「ボタン」のように見せることができます（→「211」）。

サンプルのHTMLは「231」と同じです。

関連 「234」

Chap
12

ナビゲーションのデザインテクニック

スマートフォン向けグローバルナビゲーションの基本的な構造

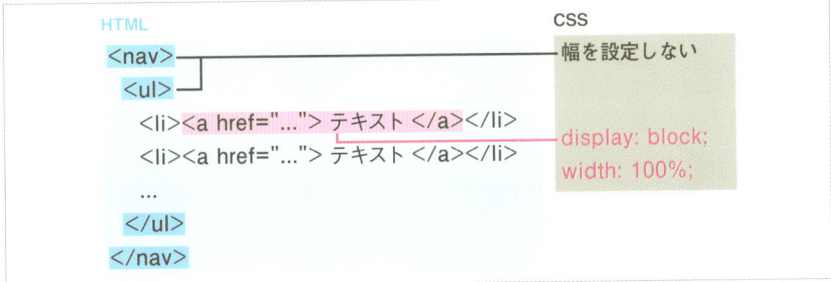

## 233

■**CSS**　　　233/css/style.css

```css
body {
    margin: 0;
}
nav {
    border-top: 8px solid #34589e;
    background: #2a6fb7;
}
nav ul {
    list-style: none;
    margin: 0;
    padding: 0;
}
nav li {
```

```css
    border-bottom: 1px solid #34589e;
}
nav li a {
    display: block;
    width: 100%;
    padding: 20px 0;
    text-decoration: none;
    text-align: center;
    font-size: 14px;
    color: #ffffff;
}
nav li a:hover {
    background: #34589e;
}
```

▼ ブラウザ表示

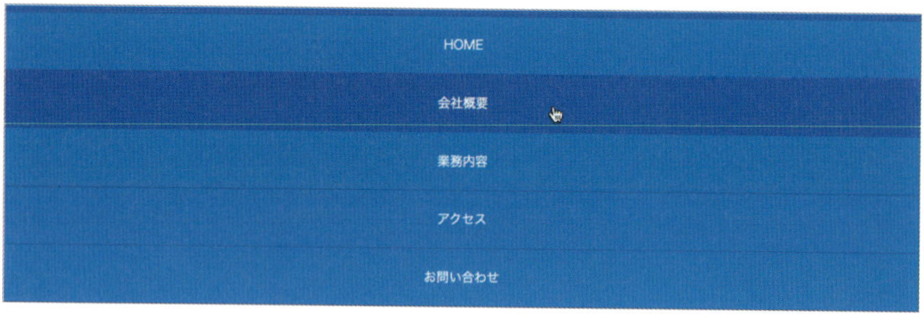

HOME
会社概要
業務内容
アクセス
お問い合わせ

234

パソコン向けの グローバルナビゲーションを 作成したい（float版）

利用シーン

- リンクのリストが横に並ぶグローバルナビゲーションを作成するとき
- CSSのフロート機能を使いたいとき、またはフレックスボックス機能を使いたくないとき
- より保守的なアプローチをとる必要があるとき
- より古いブラウザ（IE10以前）に対応したいとき

要素／プロパティ

CSSプロパティ

overflow: hidden;

—— フロートを解除する ▶▶115

CSSプロパティ

float: 配置する場所;

—— 要素をフロートさせる ▶▶203

CSSプロパティ

box-sizing: border-box;

—— 要素のボックスモデルを「border-box」にする ▶▶005

グローバルナビゲーションを作成するには、通常であれば縦に並ぶ<li>を横に並ばせる必要があります。その方法には大きく分けて2種類あって、そのうちのひとつがCSSのフロート機能を使う方法です。今回のサンプルはフロートを使って<li>を横に並ばせます。

フロートでナビゲーションを作成するには、ナビゲーション各項目の<li>に「float: left;」を適用し、さらにその要素の幅をwidthプロパティで指定します。また、<li>の親要素（<ul>）には、フロートを解除するための「overflow: hidden;」を適用する必要があります。

関連 「211」「231」

■ HTML

234／index.html

```
<nav>
    <ul>
        <li><a href="#">HOME</a></li>
        <li><a href="about/">会社概要</a></li>
        <li><a href="service/">業務内容</a></li>
        <li><a href="access/">アクセス</a></li>
        <li><a href="contact/">お問い合わせ</a></li>
    </ul>
</nav>
```

■CSS　　　　234/css/style.css

```
body {
    margin: 0;
}
nav {
    border-top: 8px solid #34589e;
    background: #2a6fb7;
}
nav ul {
    overflow: hidden;            ── フロート解除
    list-style: none;
    margin: 0 auto;
    padding: 0;
    max-width: 1000px;
}
nav li {
    box-sizing: border-box;  ── コラム参照
    float: left;
```

```
    border-right: 1px solid #34589e;
    width: 20%;                  ── 幅を指定
}
nav li:last-child {
    border-right: none;
}
nav li a {
    display: block;
    padding: 20px 0;
    width: 100%;
    text-decoration: none;
    text-align: center;
    font-size: 14px;
    color: #ffffff;
}
nav li a:hover {
    background: #34589e;
}
```

▼ ブラウザ表示

HOME　　　会社概要　　　業務内容　　　アクセス　　　お問い合わせ

Column

box-sizing プロパティ

box-sizing プロパティを使うと、CSSのボックスモデルを「通常の」ボックスモデルから「ボーダーボックス」のボックスモデルに切り替えることができます。
「通常のボックスモデル」とは、width プロパティの値が「コンテンツ領域の幅」を指し、パディング領域、ボーダー領域がその外側にあるボックスモデルです。
それに対し「ボーダーボックス」とは、width プロパティの値が「コンテンツ領域の幅＋パディング領域＋ボーダー領域」を指すボックスモデルです（→「004」）。
このボックスモデルの違いを、今回のナビゲーションのように、5項目の<li>を横に並ばせる場合を例に考えてみましょう。

それぞれの<li>を均等な大きさにして、かつ全体の幅をウィンドウサイズに合わせて伸縮したいとすると、それぞれの幅の合計——ここでは<li>のコンテンツ領域＋パディング＋ボーダー＋マージンを「幅の合計」と呼ぶことにします——は、「親要素の幅の20％」にしなければいけません。

しかし、通常のボックスモデルでは、ひとつひとつの<li>のコンテンツ領域＋パディング＋ボーダー＋マージンの合計を正確に20％にすることはできません。なぜなら、ボーダーの太さは「％」で指定できないので、「px」などの単位を使わざるをえないからです。

しかし、ボックスモデルを「ボーダーボックス」にすれば、<li>の幅を正確に20％にすることができます。これが、ボックスモデルを「ボーダーボックス」に切り替える利点です。

box-sizingプロパティはどんなときに使う？

「通常のボックスモデル」では上記のような問題が発生することから、基本的には「widthプロパティの値を％で指定する場合は、box-sizing: border-box;も一緒に設定する」と考えてよいでしょう。

ちなみに、現在のWebデザインでは、widthプロパティの値を「％」で指定することがとても多いです。なぜなら、スマートフォンの多様な画面サイズに合わせるために、Webページの幅は固定せず、伸縮するように作る必要があるからです。伸縮するデザイン・レイアウトの手法については、本章のナビゲーションや、次の13章のレイアウト、14章のレスポンシブWebデザインの各種サンプルもご覧ください。

box-sizingプロパティの書式

通常のボックスモデルとボーダーボックス・ボックスモデルを切り替えるには、box-sizingプロパティを次のように設定します。

●書式 ボックスモデルを「ボーダーボックス」にする

```
box-sizing: border-box;
```

●書式 ボックスモデルを「通常のボックス」にする（すべての要素のデフォルト値のため、通常は設定しなくてよい）

```
box-sizing: content-box;
```

通常のボックスモデルと「ボーダーボックス」モデルの違い

通常のボックスモデル

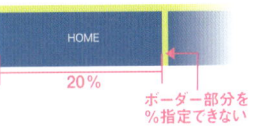

20％

ボーダー部分を％指定できない

ボーダーボックス・ボックスモデル

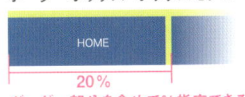

20％

ボーダー部分を含めて％指定できる

Chap
12

ナビゲーションのデザインテクニック

235

いま閲覧しているページの
ナビゲーションリンクを
ハイライトさせたい

利用シーン

● いま閲覧しているのがどのページなのか、
ユーザーにわかりやすく伝えたいとき
● HTMLとCSSだけを使って実現したいとき

要素/プロパティ

HTML

`<a class="クラス名 ">`

——— class属性。おもにCSSを適用するために、タグに「クラス名」をつける

CSS セレクタ

`.クラス名`

——— class属性に「クラス名」が設定されているタグにCSSを適用

いま閲覧しているページがどこなのかわかりやすいように、グローバルナ
ビゲーションのリンクをハイライトさせます。ハイライトしたいナビゲーショ
ン項目の`<a>`タグにクラス属性を追加して、CSSではそのクラス属性に
適用されるスタイルを書きます。簡単なテクニックですが、ユーザーに「い
まどのページを見ているのか」を伝える効果も高く、多くのサイトで使われ
ています。
このサンプルでは、前節「234」をベースに「会社概要」のリンクをハイ
ライトさせています。

■ **HTML**
235/index.html

```
<nav>
    <ul>
        <li><a href="#">HOME</a></li>
        <li><a href="about/" class="current">会社概要</a></li>
        <li><a href="service/">業務内容</a></li>
        <li><a href="access/">アクセス</a></li>
        <li><a href="contact/">お問い合わせ</a></li>
    </ul>
</nav>
```

■CSS

```
中略
nav li a {
    中略
}
nav li a:hover {
    background: #34589e;
}
nav li a.current {
    background: #34589e;
}
```

▼ ブラウザ表示

236

画像を使った
ナビゲーションを
作成したい（float版）

利用シーン ナビゲーションのリンクを画像にしたいとき

要素/プロパティ

CSSプロパティ

background-position: left 左からの距離 top 上からの距離;
―― 背景画像の表示位置を設定 ▶▶120

CSSプロパティ

text-indent: 空けたい大きさ;
―― 段落の1行目の始まりをずらす ▶▶057

ナビゲーションの各項目を、テキストではなく画像（正確には背景画像）
で表示します。そのために、このサンプルでは「スプライト」というテクニッ
クを使用します。

スプライトとは？

このサンプルでは、ナビゲーションリンクが5項目あり、それぞれに「通常
時の背景画像」と「マウスがホバーしたときの背景画像」を用意します。
これらをひとつひとつを画像ファイルにするとしたら、10ファイル作ること
になります。

このようなときに、必要な画像を1枚1枚用意す
るのではなく、ひとつのファイルにまとめて作成し
たものを「スプライト」といいます。サンプルでは
次のような1枚のスプライト画像を使用していま
す※。

サンプルで使用しているスプライト画像
（236/images/navigation.png）

※スプライト画像は、おもにページの表示速度を速めるた
めに使用します。Webサーバーからたくさんの小さなファイ
ルをダウンロードするより、1枚の大きなファイルをダウン
ロードするほうが、処理にかかる時間が短くて済むのです。

さて、スプライト画像を使うときにはCSSの設定が重要です。
まずはじめに、ナビゲーションの各項目の幅と高さを決めます。このサン
プルでは、ひとつのナビゲーション項目を幅100ピクセル×高さ100ピク
セルに設定しています。

ナビゲーション各項目のサイズを決める

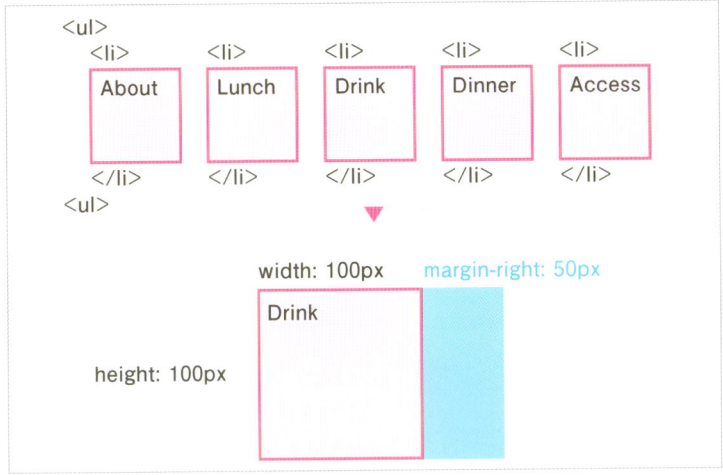

そして、それぞれ、背景画像としてnavigation.pngを表示するように設定します。さらに、画像の正しい部分が表示されるように、background-positionプロパティを使って、navigation.pngの表示位置をずらします。

たとえばサンプルの3番目のリンク「Drink」であれば、背景画像を「ボックスの左端からマイナス200ピクセル」つまり左に200ピクセル移動した位置に配置すれば、ちょうど「Drink」と書かれた部分の画像が表示されることになります。

ホバーのときのスタイルも同じです。navigation.pngの表示位置を「上端からマイナス100ピクセル」、つまり上に100ピクセル移動した位置に配置すれば、ちょうど「Drink」のホバー時の画像が表示されます。

navigation.pngの配置

navigation.pngの配置 (ホバー時)

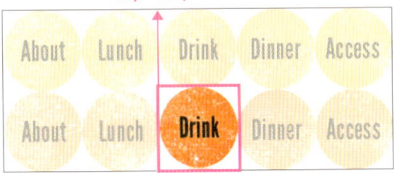

■HTML

236/index.html

```
<nav>
    <ul>
        <li><a href="about/" class="about">About</a></li>
        <li><a href="lunch/" class="lunch">Lunch</a></li>
        <li><a href="drink/" class="drink">Drink</a></li>
        <li><a href="dinner/" class="dinner">Dinner</a></li>
        <li><a href="access/" class="access">Access</a></li>
    </ul>
</nav>
```

```
body {
    margin: 0;
}
nav {
    border-top: 8px solid #000000;
}
nav ul {
    overflow: hidden;
    list-style: none;
    margin: 50px auto;
    padding: 0;
    width: 700px;
}
nav li {
    box-sizing: border-box;
    float: left;
    width: 100px;
    height: 100px;
    margin-right: 50px;
    text-indent: -9999px;
}
nav li:last-child {
    margin-right: 0;
}
nav a {
    display: block;
    width: 100%;
```

```
    height: 100%;
    background: url(../images/
navigation.png) no-repeat;
}
/* 通常時のスタイル */
.about { background-position: left 0 top
0; }
.lunch { background-position: left
-100px top 0; }
.drink { background-position: left -200px
top 0; }
.dinner { background-position: left
-300px top 0; }
.access { background-position: left
-400px top 0; }
/* ホバー時のスタイル */
.about:hover { background-position: left
0 top -100px; }
.lunch:hover { background-position: left
-100px top -100px; }
.drink:hover { background-position: left
-200px top -100px; }
.dinner:hover { background-position: left
-300px top -100px; }
.access:hover { background-position:
left -400px top -100px; }
```

▼ ブラウザ表示

通常時

ホバー時

478

237

パソコン向けの グローバルナビゲーションを 作成したい（flexbox版）

利用シーン

- リンクのリストが横に並ぶ グローバルナビゲーションを作成するとき
- CSSのフレックスボックス機能を使いたいとき
- IE11以降で動作すればよいとき

要素 / プロパティ

CSSプロパティ

display: flex;
—— 子要素を「フレックスボックス」で配置・表示

「フレックスボックス」は、フロートに代わるCSSの新しいレイアウト機能です。複数のボックスを横や縦に並ばせたり整列させたりするのを、フロートより柔軟に、かつ簡単にできます。とくに伸縮するボックスをレイアウトするのに長けていて、現代的なWebデザインの強力な味方です。
このサンプルでは、フレックスボックスのもっとも基本的な機能を使って、グローバルナビゲーションを作成します。

ボックスを横に並ばせるには

フレックスボックス機能を使ってボックスを横に並ばせるには、横に並ばせたい要素の親要素に「display: flex;」を適用します。サンプルでは、ナビゲーションの<li>を横に並ばせるために、その親要素である<ul>に適用しています。

関連 「211」「231」「234」

HTMLとCSSの構造

```
HTML                                        CSS
<ul>                                        display: flex;
  <li><a href="#">HOME</a></li>
  <li><a href="about/">会社概要</a></li>
  ...
</ul>
```

■HTML

237/index.html

```html
<nav>
    <ul>
        <li><a href="#">HOME</a></li>
        <li><a href="about/">会社概要</a></li>
        <li><a href="service/">業務内容</a></li>
        <li><a href="access/">アクセス</a></li>
        <li><a href="contact/">お問い合わせ</a></li>
    </ul>
</nav>
```

■CSS

237/css/style.css

```css
body {
    margin: 0;
}
nav {
    background: #000000;
    border-bottom: 5px solid #37a29B;
}
nav ul {
    display: flex;
    list-style: none;
    margin: 0;
    padding: 20px 10px 0 10px;
}
```

```css
nav li a {
    display: block;
    padding: 10px 20px;
    text-decoration: none;
    font-size: 14px;
    color: #ffffff;
}
nav li a:hover {
    background: #37a29B;
    border-radius: 10px 10px 0 0;
}
```

▼ ブラウザ表示

| HOME | 会社概要 | 業務内容 | アクセス | お問い合わせ |

フレックスボックスの仕組み

フレックスボックスは、複数のボックスを横方向・縦方向に整列して表示するためのレイアウト機能で、次のようなことができます。

1. ボックスを横一列、または縦一列に並べる
2. ボックスを複数行、または複数列に並べる
3. ボックスの並び順を入れ替える
4. コンテンツの量にかかわらず、横方向に並んだボックスの高さを揃える。または縦方向に並んだボックスの幅を揃える
5. 並んでいるボックスのサイズを伸縮させて、親要素にぴったり収まるようにする

フレックスボックスでできること

1. 横（または縦）に並べる

2. 複数行（または複数列）に並べる

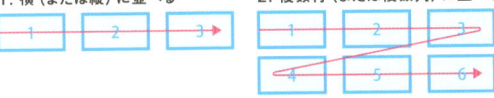

3. 並び順を入れ替える

4. 高さを揃える

5. サイズを伸縮させて、親要素にぴったり収まるようにする
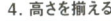

今回のサンプルでは、フレックスボックスの機能を使って、ボックス（ナビゲーションのすべての\<li\>）を横一列に並べています。

フレックスボックスの機能を使うには

\<li\>のボックスを横一列に並べるには、その親要素（\<ul\>）に「display: flex;」を適用するだけです。「display: flex;」が適用された要素の子要素は、デフォルトでは（ほかにCSSを書かなければ）左揃えで横一列に並びます。これが、フレックスボックスの基本的な動作です。

なお、「display: flex;」を適用した要素（親要素）を「フレックスコンテナー」、その子要素を「フレックスアイテム」といいます。

フレックスコンテナーとフレックスアイテム

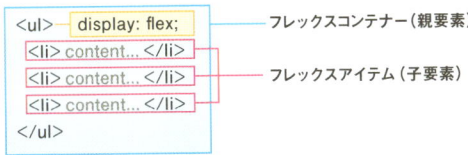

238 ナビゲーションの各項目を 右揺えにしたい（flexbox版）

利用シーン フレックスボックスで作成したナビゲーションの 各項目を右揺えにしたいとき

要素 / プロパティ

CSS プロパティ

justify-content: flex-end;

── フレックスアイテムを終端揺え （右揺え）にする

「justify-content」は、フレックスアイテムの横方向、また は縦方向の行揃えを設定するプロパティです。このプロパ ティはフレックスコンテナー（→「236」）、つまり「display: flex;」を適用した要素のスタイルに追加します。

justify-contentプロパティに指定できる値はいくつかあり ます。それらの値のうち「flex-end」は、フレックスアイテム を終端揺えにします。つまり、フレックスアイテムが横に並 んでいるときは、右揺えになります。ちなみに、justify-content プロパティのデフォルト値は「flex-start」です。こ の値はフレックスアイテムを左揺えにします。

このサンプルは前節「237」のソースコードをベースに、ナ ビゲーションの各項目を右揺えにしています。

■HTML　　　　　　　238/index.html

```
<nav>
    <ul>
        <li><a href="#">HOME</a></li>
        <li><a href="about/">会社概要</
a></li>
        <li><a href="service/">業務内容</
a></li>
        <li><a href="access/">アクセス</
a></li>
        <li><a href="contact/">お問い合わ
せ</a></li>
    </ul>
</nav>
```

■CSS　　　　　　　238/css/style.css

```
中略
nav ul {
    list-style: none;
    display: flex;
    justify-content: flex-end;
    margin: 0;
    padding: 20px 10px 0 10px;
}
中略
```

▼ ブラウザ表示

HOME　　会社概要　　業務内容　　アクセス　　お問い合わせ

239 ナビゲーションの各項目を中央揃えにしたい（flexbox版）

フレックスボックスで作成したナビゲーションの各項目を中央揃えにしたいとき

要素／プロパティ

CSSプロパティ

justify-content: center;

—— フレックスアイテムを中央揃えにする

フレックスコンテナーに「justify-content: center」を指定すると、フレックスアイテムが中央揃えになります。
このサンプルは「237」のソースコードをベースに、ナビゲーションの各項目を中央揃えにしています。

関連 「238」

■ HTML　　　239/index.html

```
<nav>
    <ul>
        <li><a href="#">HOME</a></li>
        <li><a href="about/">会社概要</a></li>
        <li><a href="service/">業務内容</a></li>
        <li><a href="access/">アクセス</a></li>
        <li><a href="contact/">お問い合わせ</a></li>
    </ul>
</nav>
```

■ CSS　　　239/css/style.css

```
中略
nav ul {
    list-style: none;
    display: flex;
    justify-content: center;
    margin: 0;
    padding: 20px 10px 0 10px;
}
中略
```

▼ ブラウザ表示

HOME　会社概要　業務内容　アクセス　お問い合わせ

240 ナビゲーションの各項目を均等に配置したい ❶（flexbox版）

利用シーン フレックスボックスで作成したナビゲーションの各項目を均等に配置にしたいとき

要素/プロパティ

CSSプロパティ

justify-content: space-between;
— フレックスアイテムを均等に配置する

フレックスコンテナーに「justify-content: space-between」を指定すると、フレックスアイテムが等間隔で配置されます。
このサンプルは「237」のソースコードをベースに、ナビゲーションの各項目を均等に配置しています。

関連「238」

■ HTML　　　　　　　　　240/index.html

```
<nav>
    <ul>
        <li><a href="#">HOME</a></li>
        <li><a href="about/">会社概要</a></li>
        <li><a href="service/">業務内容</a></li>
        <li><a href="access/">アクセス</a></li>
        <li><a href="contact/">お問い合わせ</a></li>
    </ul>
</nav>
```

■ CSS　　　　　240/css/style.css

```
中略
nav ul {
    list-style: none;
    display: flex;
    justify-content: space-between;
    margin: 0;
    padding: 20px 10px 0 10px;
}
中略
```

▼ ブラウザ表示

| HOME | 会社概要 | 業務内容 | アクセス | お問い合わせ |

241

ナビゲーションの各項目を均等に配置したい ❷（flexbox版）

利用シーン
フレックスボックスで作成したナビゲーションの各項目を均等に配置にしたいとき

要素 / プロパティ

CSS プロパティ

justify-content: space-around;
— フレックスアイテムを均等に配置する

フレックスコンテナーに「justify-content: space-around」を指定すると、フレックスアイテムが等間隔で配置されます。前節「240」で紹介した justify-content プロパティの値「space-between」との違いについてはコラムで詳しく取り上げます。
このサンプルは「237」のソースコードをベースに、ナビゲーションの各項目を均等に配置しています。

関連 「238」

■ HTML
241 / index.html

```
<nav>
    <ul>
        <li><a href="#">HOME</a></li>
        <li><a href="about/">会社概要</a></li>
        <li><a href="service/">業務内容</a></li>
        <li><a href="access/">アクセス</a></li>
        <li><a href="contact/">お問い合わせ</a></li>
    </ul>
</nav>
```

Chap

12

ナビゲーションのデザインテクニック

ナビゲーションの各項目を均等に配置したい ❷ (flexbox版)

■CSS

```
中略
nav ul {
    list-style: none;
    display: flex;
    justify-content: space-around;
    margin: 0;
    padding: 20px 10px 0 10px;
}
中略
```

▼ ブラウザ表示

HOME	会社概要	業務内容	アクセス	お問い合わせ

Column

「space-between」と「space-around」の違い

justify-contentに使用できる値「space-between」と「space-around」
は、どちらもフレックスアイテムを等間隔で配置します。違いは最初と最後
のフレックスアイテムの配置方法にあります。

「space-between」は、最初のフレックスアイテムと最後のフレックスアイ
テムを、それぞれ親要素（フレックスコンテナー）の左端、右端に配置します。
それに対し「space-around」は、すべてのフレックスアイテムの左右に均
等のスペースを設けます。最初のフレックスアイテムの左側にも、最後の
フレックスアイテムの右側にも同じスペースが空くので、「space-
between」に比べて真ん中によったような配置になります。

space-betweenとspace-aroundの違い

justify-content: space-between;

justify-content: space-around;

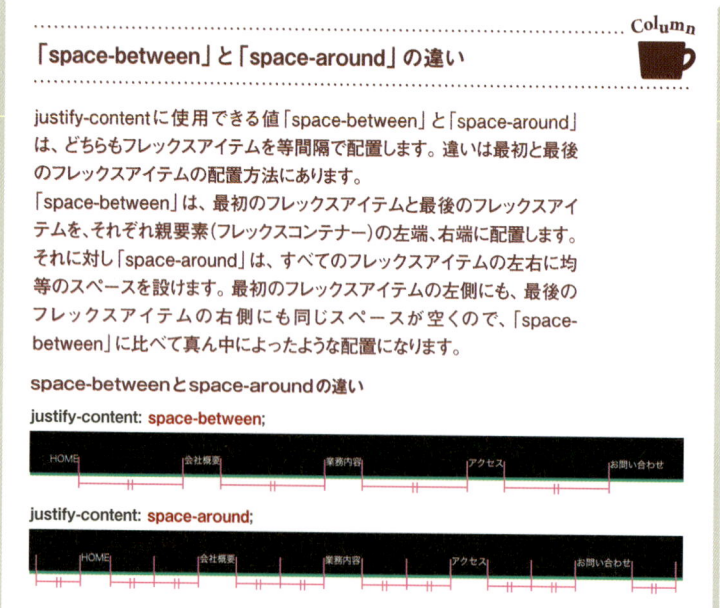

242 ナビゲーションの各項目を同じ大きさにしたい（flexbox版）

利用シーン
- ●ナビゲーションをウィンドウ幅に合わせて伸縮させたいとき
- ●ナビゲーションの各項目の幅を同じにしたいとき

要素/プロパティ

CSSプロパティ

flex: 拡大率 縮小率 ベースサイズ;

―― フレックスアイテムの伸縮設定

CSSプロパティ

text-align: 行揃え;

―― テキストの行揃えを変更する ▶▶052

フレックスアイテムは、中央揃えや均等配置にできるだけでなく、フレックスコンテナー（フレックスアイテムの親要素）のサイズに合わせて伸縮させることも可能です。フレックスアイテムの伸縮を制御するには、フレックスアイテム自身に「flex」プロパティを適用します。このサンプルでは、flexプロパティを利用してナビゲーションの各項目を同じ大きさにしつつ、全体が親要素（フレックスコンテナー）の幅いっぱいに広がるようにします。

flexプロパティの基本的な原理と値の設定方法についてはコラムで詳しく取り上げるので、まずはソースコードと表示結果を見てみましょう。

関連 「237」

■**HTML**   242/index.html

```html
<nav>
    <ul>
        <li><a href="#">HOME</a></li>
        <li><a href="about/">会社概要</a></li>
        <li><a href="service/">業務内容</a></li>
        <li><a href="access/">アクセス</a></li>
        <li><a href="contact/">お問い合わせ</a></li>
    </ul>
</nav>
```

ナビゲーションの各項目を同じ大きさにしたい (flexbox版)

■CSS

```css
body {
    margin: 0;
}
nav {
    background: #000000;
    border-bottom: 5px solid #37a29B;
}
nav ul {
    list-style: none;
    display: flex;
    margin: 0;
    padding: 20px 10px 0 10px;
}
nav li {
    flex: 1 0 auto;
}
nav li a {
    display: block;
    padding: 10px 20px;
    text-decoration: none;
    text-align: center;
    font-size: 14px;
    color: #ffffff;
}
nav li a:hover {
    background: #37a29B;
    border-radius: 10px 10px 0 0;
}
```

▼ ブラウザ表示

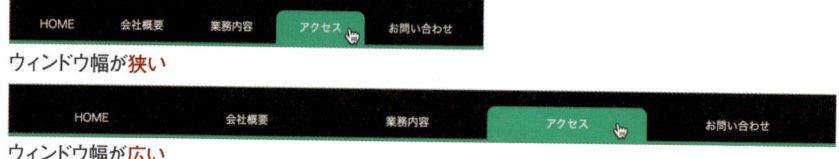

ウィンドウ幅が狭い

ウィンドウ幅が広い

flexプロパティ

フレックスボックスには、子要素（フレックスアイテム）を伸縮させて、親要素（フレックスコンテナー）にぴったり収まるようにする機能があります。この機能を利用するために重要な役割を果たすのがflexプロパティです。このプロパティをフレックスアイテムに適用して、伸縮の方法を設定します。flexプロパティには3つの値を指定します。

● **書式** flexプロパティ

> flex: 拡大比 縮小比 ベースサイズ;

flexプロパティのデフォルト値

flexプロパティを理解するために、まず、フレックスアイテムのデフォルト値——つまり、flexプロパティを設定しなかった、サンプル「237」などの状態——について説明しておきます。

flexプロパティのデフォルト値は「0 1 auto」です。このデフォルト値は、フレックスアイテムが「親要素に合わせて拡大しないが縮小する。伸縮前の基準サイズはコンテンツが収まる幅にする」という意味です。

それでは、「伸縮前の基準サイズはコンテンツが収まる幅にする」というところからもう少し詳しく見ていきましょう。

3番目の値が「auto」の場合、フレックスアイテムは「コンテンツが収まる幅」で表示されます。サンプル「237」でいえば、フレックスアイテムの幅は、「会社概要」や「業務内容」などのテキストが1行で収まるサイズになります。

3番目の値をautoにしたときに設定されるフレックスアイテムの幅

auto	auto	auto	auto	auto
HOME	会社概要	業務内容	アクセス	お問い合わせ

フレックスアイテムは、このサイズを基準にして、親要素の幅に合わせて伸びたり縮んだりします。

伸びたり縮んだりするときに「どれだけ伸縮するか」を決めるのが、flexプロパティの1番目と2番目の値です。

拡大比

フレックスアイテムの基準サイズよりもフレックスコンテナーが広い場合、それぞれのフレックスアイテムは、「拡大比」の値をもとに横に伸びます（幅が増えます）。その際、フレックスコンテナーの余っている幅を、それぞれのフレックスアイテムに設定されている「拡大比」で分配します。

デフォルト値が設定されていたサンプル「237」の場合、5つあるフレックスアイテムはすべて、拡大比が「0」になっています。つまり、フレックスコンテナーの余っている幅は、それぞれのフレックスアイテムに「0:0:0:0:0」で分配されます。結果的に余っている幅は分配されず、どのフレックスアイテムも「伸びない」ことになります。

サンプル「237」の場合余っている幅は分配されない

基準サイズの状態

さてここで、本節のサンプル「242」を見てみます。このサンプルではフレックスアイテムが5つあり、それぞれのflexプロパティの拡大比が「1」になっています。ということは、フレックスコンテナーの余っている幅は、それぞれのフレックスアイテムに「1:1:1:1:1」で分配されます。その結果、余っている幅はすべてのフレックスアイテムに均等に分配されます。

サンプル「242」の場合余っている幅が分配され、フレックスアイテムは横に伸びる

基準サイズの状態

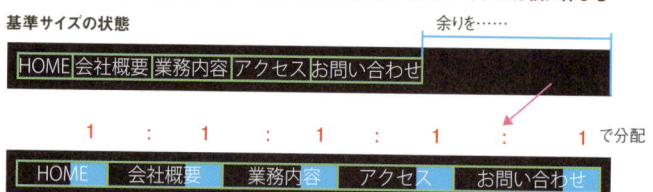

縮小比

最後に、flexプロパティの2番目の値「縮小比」についても見てみましょう。フレックスアイテムの基準サイズよりもフレックスコンテナーが狭い場合、それぞれのフレックスアイテムは、「縮小比」の値をもとに縮みます。サンプル「237」では縮小比が「1」になっているので、幅の不足分が1:1:1:1:1で分配され、フレックスアイテムは均等に縮みます。フレックスコンテナーの幅をどんどん縮めていくと、フレックスアイテムも基準サイズよりも小さくなるので、ナビゲーションのテキストが改行します。

いっぽう、本節のサンプルの場合、縮小比が「0」になっています。つまり、幅の不足分は分配されないので、フレックスアイテムの幅が基準サイズ以下にはならず、テキストも改行しません。結果的に、親要素も基準サイズより狭くならないのです。

サンプル「237」と「242」の縮小の状態

基準サイズの状態

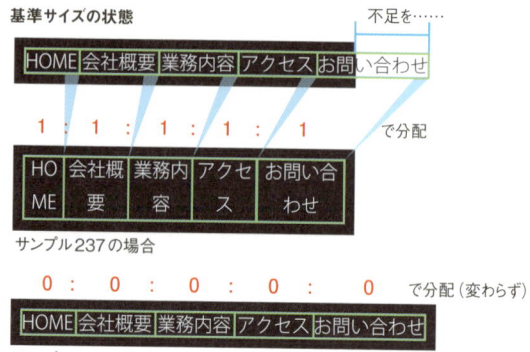

490

243

ナビゲーションの最後の項目だけ右に配置したい（flexbox版）

利用シーン

ナビゲーションに並んでいるリンク項目のうち
「お問い合わせ」や「ログイン」などだけ
右側に配置したいとき

要素／プロパティ

CSSプロパティ

margin-left: auto;

━━ 左マージンを自動的に調整して、要素を右揃えにする

横に並んだフレックスアイテムのどれかひとつに「margin-left: auto;」を適用すると、その要素の左マージンが自動的に調整され、右揃えで配置されるようになります。この機能を利用すると、たとえばナビゲーション項目のうち最後のひとつだ

けを右揃えにして、残りは左揃えで配置する、というようなことができます。
例ではサンプル「237」をベースに、ナビゲーションの最後の項目「お問い合わせ」だけを右揃えにしています。

■ HTML

243/index.html

```
<nav>
    <ul>
        <li><a href="#">HOME</a></li>
        <li><a href="about/">会社概要</a></li>
        <li><a href="service/">業務内容</a></li>
        <li><a href="access/">アクセス</a></li>
        <li class="contact"><a href="contact/">お問い合わせ</a></li>
    </ul>
</nav>
```

■ CSS

243/css/style.css

```
中略
nav ul {
    list-style: none;
    display: flex;
    flex-flow: row;
    margin: 0;
```

ナビゲーションの最後の項目だけ右に配置したい（flexbox版）

```
        padding: 20px 10px 0 10px;
}
nav li a {
    display: block;
    padding: 10px 20px;
    text-decoration: none;
    font-size: 14px;
    color: #ffffff;
}
nav li a:hover {
    background: #37a29B;
    border-radius: 10px 10px 0 0;
}
nav li.contact {
    margin-left: auto;
}
```

▼ ブラウザ表示

HOME　会社概要　業務内容　アクセス　　　　　　　　　　　　　　　　　お問い合わせ

margin-left: auto;

知っておこう

「margin-right: auto;」もできる

このサンプルでは扱っていませんが、フレックスアイテムに「margin-right: auto;」を適用して、右マージンを自動調整にすることもできます。たとえばナビゲーションの最初の項目にだけ「margin-right: auto;」を適用すると、表示結果は次のようになります。

最初の \<li\> にmargin-right: auto; を適用した例

HOME　　　　　　　　　　　　会社概要　業務内容　アクセス　お問い合わせ

margin-right: auto;

244 サイトや企業のロゴを ヘッダーに表示させたい

 利用シーン

ヘッダー部分に企業やWebサイトのロゴを表示させるとき

要素/プロパティ

HTML

`<header>` ～ `</header>`
—— ページのヘッダー

CSSプロパティ

font-size: フォントサイズ;
—— フォントサイズを指定する ▶▶046

グローバルナビゲーションの近くには、たいていその企業やWebサイトのロゴを掲載します。このロゴの表示には、HTMLにもCSSにもお決まりのパターンがあります。

実際にページを作成する際は次の図を参考にするとよいでしょう。なお、このHTMLで使用する`<header>`タグは、ページのヘッダー部分を囲むのに使用します。

関連 「237」「239」

ヘッダーにロゴを表示するときのHTML・CSSのパターン

HTML
```
<header>
    <h1>企業名やサイトのタイトル</h1>
</header>
```

CSS
```
width: ロゴ画像の幅;
height: ロゴ画像の高さ;
background: url(...);
font-size: 0;
```

■ HTML

244/index.html

```
<header>
    <h1 class="logo">Nick Burger</h1>
</header>
<nav>
    <ul>
        <li><a href="menu">HOME</a></li>
        <li><a href="menu">MENU</a></li>
        <li><a href="story/">STORY</a></li>
        <li><a href="access/">ACCESS</a></li>
        <li><a href="contact/">CONTACT</a></li>
    </ul>
</nav>
```

■ CSS

244/css/style.css

```
body {
    margin: 0;
}
header {
    max-width: 1000px;
    margin: 0 auto;
}
.logo {
    margin: 50px auto;
    width: 346px;
    height: 82px;
    background: url(../images/logo.png);
    font-size: 0;  ──────────────── <h1>のテキストが表示されないようにするため
}
```
中略

▼ ブラウザ表示

ヘッダーに検索フォームをつけたい

利用シーン

ロゴの横にサイト内検索のフォームなどを追加したいとき

要素／プロパティ

CSSプロパティ

display: flex;
—— 子要素を「フレックスボックス」で配置・表示 ▶▶237

CSSプロパティ

margin-left: auto;
—— 左マージンを自動的に調整して、要素を右揃えにする ▶▶243

CSSプロパティ

margin-top: auto;
—— 上マージンを自動的に調整して、要素を下端揃えにする

ページのヘッダー部分には、ロゴだけでなくいろいろないろいろな要素を配置する場合があります。このサンプルでは、ヘッダーの右側にサイト内検索のフォームを設置する例を紹介します。

ロゴと検索フォームはフレックスボックスで配置しています。ロゴを左揃え、フォームを右揃えで配置するために、フォーム全体を囲む<div class="search">に「margin-left: auto;」を適用しています（→「243」）。

また、この<div class="search">には「margin-top: auto;」も適用しています。フレックスアイテムに「margin-top: auto;」を適用すると、その要素の上マージンが自動的に調整され、下端揃えで配置されるようになります。そのおかげで、このサンプルでは左側のロゴと検索フォームの位置が下端で揃っているのです。

関連「228」

ロゴと検索フォームが下端揃えになる

margin-top: auto;
下揃えて整列　検索

■**HTML**　　　　　　　　　　　　　　　245/index.html

```
<header>
    <h1 class="logo">Nick Burger</h1>
    <div class="search">
        <form>
```

```
                    <input type="text" name="search"><input type="submit" value="検索">
        </form>
    </div>
</header>
<nav>
    中略
</nav>
```

■CSS

```
body {
    margin: 0;
}
/* headerのh1とdiv.searchをflexboxでレイアウト */
header {
    display: flex;
    max-width: 1000px;
    margin: 30px auto;
}
.logo {
    margin: 0;
    width: 346px;
    height: 82px;
    background: url(../images/logo.png);
    font-size: 0;
}
.search {
    margin-top: auto;
    margin-left: auto;
}
中略
```

▼ ブラウザ表示

496

レイアウトの
テクニック

Chapter

13

246 伸縮するシングルコラムレイアウトを作成したい

利用シーン

- ●サイドバーがないシングルコラムの
  レイアウトを作りたいとき
- ●ほぼすべてのレイアウトのベースになるHTMLと
  CSSを用意したいとき

要素/プロパティ

HTML

`<header>`～`</header>`

—— ページのヘッダー ▶244

HTML

`<footer>`～`</footer>`

—— ページのフッター

HTML

`<main>`～`</main>`

—— ページの中心的なコンテンツ ▶104

CSS セレクタ

box-sizing: border-box;

—— 要素のボックスモデルを「border-box」
  にする ▶005

ウィンドウ幅に合わせて伸縮する、サイドバーがないシングルコラムのレイアウトを紹介します。伸縮するシングルコラムレイアウトは、それ自体がよく使われる典型的なパターンというだけでなく、ほかのほとんどのレイアウト——伸縮する2コラム・3コラムレイアウトや、幅が固定されたレイアウト、スマートフォン向けレイアウトなど——のベースとなる、とても重要なものです。

さて、ページレイアウトのHTMLを作るときはまず、ページに含まれる要素を「ヘッダー」「グローバルナビゲーション」「メインコンテンツ」「フッター」の4つに大きく分けます。そして、それぞれの要素をマークアップするために、HTMLに`<header>`、`<nav>`、`<main>`、`<footer>`タグを追加します。そして、レイアウトの自由度を確保するために、いま追加した4つのタグの子要素には`<div>`タグを追加します。これでレイアウト部分の基本的な

まずページのデザインを4つの要素に大きく分ける

HTMLは完成です。

なお、本書で扱うサンプルでは、子要素の<div>には「header-container」「main-container」など「-container」と名前のついたクラスを追加します。また、この<div>のことを、本書では「コンテナーブロック」と呼ぶことにします※。

このようにしてページの大まかなHTMLの構造を作ったら、ロゴや、ナビゲーションのリンク、メインコンテンツなどのHTMLは、すべてコンテナーブロックの<div>タグの中に追加していくのが基本です。

それでは次にCSSです。伸縮するシングルコラムレイアウトの場合、レイアウトを組むこと自体に必要なCSSはほとんどありません。とくに、<header>、<nav>、<main>、<footer>タグには、レイアウトのためのCSSは書きません（背景色は設定します（→「233」））。

いっぽうコンテナーブロックには、必要であればパディングを設定します。このパディングは次のふたつの用途で使われます。

- ヘッダーとナビゲーション、メインコンテンツとフッターなど、上下に隣接する要素にスペースを設けたいとき
- ウィンドウの端にくっついてしまわないように、左右にスペースを設けたいとき

このサンプルでは、ヘッダーとナビゲーションの間にスペースを設け、またウィンドウの左右にくっついてしまわないように、<div class="header-container">に図のようなパディングを設定してあります。

※「コンテナーブロック」という専門用語はないので、覚える必要はありません。が、汎用性の高いレイアウトを組むためには非常に重要な要素なので、本書では名前をつけて呼ぶことにしました。

ヘッダー部分のパディングの
設定

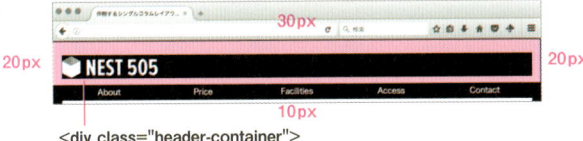

30px
20px
20px
10px

<div class="header-container">

■HTML

246/index.html

```
<header>
    <div class="header-container">
        <a href="#"><h1 class="header-logo">シェアードオフィス NEST 505</
h1></a>
    </div>
</header>
<nav>
    <div class="nav-container">
        中略 ──────────── ナビゲーションのコンテンツはここに追加
    </div>
</nav>
<main>
    <div class="main-container">
        中略 ──────────── メインのコンテンツはここに追加
    </div>
</main>
<footer>
```

```
            <div class="footer-container">
                    <p class="copyright">©NEST 505</p>
            </div>
    </footer>
```

■CSS   246/css/style.css

```
html * {
    box-sizing: border-box;
}
body {
    margin: 0;
    background: url(../images/bg.png);
    font-family: sans-serif;
    font-size: 16px;
}
/* ヘッダー */
header {
    background: #000000;
}
.header-container {
    padding: 30px 20px 10px 20px;
}
 中略
/* ナビゲーション */
nav {
    background: #000000;
```

```
}
.nav-container {
    padding: 0 20px 0 20px;
}
 中略
/* フッター */
footer { }
.footer-container {
    padding: 20px;
    border-radius: 0 0 10px 10px;
    background: #000000;
}
 中略
/* メインコンテンツレイアウト部分 */
main { }
.main-container {
    padding: 0 0 40px 0;
    background: #ffffff;
}
 中略
```

▼ ブラウザ表示

シェアードオフィスNEST 505で、上がる効率、深まる知識、広がる仕事。

500

固定幅で中央揃えのシングルコラムレイアウトを作成したい

利用シーン
- ●シングルコラムレイアウトのページ幅を固定したいとき
- ●ページをブラウザウィンドウの中央に配置したいとき

要素/プロパティ

CSS プロパティ

margin: 0 auto;
—— 親要素の中央に配置する

CSS プロパティ

width: 幅;
—— ボックスの幅を指定する

▶▶114

幅を固定して、全体がウィンドウの中央に配置されるシングルコラムレイアウトのページを作成します。前節「246」で紹介した、ウィンドウ幅に合わせて伸縮するレイアウトに、CSSを数行追加すれば固定幅のレイアウトに変更できます。

まず、幅を固定するために、<div class="header-container">などの「コンテナーブロック（→「231」）にwidthプロパティを追加します。サンプルでは幅を1000ピクセルにしています。

また、ページ全体をウィンドウの中央に配置するために、同じくコンテナーブロックに「margin: 0 auto;」を追加します。つまり、コンテナーブロックの左右マージンを「auto」に設定するわけです。幅を固定したブロックボックスの左右マージンをautoにすると、そのボックスは親要素の中央に配置されます。

関連「246」

左右マージンをautoにすると、親要素のコンテンツ領域の中央に配置される

`<header>`

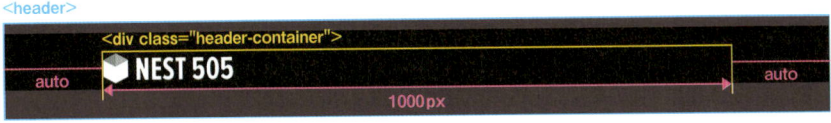

■HTML

247/index.html

```
<header>
    <div class="header-container">
        <a href="#"><h1 class="header-logo">シェアードオフィス NEST 505</h1></a>
    </div>
</header>
<nav>
    <div class="nav-container">
    中略 ——————— ナビゲーションのコンテンツはここに追加
    </div>
```

```html
</nav>
<main>
    <div class="main-container">
        中略    ──────────── メインのコンテンツはここに追加
    </div>
</main>
<footer>
    <div class="footer-container">
        <p class="copyright">©NEST 505</p>
    </div>
</footer>
```

■CSS

247/css/style.css

```css
html * {
    box-sizing: border-box;
}
中略
/* ヘッダー */
header {
    background: #000000;
}
.header-container {
    margin: 0 auto;
    padding: 30px 20px 10px 20px;
    width: 1000px;
}
中略
/* ナビゲーション */
nav {
    background: #000000;
}
.nav-container {
    margin: 0 auto;
    padding: 0 20px 0 20px;
```

```css
    width: 1000px;
}
中略
/* フッター */
footer { }
.footer-container {
    margin: 0 auto;
    padding: 20px;
    width: 1000px;
    border-radius: 0 0 10px 10px;
    background: #000000;
}
中略
/* メインコンテンツレイアウト部分 */
main { }
.main-container {
    margin: 0 auto;
    padding: 0 0 40px 0;
    width: 1000px;
    background: #ffffff;
}
中略
```

固定幅で中央揃えのシングルコラムレイアウトを作成したい

▼ ブラウザ表示

Column

ページの幅は固定しつつ、 背景色だけウィンドウいっぱいに塗りつぶすには？

今回のサンプルのように、ページの幅は固定しつつ、背景色（もしくは背景画像）だけはウィンドウ幅いっぱいに塗りつぶしたいときは、<header>や<nav>など、コンテナーブロックの親要素にbackgroundプロパティを指定します。逆に、背景の塗りつぶしもページの幅で固定したいときは、コンテナーブロックにbackgroundプロパティを指定します。

backgroundプロパティは、塗りつぶしたい場所に応じて適用する要素を変える

ウィンドウ幅いっぱいに塗りつぶしたいときは親要素に適用

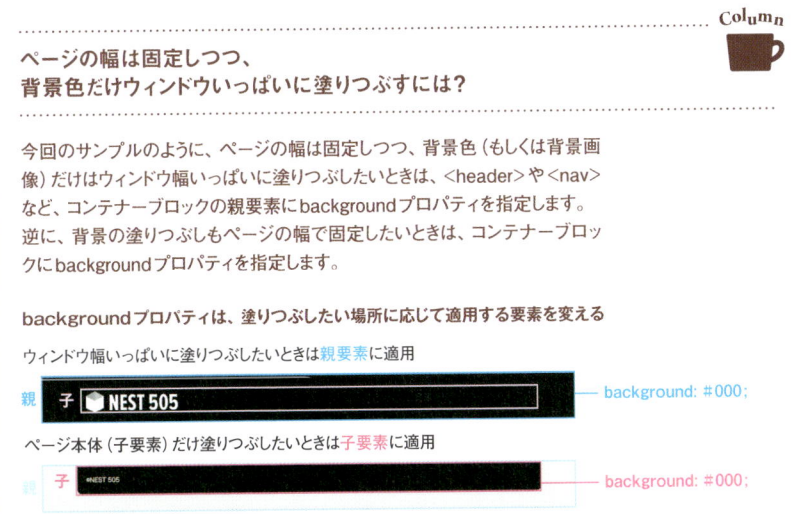

ページ本体（子要素）だけ塗りつぶしたいときは子要素に適用

248 伸縮する2コラムレイアウトを作成したい（float版）

利用シーン

- 一般的な2コラムレイアウトを作りたいとき
- 左にサイドバーを配置したいとき
- CSSのフロート機能を使いたいとき、
  またはフレックスボックス機能を使いたくないとき
- より保守的なアプローチをとる必要があるとき
- より古いブラウザ（IE10以前）に対応したいとき

要素/プロパティ

CSS プロパティ

float: 配置する場所;

—— 要素をフロートさせる ▶▶203

CSS プロパティ

overflow: hidden;

—— フロートを解除する ▶▶207

メインコンテンツの部分にサイドバーがついた、ウィンドウ幅に合わせて伸縮する2コラムレイアウトを作成します。「246」のサンプルをベースに、<main>〜</main>の部分を2コラムにします。伸縮する2コラムレイアウトを作る場合は、通常サイドバーの幅を固定して、メインのコンテンツのほうだけ伸縮するようにします。

フロート機能を使ってこのレイアウトを実現するには、ほぼ決まりきったパターンがあります。今回紹介するサンプルもそのパターンを使用しています。なお、今回紹介するレイアウトではサイドバーを左側に配置します。HTMLはそれほどでもありませんが、CSSはかなり複雑なので、実際にレイアウトを作成するときの流れに沿って見ていきましょう。

関連 「206」「207」「246」

Step1 HTMLを作成する

HTMLは次のようにします。<div class="sidebar">がサイドバー、<div class="maincol">がメインコンテンツが入るボックスです。ポイントは、メインコンテンツのボックスには、子要素として<div class="maincol-container">を作っておく必要があることです。

● 書式　基本のHTML（<main>〜</main>のみ）

```
<main>
    <div class="main-container">
        <div class="sidebar">
```

```
          中略 ─────────── サイドバーのコンテンツはここに追加
        </div>
        <div class="maincol">
            <div class="maincol-container">
              中略 ──────── メインのコンテンツはここに追加
            </div>
        </div>
      </div>
    </main>
```

Step2 サイドバーの幅を設定

<div class="sidebar">にwidthプロパティを適用し、サイドバー
の幅を設定します。ここでは幅を300ピクセルにします。ついでに
<body>のマージンも0にします。

ここまでの表示結果
（画面ではわかりやすいように背景色と高さを設定してあります）

●書式
　サイドバーの幅を設定する

```
body {
    margin: 0;
}
.sidebar {
    width: 300px;
}
```

Step3 サイドバー・メインコラムにフロートを設定

サイドバーに左フロート（float: left;）を、メインコラムに右フロート
（float: right;）を適用します。親要素の<div class="main-
container">でフロート解除もします（→「207」）。

ここまでの表示結果

●書式　　フロートを設定

```
body {
    margin: 0;
}
.main-container {
    overflow: hidden;
}
.sidebar {
    float: left;
    width: 300px;
}
.maincol {
    float: right;
}
```

Step4 メインコラムの幅と、そのコンテナーブロックに左マージンを設定

Step4とStep5がちょっと難関です。まず、メインコラム（`<div class="maincol">`）に「width: 100%;」を設定します。さらに、その子要素（コンテナーブロック、`<div class="maincol-container">`）に、「サイドバー＋サイドバーとメインコンテンツの間のスペース」分の左マージンを設定します。

このサンプルでは、サイドバーの幅が300ピクセルで、サイドバーとメインコンテンツとの間のスペースを60ピクセルとし、合計360ピクセルの左マージンを設定します。

ここまでの表示結果

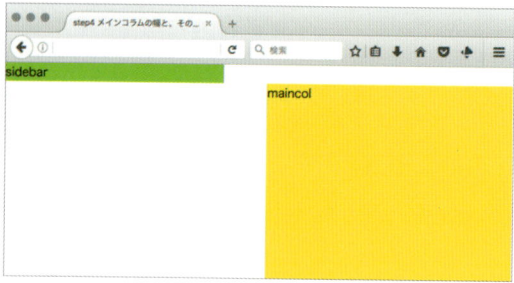

Step5 メインコラムに左マイナスマージンを設定

これが最後のステップです。メインコラム（`<div class="maincol">`）に、そのコンテナーブロック（`<div class="maincol-container">`）に適用した左マージンを相殺するマージン――つまり、マイナスの左マージン――を適用します。

ちなみに、このメインコラムの左マージンは、必ずコンテナーブロックのマージンを相殺するように設定しなければなりません。が、それ以外の右マージン、上下マージンは、自由に設定してかまいません。

これで完成

より実際のページに近いデザインに2コラムレイアウトを適用した例は次のようになります。

● **書式** メインコラムの幅を設定、コンテナーブロックに左マージンを設定

```
body {
    margin: 0;
}
.main-container {
    overflow: hidden;
}
.sidebar {
    float: left;
    width: 300px;
}
.maincol {
    float: right;
    width: 100%;
}
.maincol-container {
    margin-left: 360px;
}
```

● **書式** 左マイナスマージンを設定

```
body {
    margin: 0;
}
.main-container {
    overflow: hidden;
}
.sidebar {
    float: left;
    width: 300px;
}
.maincol {
    float: right;
    width: 100%;
    margin: 0 0 0 -360px;
}
.maincol-container {
    margin-left: 360px;
}
```

■HTML 248/index.html

```
<main>
    <div class="main-container">
        <div class="sidebar">
            中略
        </div>
        <div class="maincol">
            <div class="maincol-container">
                中略
            </div>
        </div>
    </div>
</main>
```

▼ ブラウザ表示

■CSS 248/css/style.css

```
html * {
    box-sizing: border-box;
}
body {
    margin: 0;
    中略
}
中略
/* メインコンテンツレイアウト部分 */
main { }
.main-container {
    overflow: hidden;
    padding: 0 0 40px 0;
    background: #ffffff;
}
.sidebar {
    float: left;
    margin: 0 0 0 20px;
    padding: 30px 0 30px 0;
    width: 300px;
}
.maincol {
    float: right;
    margin: 0 20px 0 -360px;
    padding: 30px 0 30px 0;
    width: 100%;
}
.maincol-container {
    margin-left: 360px;
}
中略
```

249 2コラムレイアウトの左右を入れ替えたい（float版）

利用シーン 右にサイドバーを配置する
2コラムレイアウトを作成したいとき

要素 / プロパティ

CSS プロパティ

float: 配置する場所;

—— 要素をフロートさせる ▸▸ 203

CSS プロパティ

margin: 上 右 下 左;

—— 四辺のマージンを設定する ▸▸ 111

前節「248」で紹介した左サイドバーの2コラムレイアウトサンプルは、HTMLにはまったく触れずに、CSSを少し変えるだけで簡単に右サイドバーに変えることができます。下記のソースコードでは「248」から変更する4箇所にコメントを記してあります。

■ **HTML**

249/index.html（「248」と同じ）

```
<main>
    <div class="main-container">
        <div class="sidebar">
            中略 ———————————— サイドバーのコンテンツはここに追加
        </div>
        <div class="maincol">
            <div class="maincol-container">
                中略 ———————————— メインのコンテンツはここに追加
            </div>
        </div>
    </div>
</main>
```

■CSS 249／css/style.css

```
html * {
    box-sizing: border-box;
}
body {
    margin: 0;
    background: url(../images/bg.png);
    font-family: sans-serif;
    font-size: 16px;
}
```
中略
```
/* メインコンテンツレイアウト部分 */
main { }
.main-container {
    overflow: hidden;
    padding: 0 0 40px 0;
    background: #ffffff;
}
.sidebar {
```

```
    float: right;          ── leftをrightに変更
    margin: 0 0 0 20px;
    padding: 30px 0 30px 0;
    width: 300px;
}
.maincol {
    float: left;           ── rightをleftに変更
    margin: 0 -360px 0 20px;
                           └── 右マージン（2番目）
                               と左マージン（4番
                               目）を入れ替え
    padding: 30px 0 30px 0;
    width: 100%;
}
.maincol-container {
    margin-right: 360px;   ──
}
                           margin-leftを
                           margin-rightに変更
```
中略

The Chap 13 sidebar

Chap
13

レイアウトのテクニック

▼ ブラウザ表示

250 幅が固定された2コラム レイアウトを作成したい（float版）

利用シーン
- ●2コラムレイアウトのページ幅を固定したいとき
- ●ページをブラウザウィンドウの中央に配置したいとき

要素/プロパティ

CSSプロパティ

margin: 0 auto;

ー ボックスを親要素の中央に配置する ▶▶247

シングルコラムを固定幅にするのと同じテクニックを使って、伸縮する2コラムレイアウトの幅を固定することができます。ポイントは次の2点です。コンテナーブロックのCSSにwidthプロパティを追加して幅を固定し、さらに左右マージンの値を「auto」にして、ブラウザウィンドウの中央に配置させます。サンプル「248」のソースコードをベースに、追加する部分を強調してあります。

関連 「247」

■HTML

250/index.html （\<main\>～\</main\>のみ）

```
<main>
    <div class="main-container">
        <div class="sidebar">
            中略 ——————— サイドバーのコンテンツはここに追加
        </div>
        <div class="maincol">
            <div class="maincol-container">
                中略 ——————— メインのコンテンツはここに追加
            </div>
        </div>
    </div>
</main>
```

■CSS   250/css/style.css

```
html * {
    box-sizing: border-box;
}
中略
/* ヘッダー */
header {
    background: #000000;
}
.header-container {
    margin: 0 auto;
    padding: 30px 20px 10px 20px;
    width: 1000px;
}
中略
/* ナビゲーション */
nav {
    background: #000000;
}
.nav-container {
    margin: 0 auto;
    padding: 0 20px 0 20px;
    width: 1000px;
```

```
}
.globalnav {
中略
/* フッター */
footer { }
.footer-container {
    margin: 0 auto;
    padding: 20px;
    width: 1000px;
    border-radius: 0 0 10px 10px;
    background: #000000;
}
中略
/* メインコンテンツレイアウト部分 */
main { }
.main-container {
    overflow: hidden;
    margin: 0 auto;
    padding: 0 0 40px 0;
    width: 1000px;
    background: #ffffff;
}
中略
```

▼ ブラウザ表示

ページが伸縮しなくなった

251 伸縮する2コラムレイアウトを作成したい（flexbox版）

利用シーン
● 一般的な2コラムレイアウトを作りたいとき
● 2コラムレイアウトで左側にサイドバーを配置したいとき
● 新しいブラウザ（IE11以降）に対応できればよいとき

要素/プロパティ

CSSプロパティ

display: flex;
—— 子要素を「フレックスボックス」で配置・表示 ▶237

CSSプロパティ

flex: 拡大率 縮小率 ベースサイズ;
—— フレックスアイテムの伸縮設定 ▶242

フレックスボックスを使ってメインコンテンツの領域とサイドバーを横に並べます。

伸縮するコラムレイアウトでは、通常はメインコンテンツの領域だけを伸縮させ、サイドバーの幅は固定します。フレックスボックスでこの動作を実現するには、メインコンテンツの領域のCSSには「flex: 1 1 auto;」を、サイドバーのCSSには「flex: 0 0 300px;」というように設定します。サイドバーに設定する「ベースサイズ」には、サイドバーの幅を指定します。

フレックスボックスを使った伸縮する2コラムレイアウトは、フロートに比べてHTMLが少しだけ単純になります。メインコンテンツの領域のコンテナーブロック（サンプル「248」の<div class="maincol-container">）がいらなくなるため、サイドバーとメインコンテンツの階層構造が揃います。そのおかげで、HTMLのソースコードがだいぶわかりやすくなります。

2コラムレイアウトのHTML・CSSの基本構造

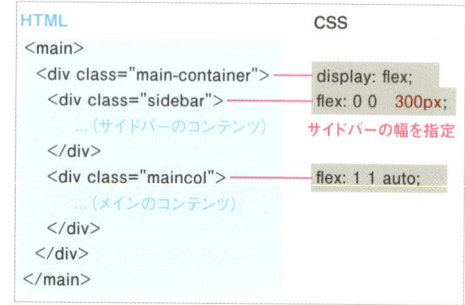

フロートとフレックス
ボックスのHTMLの違い

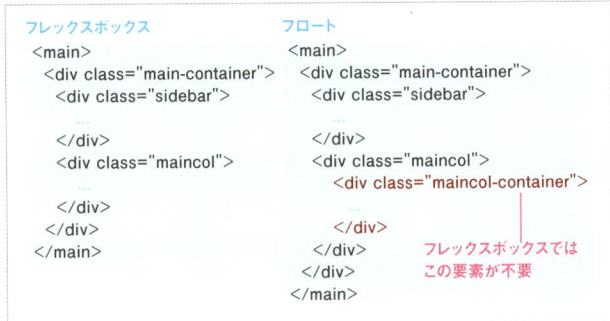

```
フレックスボックス          フロート
<main>                    <main>
    <div class="main-container">    <div class="main-container">
        <div class="sidebar">           <div class="sidebar">
        ...                             ...
        </div>                          </div>
        <div class="maincol">           <div class="maincol">
        ...                                 <div class="maincol-container">
        </div>                              ...
    </div>                                  </div>
</main>                               </div>
                                  </div>
                              </main>
```

フレックスボックスでは
この要素が不要

▪HTML

251 / index.html
（<main>～</main>のみ）

```
<main>
    <div class="main-container">
        <div class="sidebar">
            中略 ── サイドバーのコンテンツ
                    はここに追加
        </div>
        <div class="maincol">
            中略 ── メインのコンテンツは
                    ここに追加
        </div>
    </div>
</main>
```

▼ ブラウザ表示

▪CSS

251 / css / style.css

```
html * {
    box-sizing: border-box;
}
body {
    margin: 0;
    中略
}
/* ヘッダー */
中略
/* ナビゲーション */
中略
/* フッター */
中略
/* メインコンテンツレイアウト部分 */
main { }
.main-container {
    display: flex;
    padding: 0 0 40px 0;
    background: #ffffff;
}
.sidebar {
    flex: 0 0 300px;
    margin: 0 20px 0 20px;
    padding: 30px 0 30px 0;
}
.maincol {
    flex: 1 1 auto;
    margin: 0 20px 0 0;
    padding: 30px 0 30px 0;
} 中略
```

252 2コラムレイアウトの左右を入れ替えたい（flexbox版）

利用シーン 2コラムレイアウトで右側にサイドバーを配置したいとき

要素/プロパティ

CSSプロパティ

order: 番号;

—— フレックスアイテムの並び順

CSSプロパティ

display: flex;

—— 子要素を「フレックスボックス」で配置・表示

▶ 237

CSSプロパティ

flex: 拡大率 縮小率 ベースサイズ;

—— フレックスアイテムの伸縮設定 ▶ 242

フレックスアイテムの並び順は、HTMLをまったく編集せずに、簡単に変えることができます。並び順を変えるには、個々のフレックスアイテムのCSSにorderプロパティを追加します。

このプロパティはフレックスアイテムの並び順を決めるもので、値には数字を設定します※。設定された番号が小さいフレックスアイテムほど先に配置されるようになります。

このサンプルでは、左側にサイドバーが表示されていたサンプル「251」のCSSを少し編集して、サイドバー（<div class="sidebar">）とメインコンテンツ（<div class="maincol">）の並び順を入れ替えています。

※マイナスの数字を設定することもできます。

■HTML

252/index.html（「251」と同じ）

```
<main>
    <div class="main-container">
        <div class="sidebar">
            中略 ——————— サイドバーのコンテンツはここに追加
        </div>
        <div class="maincol">
            中略 ——————— メインのコンテンツはここに追加
        </div>
    </div>
</main>
```

■CSS

```
/* メインコンテンツレイアウト部分 */
main {}
.main-container {
    display: flex;
    padding: 0 0 40px 0;
    background: #ffffff;
}
.sidebar {
    flex: 0 0 300px;
    order: 2;
    margin: 0 20px 0 0;              左マージンを0に変更
    padding: 30px 0 30px 0;
}
.maincol {
    flex: 1 1 auto;
    order: 1;
    margin: 0 20px 0 20px;          左マージンを20pxに変更
    padding: 30px 0 30px 0;
}
```

▼ ブラウザ表示

253 伸縮する3コラムレイアウトを作成したい（float版）

利用シーン
● 両側にサイドバーがある
 3コラムレイアウトを作成したいとき
● フロートを使って3コラムレイアウトを作成する
 必要があるとき

要素／プロパティ

CSS プロパティ

float: 配置する場所;
—— 要素をフロートさせる ▶▶ 203

CSS プロパティ

overflow: hidden;
—— フロートを解除する ▶▶ 207

ウィンドウ幅に合わせて伸縮する3コラムレイアウトをフロートを使って実現するには、かなり複雑なHTMLとCSSを書く必要があります。ただ、HTMLもCSSもパターン化されているので、実際に使用する際は今回紹介するサンプルをカスタマイズして使えばよいでしょう。

フロートを使った3コラムレイアウトは「まずはじめに2コラムレイアウトを作成し、その2コラムレイアウトをさらに2コラムレイアウトにする」ようなイメージで作成します。基本的なHTMLとCSSの構造は次の図の通りです。

なお、このサンプルでは左側サイドバーに「column1」、メインコンテンツ領域に「column2」、右側サイドバーに「column3」と、クラス名をつけています。また、全要素に「box-sizing: border-box;」を適用しています。つまり「width」で設定される幅は「幅＋パディング＋ボーダー」であることに注意してください。

関連 「206」「207」「246」

3コラムレイアウトの基本構造

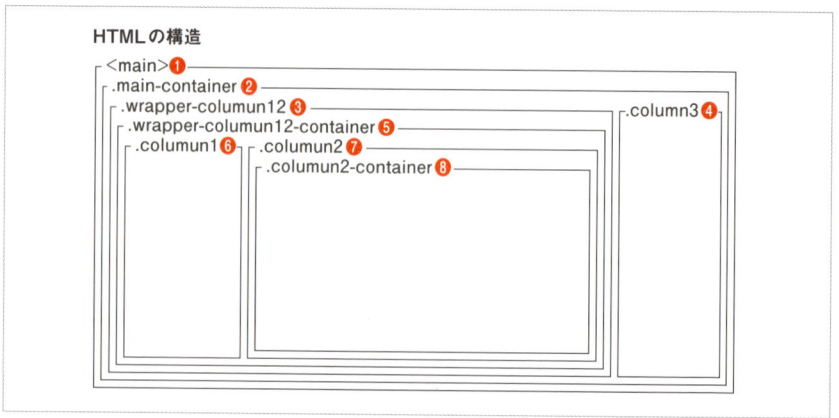

CSS

❶なし

❷ overflow: hidden; ──── ③④のフロート解除

❸ float: left;
　margin-right: -200px; ── ⑤の右マージンのマイナス値
　width: 100%;

❹ float: right;
　margin-right: 20px;──── 右側サイドバーの右マージンは設定可能
　width: 180px;──────── 右側サイドバーの幅

❺ overflow: hidden; ──── ⑥⑦のフロート解除
　margin-right: 200px;── 右側サイドバーの「幅＋右マージン」を設定

❻ float: left;
　margin-right: 20px;── 左側サイドバーの右マージンは設定可能
　margin-left: 20px;── 左側サイドバーの左マージンは設定可能
　width: 240px;──── 左側サイドバーの幅

❼ float: right;
　margin-right: 20px;── 右側サイドバーとのスペースをここで設定可能
　margin-left: -300px; ── ⑧の左マージンに設定した値のマイナス値
　width: 100%;

❽ margin-left: 300px; ── ⑥左側サイドバーの「幅＋左右マージン」と、⑦の右マージンの合計

■ HTML

253/index.html

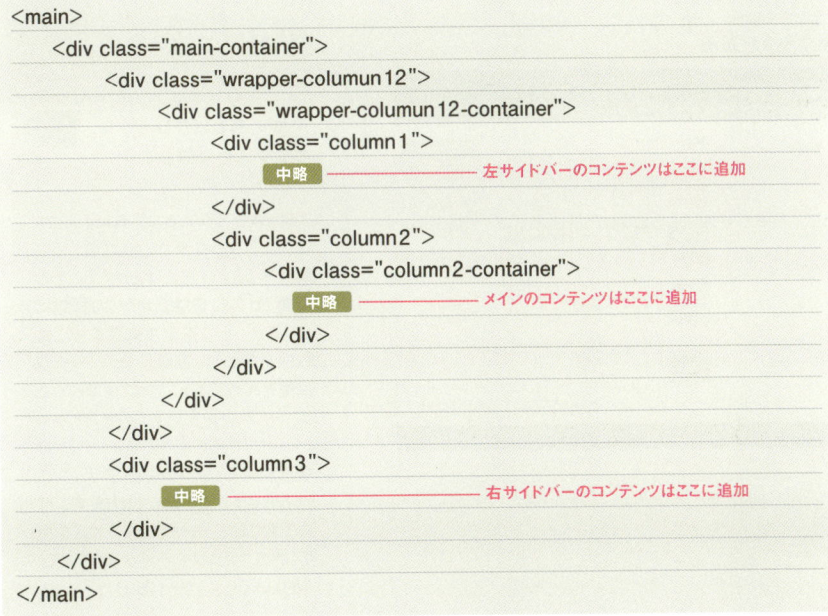

```
<main>
    <div class="main-container">
        <div class="wrapper-columun12">
            <div class="wrapper-columun12-container">
                <div class="column1">
                    中略 ──────────── 左サイドバーのコンテンツはここに追加
                </div>
                <div class="column2">
                    <div class="column2-container">
                        中略 ──────────── メインのコンテンツはここに追加
                    </div>
                </div>
            </div>
        </div>
        <div class="column3">
            中略 ──────────── 右サイドバーのコンテンツはここに追加
        </div>
    </div>
</main>
```

■CSS

```css
/* メインコンテンツレイアウト部分 */
main { }                                  ①
.main-container {                         ②
    overflow: hidden;
    padding: 0 0 40px 0;
    background: #ffffff;
}
.wrapper-columun12 {                      ③
    float: left;
    margin-right: -200px;
    width: 100%;
}
.column3 {                                ④
    float: right;
    margin-right: 20px;
    padding: 30px 0 30px 0;
    width: 180px;
}
.wrapper-columun12-container {            ⑤
```

```css
    overflow: hidden;
    margin-right: 200px;
}
.column1 {                                ⑥
    float: left;
    margin-right: 20px;
    margin-left: 20px;
    padding: 30px 0 30px 0;
    width: 240px;
}
.column2 {                                ⑦
    float: right;
    margin-right: 20px;
    margin-left: -300px;
    padding: 30px 0 30px 0;
    width: 100%;
}
.column2-container {                      ⑧
    margin-left: 300px;
}
```

中略

▼ ブラウザ表示

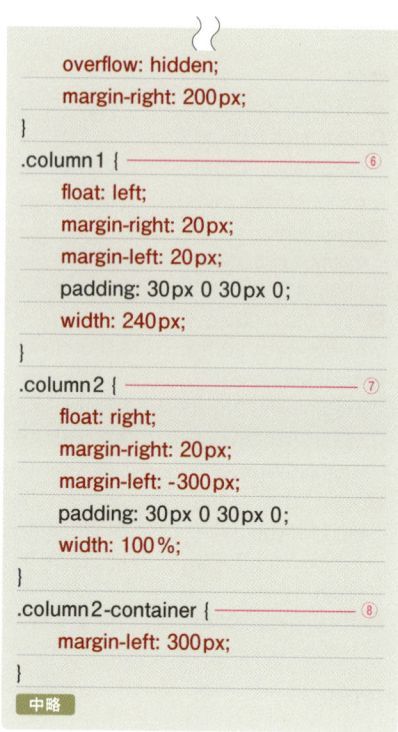

可能であればフレックスボックスを検討しよう

フロートを使った3コラムレイアウトは、古いブラウザ（IE10以前）でも動作するという利点はあります。その反面、HTMLの構造がかなり複雑になります。その複雑な構造ゆえに柔軟性が失われ、簡単にサイドバーの位置を入れ替えることができなかったり、レイアウトを変更するのが難しかったりします。その結果、Webサイトの修正やレスポンシブWebデザインに対応させることが難しくなります。可能であれば、フレックスボックスを使用した3コラムレイアウトを検討したほうがよいでしょう（→「255」）。

254 幅が固定された3コラムレイアウトを作成したい（float版）

利用シーン
●3コラムレイアウトで幅を固定したいとき
●フロートを使って3コラムレイアウトを
　作成する必要があるとき

要素/プロパティ

CSSプロパティ

float: 配置する場所;
—— 要素をフロートさせる ▶▶203

CSSプロパティ

overflow: hidden;
—— フロートを解除する ▶▶207

前節のサンプル「253」をベースに、3コラムレイアウトの横幅を固定し、ブラウザウィンドウの中央に配置します。基本的には伸縮する2コラムレイアウトの幅を固定するのと同じテクニックです（→「250」）。サンプルでは、ページの幅を1000ピクセルに固定しています。

■HTML

254/index.html

```
<header>
    <div class="header-container">
        中略 ———————— ヘッダーのコンテンツはここに追加
    </div>
</header>
<nav>
    <div class="nav-container">
        中略 ———————— ナビゲーションのコンテンツはここに追加
    </div>
</nav>
<main>
    中略
</main>
<footer>
    <div class="footer-container">
        <p class="copyright">©NEST 505</p>
    </div>
</footer>
```

■ **CSS** 254/css/style.css

```css
html * {
    box-sizing: border-box;
}
body {
    margin: 0;
    中略
}
/* ヘッダー */
    中略
.header-container {
    margin: 0 auto;
    padding: 30px 20px 10px 20px;
    width: 1000px;
}
    中略
/* ナビゲーション */
    中略
.nav-container {
    margin: 0 auto;
    padding: 0 20px 0 20px;
```

```css
    width: 1000px;
}
    中略
/* フッター */
footer { }
.footer-container {
    margin: 0 auto;
    padding: 20px;
    width: 1000px;
    中略
}
    中略
/* メインコンテンツレイアウト部分 */
main { }
.main-container {
    margin: 0 auto;
    padding: 0 0 40px 0;
    width: 1000px;
    中略
}
    中略
```

▼ ブラウザ表示

255 伸縮する3コラムレイアウトを作成したい（flexbox版）

利用シーン

- ●伸縮する3コラムレイアウトを作成したいとき
- ●フレックスボックス機能を使えるとき
- ●IE11以降に対応できればよいとき

要素/プロパティ

CSSプロパティ

display: flex;

—— 子要素を「フレックスボックス」で配置・表示 ▶▶237

CSSプロパティ

flex: 拡大率 縮小率 ベースサイズ;

—— フレックスアイテムの伸縮設定 ▶▶242

フレックスボックスを使った伸縮する3コラムレイアウトを紹介します。フロートを使うよりはるかにシンプルに作れます。また、サイドバーの位置を入れ替えたり、スマートフォンの表示に瞬時に切り替えられるなどの利点があり、IE10以前のブラウザをどうしてもサポートする必要がなければ、コラムレイアウトはフレックスボックスを使ったほうがよいでしょう。
このサンプルでは、左側サイドバーの幅を240ピクセル、右側サイドバーの幅を180ピクセルに固定しています。ソースコードがシンプルなので、HTML・CSSの構造はソースコードを見ればすぐにわかるでしょう。

関連 「251」「252」

■**HTML**　　　　　　　　　　　　　　　255/index.html

```
中略
<main>
    <div class="main-container">
        <div class="column1">
            中略 ——— 左側サイドバーのコンテンツはここに追加
        </div>
        <div class="column2">
            中略 ——— メインのコンテンツはここに追加
        </div>
        <div class="column3">
            中略 ——— 右側サイドバーのコンテンツはここに追加
        </div>
    </div>
</main>
中略
```

■CSS

255/css/style.css

```css
html * {
    box-sizing: border-box;
}
body {
    margin: 0;
    中略
}
中略
/* メインコンテンツレイアウト部分 */
main { }
.main-container {
    display: flex;
    padding: 0 0 40px 0;
    background: #ffffff;
}
```

```css
.column1 {
    flex: 0 0 240px;
    margin: 0 20px 0 20px;
    padding: 30px 0 30px 0;
}
.column2 {
    flex: 1 1 auto;
    margin: 0 20px 0 0;
    padding: 30px 0 30px 0;
}
.column3 {
    flex: 0 0 180px;
    margin: 0 20px 0 0;
    padding: 30px 0 30px 0;
}
中略
```

▼ ブラウザ表示

3コラムレイアウトの位置を入れ替えたい（flexbox版）

利用シーン 3コラムレイアウトで左右のサイドバーを入れ替えたり、右に2本サイドバーを設置したりしたいとき

要素/プロパティ

CSSプロパティ

display: flex;
—— 子要素を「フレックスボックス」で配置・表示 ▶▶237

CSSプロパティ

flex: 拡大率 縮小率 ベースサイズ;
—— フレックスアイテムの伸縮設定 ▶▶242

CSSプロパティ

order: 番号;
—— フレックスアイテムの並び順 ▶▶252

フレックスボックスで作成する3コラムレイアウトなら、HTMLを修正することなしにサイドバーの位置を入れ替えることができます。サンプル「252」でも紹介したorderプロパティを使って、レイアウトを変更します。

このサンプルでは、一番左にメインのコンテンツ、右に2本サイドバーを設置します。このレイアウトはブログでよく見られます。

関連 「251」「255」

Chap **13** レイアウトのテクニック

■HTML

256/index.html（「255」と同じ）

```
中略
<main>
    <div class="main-container">
        <div class="column1">
            中略 ———— 左側サイドバーのコンテンツはここに追加
        </div>
        <div class="column2">
            中略 ———— メインのコンテンツはここに追加
        </div>
        <div class="column3">
            中略 ———— 右側サイドバーのコンテンツはここに追加
        </div>
    </div>
</main>
中略
```

■ CSS　　　256／css／style.css

```
html * {
    box-sizing: border-box;
}
body {
    margin: 0;
    中略
}
/* メインコンテンツレイアウト部分 */
main { }
.main-container {
    display: flex;
    padding: 0 0 40px 0;
    background: #ffffff;
}
.column1 {
    flex: 0 0 240px;
```

```
    order: 2;
    margin: 0 20px 0 0;
    padding: 30px 0 30px 0;
}
.column2 {
    flex: 1 1 auto;
    order: 1;
    margin: 0 20px 0 20px;
    padding: 30px 0 30px 0;
}
.column3 {
    flex: 0 0 180px;
    order: 3;
    margin: 0 20px 0 0;
    padding: 30px 0 30px 0;
}
中略
```

▼ ブラウザ表示

257 伸縮するレイアウトの上限幅を決めたい

利用シーン ページの幅が広くなりすぎないようにしたいとき

要素/プロパティ

CSSプロパティ

max-width: 幅;

—— ボックスの最大幅を指定する ▶▶225

CSSプロパティ

margin: 0 auto;

—— ボックスを親要素の中央に配置する ▶▶247

伸縮するコラムレイアウトにすると、ページの幅はウィンドウサイズに合わせて際限なく拡大します。あまりに広すぎると読みづらくなって、デザインも不格好です。そこで、幅が広がる上限を設定します。また、上限まで広がった場合は、ページをブラウザウィンドウの中央に配置するようにします。ページの幅の上限を設けるには、max-widthプロパティを使います。また、ページをウィンドウの中央に配置するには「margin: 0 auto;」を設定します。どちらもコンテナーブロックに適用するのがポイントです（→「246」）。

このサンプルは「255」で紹介したフレックスボックスの3コラムレイアウトをベースに作成していますが、本節のテクニック自体はどんなコラムレイアウトにも応用できます。もちろん、フロートでレイアウトしたページにも使えます。

関連 「225」

■HTML

257/index.html（「255」と同じ）

```
中略
<main>
    <div class="main-container">
        <div class="column1">
            中略 ———— 左側サイドバーのコンテンツはここに追加
        </div>
        <div class="column2">
            中略 ———— メインのコンテンツはここに追加
        </div>
        <div class="column3">
            中略 ———— 右側サイドバーのコンテンツはここに追加
        </div>
    </div>
</main>
中略
```

■ **CSS** 257/css/style.css

```css
html * {
    box-sizing: border-box;
}
body {
    margin: 0;
    中略

}
/* ヘッダー */
中略
.header-container {
    max-width: 1000px;
    margin: 0 auto;
    padding: 30px 20px 10px 20px;
}

中略
/* ナビゲーション */
中略
.nav-container {
    max-width: 1000px;
    margin: 0 auto;
    padding: 0 20px 0 20px;
```

```css
}
中略
/* フッター */
footer { }
.footer-container {
    max-width: 1000px;
    margin: 0 auto;
    padding: 20px;
    中略
}
中略
/* メインコンテンツレイアウト部分 */
main { }
.main-container {
    display: flex;
    max-width: 1000px;
    margin: 0 auto;
    padding: 0 0 40px 0;
    background: #ffffff;
}
中略
```

▼ **ブラウザ表示**

ウィンドウ幅が狭いとき

ウィンドウ幅が広いとき

258 ナビゲーションを ウィンドウ上部に固定したい

利用シーン **ヘッダーとナビゲーションをウィンドウ上部に
固定して、スクロールしないようにするとき**

要素/プロパティ

CSSプロパティ

position: fixed;

── ビューポートを基準に要素を自
由配置する

CSSプロパティ

position: absolute;

── 「position: relative;」が設定
された親要素を基準に自由配
置する ▶▶ 219

CSSプロパティ

left: 大きさ;

──ビューポートの左隅からの距離

CSSプロパティ

top: 大きさ;

──ビューポートの上端からの距離

CSSプロパティ

z-index: 数値;

── 要素の重なり順を設定

ヘッダーとナビゲーション部分をブラウザウィンドウの上部に固定配置し、スクロールしないようにします。多くのWebサイトで見かけるデザインのひとつです[1]。それ以外の部分は通常どおりスクロールできるようにします。このサンプルは、前節のサンプル「257」をベースに作成していますが、本節のテクニック自体はどんなページにも応用できます。

ヘッダーとナビゲーションをウィンドウの上部に固定するには、まずHTMLで「固定する部分」と「スクロールできる部分」を分けて、<div>タグで囲む必要があります。

そして、その囲んだ<div>タグに、配置の設定をします。HTMLとCSSの基本的な構造は次の図の通りです。

HTMLとCSSの基本構造

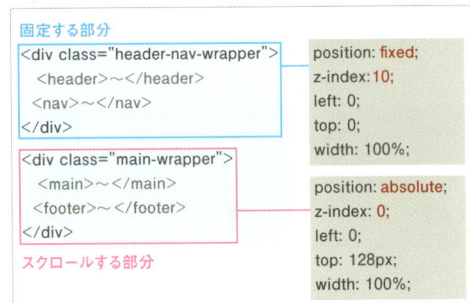

「position: fixed;」が適用された要素は、ビューポート（次ページ参照）を基準に自由配置され、スクロールしなくなります。位置の指定には、leftプロパティやtopプロパティなどを使います（→「219」）。

また、スクロールする部分には「position: absolute;」を指定して、topプロパティで「固定された要素」よりも下にずらして配置します[2]。

さて、このサンプルでは「position: relative;」を適用している要素がひとつもありません。このような場合、「position: absolute;」が適用されている要素は、ビューポートを基準に自由配置されます。

※1 実際のWebサイトではJavaScriptと組み合わせてより複雑な動作をさせることが多いのですが、本書ではより基本的な、CSSだけでできるテクニックを紹介します。

※2 このサンプルのヘッダーとナビゲーションの高さは128ピクセルです。

z-index プロパティ

z-indexプロパティは「要素の重なり順」を決めるのに使われます。値には数字を設定しますが、この数字が大きいほうの要素が上に重なって表示されます。

このサンプルでは、固定するほうのz-indexに「10」を、スクロールするほうには「0」を設定しています。そのため、固定するほうのヘッダー部分は常に上に重なり、スクロールするほうはその下に潜り込むようなかたちになります。

<table>
<tr><td>知っておこう</td></tr>
</table>

ビューポートとは

ビューポートとは、Webページが「表示される領域」のことを指します。パソコンのブラウザでWebページを閲覧しているときは「ウィンドウ」、スマートフォンなどではアドレスバーやツールバーなどを除いた「画面全体」がビューポートと考えてよいでしょう。

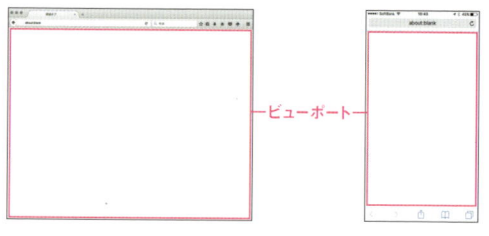

─ビューポート─

■HTML

258/index.html

```
<div class="header-nav-wrapper">──────── 固定する部分
    <header>
        [中略]
    </header>
    <nav>
        [中略]
    </nav>
</div>
<div class="main-wrapper">──────── スクロールする部分
    <main>
        [中略]
    </main>
    <footer>
        [中略]
    </footer>
</div>
```

■CSS

258/css/style.css

```css
html * {
    box-sizing: border-box;
}
body {
    margin: 0;
```
中略
```css
}
/* ヘッダーとナビゲーションの部分を
固定配置 */
.header-nav-wrapper {
    position: fixed;
    z-index: 10;
    left: 0;
    top: 0;
    width: 100%;
    background: #000000;
}
/* スクロールする部分は固定した要
素よりも下に配置 */
.main-wrapper {
    position: absolute;
    z-index: 0;
    left: 0;
    top: 128px;
    width: 100%;
```
中略

▼ ブラウザ表示

スクロールしてもヘッダー部分は動かない

259

ページ下部にキャンペーンブロックを表示したい

利用シーン ページ下部にキャンペーン情報やとくに目立たせたい情報を（期間限定で）表示したいとき

要素/プロパティ

CSSプロパティ

position: fixed;
—— ビューポートを基準に要素を自由配置する ▶▶258

CSSプロパティ

left: 大きさ;
—— ビューポートの左隅からの距離

CSSプロパティ

bottom: 大きさ;
—— ビューポートの下端からの距離

CSSプロパティ

box-shadow: 影の設定;
—— ドロップシャドウをつける ▶▶135

要素をページの下部に固定配置します。「258」と同じように、固定配置したい要素に「position: fixed;」を適用しますが、今回はtopプロパティの代わりにbottomプロパティを使って位置を指定します。そうすることで、要素をビューポートの下端に配置することができます。
HTMLはサンプル「257」をベースにしています。同じく「257」をベースにした「258」と違って、レイアウト部分のソースコードを編集することはありません。
<footer>～</footer>より下の部分に、表示したいコンテンツのHTMLを追加するだけです。

■ HTML

259/index.html

```
<body>
中略
<footer>
    中略
</footer>
<div class="campaign">
    <p>
        固定席年間契約メンバー（審査あり）を追加募集します。応募期間は7月31日まで。
        <a href="#"><span class="campaign-btn">お申し込み</span></a>
    </p>
</div>


</body>
```

■CSS

259/css/style.css

```
中略

.campaign {
    position: fixed;
    left: 0;
    bottom: 0;
    padding: 30px;
    width: 100%;
    background-color: #7bae34;
    box-shadow: 0 -4px 5px
rgba(0,0,0,0.6);
}

.campaign p {
```

```
    margin: 0;
    text-align: center;
    font-weight: bold;
    color: #ffffff;
}

.campaign-btn {
    display: inline-block;
    margin: 0 0 0 10px;
    padding: 5px 20px;
    background-color: #ffffff;
    border-radius: 5px;
    font-weight: bold;
    color: #7bae34;
}
```

▼ ブラウザ表示

260

サイドバーが スクロールしない2コラム レイアウトを作成したい

利用シーン 2コラムレイアウトの 左側サイドバーを固定したいとき

要素/プロパティ

CSSプロパティ

position: fixed;

ビューポートを基準に要素を自由配置する ▶▶258

ページの左側にあるサイドバーをスクロールしないように固定します。それ以外の部分は固定せず、通常どおりスクロールできるようにします。
この動作を実現するにはまず、固定する要素とそうでない要素 (スクロールする要素) を<div>タグで囲みます。
そして、その<div>タグそれぞれに、次のようなCSSを適用します。

固定する要素 (サンプルでは<div class ="sidebar">〜</div>)に適用するCSS

- 「position: fixed;」を適用する
- 固定する要素の幅をwidthプロパティで指定する
- 固定する要素の高さを「height: 100%;」にする

スクロールする要素 (サンプルでは<div class ="maincontents">〜</div>) に適用するCSS

- 固定する要素の横幅分の左マージンを適用する

このサンプルでは固定するサイドバーの幅を340ピクセルにしてあるので、スクロールする要素の左マージンにも340ピクセルを設定しています。

関連 「258」「259」

■HTML

260/index.html

```
<div class="sidebar"> ———————— 固定する要素
    <header>
        <a href="#"><h1 class="header-logo">シェアードオフィス NEST 505</
h1></a>
    </header>
    <nav>
        中略
    </nav>
</div>
<div class="maincontents"> ———————— スクロールする要素
```

```
        <div class="keyvisual"><img src="images/keyvisual.jpg" alt=""></div>
        <p class="maincopy">シェアードオフィスNEST 505で、上がる効率、深まる知識、広が
る仕事。</p>
        <div class="news">
            <h2>お知らせ</h2>
            中略
        </div>
        <footer>
            <p class="copyright">©NEST 505</p>
        </footer>
    </div>
```

■ CSS　　　260/css/style.css

```
html * {
    box-sizing: border-box;
}
body {
    margin: 0;
    中略
}
/* レイアウト部分 */
.sidebar {
    position: fixed;          サイドバーの
    width: 340px;             幅を指定
    height: 100%;             高さは100%
    padding: 50px 20px;       にする
    background: #000000;
}

.maincontents {
    margin-left: 340px;       サイドバーの
    padding: 20px;            幅分の左マージン
}                             を設定
    中略
```

▼ ブラウザ表示

右側の部分だけがスクロールする

261
フッターのコピーライトと住所をそれぞれ左揃え、右揃えにしたい（float版）

利用シーン
- ●ボックスを横に並べて、それぞれのコンテンツを左揃え、右揃えにしたいとき
- ●CSSのフロート機能を使いたいとき、またはフレックスボックス機能を使いたくないとき

要素/プロパティ

CSSプロパティ

float: 配置する場所;

―――― 要素をフロートさせる ▶▶203

CSSプロパティ

overflow: hidden;

―――― フロートを解除する ▶▶207

ふたつのボックスを横に並べて、そのうちのひとつを左揃え、もうひとつを右揃えにします。
フッターに掲載するコピーライトと、連絡先などの情報を左右に分けて表示するときによく使われるテクニックです。

関連 「206」

■HTML

261／index.html

```
中略
<footer>
    <div class="footer-container">
        <p class="copyright">©NEST 505</p>      ―――― この要素を左揃え
        <address>NEST 505<br>                   ―――― この要素を右揃え
        東京都新宿区若葉町1-2-3<br>
        03-9876-5432</address>
    </div>
</footer>
中略
```

■ CSS 261/css/style.css

```
html * {
    box-sizing: border-box;
}
body {
    margin: 0;
    中略
}
中略
/* フッター */
footer { }
.footer-container {
    overflow: hidden;
    padding: 20px;
    border-radius: 0 0 10px 10px;
```

```
    background: #000000;
}
.copyright {
    float: left;
    margin: 0;
    font-size: 0.8rem;
    color: #ffffff;
}
footer address {
    float: right;
    font-style: normal;
    font-size: 0.8rem;
    color: #ffffff;
}
中略
```

▼ ブラウザ表示

シェアードオフィスNEST 505で、上がる効率、深まる知識、広がる仕事。

©NEST 505

NEST 505
東京都新宿区若葉町1-2-3
03-9876-5432

262 コピーライトと住所表記を それぞれ左揃え、右揃えに したい（flexbox版）

利用シーン

- ●ボックスを横に並べて、それぞれのコンテンツを 左揃え、右揃えにしたいとき
- ●CSSのフレックスボックス機能を使いたいとき
- ●IE11以降で動作すればよいとき

要素/プロパティ

CSSプロパティ

display: flex;

—— 子要素を「フレックスボックス」で配置・表示 ▶▶237

CSSプロパティ

justify-content: space-between;

—— フレックスアイテムを均等に配置する ▶▶240

前節のサンプル「261」では、フロートを使って、フッターのコピーライト と住所をそれぞれ左揃え、右揃えにしました。このサンプルでは同じことを フレックスボックスでおこなう方法を紹介します。フレックスボックスの基 本的な仕組みについては「237」で取り上げていますので、そちらも参考 にしてください。

■HTML

262/index.html（「261」と同じ）

```
中略
<footer>
    <div class="footer-container">
        <p class="copyright">©NEST 505</p>  —— この要素を左揃え
        <address>NEST 505<br>  —— この要素を右揃え
        東京都新宿区若葉町1-2-3<br>
        03-9876-5432</address>
    </div>
</footer>
中略
```

■ CSS

262/css/style.css

```
html * {
    box-sizing: border-box;
}
body {
    margin: 0;
    中略
}
    中略
/* フッター */
footer { }
.footer-container {
    display: flex;
    justify-content: space-between;
```

```
    padding: 20px;
    border-radius: 0 0 10px 10px;
    background: #000000;
}
.copyright {
    margin: 0;
    font-size: 0.8rem;
    color: #ffffff;
}
footer address {
    font-style: normal;
    font-size: 0.8rem;
    color: #ffffff;
}
    中略
```

▼ ブラウザ表示

シェアードオフィスNEST 505で、上がる効率、深まる知識、広がる仕事。

©NEST 505

NEST 505
東京都新宿区若葉町1-2-3
03-9876-5432

263 イメージの上にロゴを重ねたい

利用シーン

キービジュアルなどの表示の際に、
画像の上に画像を重ねたいとき

要素/プロパティ

CSS プロパティ

position: relative; ——— 自由配置したい要素の親要素に指定する ▶▶219

CSS プロパティ

position: absolute; ——— 自由配置したい要素自身に指定する ▶▶219

CSS プロパティ

left: 大きさ; ——— 「position: relative;」が指定されている要素の左隅からの距離 ▶▶219

CSS プロパティ

top: 大きさ; ——— 「position: relative;」が指定されている要素の上端からの距離 ▶▶219

画像の上に画像を重ねて表示するには、positionプロパティを使用します。基本的には「219」で使用したテクニックと同じですが、今回取り上げるサンプルでは、上に重ねる画像を下の画像の中央に配置したい場合の調整の方法を中心に紹介します。

2枚の画像を重ねて、上の画像を下の画像の中央に配置するには、右のようなHTMLとCSSの構造にします。ポイントは、上に重なる要素（<div class="keyvisual-logo">）に、leftプロパティ、topプロパティだけでなく、margin-topプロパティ、margin-leftプロパティを適用しておくことです。これらのプロパティには、それぞれ「上に重なる画像の高さの1/2」「上に重なる画像の幅の1/2」のマイナスの値を設定します。leftプロパティ、topプロパティで指定する位置は、そのボックスの「左上隅」の座標を指します。これでは画像が右下に配置されてしまうので、その分マイナスのマージンをかけて位置を調整しているのです。

HTMLとCSSの基本構造

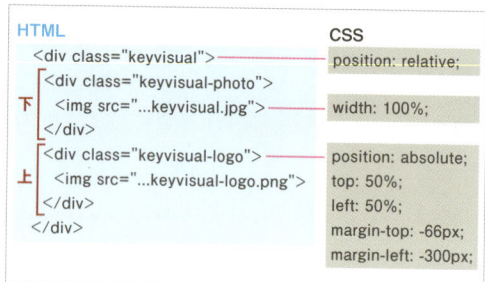

▪HTML

中略

```
<main>
    <div class="main-container">
        <div class="keyvisual">
            <div class="keyvisual-photo">
                <img src="images/keyvisual.jpg" alt="">
            </div>
            <div class="keyvisual-logo">
                <img src="images/keyvisual-logo.png" alt="">
            </div>
        </div>
        <p class="maincopy">シェアードオフィスNEST 505で、 中略 </p>
    </div>
</main>
```

中略

▪CSS 263/css/style.css

中略

```
/* メインコンテンツレイアウト部分 */
```

中略

```
.keyvisual {
    position: relative;
    font-size: 0;
}
.keyvisual-photo img {
    width: 100%;
```

```
}
.keyvisual-logo img {
    position: absolute;
    top: 50%;
    left: 50%;
    margin-top: -66px;
    margin-left: -300px;
}
```

中略

▼ ブラウザ表示

264 背景画像をスクロールしないようにしたい

利用シーン おもにランディングページ、広告ページなどで特殊な効果がほしいとき

要素/プロパティ

CSSプロパティ

background-attachment: fixed; —— 背景画像をスクロールしない ▶▶120

CSSプロパティ

background-size: cover; —— 背景画像の表示サイズを設定する ▶▶130

ボックスに指定した背景画像に「background-attachment: fixed;」を適用すると、その背景画像がスクロールしないようになります。背景画像を固定するとページをスクロールさせたときにいつもとは違う見た目になるので、特殊効果としてよく使われます。とくに、ランディングページ※や広告ページで使用するケースが多いといえます。

背景画像を固定するときは、要素に「background-attachment: fixed;」を追加するだけでなく、いくつか注意点があります。

まず、背景画像は、表示される領域よりもかなり大きめのサイズで作っておく必要があります。また、配置（background-positionプロパティ）の値を「center center」として、要素の中央に背景画像を表示します。

なお、本書では背景画像を指定するときに、原則としてbackgroundショートハンドプロパティを使用していますが、このサンプルではソースコードがわかりやすいように、ロングハンドプロパティで記述しています。

関連 「097」

※ Webサイトや検索サイトに掲載される「広告」をクリックしたときに表示される、リンク先ページのこと。

■ HTML

264/index.html

```
中略
<main>
    <div class="main-container">
        <div class="keyvisual"></div> ——— この要素に適用する背景画像を固定
        <p class="maincopy">シェアードオフィスNEST 505で、 中略 </p>
            中略
    </div>
</main>
中略
```

■ CSS

```
中略
/* keyvisual */
.keyvisual {
    height: 450px;
    background-image: url(../images/keyvisual.jpg);
    background-attachment: fixed;
    background-position: center center;
    background-repeat: no-repeat;
    background-size: cover;
}
中略
```

▼ ブラウザ表示

ページがスクロールしても背景画像の位置が変わらない

 **利用シーン** フッターに簡易的なサイトマップを掲載したいとき

要素／プロパティ

HTML

`<ul> ～ </ul>`

―― 箇条書き（非序列リスト） ▶▶063

HTML

`<li> ～ </li>`

―― 箇条書きのリスト項目 ▶▶063

CSS プロパティ

`display: flex;`

―― 子要素を「フレックスボックス」で配置・表示 ▶▶237

CSS プロパティ

`justify-content: space-around;`

―― フレックスアイテムを均等に配置する ▶▶241

ページのフッター部分に、そのWebサイトの主要なページへのリンクを掲載します。このサンプルのように、フッターに簡易的なサイトマップを掲載するWebサイトが非常に多いため、応用例として紹介しておきます。このサンプルでは、フレックスボックスを使って3段組のサイトマップをフッターに作成しています。特殊なテクニックを使っているわけではないので、HTMLとCSSは非常にシンプルです。

■ **HTML**

265 / index.html

```
中略
<footer>
    <div class="footer-container">
        <div class="footer-nav">
            <ul>
                <li>About</li>
                <li><a href="#">お知らせ</a></li>
                <li><a href="#">NEST 505の特徴</a></li>
                <li><a href="#">スタッフ</a></li>
                <li><a href="#">運営会社</a></li>
            </ul>
            <ul>
                <li>Price</li>
```

```
                         〜〜
        中略
      </ul>
      <ul>
          <li>Access</li>
        中略
      </ul>
    </div>
    <p class="footer-copyright">©NEST 505</p>
  </div>
</footer>
  中略
```

■ CSS　　　　　　　265/css/style.css

```
  中略                                  justify-content: space-around;
/* フッター */                            color: #ffffff;
footer { }                             }
.footer-container {                    .footer-nav ul {
    padding: 20px;                         margin: 0;
    border-radius: 0 0 10px 10px;          padding: 0;
    background: #000000;                   list-style: none;
}                                          font-size: 0.8rem;
.footer-nav {                          }
    display: flex;                       中略
                〜〜
```

▼ ブラウザ表示

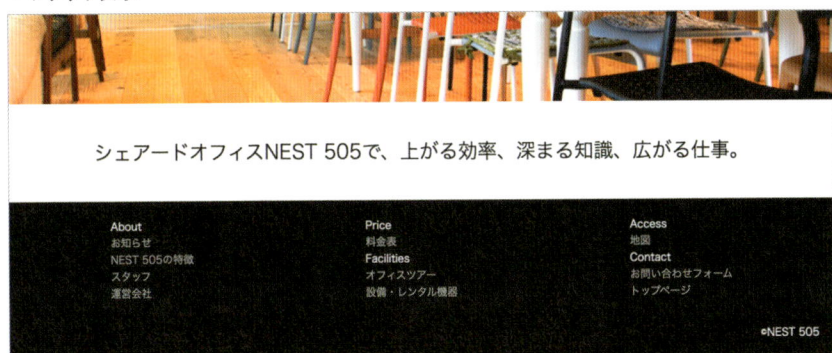

266 ボックスを整列して並べたい（float版）

利用シーン

- ●ボックスを横に並べて表示したいとき
- ●ウィンドウサイズに合わせて、横に並ぶボックス自体も伸縮させたいとき
- ●CSSのフロート機能を使いたいとき、またはフレックスボックス機能を使いたくないとき

要素／プロパティ

CSSプロパティ

float: 配置する場所; —— 要素をフロートさせる ▶▶203

CSSプロパティ

overflow: hidden; —— フロートを解除する ▶▶207

CSSセレクタ

:last-child —— 最後の要素を選択する ▶▶153

フロートを使って伸縮するボックスを横に並べます。それぞれのボックスに右マージンも設定して、隣り合うボックス同士がくっつかないようにします。

伸縮するボックスを横に並べて、しかもマージンを設定する場合には、widthプロパティもmarginプロパティも「％」で指定する必要があります。そこで、まずは「box-sizing: border-box;」を適用します。そのうえで、widthプロパティとmarginプロパティに設定する数値を決めます。

今回の場合、横に並ばせるボックスは4つあり、それらがくっつかないように設定するマージンの領域は3つ必要になります。この、ボックスの幅4つとマージン3つの合計が「100％」を超えてはならないので※、次のような計算をします。

まずボックスの幅——widthプロパティに設定するほう——は、ひとつひとつを「24％」ということ

にします。この幅は25％以下であればいくつでもかまいません。もとのデザインによって決めます。さて、24％の幅のボックスが4つ並ぶということは、幅の合計が96％になります。100％になるまでの残り4％を、3つのマージンで割ります。

$$4％ ÷ 3 = 1.3333333...％$$

計算してみると割り切れない数字が出てきますが、それをそのまま各ボックスのmargin-rightプロパティに設定してしまいます。これで4つのボックスが横に並ぶようになります。

伸縮し、かつ左右にマージンがあるボックスを横に並べるとなると、計算が必要になってちょっとめんどくさいですね。

※合計が100％を超えると、ボックスが横に並びません。

ボックスの幅とマージンの設定

※ 最後のボックスの右マージンは0

■HTML

266／index.html

```
中略
<main>
    <div class="main-container">
        <div class="pricelist">
            <h1>料金表</h1>
            <ul class="pricelist-contents">
                <li> ─────── この<li>を横に並べる
                    <div><img src="images/office.png" alt=""></div>
                    <h2>オフィスエリア固定席</h2>
                    <p class="price">&yen;50,000<small>/月</small></p>
                    <p class="info">オフィスエリアの固定席。 中略 </p>
                    <a class="btn" href="#">お申し込み</a>
                </li>
                中略
            </ul>
        </div>
    </div>
</main>
中略
```

■CSS
266/css/style.css

中略

```css
/* 値段表部分 */
.pricelist {
    margin: 0 20px;
}

.pricelist h1 {
    margin: 0;
    padding: 30px 0;
    font-size: 1.2rem;
}

.pricelist-contents {
    overflow: hidden;
    margin: 0;
```

```css
    padding: 0;
    list-style: none;
}

.pricelist-contents li {
    float: left;
    margin: 0 1.3333333333% 0 0;
    border: 1px solid #dadada;
    width: 24%;
    border-radius: 10px;
}

.pricelist-contents li:last-child {
    margin: 0 0 0 0;
}
```

最後の`<li>`の
右マージンを0に

中略

▼ ブラウザ表示

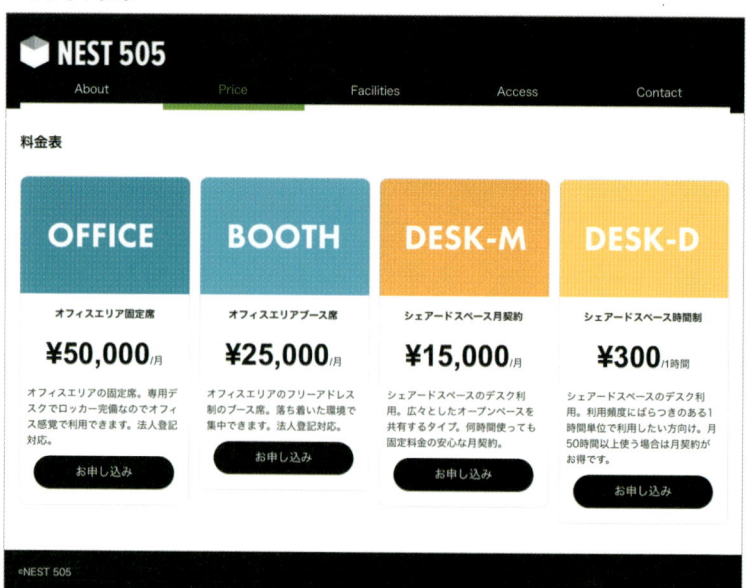

267 ボックスを整列して並べたい
（flexbox 版）

利用シーン
- ●ウィンドウサイズに合わせて、横に並ぶボックス自体も伸縮させたいとき
- ●フレックスボックス機能を使えるとき
- ●IE11以降に対応できればよいとき
- ●縦に並んだコンテンツを整列させたいとき

要素／プロパティ

CSS プロパティ

flex-flow: row または column; ―― フレックスアイテムを横に並べるか縦に並べるかを設定

CSS プロパティ

display: flex; ―― 子要素を「フレックスボックス」で配置・表示 ▶▶237

CSS プロパティ

justify-content: space-between; ―― フレックスアイテムを均等に配置する ▶▶237

フレックスボックスを使ってボックスを横に並べます。さらに、各ボックスの下部に表示されるリンクボタンの位置も、フレックスボックスで整列させます。
このサンプルでは、ふたつの「フレックスコンテナー」を使用しています。ひとつは<ul class="pricelist-contents">をフレックスコンテナーにして、その子要素の<li>を横に並べています。
実は、フレックスアイテムは横に並ぶだけではありません。横に並んだフレックスアイテムは、高さが揃うようになるのです。

フレックスボックスで横に並んだ要素は高さが揃う

さらに、横に並べた<li>自体にも「display: flex;」を適用して、フレックスコンテナーにします。この要素にはさらに「flex-flow: column;」も適用して、子要素のフレックスアイテムが縦に並ぶようにしています。

なぜ<li>もフレックスコンテナーにするかというと、各ボックス一番下の「お申し込み」ボタン（<a class="btn">）の上マージンを「auto」にして、親ボックスの下側に配置するためです（→「245」）。こうすることで、各ボックスに含まれる「お申し込み」ボタンを整列させることができるのです。

flex-flowプロパティをフレックスコンテナーに適用すると、フレックスアイテムを横に並べるか、縦に並べるかを設定することができます。値を「row（デフォルト値）」にすると、フレックスアイテムは横に並び、「column」にすると縦に並びます。

ボタンに「margin-top: auto;」を適用すれば位置が揃う

margin-top: auto;

■HTML

267／index.html

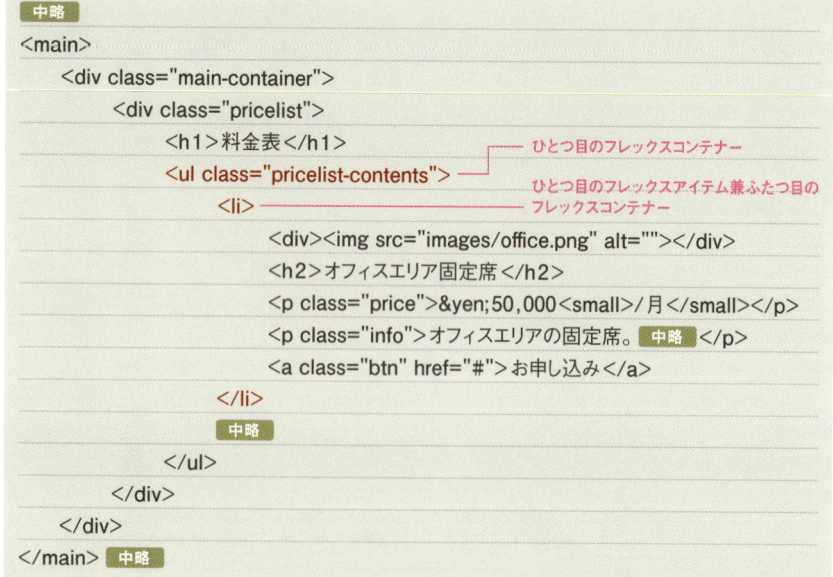

中略
```
<main>
    <div class="main-container">
        <div class="pricelist">
            <h1>料金表</h1>
            <ul class="pricelist-contents">        ── ひとつ目のフレックスコンテナー
                <li>        ── ひとつ目のフレックスアイテム兼ふたつ目の
                                                      フレックスコンテナー
                    <div><img src="images/office.png" alt=""></div>
                    <h2>オフィスエリア固定席</h2>
                    <p class="price">&yen;50,000<small>/月</small></p>
                    <p class="info">オフィスエリアの固定席。中略 </p>
                    <a class="btn" href="#">お申し込み</a>
                </li>
                中略
            </ul>
        </div>
    </div>
</main> 中略
```

## 267

ボックスを整列して並べたい（flexbox 版）

■ CSS　　　267/css/style.css

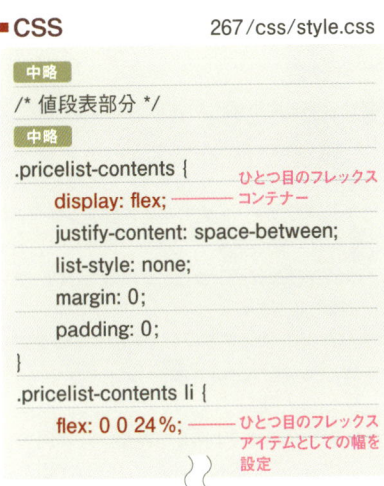

```
中略
/* 値段表部分 */
中略
.pricelist-contents {
    display: flex;          ひとつ目のフレックス
                            コンテナー
    justify-content: space-between;
    list-style: none;
    margin: 0;
    padding: 0;
}

.pricelist-contents li {
    flex: 0 0 24%;          ひとつ目のフレックス
                            アイテムとしての幅を
                            設定
```

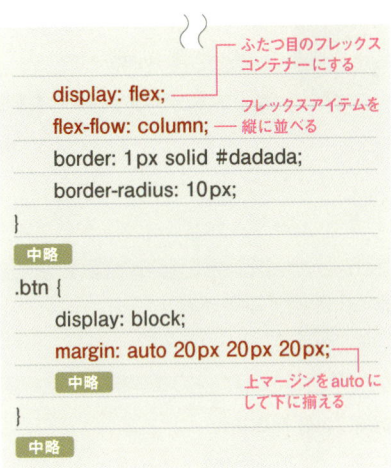

```
                            ふたつ目のフレックス
                            コンテナーにする
    display: flex;          フレックスアイテムを
    flex-flow: column;      縦に並べる
    border: 1px solid #dadada;
    border-radius: 10px;
}
中略
.btn {
    display: block;
    margin: auto 20px 20px 20px;
    中略                    上マージンを auto に
                            して下に揃える
}
中略
```

▼ ブラウザ表示

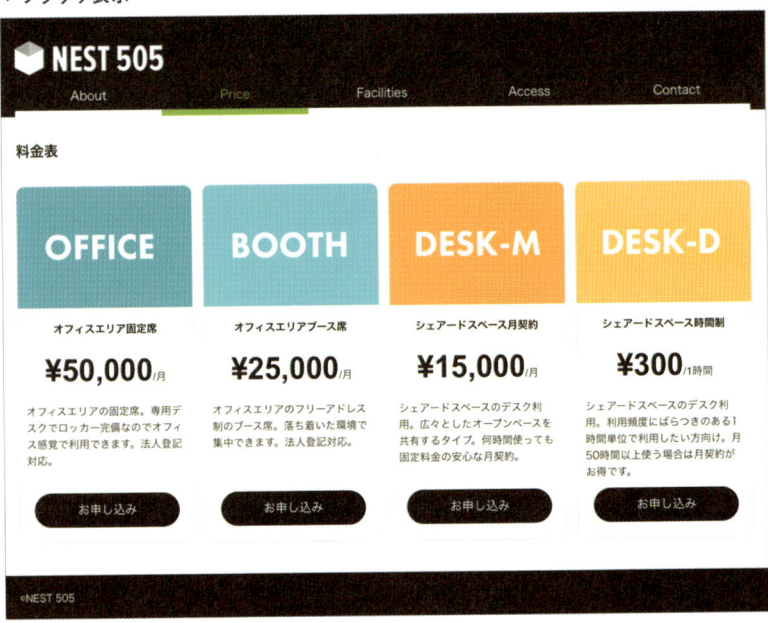

268

多数のボックスを整列して並べたい（float版）

利用シーン

● ページのメインコンテンツ部分に、小さなボックスを
たくさん並べて表示したいとき
● CSSのフロート機能を使いたいとき、
またはフレックスボックス機能を使いたくないとき

要素/プロパティ

CSS プロパティ

float: 配置する場所;

—— 要素をフロートさせる ▶▶ 203

CSS プロパティ

overflow: hidden;

—— フロートを解除する ▶▶ 207

CSS セレクタ

:nth-child(n)

—— n番目の要素を選択する ▶▶ 153

ウィンドウサイズに合わせて伸縮するボックス
を5列で並べます。このサンプルでは、<ul
class="news-contents">に含まれる<li>
を横に並べます。

フロートを使ってボックスを並べる場合は、
<li>を5つずつ、<ul class="news-contents">
〜</ul>で囲みます。ひとつひとつの<ul>、
およびそこに含まれる5つの<li>に適用する
CSSは、基本的にサンプル「266」で紹介し
ているものと同じです。

■HTML

268/index.html

```
中略
<ul class="news-contents">
    <li>
        <div><img src="images/photo1.jpg" alt=""></div>
        <p>固定席お試しキャンペーン実施中。11月1日〜14日の2週間 中略 </p>
    </li>
    <li>
        <div><img src="images/photo2.jpg" alt=""></div>
        <p>ご利用者主催のイベントをバックアップします。座卓スペース予約 中略 </p>
    </li>
    <li>
        中略
    </li>
    <li> 中略 </li>
    <li> 中略 </li>
```

```
</ul>
<ul class="news-contents">
    中略
</ul>
<ul class="news-contents">
    <li> 中略 </li>
    <li> 中略 </li>
</ul>
    中略
```

■CSS

268/css/style.css

▼ ブラウザ表示

中略

```
/* お知らせ部分 */
```

中略

```
.news-contents {
    overflow: hidden;
    margin: 0;
    padding: 0;
    list-style: none;
}
.news-contents li {
    float: left;
    border: 1px solid #dadada;
    margin-right: 1.25%;
    margin-bottom: 5px;
    width: 19%;
}
.news-contents li:last-child {
    margin-right: 0;
}
```

中略

269 多数のボックスを
整列して並べたい（flexbox版）

利用シーン

- ●ページのメインコンテンツ部分に、小さなボックスをたくさん並べて表示したいとき
- ●フレックスボックス機能を使えるとき
- ●IE11以降に対応できればよいとき

要素/プロパティ

CSSプロパティ

flex-flow: 配置方向 改行の設定; —— フレックスアイテムの配置方向と改行の設定

CSSの値

row —— flex-flowに設定する値で、フレックスアイテムを横に並べる

CSSの値

wrap —— flex-flowに設定する値で、フレックスアイテムを改行する

CSSプロパティ

flex: 拡大率 縮小率 ベースサイズ; —— フレックスアイテムの伸縮設定 ▶▶242

CSSプロパティ

display: flex; —— 子要素を「フレックスボックス」で配置・表示 ▶▶237

CSSプロパティ

justify-content: space-between; —— フレックスアイテムを均等に配置する ▶▶240

CSSセレクタ

:empty —— 子要素がない、空の要素を選択する

前節「268」と同じく、多数のボックスを並べて配置します。今回はフレックスボックスを使用する例を紹介します。

フレックスボックスを使う場合は、\<li>を5つずつ\<ul>～\</ul>で囲む必要はありません。すべての\<li>（サンプルでは12個）を、ひとつの\<ul class="news-contents">～\</ul>で囲みます。

フレックスボックスは、フレックスアイテムが1列に収まりきらないときに、改行して表示させることができます。そのためには、フレックスコンテナーに適用する「flex-flow」プロパティの値に「row（フレックスアイテムを横に並べるとき）」と「wrap」を、半角スペースで区切ってふたつ指定します。

▪HTML

269/index.html

```html
<ul class="news-contents">
    <li>
        <div><img src="images/photo1.jpg" alt=""></div>
        <p>固定席お試しキャンペーン実施中。11月1日～14日の2週間 中略 </p>
    </li>
    <li>
        <div><img src="images/photo2.jpg" alt=""></div>
        <p>ご利用者主催のイベントをバックアップします。座卓スペース予約 中略 </p>
    </li>
    中略
    <li></li>
    <li></li>
    <li></li>
</ul>
```

▪CSS

269/css/style.css

```css
中略
/* お知らせ部分 */
中略
.news-contents {
    list-style: none;
    display: flex;
    flex-flow: row wrap;
    justify-content: space-between;
    margin: 0;
    padding: 0;
}
.news-contents li {
    flex: 0 0 19%;
    margin-bottom: 10px;
    border: 1px solid #dadada;
}
.news-contents li:empty {
    border: none;
}
```

▼ ブラウザ表示

最後に子要素がない、空の `<li></li>` を 3つ入れているのはなぜ?

このサンプルでは、フレックスアイテムのボックスとボックスがくっつかないようにするためのマージンを設定していません[1]。フレックスアイテムのマージンの値を「%」で指定すると、ブラウザによって実装が異なるために、表示結果が変わってしまうからです[2]。

そこで、マージンを設ける代わりに、フレックスコンテナに「justify-content: space-between;」を設定します。フレックスアイテムの幅は19%に設定されているので、5つ並んでも合計が100%になりません。こうしておけば、フレックスアイテムが均等配置されて、ボックスとボックスの間には適度なスペースが空く、というわけです。

ところが、この方法にはひとつ問題があります。それは「最終行のフレックスアイテムが足りないときでも、均等配置されてしまう」という点です。

※1 フロートを使用するサンプル「268」では、子要素に右マージンを設けています。
※2 そのため、フレックスアイテムのマージンを「%」で指定するのは避けたほうが安全です。

この問題に対処するために、サンプルのHTMLには、あまり美しくありませんが、不足分を補うために子要素がない空の `<li></li>` を3つ入れています。

なお、この空の `<li></li>` にスタイルを適用するために、CSSでは「:empty」セレクタを使用しています。このセレクタは「子要素がない」要素だけを選択して、`<li>` についているボーダーを消しています (→「003」)。

flex-flow プロパティに設定できる値

flex-flow プロパティには、フレックスアイテムの「配置方向」を決める値と、「改行の設定」をする値の、ふたつを指定することができます (どちらも省略可)。

flex-flow プロパティに適用できる、配置方向を決める値

値	説明
row	フレックスアイテムを横に並べる (デフォルト値)
row-reverse	フレックスアイテムを横に、順番を逆にして並べる
column	フレックスアイテムを縦に並べる
column-reverse	フレックスアイテムを縦に、順番を逆にして並べる

flex-flow プロパティに適用できる、改行を設定する値

値	説明
nowrap	改行しない (デフォルト値)
wrap	改行する
wrap-reverse	改行して最初の行と最後の行の順番を逆にする

レスポンシブ
Webデザインに
対応するテクニック

Chapter

14

270 レスポンシブWebデザインに対応するための基本マークアップ

利用シーン レスポンシブWebデザインに対応する
すべてのページに必要

要素/プロパティ

HTML

<meta name="viewport" content="ビューポートの設定">

スマートフォンまたはタブレットでの表示設定

<meta name="viewport">タグは、スマートフォンやタブレットなどの携帯端末でWebページを表示するときの、拡大・縮小を制御します。
携帯端末のブラウザは、大きなWebページ（パソコン向けにレイアウトされたものなど）を表示するときに、全体を縮小して小さい画面に合わせようとします。

しかし、レスポンシブWebデザインに対応しているか、もしくはスマートフォン専用にレイアウトしたページは、もともと小さな画面を想定して作られているため、わざわざ縮小する必要がありません。そこで、次の<meta name="viewport">タグを<head>～</head>内に追加して、ブラウザの「縮小表示機能」をキャンセルします。

● **書式** 縮小表示機能をキャンセルする

<meta name="viewport" content="width=device-width, initial-scale=1">

■ **HTML**

270/index.html

```html
<!DOCTYPE html>
<html lang="ja">
<head>
<meta charset="UTF-8">
<meta name="viewport" content="width=device-width, initial-scale=1">
<title>レスポンシブWebデザインに対応するための基本マークアップ</title>
<link rel="stylesheet" href="css/style.css">
</head>
<body>
中略
</body>
</html>
```

▼ ブラウザ表示

<meta name="viewport">

なし　　あり

パソコンの表示

パソコンの表示を縮小

CSSのとおりに表示

Column

レスポンシブWebデザイン

スマートフォンとパソコンの画面では面積が大きく異なることから、どちらでも快適に閲覧できるようにするにはページのレイアウトを変える必要があります。
レイアウトを切り替える方法には大きく分けてふたつあります。ひとつは、スマートフォンとパソコンで別々のサイトを作る方法、そしてもうひとつは、共通のHTMLを使用しつつ、CSSだけを一部切り替えて、どんな端末で閲覧しても最適なレイアウトにして表示する方法です。これらのうち、後者の方法を「レスポンシブWebデザイン」といいます。

レスポンシブWebデザインの例。画面幅によってレイアウトが変化する

狭い　　　　　　　　　　　　　　　　　　　　　　　　　　　　　　　　　広い

レスポンシブWebデザインに必要なテクニック

レスポンシブWebデザインに対応したページを作るのには、おもに次のテクニックを用います。この中でもっとも重要なのが、ページを「ウィンドウ幅に合わせて伸縮するレイアウト」にすることです。

- ウィンドウ幅に合わせて伸縮するレイアウトにする（→「13章」「14章」）
- ページ内で使用する画像の一部も、固定サイズではなく、画面サイズに合わせて伸縮して表示できるようにする（→「222」「225」）
- メディアクエリを使って、画面サイズに合わせてレイアウトを切り替える（→「271」）

271 画面サイズに合わせて CSS を切り替えたい

利用シーン
● レスポンシブWebデザインで作成するとき
● パソコン版のスマートフォン版とで
適用するスタイルを変更するとき

要素/プロパティ

@ルール

@media 条件 {...} ——— メディアクエリ

ある特定の条件に合致したときだけCSSを適用するには、メディアクエリという機能を使います。メディアクエリは、スマートフォンとパソコンで異なるレイアウトにするときなどに使われます。このサンプルでは、画面幅が768ピクセルより小さいとき——おもにスマートフォン——と、それ以上のとき——タブレットやパソコン——で、次のようにCSSを切り替えています。

メディアクエリで切り替えるCSS

	画面が小 （幅が768ピクセルより小さい）	画面が大 （幅が768ピクセル以上）
ロゴのサイズ	100px×22px	200px×44px
キャッチコピーの フォントサイズ	1.1rem	1.4rem

メディアクエリの書式
メディアクエリの書式にはいくつかのパターンがあるのですが、ほとんどの場合次のように記述します。

メディアクエリのもっともよく使われる書式

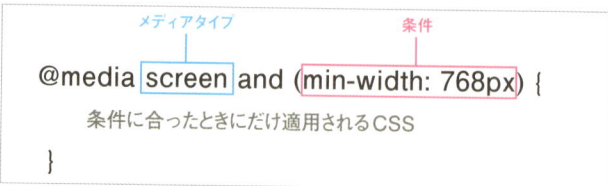

```
        メディアタイプ              条件
@media screen and (min-width: 768px) {
    条件に合ったときにだけ適用されるCSS

}
```

この図の中の「メディアタイプ」は表示媒体を指します。通常、Webページはスマートフォンやパソコンなどの「ディスプレイ」に表示されるCSSを記述するには、この部分を「screen」にします※。

※メディアタイプには、印刷用のCSSを記述するときに使う「print」などがあります。しかし、screen以外を使うケースはまれです。

より重要なのは「条件」のほうです。書式例にある「min-width: 768px」は「画面（またはウィンドウ）の幅が768ピクセル以上」なら、{～}に書かれたCSSを適用する、という意味です。

ページを見ている端末がスマートフォンなのかパソコンなのかでレイアウトを切り替える場合、画面幅を条件にしたメディアクエリを記述します。メディアクエリの条件でもっともよく使われるのが「min-width」ですが、そのほかにも次のようなものがあります。

よく使われるメディアクエリの条件

条件と書式例	説明
(min-width: 768px)	条件を満たす画面の最小幅。書式例は「画面幅が768ピクセル以上なら」という意味。
(max-width: 600px)	条件を満たす画面の最大幅。書式例は「画面幅が600ピクセル以下なら」という意味。
(min-height: 480px)	条件を満たす画面の最小高さ。書式例は「画面幅が480ピクセル以上なら」という意味。使用頻度は低い
(max-width: 1023px)	条件を満たす画面の最大高さ。書式例は「画面幅が1023ピクセル以下なら」という意味。使用頻度は低い

モバイルファースト、デスクトップファースト

メディアクエリの{～}内に書かれたCSSは、条件に合致したときだけ適用されます。逆に、メディアクエリの{～}に囲まれていない部分に書かれたCSSには、適用の条件がありません。つまり、メディアクエリに囲まれていないCSSはどんな端末にも適用されます。

どんな端末にも適用される部分にモバイル向けのCSSを書いておき、メディアクエリを使った部分にパソコン向けのCSSを書いておく手法を「モバイルファーストCSS」といいます。

逆に、どんな端末にも適用される部分にパソコン向けのCSSを書いておき、メディアクエリを使った部分にスマートフォン向けのCSSを書いておく手法は「デスクトップファーストCSS」といいます。

メディアクエリの{～}に囲まれていないCSSは、どんな端末にも適用される

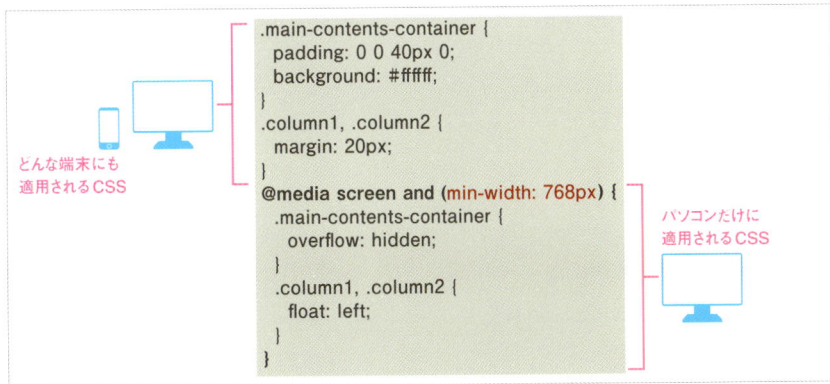

どんな端末にも適用されるCSS

```
.main-contents-container {
  padding: 0 0 40px 0;
  background: #ffffff;
}
.column1, .column2 {
  margin: 20px;
}
@media screen and (min-width: 768px) {
  .main-contents-container {
    overflow: hidden;
  }
  .column1, .column2 {
    float: left;
  }
}
```

パソコンだけに適用されるCSS

スマートフォン（モバイル）向けのデザインは、一般にパソコン向けのデザインよりもシンプルです。そのため、モバイル向けのCSSを先に書いておき、メディアクエリの中でパソコン向けの複雑なCSSを書く「モバイルファーストCSS」のほうが、デスクトップファーストCSSよりも全体の記述量が少なくなります。記述量が減ればデータ量も小さくなるので、現在はモバイルファーストCSSが主流です※。

※メディアクエリに対応していないIE8以前のブラウザは、メディアクエリの部分を完全に無視します。そのため、IE8に対応しなければならなかった2016年1月ごろまでは、デスクトップファーストCSSが主流でした。

■HTML

271/index.html

```
中略
<body>
<header>
    <div class="header-container">
        <a href="#"><h1 class="header-logo">シェアードオフィス NEST 505</h1></a>
    </div>
</header>
中略
<div class="main-contents">
    <div class="main-contents-container">
        <div class="keyvisual"><img src="images/keyvisual.jpg" alt=""></div>
        <p class="maincopy">シェアードオフィスNEST 505で、上がる効率、深まる知識、広がる仕事。</p>
    </div>
</div>
中略
</body>
</html>
```

画面サイズに合わせてCSSを切り替えたい

■CSS 271/css/style.css

中略

/* ヘッダー */

中略

```
.header-logo {
    margin: 0;
    width: 100px;
    height: 22px;
    background-image: url(../images/
logo.png);
    background-size: 100px 22px;
    background-repeat: no-repeat;
    text-indent: -9999px;
}
@media screen and (min-width: 768px)
{
    .header-logo {
        width: 200px;
        height: 44px;
```

```
        background-size: 200px
44px;
    }
}
```

中略

/* メインコンテンツレイアウト部分 */

中略

```
.maincopy {
    margin: 0;
    padding: 40px 20px 0 20px;
    text-align: center;
    font-size: 1.1rem;
}
@media screen and (min-width: 768px)
{
    .maincopy {
        font-size: 1.4rem;
    }
}
```

▼ ブラウザ表示

パソコンの表示

スマートフォンの表示

272 電話番号が リンクにならないようにしたい

 ページ内に含まれる何らかの番号が、電話のリンクになるのを避けたいとき

要素 / プロパティ

HTML

```
<meta name="format-detection" content="telephone=no">
```
—— 電話番号が自動的にリンクにならないようにする

Andoroid、iOS搭載のスマートフォンは、ページに含まれる「電話番号に見える」番号を検出して、電話をかけられるリンクを自動で設定します。
ただ、この自動検出機能は、電話番号でない番号にまでリンクを設定してしまうことがあります。また、そもそも電話番号をリンクにしたくない場合もあるでしょう。そのようなときのために、この自動検出機能はオフにすることができます。
自動検出機能をオフにするためには、<head>～</head>の中に「<meta name="format-detection" content="telephone=no">」を追加します。サンプルでは、フッターに書かれている電話番号がリンクにならないようにしています。

■ HTML

272/index.html

```
<!DOCTYPE html>
<html lang="ja">
<head>
<meta charset="UTF-8">
<meta name="viewport" content="width=device-width, initial-scale=1">
<meta name="format-detection" content="telephone=no">
<title>電話番号がリンクにならないようにしたい</title>
<link rel="stylesheet" href="css/style.css">
</head>
<body>
中略
<footer>
```

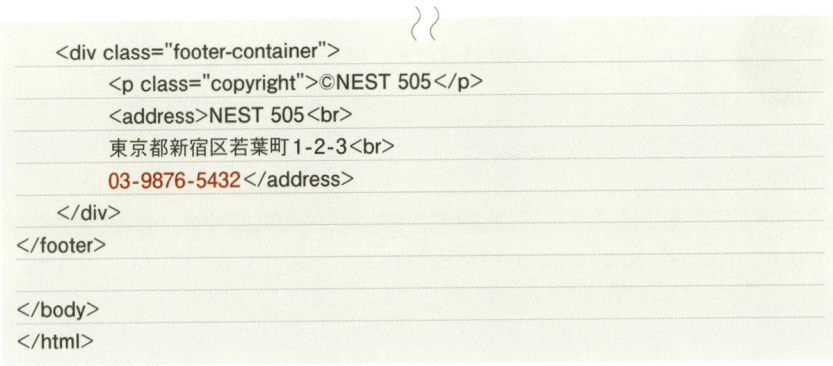

```
    <div class="footer-container">
        <p class="copyright">©NEST 505</p>
        <address>NEST 505<br>
        東京都新宿区若葉町1-2-3<br>
        03-9876-5432</address>
    </div>
</footer>

</body>
</html>
```

▼ ブラウザ表示

<meta name="format-detection" content="telephone=no">

なし

電話番号がリンクになる

あり

電話番号がリンクにならない

273 スマートフォン向けの ファビコンを設定したい

 利用シーン **スマートフォン向けのファビコンを設定するとき**

要素/プロパティ

HTML

`<link rel="apple-touch-icon" href="/apple-touch-icon.png">`
━━ スマートフォン向けファビコンを設定する

スマートフォン向けのファビコンを設定します。スマートフォン向けのファビコンは、ブックマークやホーム画面に登録したときに使われます。

ファビコンは、OSや端末によって指定されている画像のサイズが違います。そのため、細かくやろうとすると20数種類のサイズが異なる画像を作成するうえに、それぞれを埋め込むタグをHTMLにひとつずつ書かなければなりません。それはあまり生産的な作業ではないので、1種類の画像だけを作って、広くサポートされているタグで埋め込む方法を紹介します。

スマートフォン向けのファビコンを1種類で済ませるには、180ピクセル×180ピクセルのPNG画像を用意して、そのファイル名を「apple-touch-icon.png」とします。この画像を、一般的には、パソコン向けのファビコン同様Webサーバーのルートディレクトリにアップロードします。

そして、HTMLには`<head>`～`</head>`内に、次のソースコードにあるタグを埋め込みます。

関連 「185」

■**HTML** 273/index.html

```
<head>
<meta charset="UTF-8">
<meta name="viewport" content="width=
device-width, initial-scale=1">
<title>スマートフォン向けのファビコンを設定したい
</title>
<link rel="stylesheet" href="css/style.css">
<link rel="shortcut icon" href="/favicon.ico">
<link rel="apple-touch-icon" href="/apple-
touch-icon.png">
</head>
```

▼ **ブラウザ表示**

ブックマークに追加（Android）

ホーム画面に追加（iOS）

274 スマートフォンとパソコンで ページ全体のフォントサイズ を変更したい

 **利用シーン** スマートフォンとパソコンで
表示するフォントのサイズを変えたいとき

要素 / プロパティ

@ルール

@media 条件 {...}
―― メディアクエリ ▶▶271

CSSの値

rem
―― ルート・エム。ルート要素（<html>）に設定されているフォントサイズを基準として、相対的にフォントサイズを設定するときに使うCSSの単位 ▶▶047

単位「rem」とメディアクエリを使った実践的な応用例を紹介します。ここでは、パソコン・タブレットで表示するときには、スマートフォンのときよりも全体にフォントサイズを一回り小さくします。

この動作を実現するには、まず、<html>に適用されるCSSで、基準となるフォントサイズを設定します。サンプルでは、標準のフォントサイズを16ピクセルに、画面幅が768ピクセル以上のときは14ピクセルに設定しています。

そして、それぞれの要素でフォントサイズを設定する場合は、font-sizeプロパティに、単位「rem」を使って値を指定します。

たとえば、フッターのコピーライトには、スマートフォン、パソコンともに「0.8rem」に設定しています。こうすることで、スマートフォンでは12.8ピクセル（16ピクセル×0.8rem ＝ 12.8ピクセル）、パソコンでは約11ピクセルで表示されることになります。

関連 「047」

```
html {
    font-size: 16px;
}
@media screen and (min-width: 768px) {
    html {
        font-size: 14px;
    }
}
```

■ **HTML**　　　　　　　　274/index.html（フォントサイズを変更している部分）

```
<body>
 中略
<div class="main-contents">
    <div class="main-contents-container">
        <div class="column1">
            <h1>About</h1>
             中略
        </div>
        <div class="column2">
            <div class="column2-container">
                <div class="news">
                    <h2>お知らせ</h2>
                     中略
                </div>
            </div>
        </div>
    </div>
</div>
<footer>
    <div class="footer-container">
        <p class="copyright">©NEST 505</p>
    </div>
</footer>
</body>
```

```
html {
    font-size: 16px;
}
@media screen and (min-width: 768px)
{
    html {
        font-size: 14px;
    }
}
```
中略
```
/* ナビゲーション */
nav {
    font-size: 0.78rem;
    background: #000000;
}
@media screen and (min-width: 768px)
{
    nav {
        font-size: 1rem;
    }
}
```
中略
```
/* フッター */
```
中略
```
.copyright {
```

```
    margin: 0;
    font-size: 0.8rem;
    color: #ffffff;
}
/* メインコンテンツレイアウト部分 */
```
中略
```
/* 1コラム目 */
.column1 h1 {
    margin: 0 0 20px 0;
    font-size: 1.4rem;
    color: #7bae34;
}
```
中略
```
@media screen and (min-width: 768px)
{
    .column1 h1 {
        font-size: 2rem;
    }
```
中略
```
}

/* 2コラム目 */
.news h2 {
    margin: 0 0 20px 0;
    font-size: 1.2rem;
}
```
中略

▼ ブラウザ表示

狭いとき

広いとき

フォントサイズが一回り小さい

275

シングルコラムレイアウトを 2コラムレイアウトに 切り替えたい（float版）

利用シーン

- スマートフォンではシングルコラム、タブレットやパソコンでは2コラムや3コラムのレイアウトで表示したいとき
- コラムレイアウトにフロートを使っているとき
- CSSがモバイルファーストで書かれているとき

要素/プロパティ

@ルール

@media 条件 {...}

—— メディアクエリ ▶▶271

CSSプロパティ

overflow: hidden;

—— フロートを解除する ▶▶207

CSSプロパティ

float: 配置する場所;

—— 要素をフロートさせる ▶▶203

画面幅が十分に広いときは、メインコンテンツの部分をコラムレイアウトにします。

このサンプルでは、画面幅が768ピクセル以上のとき、フロートを使って2コラムレイアウトにしています。2コラムレイアウトを作成するテクニック自体は「248」と同じです。が、モバイルファーストCSSでレスポンシブWebデザインを実現する場合は、コラムレイアウトを作るために使用するフロート関係のCSSやマージンの設定などを、すべてメディアクエリの中に書くことがポイントです。

■HTML

275/index.html

```
中略
<main>
    <div class="main-container">
        <div class="sidebar">
            <h1>About</h1>
            中略
        </div>
        <div class="maincol">
            <div class="maincol-container">
                <div class="news">
                    <h2>お知らせ</h2>
                    中略
                </div>
            </div>
        </div>
```

```
        </div>
    </main>
```

中略

■ CSS
275/css/style.css

中略

```
/* メインコンテンツレイアウト部分 */

main {}
.main-container {
    padding: 0 0 40px 0;
    background: #ffffff;
}
.sidebar {
    margin: 0 20px 0 20px;
    padding: 30px 0 30px 0;
}
.maincol {
    margin: 0 20px 0 20px;
    padding: 30px 0 30px 0;
}
```

すべての
端末に適用
されるCSS

```
@media screen and (min-width: 768px) {
    .main-container {
        overflow: hidden;
    }
    .sidebar {
        float: left;
        margin: 0 20px 0 20px;
        width: 300px;
    }
    .maincol {
        float: right;
        margin: 0 20px 0 -360px;
        width: 100%;
    }
    .maincol-container {
        margin-left: 360px;
    }
}
```

画面幅が広い
ときだけ適用
されるCSS

中略

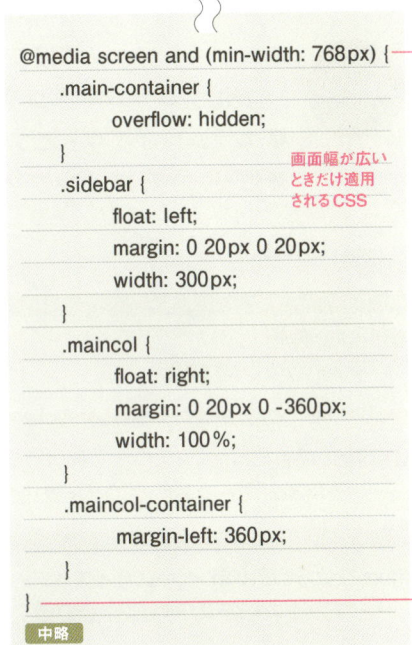

▼ ブラウザ表示

569

276 シングルコラムレイアウトを 3コラムレイアウトに 切り替えたい（flexbox版）

●**利用シーン**

- スマートフォンではシングルコラム、タブレットやパソコンでは2コラムや3コラムのレイアウトで表示したいとき
- コラムレイアウトにフレックスボックスを使っているとき
- CSSがモバイルファーストで書かれているとき

要素／プロパティ

＠ルール

@media 条件 {...}
── メディアクエリ ▶▶271

CSS プロパティ

display: flex;
── 子要素を「フレックスボックス」で配置・表示 ▶▶237

CSS プロパティ

flex: 拡大率 縮小率 ベースサイズ；
── フレックスアイテムの伸縮設定 ▶▶242

画面幅が一定以上のときは、メインコンテンツの部分をコラムレイアウトにします。

このサンプルでは、画面幅が768ピクセル以上のとき、フレックスボックスを使って3コラムレイアウトにしています。3コラムレイアウトを作成するテクニック自体は「255」と同じです。が、モバイルファーストCSSでレスポンシブWebデザインを実現する場合は、コラムレイアウトを作るために使用するフロート関係のCSSやマージンの設定などを、すべてメディアクエリの中に書くことがポイントです。

■ **HTML**　　　276／index.html

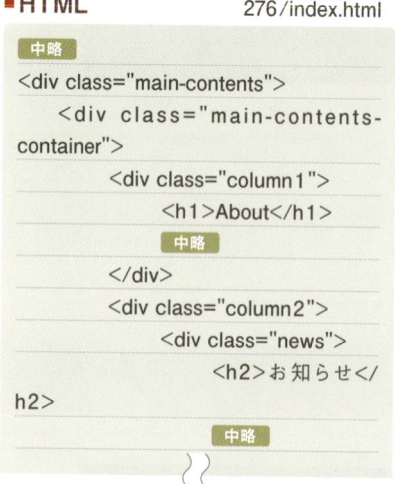

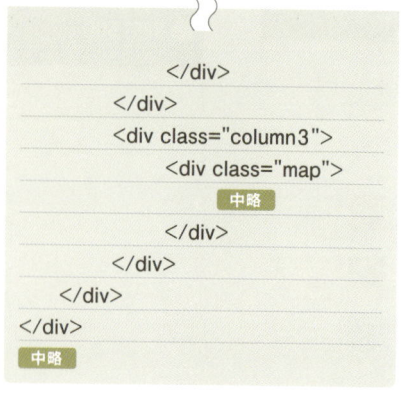

■ CSS

276/css/style.css

```css
/* メインコンテンツレイアウト部分 */
.main-contents {

}
.main-contents-container {
    padding: 0 0 40px 0;
    background: #ffffff;

}
.column1 {
    margin: 0 20px 0 20px;
    padding: 30px 0 30px 0;

}
.column2 {
    margin: 0 20px 0 20px;
    padding: 30px 0 30px 0;

}
.column3 {
    margin: 0 20px 0 20px;
    padding: 30px 0 30px 0;

}
```

すべての
端末に適用
されるCSS

```css
@media screen and (min-width: 768px){
    .main-contents {

    }
    .main-contents-container {
        display: flex;

    }
    .column1 {
        margin: 0 20px 0 20px;
        flex: 0 0 240px;

    }
    .column2 {
        margin: 0 20px 0 0;
        flex: 1 1 auto;

    }
    .column3 {
        margin: 0 20px 0 0;
        flex: 0 0 180px;

    }
}
```

画面幅が広い
ときだけ適用
されるCSS

▼ ブラウザ表示

277 ナビゲーションのデザインを変えたい（float版）

利用シーン

- スマートフォンとパソコンで、グローバルナビゲーションのデザインを変えたいとき
- パソコン向けのナビゲーションをフロート機能を使って作成するとき

要素/プロパティ

@ルール

@media 条件 {...}
—— メディアクエリ ▶▶271

CSSプロパティ

overflow: hidden;
—— フロートを解除する ▶▶207

CSSプロパティ

float: 配置する場所;
—— 要素をフロートさせる ▶▶203

CSSプロパティ

display: none;
—— 要素を表示しない ▶▶193

CSSプロパティ

z-index: 数値;
—— 要素の重なり順を設定 ▶▶258

グローバルナビゲーションを、スマートフォンでは折りたたんで、パソコンでは横に並べて表示します。スマートフォンのナビゲーションは、ヘッダーに追加するボタンをタップすると表示される、いわゆる「ハンバーガーメニュー」にします。パソコン向けの表示では、フロートを使ってナビゲーション項目を横に並べます。

ハンバーガーメニュー

リンクが横に並ぶパソコンのナビゲーションとハンバーガーメニューを切り替えるための作業は、大きく次の3つのプロセスに分けることができます。

1. ヘッダーにスマートフォン用のボタンを設置する
2. ナビゲーションのデザインを整える
3. JavaScriptを組み込む

ここでは、この3つのプロセスに分けて、HTML、CSSのソースコードを紹介します。

1. ヘッダーにスマートフォン用のボタンを設置する

HTMLを編集して、スマートフォン向けのときにだけ表示されるボタンを設置します。また、追加したHTMLに適用するCSSも記述します。

記述するCSSでは、displayプロパティを使って、スマートフォン向けのときは表示、パソコン向けには隠すようにしています。また、このボタンをヘッダーの右上に配置するのと、ボタンに背景画像を表示するスタイルも追加します。

■ ボタンを設置するためのHTML　　　　　　　　　　　　277/index.html

```
<header>
    <div class="header-container">
        <a href="#"><h1 class="header-logo">シェアードオフィス NEST 505</h1></a>
        <a href="#" id="slidemenu-btn"><div class="header-navbtn"></div></a>
    </div>
</header>
```

■ ボタンのデザインと、表示・非表示を切り替えるCSS　　　277/css/style.css

```
.header-navbtn {
    display: block;
    position: absolute;
    top: 0;
    right: 0;
    z-index: 30;
    width: 62px;
    height: 62px;
    background-image: url(../images/navbtn.png);
    background-size: 62px 62px;
}
.header-navbtn:hover, .header-navbtn:active {
    background-color: #8bb15a;
}
@media screen and (min-width: 768px) {
    .header-navbtn {
        display: none;
    }
}
```

2. ナビゲーションのデザインを整える

スマートフォン向け、パソコン向け両方のナビゲーションのデザインを整えます。基本的に、スマートフォン向けのCSSでは、ナビゲーションのサイズと表示位置を調整しています。また、パソコン向けのCSSでは、ナビゲーション項目をフロートで横並びにしています。ソースコードが少し長いので、重要な部分だけ抜き出して掲載しておきます。

■ ナビゲーションのデザインを整えるためのCSS　　　277 / css/style.css

```
/* ナビゲーション */
 中略
.nav-container {
    position: absolute;
    top: 62px;
    right: 0;
    z-index: 20;
    margin: 0;
    padding: 0;
    width: 200px;
     中略
}
.globalnav {
    list-style: none;
    margin: 0;
    padding: 0;
}
.globalnav li a {          → 「233」
    display: block;
     中略
}
 中略
```

サイズと
表示位置を
決定

```
@media screen and (min-width: 768px) {
    .nav-container {
        position: relative;
        top: 0;
        left: 0;
        padding: 0 20px 0 20px;
        width: 100%;
         中略
    }
    .globalnav {
        overflow: hidden;
    }
    .globalnav li {
        float: left;
        width: 20%;
    }
     中略
}
```

ナビゲーションを
横並びにする

574

3. JavaScriptを組み込む

最後に、ボタンをタップしたらナビゲーションメニューの開閉ができるように、JavaScriptを組み込みます。本書のサンプルでは、jQuery※を使った簡易的なものを用意してあります。

なお、ここで紹介しているHTML、CSSは「script/custom.js」のプログラムを動作させるために必要なソースコードです。実際のWebサイトでナビゲーションメニューを作成するときは、使用するプログラムに合わせて適宜書き換える必要があります。

※「ライブラリ」と呼ばれる、JavaScriptプログラムを書きやすくする補助プログラム。オープンソースで開発が進められていて、利用に料金はかかりません。

■ JavaScriptを組み込むためのHTML

277／index.html

```
<body>
  中略
<nav>
    <div class="nav-container" id="js-slidemenu"> ——— id属性を追加
      中略
    </div>
</nav>
  中略
<script src="script/jquery-3.1.1.min.js"></script>
<script src="script/custom.js"></script>
</body>
```

■ JavaScriptを組み込むためのCSS

277／css/style.css

```
/* ========== Javascript用CSS ========== */
/* ナビゲーションを最初は非表示。 */
#js-slidemenu {
    display: none;
}
/* パソコン向けではナビゲーションを常に表示 */
@media screen and (min-width: 768px) {
    #js-slidemenu {
        display: block !important;
    }
}
```

```
/* ナビゲーションが開いたときに画面を暗くする処理のためのCSS */
.js-slidemenu-effect {
    width: 100%;
    height: 100%;
    background: #000;
    opacity: 0.4;
    position: fixed;
    top: 0;
    left: 0;
    z-index: 10;
}
```

▼ ブラウザ表示

278 ナビゲーションのデザインを変えたい（flexbox版）

利用シーン
- スマートフォンとパソコンで、グローバルナビゲーションのデザインを変えたいとき
- パソコン向けのナビゲーションをフレックスボックス機能を使って作成するとき

要素／プロパティ

@ ルール

@media 条件 {...}
——メディアクエリ ▶▶271

CSSプロパティ

display: flex;
——子要素を「フレックスボックス」で配置・表示 ▶▶237

CSSプロパティ

flex: 拡大率 縮小率 ベースサイズ；
——フレックスアイテムの伸縮設定 ▶▶242

グローバルナビゲーションを、スマートフォンでは折りたたんで、パソコンでは横に並べて表示します。見た目や動作は前節「277」と同じですが、今回はパソコン向けのナビゲーションをフレックスボックスで作成する例を紹介します。

前節で紹介した作業手順のうち、フロートとフレックスボックスで違うのは「2. ナビゲーションのデザインを整える」の部分で書くCSSの部分、それもパソコン向けのスタイルの一部が異なるだけです。以下のソースコードでは、フロート版と違う部分だけを掲載しています（HTMLは同じです）。

■CSS　　　　　　　　278/css/style.css

```
中略
/* ナビゲーション */
中略
@media screen and (min-width: 768px) {
    中略
    .globalnav {
        display: flex;
    }
    .globalnav li {
        flex: 0 0 20%;
    }
    中略
}
中略
```

▼ ブラウザ表示

シェアードオフィスNEST 505で、上がる効率、深まる知識、広がる仕事。

 **利用シーン**

画面幅が広いときだけ、
画像にテキストを回り込ませたいとき

要素/プロパティ

@ルール

@media 条件 {...}

—— メディアクエリ ▶▶271

CSSプロパティ

overflow: hidden;

—— フロートを解除する ▶▶207

CSSプロパティ

float: 配置する場所;

—— 要素をフロートさせる ▶▶203

画面幅が広い、タブレット・パソコン向けの表示の
ときだけ、画像をテキストに回り込ませます。使う
機能はメディアクエリとフロート、フロート解除の
みで、あまり難しくありませんが、非常によく使われ
るテクニックです。
このサンプルでは、<li>〜</li>に含まれる
<img>にフロートを設定し、それ以外の要素のテ
キストを回り込ませています。

■HTML

279/index.html

```
中略
<ul class="studygroup-contents">
    <li>
        <img src="images/logo-wordpress.png" alt="">
        <h3>月イチ勉強会シリーズ：Wordpress</h3>
        <p>毎月第1木曜日 19:00-21:00<br>
        定例のWordpressの勉強会を開催しています。初心者からOKの回と 中略 </p>
        <p>参加費：3,000円（シェアードスペース利用料込）</p>
    </li>
    <li>
        <img src="images/logo-ruby.png" alt="">
        <h3>月イチ勉強会シリーズ：Ruby</h3>
        <p>毎月第3木曜日 19:00-21:00<br>
        定例のRubyの勉強会を開催しています。プログラミングについて 中略 </p>
        <p>参加費：3,000円（シェアードスペース利用料込）</p>
    </li>
</ul> 中略
```

▪CSS

279/css/style.css

```
中略

/* 勉強会部分 */

中略

.studygroup-contents li {
    margin: 0 0 10px 0;
    padding: 10px;
    border: 1px solid #dadada;
    text-align: center;
}

.studygroup-contents li img {
    width: 100px;
    border-radius: 50%;
}

中略
```

```
/* ウィンドウ幅が広い時のCSS */
@media screen and (min-width: 768px) {
    /* 勉強会部分 */
    .studygroup-contents li {
        overflow: hidden;
        padding: 30px;
        text-align: left;
    }
    .studygroup-contents li img {
        float: left;
        margin-right: 20px;
        width: 200px;
    }

    中略
}
```

▼ ブラウザ表示

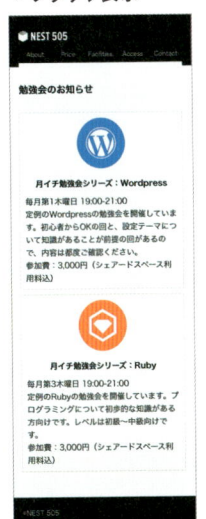

280 スマートフォンのときはテーブルを横スクロールできるようにしたい

利用シーン
- スマートフォンでもテーブルを表示させたいとき
- テーブルが横に広すぎて画面に収まらないとき

要素／プロパティ

CSSプロパティ

overflow: 表示方法； —— ボックスに収まりきらないコンテンツの表示方法を決める ▶▶115

CSSプロパティ

min-width: 幅； —— ボックスの最小幅を指定する

CSSプロパティ

white-space: 改行を制御するキーワード； —— テキストの改行を調整する ▶▶155

スマートフォンでもパソコンでも、可能な限り閲覧しやすいテーブルを作成します。

サンプルで紹介するテーブルは、ウィンドウ幅が768ピクセル以上のときは、ウィンドウに合わせて横方向に拡大します。しかし、ウィンドウ幅が768ピクセルよりも狭い場合には幅を固定し、その代わり横にスクロールできるようにします。

テーブルを横にスクロールできるようにするには、<table>～</table>全体を<div>タグで囲み、そこに「overflow-x: scroll;」を適用します。ただし、いったん「overflow-x: scroll;」を適用してしまうと、Edge/IEは常にスクロールバーを表示するように

なります。そこで、不要なときはスクロールバーを消すために、メディアクエリを使って、画面幅が768ピクセル以上のときには「overflow-x: auto;」を適用します※。

それから、<table>自体には「min-width: 768px;」を適用して、768ピクセルよりも狭くならないようにします。min-widthは要素の「最小の幅」を設定するプロパティで、ちょうどmax-widthプロパティと反対の役目をします（→「225」）。

※ overflow、overflow-x、overflow-yプロパティの値に「auto」を指定すると、スクロールバーは必要なときだけ表示されます。

HTMLとCSSの基本構造

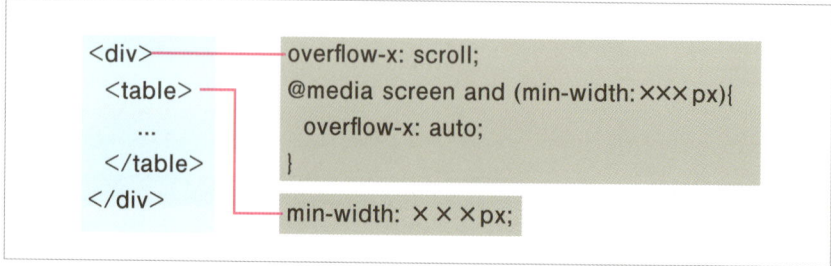

■ HTML

280/index.html

```
中略
<div class="pricelist-table-wrapper">
    <table class="pricelist-table">
        <tr>
            <th>OFFICE 中略 </th>
            <td class="pricelist-td-price">¥50,000 中略 </td>
            <td>オフィスエリアの固定席。専用デスクでロッカー完備 中略 </td>
            <td class="pricelist-td-button"><a href="#">お申し込み</a></td>
        </tr>
        中略
    </table>
</div>
中略
```

■ CSS

280/css/style.css

```
中略
/* 料金表部分 */
中略
.pricelist-table-wrapper {
    overflow-x: scroll;
}
@media screen and (min-width: 768px) {
    .pricelist-table-wrapper {
        〜〜

        overflow-x: auto;
    }
}
.pricelist-table {
    border-collapse: collapse;
    min-width: 728px;
}
中略
```

▼ ブラウザ表示

画面幅によってテーブルの表示が変化する

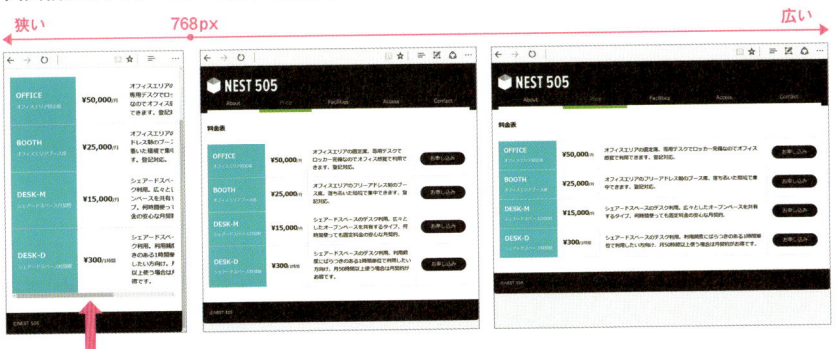

狭い　　768px　　　　　　　　　　　　　　　　広い

スクロールバー

281

テーブルの見た目を 見出し＋本文に切り替えたい

 利用シーン

画面幅が広いときはテーブルで表示したいとき。 でも、画面幅が狭いときは、テーブルではなく まったく違う見せ方をしたいとき

要素／プロパティ

CSSプロパティ

display: 表示状態;

── 要素の「ボックスの状態」を切り替える ▸▸193

多くの要素は「ブロックボックス」か「インラインボックス」で表示されます。ところが、テーブル関係の要素──<table>、<tr>、<td>など──は、すべて特殊なボックスで表示されるようになっています。この「特殊なボックス」のおかげで、テーブルはテーブルらしい見た目で表示されるのです。

特殊なボックスを定義するために、テーブル関係の要素は、displayプロパティにそれぞれ次のような特殊な値が設定されています。

テーブルのおもな要素に適用されている displayプロパティのデフォルト値

タグ	displayのデフォルト値
<table>	table
<tr>	table-row
<th>	table-cell
<td>	table-cell
<thead>	table-header-group
<tbody>	table-row-group
<tfoot>	table-footer-group
<caption>	table-caption

ここで紹介したdisplayプロパティの深い意味を知る必要はありませんが、軽く説明しておきましょ

う。たとえば、「display: table-cell;」が適用された要素は「テーブルセルのように」表示され、「display: table-row;」が適用された要素は「テーブル行のように」表示される、と考えてください。テーブルの各要素には、的確なdisplayプロパティがデフォルト値で割り当てられているので、「全体としてテーブルらしく見える」ようにできています。これは裏を返せば、テーブルの要素に、デフォルト値以外のdisplayプロパティを設定すれば、テーブルとは違った表示にすることができるはずです（実際そうなります）。たとえば、<td>に「display: block;」を適用すれば、<td>はテーブルセルでなく、ブロックボックスとして表示されるようになるのです。

この動作を応用すれば、画面幅が広いときはテーブルで表示して、狭いときはもっとシンプルな表示に切り替えて、大きく見せ方を変えることができます。

大きく見せ方を変えるポイントは次の通りです。まず、画面幅が狭いときの表示に合わせて、テーブル関係のタグすべてに「display: block;」を適用します。それから、メディアクエリを使って、画面幅が広いときには、それぞれの要素のdisplayプロパティをデフォルト値に戻します。

▪HTML

```
中略
<div class="pricelist-table-wrapper">
    <table class="pricelist-table">
        <tr>
            <th>OFFICE 中略 </th>
            <td class="pricelist-td-price">¥50,000 中略 </td>
            <td>オフィスエリアの固定席。専用デスクでロッカー完備 中略 </td>
            <td class="pricelist-td-button"><a href="#">お申し込み</a></td>
        </tr>
        中略
    </table>
</div>
中略
```

▪CSS

```
中略
/* 料金表部分 */
中略
/* すべてのテーブル要素をdisplay: block;に */
.pricelist-table,
.pricelist-table tr,
.pricelist-table th,
.pricelist-table td {
    display: block;
}
/* 画面幅が広いときはdisplayをもとに戻す */
@media screen and (min-width: 768px) {
    .pricelist-table {
        display: table;
        border-collapse: collapse;
        width: 100%;
    }
    .pricelist-table tr {
        display: table-row;
```

Chap

14

レスポンシブWebデザインに対応するテクニック

```
    }
    .pricelist-table th,
    .pricelist-table td {
        display: table-cell;
    }
}
/* テーブルで表示しないときのスタイル */
.pricelist-table th,
.pricelist-table td {
    padding: 1rem;
    border-left: 1px solid #dadada;
    border-right: 1px solid #dadada;
}
中略
/* テーブルで表示するときのスタイル */
@media screen and (min-width: 768px) {
    .pricelist-table th,
    .pricelist-table td {
        border: 1px solid #dadada;
    }
    中略
}
```

▼ ブラウザ表示

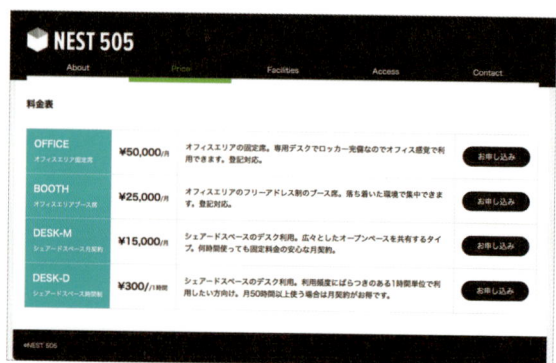

282 フォーム部品を伸縮させたい

利用シーン

● テキストフィールドやテキストエリアの横幅を、スマートフォンで表示するときは画面幅いっぱいにしたいとき
● テキストフィールドやテキストエリアの横幅を、パソコンで表示するときは適度な長さに抑えたいとき

要素 / プロパティ

CSSプロパティ

box-sizing: border-box;

━━━ 要素のボックスモデルを「border-box」にする ▶▶ 234

テキストフィールドやテキストエリアはインラインボックスで表示されますが、幅、パディング、ボーダー、マージンのすべてを調整することができます（→「179」）。
スマートフォンのテキストフィールドやテキストエリアを、入力のしやすさを考えて画面の幅いっぱいに表示させるには「width: 100%;」を適用します。しかし、それだけではいけません。なぜなら、テキストフィールドやテキストエリアにはパディングとボーダーが設定されているので、width: 100%;だけを設定してしまうと、親要素のコンテンツ領域からはみ出してしまうからです。

通常のボックスモデルでは親要素からはみ出してしまう

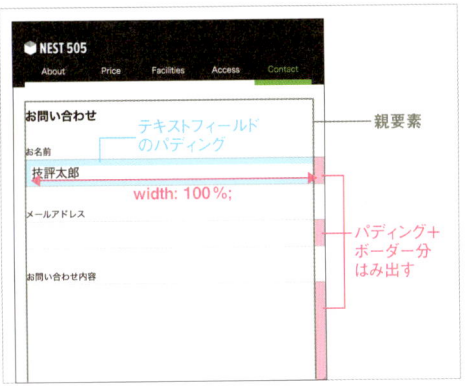

そこで、テキストフィールド、テキストエリアの幅を100％にするときは、必ず「box-sizing: border-box;」も適用します。こうしておけば、幅を100％にしてもコンテンツ領域からはみ出すことがなくなり、パディングやボーダーの設定も自由にできるようになります（ただし左右のマージンは0にします）。
このサンプルでは、すべての要素が「box-sizing: border-box;」になるように設定してあります。

■HTML

```
中略
<form action="#">
    <p><label for="name">お名前</label><br>
        <input type="text" name="name" id="name">
    </p>
    <p>
        <label for="email">メールアドレス</label><br>
        <input type="email" name="email" id="email">
    </p>
    <p>
        <label for="msg">お問い合わせ内容</label><br>
        <textarea name="msg" id="msg"></textarea>
    </p>
    <p><input type="submit" value="送信"></p>
</form>
中略
```

■CSS

282/css/style.css

```
中略
html * {
    box-sizing: border-box;
}
中略
/* フォーム部分 */
中略
.contact input[type="text"],
.contact input[type="email"],
.contact textarea {
    margin: 0;
    padding: 0.5rem;
    width: 100%;
    border: 2px solid #dadada;
    font-size: 1.2rem;
}
.contact textarea {
    height: 140px;
}
@media screen and (min-width: 768px) {
    /* フォーム部分 */
    .contact input[type="text"],
```

```
    .contact input[type="email"],
    .contact textarea {
        width: 600px;
    }
}
中略
```

▼ ブラウザ表示

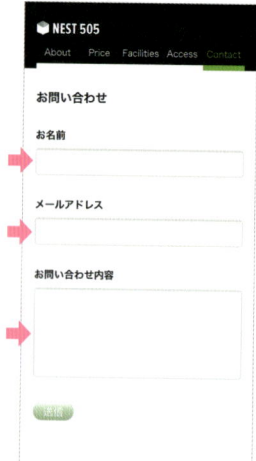

586

アニメーションと
エフェクトの
テクニック

Chapter

15

283 区切り線を引きたい

要素/プロパティ

HTML

`<hr>`

── 区切り線

コンテンツの途中で区切り線を引くには、要素に上ボーダーを設定するなどいろいろな方法がありますが、`<hr>`タグを使うのがおそらく一番簡単でしょう。使い方は簡単で、区切り線を引きたい場所に`<hr>`タグを追加するだけです。なお、`<hr>`タグには終了タグ（`</hr>`）がありません。

■ HTML

283/index.html

```
中略
<div class="news">
    <h1 class="news-title">朝食セット営業のお知らせ</h1>
    <p>学生食堂で朝食に関するアンケートを行った 中略 朝食セット営業をします。</p>
    <hr>
    <ul class="info">
        <li>営業時間：(月)～(金) 朝8:00～9:30</li>
        <li>メニュー：日替わりの和食セット、洋食セット</li>
        <li>価格：一食150円（朝食特別価格）</li>
    </ul>
    <p>みなさん早起きをして、きちんと朝食をとりに立ち寄ってください。</p>
</div>
中略
```

▼ ブラウザ表示

朝食セット営業のお知らせ

学生食堂で朝食に関するアンケートを行った結果、20%の人が朝食を食べていませんでした。また、食べていない人のうち80%がひとり暮らしの学生でした。朝食は大切な一日のスタートですからぜひ食べて欲しいと考え、9月より朝食セット営業をします。

───────────────────────────────

営業時間： (月) ～ (金) 朝8:00～9:30
メニュー：日替わりの和食セット、洋食セット
価格：一食150円（朝食特別価格）

みなさん早起きをして、きちんと朝食をとりに立ち寄ってください。

区切り線のスタイルを変更したい

利用シーン **デフォルトの区切り線の表示を変えたいとき**

要素/プロパティ

HTML

`<hr>`

── 区切り線 ▶▶283

CSSプロパティ

`border: 太さ 形状 色;`

── 要素のボックスにボーダーを引く ▶▶109

CSSプロパティ

`border-top: 太さ 形状 色;`

── ボックスの上辺に線を引く ▶▶109

区切り線の`<hr>`は、長い文章にメリハリをつけるのに便利ですが、デフォルトの見た目は変えたいですね。もちろん`<hr>`にもCSSを適用することはできるのですが、ちょっとしたコツが必要です。`<hr>`のスタイルを変更するには、どんな見た目にする場合でもまず「border: none;」を適用して、デフォルトCSSをキャンセルする必要があります。これさえしておけば、おおむねどんなスタイルも適用できます。サンプルでは、区切り線を赤い点線にしています。

■HTML

284/index.html

```
中略
<div class="news">
    <h1 class="news-title">朝食セット営業のお知らせ</h1>
    <p>学生食堂で朝食に関するアンケートを行った 中略 朝食セット営業をします。</p>
    <hr>
    <ul class="info">
        <li>営業時間：(月)～(金) 朝8:00～9:30</li>
        <li>メニュー：日替わりの和食セット、洋食セット</li>
        <li>価格：一食150円 (朝食特別価格)</li>
    </ul>
    <p>みなさん早起きをして、きちんと朝食をとりに立ち寄ってください。</p>
</div>
中略
```

■ **CSS**

中略

```
hr {
    border: none;
    border-top: 1px dashed #f56500;
}
```

▼ ブラウザ表示

朝食セット営業のお知らせ

学生食堂で朝食に関するアンケートを行った結果、20%の人が朝食を食べていませんでした。また、食べていない人のうち80%が
ひとり暮らしの学生でした。朝食は大切な一日のスタートですからぜひ食べて欲しいと考え、9月より朝食セット営業をします。

営業時間：（月）～（金）朝8:00～9:30
メニュー：日替わりの和食セット、洋食セット
価格：一食150円（朝食特別価格）

みなさん早起きをして、きちんと朝食をとりに立ち寄ってください。

285

区切り線の途中に テキストを表示したい

利用シーン 区切り線のデザインを工夫したいとき

要素 / プロパティ

CSSセレクタ

::before

—— 要素のテキストの「直前」にスタイルを適用 ▶▶060

CSSプロパティ

display: inline-block;

—— 要素をインラインブロックで表示する ▶▶193

区切り線のデザインのアイディアとして、少し特殊なCSSテクニックを紹介します。「特殊」というのは、ここでは「方法を知らないとこんな書き方は思いつかない」という意味で、使用するセレクタやプロパティ自体はおなじみのものばかりです。サンプルでは、区切り線を点線にして、その線の真ん中に「Breakfast Menu」と、テキストを表示します。
セレクタが「hr::before」のスタイルに含まれるcontentプロパティの値を変えれば、線の真ん中に表示されるテキストが変わります。また、表示するテキストの内容やフォントによっては、線とテキストの位置がずれて見える場合があります。そのようなときは、topプロパティの値を変えて調整します。

■ **HTML**

285/index.html

```
中略
<div class="news">
    <h1 class="news-title">朝食セット営業のお知らせ</h1>
    <p>学生食堂で朝食に関するアンケートを行った 中略 朝食セット営業をします。</p>
    <hr>
    中略
</div>
中略
```

591

■CSS

```css
hr {
    margin-top: 30px;
    border: none;
    border-top: 1px dashed #36a0e8;
    text-align: center;
}
hr::before {
    content: "Breakfast Menu";
    display: inline-block;
    position: relative;
    top: -12px;
    padding: 0 10px;
    background-color: #ffffff;
    font-family: Courier, monospace;
    font-size: 14px;
    color: #36a0e8;
}
```

▼ ブラウザ表示

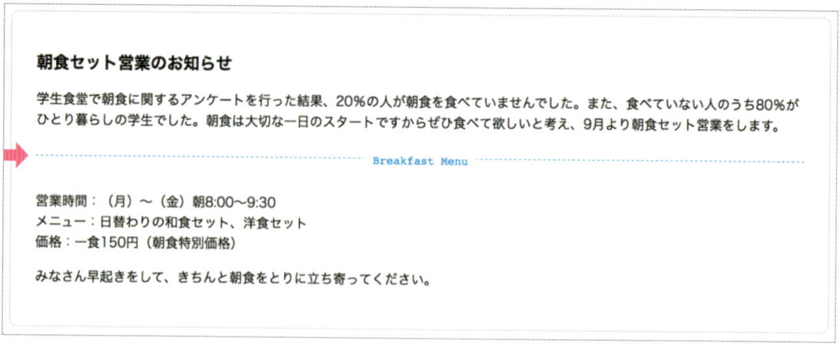

朝食セット営業のお知らせ

学生食堂で朝食に関するアンケートを行った結果、20%の人が朝食を食べていませんでした。また、食べていない人のうち80%が
ひとり暮らしの学生でした。朝食は大切な一日のスタートですからぜひ食べて欲しいと考え、9月より朝食セット営業をします。

Breakfast Menu

営業時間：（月）～（金）朝8:00～9:30
メニュー：日替わりの和食セット、洋食セット
価格：一食150円（朝食特別価格）

みなさん早起きをして、きちんと朝食をとりに立ち寄ってください。

286 区切り線を グラデーションで表現したい

利用シーン 区切り線のデザインを工夫したいとき

要素/プロパティ

CSSの値

linear-gradient(グラデーションの設定)
―― 線状グラデーションの設定 ▶▶ 122

前節「285」とは異なる区切り線のデザインのアイディアとして、線をグラデーションにする方法を紹介します。この場合は、border-topプロパティを使うのではなく、<hr>タグに高さを指定して、背景にグラデーションを設定します。公開されているWebサイトでもときどき見かけるデザインのテクニックです。

サンプルのHTMLは「283」と同じです。

■CSS

286/css/style.css

```
中略
hr {
    border: none;
    height: 2px;
    background: linear-gradient(90deg, rgba(37,180,10,0.1) 0%, rgba(37,180,210,1) 50%, rgba(37,180,10,0.1) 100%);
}
```

▼ ブラウザ表示

朝食セット営業のお知らせ

学生食堂で朝食に関するアンケートを行った結果、20%の人が朝食を食べていませんでした。また、食べていない人のうち80%がひとり暮らしの学生でした。朝食は大切な一日のスタートですからぜひ食べて欲しいと考え、9月より朝食セット営業をします。

営業時間：（月）～（金）朝8:00～9:30
メニュー：日替わりの和食セット、洋食セット
価格：一食150円（朝食特別価格）

みなさん早起きをして、きちんと朝食をとりに立ち寄ってください。

287 テキストに ドロップシャドウをつけたい

利用シーン 見出しを目立たせたいときなど、
テキストにビジュアル効果がほしいとき

要素／プロパティ

CSS プロパティ

text-shadow: 影の設定；

━━ テキストにドロップシャドウをつける

CSS プロパティ

font-family: フォント名, フォント名, ... ；

━━ フォントを設定する ▶▶ 095

要素のボックスだけでなく、「text-shadow」プロパティを使ってテキスト自体にもドロップシャドウをつけることができます※。text-shadow プロパティの書式は次の通りです。box-shadow プロパティよりも少しだけ単純です。

●**書式** text-shadow プロパティ

text-shadow: 横方向のずれ 縦方向のずれ ぼかし量 色；

また、text-shadow プロパティにはカンマで区切って複数の影を設定することもできます。サンプルでは、<p class="info">～</p> に含まれるテキストに、複数の影を適用しています。

※要素のボックスにドロップシャドウをつける方法は「135」で取り上げています。

<p class="info"> のテキストにはふたつのドロップシャドウがかかっている

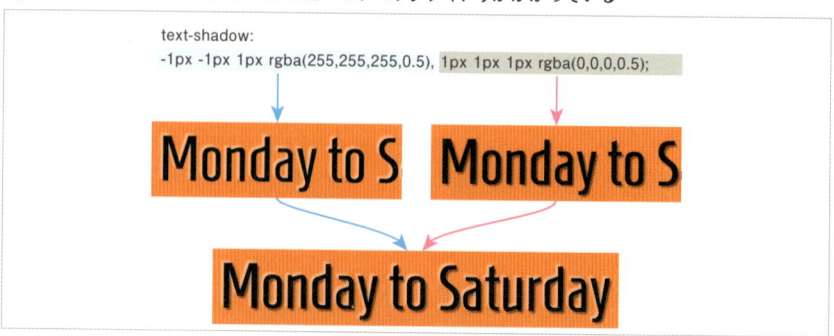

なお、このサンプルでは、Google Fontsサービスを使って、テキストの表示にWebフォントを使用しています。Webフォントの使い方については「188」をご覧ください。

▪ HTML

287 / index.html

```html
<main>
    <h1 class="logo">Nick Burger</h1>
    <p class="info">4-5-6 Midorimachi Shinjuku-ku, Tokyo</p>
    <p class="info">Monday to Saturday 9am to 10pm<br>
    Sunday 11am to 10pm</p>
    <p class="info">00-9876-5432</p>
</main>
```

▪ CSS

287 / css/style.css

中略

```css
.logo {
    font-weight: normal;
    font-family: 'Lobster', cursive;
    font-size: 80px;
    color: #f1e5d0;
    text-shadow: 4px 4px 5px rgba(0, 0, 0, 0.5);
}
.info {
    font-family: 'Homenaje', sans-serif;
    font-size: 30px;
    text-shadow: -1px -1px 1px rgba(255, 255, 255, 0.5), 1px 1px 1px rgba(0, 0, 0, 0.5);
}
```

Chap
15

アニメーションとエフェクトのテクニック

▼ ブラウザ表示

595

288 テキストの選択ハイライト色を指定したい

利用シーン テキストを選択したときのハイライト色、テキスト色などを変えたいとき

要素/プロパティ

CSSセレクタ

::selection —— 選択されたテキストにスタイルを適用

CSSセレクタ

::-moz-selection —— 選択されたテキストにスタイルを適用（Firefox専用）

「::selection」セレクタを使うと、ユーザーが選択したテキストのハイライト色を変更できます。
このセレクタの使い方は難しくありませんが、ふたつの注意事項があります。

まず、このセレクタは現在のところCSSの標準仕様には含まれていない、非公式のものだということです[1]。非公式でありながら多くのブラウザがサポートしていて、IE9以降に登場したブラウザはすべて対応しています。ただし、Firefoxに対応するためにはベンダープリフィックスをつけて、「::-moz-selection」というセレクタを書く必要があります（→「229」）。

それから、「::selection」のスタイルには、次のプロパティしか使えません。簡単に言えば、背景色とテキスト色は設定できますが、それ以外のことはできません。背景を画像にすることもできません。

::selectionのスタイルで使えるプロパティ[2]

- color プロパティ
- background プロパティ
- background-color プロパティ
- text-shadow プロパティ

※1 本書では原則として非公式のHTMLタグやCSSセレクタ、プロパティを扱っていませんが、::selectionは非常に多くのサイトで使われているので取り上げました。
※2 参考 https://developer.mozilla.org/ja/docs/Web/CSS/::selection

■HTML

288/index.html

```
<div class="float_block">
    <h1>ペンギンエリア</h1>
    <img src="images/photo.jpg" alt="ペンギンエリア" class="float_left">
    <p>ペンギンたちの陸上での様子、
        中略
    </p>
</div>
```

▪CSS

```
::-moz-selection {
    background-color: #365395;
    color: #fff;
}
::selection {
    background-color: #365395;
    color: #fff;
}
```

▼ ブラウザ表示

289 動画ファイルを表示したい

 **利用シーン** 動画共有サイトに公開されている動画ではなく、Webサーバーにアップロードした動画ファイルを表示したいとき

要素/プロパティ

HTML

<video src="動画ファイルのパス">〜</video>
—— 動画ファイルを表示・再生する

Webページに動画を掲載するには、いったんファイルをYouTubeなどの動画共有サービスにアップロードしてから、そのサービスが提供する共有用のタグをページに埋め込むのが現在の主流です[※1]。

しかし、次の「290」のように、動画を特殊な用途で使いたいときは、自分で管理するWebサーバーにアップロードしたものを埋め込むケースもあります。動画共有サービスを使わない場合は、<video>タグを使って動画ファイルを埋め込みます。<video>タグの書式は次の通りです。

● **書式** <video>タグ

```
<video src="動画ファイルのパス" その他の属性>
    動画が再生できなかったときのコンテンツ
</video>
```

<video>タグのsrc属性に、表示したい動画のパスを指定します。動画はMP4形式（.mp4ファイル）で用意してWebサーバーにアップロードしておけば、現在はすべてのブラウザで再生できます[※2]。

また、何らかの理由で動画を再生できなかった場合に、ブラウザは<video>〜</video>の中に含まれるコンテンツを表示します。一般的には、ここに「動画を再生できない」旨のメッセージや、静止画を<img>タグで埋め込みます。

<video>タグの「その他の属性」

<video>タグには、src属性以外に、動画の再生を制御するための属性が定義されています。サンプルでは、autoplay属性とcontrols属性を追加しています。これにより、動画は自動的に再生が始まり、コントローラーも表示されるようになります。

※1 動画共有サービスにアップロードしておいたほうが、ユーザーが目にする機会が増えるから、というのが大きな理由のひとつです。

※2 数年前まで、ブラウザによって再生できる動画の形式が異なっていたので、多数のファイルを用意しなければなりませんでした。現在ではその必要はありません。

<video>タグのおもな属性

属性	説明	指定する値
src	動画ファイルのパス	URL
poster	動画が再生できないときに表示する静止画	URL
width	動画の幅	数値
height	動画の高さ	数値
autoplay	自動で再生する	なし（ブール属性（→「164」））
controls	再生コントローラーを表示する	なし（ブール属性）
loop	動画をループ再生する	なし（ブール属性）
muted	消音する	なし（ブール属性）
playsinline	ページ内で再生する（非標準）	なし（ブール属性）

■HTML

289/index.html

```
<div class="play">
    中略
    <video src="images/polarbear.mp4" controls autoplay>
        <p>ご利用のブラウザはvideoタグをサポートしていないため、 中略 </p>
    </video>
</div>
```

■CSS

289/css/style.css

```
中略
video {
    width: 100%;
    border-radius: 10px;
}
```

▼ ブラウザ表示

動画をキービジュアルにしたい

利用シーン

● 動画をキービジュアルなどで使用したいとき
● ウィンドウサイズに合わせて動画を伸縮させたいとき
● 動画再生コントローラーを表示させず、
　自動で繰り返し再生させたいとき

要素/プロパティ

HTML

\<video src="動画ファイルのパス"\>～\</video\>
―――― 動画ファイルを表示・再生する **▶289**

CSSプロパティ

position: relative;
―――― 自由配置したい要素の親要素に指定する **▶219**

CSSプロパティ

position: absolute;
―――― 自由配置したい要素自身に指定する **▶219**

動画をトップページのキービジュアルなどのように使用する例を紹介します。キービジュアルに使用するといっても、動画の表示自体に特別なテクニックが必要なわけではなく、ほとんど\<img\>タグの代わりに\<video\>タグを使えばよいと考えてかまいません。このサンプルでは、ウィンドウサイズに合わせて動画を伸縮させるようにしてあります。

動画をキービジュアルとして使用していることから、コントローラーは非表示にして、自動で繰り返し再生するようにしています。こうした制御は\<video\>タグに属性を追加すれば簡単におこなえます。\<video\>タグの属性については前節「289」で取り上げています。

動画の上に別のコンテンツを重ねるには

静止画と違い、動画は背景画像としては使用できません。つまり、backgroundプロパティに動画ファイルを指定することはできないのです。そのため、動画の上に別のコンテンツを重ねる場合には、positionプロパティを使って要素を自由配置する必要があります（→「219」）。サンプルでは住所などを記したボックスを、動画の左下に重ねて表示するようにしています。

```html
<div class="keyvisual-wrapper">
    <div class="video-container">
        <video src="images/humburger.mp4" autoplay muted playsinline loop></video>
    </div>
    <div class="information">
        <p>4-5-6 Midorimachi Shinjuku-ku, Tokyo</p>
        <p>Monday to Saturday 9am to 10pm<br>
        Sunday 11am to 10pm</p>
        <p>03-9876-5432</p>
    </div>
</div>
```

■CSS 290/css/style.css

```css
中略
.keyvisual-wrapper {
    position: relative;
    font-size: 0;
}
.video-container video {
    width: 100%;
}
中略
```

▼ ブラウザ表示

Column

スマートフォンで動画をインライン再生する

Android 4.x以上、iOS 10以上では、全画面のビデオプレイヤーを起動させずに、ページ内で動画を再生（インライン再生）できます。動画をインライン再生するためには、<video>タグに、autoplay属性、muted属性、playsinline属性が追加されている必要があります。

291 テキストを斜めにしたい

利用シーン テキストを表示する特殊効果がほしいとき

要素/プロパティ

CSS プロパティ

transform: 変形の設定；

—— コンテンツをトランスフォーム（変形）する

CSS の値

rotate(角度)

—— コンテンツを回転する。transform プロパティに設定できる値のひとつ

transformは、要素のボックスは変形させずに、要素のコンテンツだけを「回転させる」「移動させる」「拡大・縮小させる」と、「ゆがませる」機能を持つプロパティです。ほかに似たようなCSSの機能がなく、なかなかイメージがわきづらいかもしれません

ので、まずはサンプルのソースコードと表示結果を見てみましょう。このサンプルでは、ナビゲーションの4項目のテキストを、-20°回転させて表示しています。

■HTML

291/index.html

```
<nav>
    <ul>
        <li><a href="#">About</a></li>
        <li><a href="about/">Lunch</a></li>
        <li><a href="service/">Dinner</a></li>
        <li><a href="access/">Access</a></li>
    </ul>
</nav>
```

■CSS

291/css/style.css

```
nav {
    padding: 30px 0;
    border-bottom: 2px solid #000000;
}
```

```
nav ul {
    list-style: none;
    display: flex;
    justify-content: center;
    margin: 0;
    padding: 0;
}
nav li a {
    display: block;
    padding: 0 30px;
    text-decoration: none;
    text-align: center;
    font-family: 'Lobster', cursive;
    font-size: 40px;
    color: #000000;
    transform: rotate(-20deg);
}
```

▼ ブラウザ表示

About   *Lunch*   *Dinner*   *Access*

.... Column

transform プロパティ

CSSのtransformプロパティは、要素のコンテンツを変形して表示するのに使用します。平面的な変形(2次元トランスフォーム)と立体的な変形(3次元トランスフォーム)の2種類の変形ができるのですが、ここではまず、理解しやすい平面的な変形に的を絞って機能を説明します※。transformプロパティを使うと、要素のボックスは変形させずに、その要素に含まれるコンテンツのみを、移動、拡大・縮小(スケール)、回転、ゆがませることができます。

※ 3次元トランスフォームは「298」で取り上げています。

コンテンツを「回転」させる

コンテンツを回転させる——もしくは「傾ける」と考えてもよいでしょう——には、transformプロパティの値に「rotate()」を指定します。rotateの()内には、回転させる角度を指定します。この値を度数で指定する場合は単位「deg」を、弧度(ラジアン)で指定する場合は単位「rad」を使用します。たとえば、要素のコンテンツを40°回転させるには、次のように記述します。

● **書式**　コンテンツを回転させる

transform: rotate(度数 deg);

コンテンツが40度回転する

transform: rotate(40 deg);

603

コンテンツを「移動」させる

コンテンツを移動させるには、transformプロパティの値に「translate()」を指定します。この()内には、「x軸方向の移動量」と「y軸方向の移動量」を、カンマで区切って指定します。単位にはpxやem、%などが使えます。

● 書式　コンテンツを移動させる

> transform: translate(x軸方向の移動量, y軸方向の移動量);

コンテンツをx軸方向に80ピクセル、y軸方向に70ピクセル移動させたところ

transform: translate(80px, 70px);

コンテンツを「拡大・縮小」させる

コンテンツを拡大もしくは縮小させるには、transformプロパティの値に「scale()」を指定します。この()内には拡大（または縮小）の倍率を単位なしで指定します。

● 書式　コンテンツを拡大・縮小させる

> transform: scale(スケール量);

コンテンツを1.5倍に拡大したところ

transform: scale(1.5);

もし、横と縦で拡大・縮小量を変えたいときは「x軸方向の倍率」と「y軸方向の倍率」を、カンマで区切って次のように指定します。

● 書式　x軸方向とy軸方向で異なる
　　　　　スケール量を指定する

> transform: scale(x軸方向の倍率, y軸方向の倍率);

コンテンツをx軸方向に1.5倍、y軸方向に0.5倍に拡大したところ

transform: scale(1.5, 0.5);

コンテンツを「ゆがませる」

コンテンツを「ゆがませる」こともできます。「ゆがませる」とは、なかなかイメージがつきにくいかもしれませんが、x軸やy軸を傾かせて、平行四辺形型に変形させることです。コンテンツをゆがませる場合は、値に「skew()」を指定します。()には、「x軸の傾き」、「y軸の傾き」をカンマで区切って角度で指定します。

● 書式　コンテンツをゆがませる

> transform: skew(x軸の傾き角度deg, y軸の傾き角度deg);

x軸を45°傾ける（左）、y軸を45°傾ける

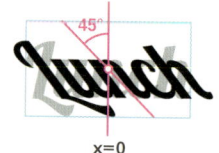

transform: skew(45deg, 0deg);

transform: skew(0deg, 45deg);

292 ホバーしたときに テキストの傾きを変えたい

利用シーン マウスホバー時にアニメーションさせたいとき

要素 / プロパティ

CSSプロパティ

transition: トランジションの設定;

―― 要素にトランジションを設定する

CSSプロパティ

transform: 変形の設定;

―― コンテンツをトランスフォーム（変形）する

CSSの値

rotate(角度)

―― コンテンツを回転する。transform プロパティに設定できる値のひとつ

トランジションとは、要素が「いまの状態」から「次の状態」に変化するときに、その変化をなめらかにつなげることです。

たとえば、<a>タグに通常時のスタイルと、ホバー時（:hover）のスタイルが適用されているとしましょう。ホバー時のスタイルにはopacityプロパティが設定してあって、マウスが重なったら<a>タグの要素の透明度が0.5（50%）になるようにしてある、とします。

このとき、通常であればマウスホバーした瞬間に<a>の要素の透明度は0.5になりますが、トランジションを使えば、だんだん透明にすることができます。

通常の変化とトランジションの違い

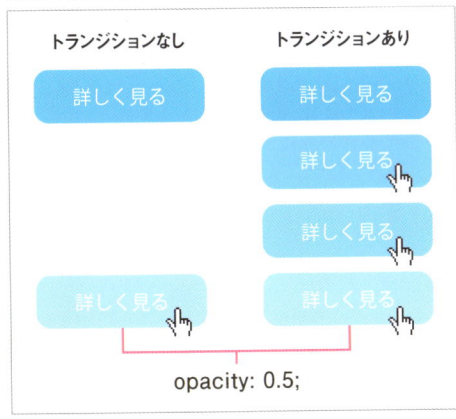

さて、このトランジションの効果を適用するには、transition プロパティを使用します（書式は後述）。このサンプルでは、ナビゲーションの傾いたリンクテキストを、ホバー時に0.3秒かけてもとに戻します。

サンプルのHTMLは「291」と同じです。

■CSS

中略

```css
nav li a {
    display: block;
    padding: 0 30px;
    text-decoration: none;
    text-align: center;
    font-family: 'Lobster', cursive;
    font-size: 40px;
    color: #000000;
    transform: rotate(-20deg);
    transition: transform 0.3s linear;
}
nav li a:hover {
    color: #d34547;
    transform: rotate(0deg);
}
```

▼ ブラウザ表示

.... Column

transition プロパティ

transition プロパティは、原則として「変化前のスタイル」に適用します。セレクタが「a」のスタイルと、「a:hover」のスタイルがあるとしたら、「a」のスタイルのほうに適用するということです。

transition プロパティの書式は次の通りで、いくつかの設定項目を半角スペースで区切って並べます。

● **書式**　transition プロパティ

> transition: ①対象のプロパティ ②時間 ③イージング ④ディレイ;

これらの値の順序はこの通りでなくてもかまいませんが、必ず②「時間」は、④「ディレイ」よりも先に指定します。また、②「時間」以外は省略可能です※。

※実は「時間」も省略可能ですが、デフォルト値が「0秒」なので、何のトランジションもしなくなります。

①対象のプロパティ

トランジションの対象となるプロパティ名を指定します。ここで、サンプルのCSSをもう一度確認してみましょう。変化前(セレクタが「nav li a」)と変化後(nav li a:hover)で、transform プロパティだけでなく、color プロパティも変化しています。

●**書式**　サンプルのCSS

```
nav li a {
    color: #000000;
    transform: rotate(-20deg);
    transition: transform 0.3s linear;
}
nav li a:hover {
    color: #d34547;
    transform: rotate(0deg);
}
```

transitionプロパティの「対象のプロパティ」を指定すると、そのプロパティ
だけがトランジションの対象になります。このサンプルでは対象のプロパ
ティに「transform」を指定しているため、colorプロパティはトランジション
せず、ホバーした瞬間に色が変わっています。

もし、変化するすべてのプロパティをトランジションの対象にするなら、①
の値を「all」にします。このサンプルで、transformプロパティだけでなく
colorプロパティもトランジションの対象にしたい場合には次のように記述
します。

●**書式**　変化するすべてのプロパティをトランジションの対象にするなら

```
transition: all 0.3s linear;
```

②**時間**
トランジションの経過時間を指定します。単位には「s（秒）」を使用します。

③ **イージング**
イージングとは、変化するときの「緩急」のことです。最初はゆっくり変化し
て、あとから急激になる「イーズイン（ease-in）」、その反対に、はじめは急
激で、終わりが近づくにつれゆっくり変化する「イーズアウト（ease-out）」
などがあります。サンプルで使用しているのは「linear」で、一定速度で変
化します。

イージングに使えるおもな値

値	説明
linear	一定の速度で変化する
ease-in	最初ゆっくりで、だんだん急激に変化する
ease-out	最初急激で、だんだんゆっくり変化する
ease-in-out	最初と最後がゆっくりで、途中が急激に変化する
steps(段階)	段階的に変化する。()内には段階数を数値で入れる 例：steps(3)
cubic-bezier()	サンプル「297」参照

④**ディレイ**
トランジションが開始するまでの「遅れ」を指定します。単位には②「時間」
同様、「s（秒）」を使用します。

293 画像にホバーしたとき 透明度を徐々に変化させたい

利用シーン マウスホバー時にアニメーションさせたいとき

要素/プロパティ

CSSプロパティ

transition: トランジションの設定;
—— 要素にトランジションを設定する ▶▶292

CSSプロパティ

opacity: 透明度;
—— 要素の透明度を設定する ▶▶082

リンク画像にマウスがホバーしたときに、徐々に透明にします。CSSの記述量も少なく簡単で、リンクに適用するトランジションでもっともよく使われるパターンといえます。

■ HTML
293/index.html

```html
<div class="link">
    <ul>
        <li><a href="products"><img
src="images/link-products.png" alt=
"products"></a></li>
        <li><a href="services"><img
src="images/link-services.png" alt=
"services"></a></li>
    </ul>
</div>
```

■ CSS
293/css/style.css

```css
中略
}
.link li a img {
    transition: opacity 0.3s linear;
}
.link li a:hover img {
    opacity: 0.5;
}
```

▼ ブラウザ表示

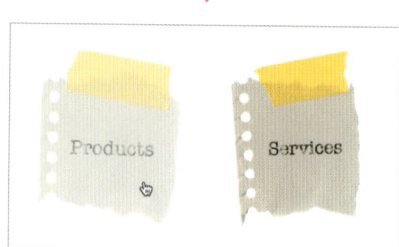

294 画像にホバーしたとき 徐々に拡大させたい

利用シーン マウスホバー時にアニメーションさせたいとき

要素 / プロパティ

CSSプロパティ

transition: トランジションの設定;
—— 要素にトランジションを設定する ▶▶292

CSSプロパティ

transform: 変形の設定;
—— コンテンツをトランスフォーム（変形）する ▶▶291

CSSの値

scale(拡大・縮小率)
—— コンテンツをスケール（拡大・縮小）する。transform
プロパティに設定できる値のひとつ ▶▶291

リンク画像にマウスがホバーしたときに、徐々に拡大します。サンプルでは、変化前に比べて50％拡大しています。前節「293」同様、非常によくおこなわれるトランジションのパターンです。
サンプルのHTMLは「293」と同じです。

■ **CSS**

294 /css/style.css

```
中略

.link li a img {
    transition: transform 0.5s ease-in;
}
.link li a:hover img {
    transform: scale(1.5);
}
```

▼ ブラウザ表示

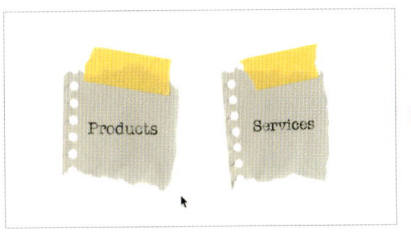
▶

295

画像にホバーしたときに明度が上がる効果をつけたい

利用シーン マウスホバー時の効果として、
リンク画像そのものの色合いを変化させたいとき

要素／プロパティ

CSSプロパティ

filter: フィルターの設定;

—— 要素にフィルターを適用する

CSSプロパティ

transition: トランジションの設定;

—— 要素にトランジションを設定する ▶▶292

filterプロパティは、要素のコンテンツにフィルター効果を適用できる新しいCSSの機能です。IE11が対応していないのが難点といえば難点ですが、比較的簡単に使えて、しかも視覚的な効果が大きいため、これから普及すると考えられます。実際、一部のWebサイトではすでに使用されています。

このサンプルでは、リンクが設定された画像にマウスがホバーしたときに、明度を1.5倍にする効果を適用しています。要素の明度を変化させるには、filterプロパティの値に「brightness()」を指定します。()の中には、変化率を単位「%」で指定します。たとえば、サンプルのように「filter: brightness(150%);」とすると、もとの画像の明度を150%上昇させることになります。

> **注 意**
>
> **IE10、IE11は非対応**
>
> 過去のIEには、filterプロパティに似た独自の機能が搭載されていました。ただし、現在標準化されているfilterプロパティとは使い方も効果も違うので注意が必要です。このIE独自の機能はIE9を最後に廃止され、IE10、IE11では使えなくなっています。また、IE10、IE11は、標準のfilter機能にも対応していません。いっぽう、Edgeは一部の機能を除き、標準のfilterプロパティに対応しています。

■ HTML

295／index.html

```
<div class="outer">
    <ul>
        <li><a href="#"><img src="images/photo1.jpg" alt=""></a></li>
        <li><a href="#"><img src="images/photo2.jpg" alt=""></a></li>
        <li><a href="#"><img src="images/photo3.jpg" alt=""></a></li>
        <li><a href="#"><img src="images/photo4.jpg" alt=""></a></li>
```

```
    <li><a href="#"><img src="images/photo5.jpg" alt=""></a></li>
    <li><a href="#"><img src="images/photo6.jpg" alt=""></a></li>
    <li><a href="#"><img src="images/photo7.jpg" alt=""></a></li>
    <li><a href="#"><img src="images/photo8.jpg" alt=""></a></li>
    <li><a href="#"><img src="images/photo9.jpg" alt=""></a></li>
    <li><a href="#"><img src="images/photo10.jpg" alt=""></a></li>
  </ul>
</div>
```

■ CSS　　　　295/css/style.css

```
.outer li img {
    width: 100%;
    height: auto;
    border-radius: 50%;
    transition: all 0.5s ease-in;
}
.outer li a:hover img {
    filter: brightness(150%);
    transform: scale(1.05);
}
```

▼ ブラウザ表示

296

画像にホバーしたときに
セピア色にする効果をつけたい

利用シーン マウスホバー時の効果として、
リンク画像そのものの色合いを変化させたいとき

要素/プロパティ

CSSプロパティ

filter: フィルターの設定；
—— 要素にフィルターを適用する ▶▶295

CSSプロパティ

transition: トランジションの設定；
—— 要素にトランジションを設定する ▶▶292

前節「295」と同じく、filterプロパティを使った効果の例を紹介します。

filterプロパティに、半角スペースで区切って複数の値を指定すると、要素にふたつ以上のフィルター効果をつけることができます。ここでは、リンク画像にホバーしたときに、写真をセピア色に変化させて、さらに軽くぼかす例を紹介します。
サンプルのHTMLは「295」と同じです。

● **書式** 複数のフィルター効果をつける

filter: ひとつ目の効果 ふたつ目の効果 … ；

■**CSS**　　　296/css/style.css

```
.outer li img {
    width: 100%;
    height: auto;
    border-radius: 20%;
    transition: all ease 1s;
}
.outer li a:hover img {
    filter: blur(3px) sepia(80%);
}
```

▼ **ブラウザ表示**

filterプロパティに適用できる値

filterプロパティの値に、サンプル「295」では「brightness()」を、サンプル「296」では「sepia()」および「blur()」を使用しました。このように、fiterプロパティは値を変えることによっていろいろな効果を出すことができます。ほかにも使える値がいくつかあるので、おもな値を挙げておきます。

fiter プロパティに使えるおもな値

値	説明	使用例	表示
blur(ぼかし量px)	要素をぼかす	filter: blur(5px);	
brightness(変化率%)	明度を変化させる	filter: brightness(0.4);	
contrast(変化率%)	コントラストを変化させる	filter: contrast(200%);	
grayscale(変化率%)	グレースケールにする	filter: grayscale(50%);	
hue-rotate(角度deg)	色相を変化させる	filter: hue-rotate(90deg);	
invert(変化率%)	色を反転させる	filter: invert(75%);	
saturate(変化率%)	彩度を変化させる	filter: saturate(30%);	
sepia(変化率%)	セピア色にする	filter: sepia(60%);	

画像にホバーしたときに浮き
あがるような効果をつけたい

利用シーン

● マウスホバー時の効果として、
   画像を大きくしたり傾けたりしたいとき
● カスタムイージング機能を使いたいとき

要素/プロパティ

CSS プロパティ

transition: トランジションの設定; ── 要素にトランジションを設定する ▶▶292

CSS の値

cubic-bezier(x1, y1, x2, y2) ── カスタムイージング

CSS プロパティ

filter: フィルターの設定; ── 要素にフィルターを適用する ▶▶295

マウスポインタがリンク画像にホバーしたときに、浮き上がるような効果をつけます。具体的には、画像を拡大して回転させ、ドロップシャドウをつけます。その際トランジションをかけますが、今回は、イーズインでもイーズアウトでもなく、独自に設定したイージングを適用して、一度目標を通り過ぎて戻ってくるような効果をつけてみます。

独自に設定したイージングを適用するには、transitionプロパティの値に「cubic-bezier()」を使用します。実は、イージングの速度の変化は、横軸を「時間」、縦軸を「目標（変化後の状態）までの進捗率」とするグラフの曲線で表されています。この曲線は、「ベジェ曲線」という、数学的な式で描かれた曲線です。Adobe Illustratorなどのドローイングアプリケーションを使ったことがある方は、名前くらいは聞いたことがあるかもしれません。

cubic-bezier()の()内には、このグラフの曲線を描くための4つの数値──ハンドルの位置を表すx1, y1, x2, y2──をカンマで区切って指定します。ただ、このグラフの意味はなかなかわかりづらいと思いますので、ここでは理解のためにも

イージングの速度の変化を設定する曲線グラフ

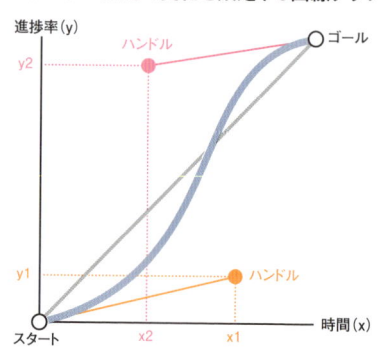

transition: 0.5s **cubic-bezier(x1, y1, x2, y2);**

実践にも役立つWebサイト「cubic-bezier.com」を紹介します。

左上のグラフから伸びているハンドルをドラッグすると、イージングの設定に使える数値を自動的に算出してくれます。cubic-bezierの部分をコピーすれば、そのままtransitionプロパティの値として使えます。いろいろ試して見てください。

サンプルのHTMLは「295」と同じです。

cubic-bezier.com

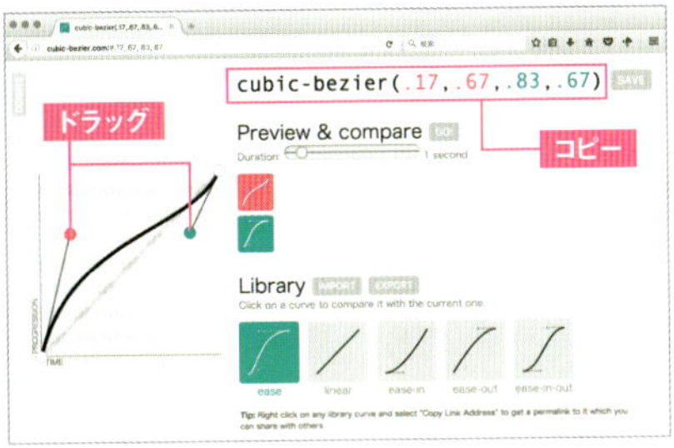

■ CSS

297/css/style.css

```
中略
.outer ul {
    overflow: hidden;
    padding: 60px 20px;
    margin: 2em 0;
    list-style: none;
}
中略
.outer li img {
    width: 100%;
    height: auto;
    outline: 4px solid #dedede;
    transition: all 0.5s cubic-bezier(.48,.01,.45,1.9);
}
.outer li a:hover img {
    box-shadow: 0px 3px 10px 3px rgba(0,0,0,0.4);
    transform: scale(1.2) rotate(8deg);
    z-index: 100;
}
```

▼ ブラウザ表示

▼

Column

画像の一部が欠けるときは親要素のパディングを調整

拡大したり傾いたりするトランス
フォームを要素に適用すると、画
像の一部が欠ける（表示されない）
ことがあります。

こうなる原因は、親要素（または祖
先要素）の表示領域が足りないか
らです。画像の一部が欠ける場合
は、親要素か、祖先要素のパディ
ングを増やしてみましょう。今回の
サンプルでは、<ul>の上下パディ
ングを60ピクセルにしています。

画像の一部が欠けて見えなくなることがある

298 画像にホバーしたときに 裏返すような効果をつけたい

利用シーン マウスホバー時の効果として、
画像を回転させたいとき

要素 / プロパティ

CSS プロパティ

transform: 変形の設定;

—— コンテンツをトランスフォーム（変形）する ▶▶291

CSS の値

rotateY(角度)

—— Y軸に沿って要素を回転させる

CSS プロパティ

transition: トランジションの設定;

—— 要素にトランジションを設定する ▶▶292

サンプル「291」などでは平面的な2次元トランスフォームを扱いましたが、今回は立体的な3次元トランスフォームの例を紹介します。
3次元トランスフォームでは、2次元トランスフォームのx軸（横方向）とy軸（縦方向）に加え、奥行きのz軸を含めた「3次元空間」の変形をします。
このサンプルでは、y軸を中心軸として、要素のコンテンツを1/2回転させています。
サンプルのHTMLは「295」と同じです。

x軸、y軸、z軸

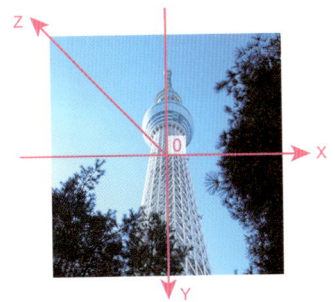

■CSS　　298/css/style.css

```
.outer li img {
    perspective: 500px;
    width: 100%;
    height: auto;
    transition: all 1s linear;
}
.outer li:hover img {
    transform: rotateY(180deg);
    opacity: 0.5;
    z-index: 100;
}
```

▼ ブラウザ表示

618

画像にホバーしたときに裏返すような効果をつけたい

3Dトランスフォーム

2DトランスフォームのX軸、Y軸に加え、Z軸が追加された立体的な空間で要素の
コンテンツを変形するのが「3Dトランスフォーム」です。2Dトランスフォーム同様、
3Dトランスフォームでも「回転」「移動」「拡大・縮小」ができます。ただし、「拡大・
縮小」と「ゆがませる」のはX軸、y軸方向に対してだけできて、Z軸方向にはできませ
ん[※]。

※ Z軸方向にはコンテンツに厚みがないからです。

3Dトランスフォーム　回転

2Dトランスフォームのときは、回転するときにtransformプロパティの値を「rotate()」
にしていました。しかしこの値は3Dトランスフォームでは使えません。代わりに、xyz3
軸に対して個別に回転を設定する値を使用します。ここではその個別に設定できる
値――rotateX()、rotateY()、rotateZ()――を使って、それぞれ60度回転させた状
態を紹介します。

■HTML　　　　　　　　　　　　298-t3d/rotate.html

```
<ul class="transform">
    <li class="p500"><img src="images/photo9.jpg" alt=""
class="rotate_x"></li>
    <li class="p500"><img src="images/photo9.jpg" alt=""
class="rotate_y"></li>
    <li class="p500"><img src="images/photo9.jpg" alt=""
class="rotate_z"></li>
</ul>
```

■CSS　298-t3d/css/style.css

```
/* rotate */
.rotate_x {
    transform: rotateX(60deg);
}
.rotate_y {
```

```
    transform: rotateY(60deg);
}
.rotate_z {
    transform: rotateZ(60deg);
}
```

ブラウザ表示

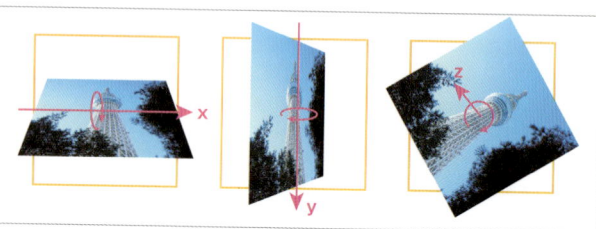

※表示結果をイメージしやすいように、サンプルには「perspective:500px;」を設定してあります。

.... Col_{umn}

3Dトランスフォーム　移動

「移動」にも、XYZ3軸とも個別に値を設定できるtranslateX()、translateY()、translateZ()があります。次のサンプルでは、60°回転させたものを、さらに各軸に沿って30ピクセル移動させます。なお、translateZ()、つまりZ軸に沿った移動は、要素のコンテンツが拡大しているように見えます。これは、Z軸が画面を見ているユーザーに向かって垂直に伸びているためです。Z軸に沿って移動するということは「ユーザーに30ピクセル近くなる」ということなので、大きく見えるのです。

■HTML   298-t3d/translate.html

```
<ul class="transform">
    <li class="p500"><img src="images/photo9.jpg" alt=""
class="translate_x"></li>
    <li class="p500"><img src="images/photo9.jpg" alt=""
class="translate_y"></li>
    <li class="p500"><img src="images/photo9.jpg" alt=""
class="translate_z"></li>
</ul>
```

■CSS   298-t3d/css/style.css

```
/* translate */
.translate_x {
    transform: rotateX(60deg) translateX(30px);
```

```
}
.translate_y {
    transform: rotateY(60deg) translateY(30px);
}
.translate_z {
    transform: rotateZ(60deg) translateZ(30px);
}
```

ブラウザ表示

.... **Co**l**u**m**n**

3Dトランスフォーム　拡大・縮小

....

X軸方向の拡大・縮小はscaleX()で、Y軸方向はscaleY()でおこないます。2Dトランスフォームで使用したscale()同様、()内には拡大・縮小の倍率を記入します。このサンプルでは、X軸、Y軸方向にそれぞれ0.7倍、つまり縮小しています。
なお、Z軸方向の拡大・縮小はできません。なぜなら、要素のコンテンツには厚みがないため、大きくも小さくもしようがないからです。

■ HTML

298-t3d/scale.html

```
<ul class="transform">
    <li class="p500"><img src="images/photo9.jpg" alt=""
class="scale_x"></li>
    <li class="p500"><img src="images/photo9.jpg" alt=""
class="scale_y"></li>
    <li class="p500"><img src="images/photo9.jpg" alt=""
class="scale_z"></li>
</ul>
```

■CSS

```css
/* scale */
.scale_x {
    transform: rotateX(60deg) scaleX(0.7);
}
.scale_y {
    transform: rotateY(60deg) scaleY(0.7);
}
.scale_z {
    /* scaleZ()はない! */
}
```

ブラウザ表示

 Column

トランスフォームの原点

X軸、Y軸、Z軸の3軸が交差する点を「原点（オリジン）」といいます。
トランスフォームの原点は、デフォルトでは要素のコンテンツの中心です。しかし、
この原点の場所はtransform-originプロパティで変更できます。transform-origin
プロパティの書式は次の通りです。

● **書式**　transform-originプロパティ

transform-origin: X軸方向の位置 Y軸方向の位置 Z軸方向の位置;

値の指定には「X軸方向の位置」「Y軸方向の位置」「Z軸方向の位置」とも、単位「px」や「%」が使えます。また、X軸方向には「left」「center」「right」、Y軸方向には「top」「center」「bottom」というキーワードも使えます。

参考例として、原点を変更したサンプルを紹介します。実行例にある画像は、どれもZ軸に沿って15°回転させていますが、次ページの図の通り原点を変更しています。

■ **HTML**　　　　　　　　　298-t3d/transform-origin.html

```
<ul class="transform">
    <li class="p500"><img src="images/photo9.jpg" alt=""
class="rotate_z15 origin_lt"></li>
    <li class="p500"><img src="images/photo9.jpg" alt=""
class="rotate_z15 origin_cc"></li>
    <li class="p500"><img src="images/photo9.jpg" alt=""
class="rotate_z15 origin_rb"></li>
</ul>
```

■ **CSS**　　　　　　　　　　298-t3d/css/style.css

```
.rotate_z15 {
    transform: rotateZ(15deg);
}
```
中略
```
/* transform-origin */
.origin_lt {
    transform-origin: left top;
}
.origin_cc {
    transform-origin: center center;
}
.origin_rb {
    transform-origin: right bottom;
}
```

Chap

15

アニメーションとエフェクトのテクニック

ブラウザ表示

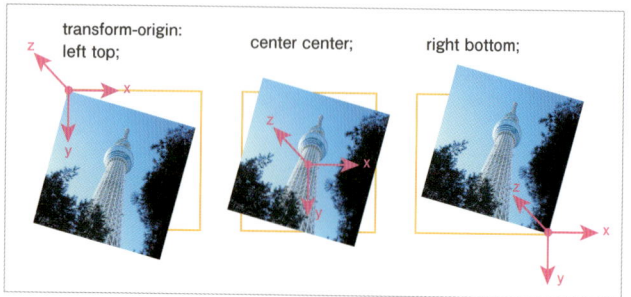

transform-origin:
left top;

center center;

right bottom;

3Dトランスフォームに特有の機能
パースペクティブ

3Dトランスフォームには、2Dトランスフォームにはないプロパティがあります。そのひとつがperspectiveプロパティです。このプロパティは、トランスフォームの原点と、画面を見ているユーザーまでの距離（パースペクティブ）を指定します。説明を聞いただけでは何の効果があるのかよくわからないかもしれませんが、簡単にいえば、「3Dの遠近感をどのくらい出すか」を調整するために使います。トランスフォームの原点からユーザーまでの距離が短いほど──つまりperspectiveプロパ

perspective プロパティで指定される「距離」

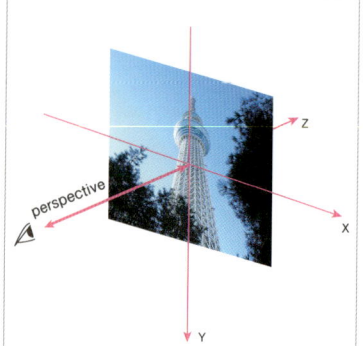

ティに指定している値が小さいほど──遠近感は強調されます。逆に距離が大きい（値が大きい）ほど、遠近感は弱まり、平面的になります。ちなみにこのプロパティを使用しない、または値を0以下にすると、距離は無限大になり、遠近感はまったくなくなります。

● **書式**　perspectiveプロパティ

> perspective: 原点からユーザーまでの距離;

perspectiveプロパティは、トランスフォームの対象になっている要素の親要素に適用し、値は単位「px」や「em」などで指定します。

次のサンプルでは、3つの写真とも、y軸に沿って60°回転させています。が、それぞれのperspectiveプロパティに指定している値が、左から「500px」「1500px」「0」になっています。右に行くほど、だんだん遠近感が弱まっています。

■ **HTML**　　　　　　　　　　298-t3d/perspective.html

```
<ul class="transform">
    <li class="p500"><img src="images/photo9.jpg" alt=""
class="rotate_y"></li>
    <li class="p1500"><img src="images/photo9.jpg" alt=""
class="rotate_y"></li>
    <li class="p0"><img src="images/photo9.jpg" alt=""
class="rotate_y"></li>
</ul>
```

■ **CSS**　298-t3d/css/style.css

```
/* perspective */
.p0 {
    perspective: 0;
}
.p500 {
```

```
    perspective: 500px;
}
.p1500 {
    perspective: 1500px;
}
```

ブラウザ表示

perspective:
500px　　　　　1500px　　　　　　0

299 画像の色が変化する アニメーションを設定したい

利用シーン
- トランジションではできない、より複雑なアニメーションをしたいとき
- アニメーションをループ再生させたいとき

要素/プロパティ

@ルール

@keyframes アニメーション名
―― キーフレームアニメーションを設定

CSSプロパティ

animation-name: アニメーション名；
―― 使用するキーフレームアニメーションを指定

CSSプロパティ

animation-duration: 秒数 s；
―― アニメーションの秒数

CSSプロパティ

animation-timing-function: イージング；
―― アニメーションのイージング

CSSプロパティ

animation-direction: 再生方法；
―― アニメーションの繰り返し

CSSプロパティ

animation-iteration-count: 繰り返し回数；
―― アニメーションの繰り返しの回数

CSSプロパティ

filter: フィルターの設定；
―― 要素にフィルターを適用する ▶295

トランジションは「変化前の状態」と「変化後の状態」をなめらかにつなげる機能でした。単純なアニメーションを比較的簡単に設定することができますが、次のようなことはできません。

- 設定できるのは「変化前」と「変化後」の状態だけで、「中間の状態」は設定できない
- トランジションは1回しか発生しないので、アニメーションを繰り返すことはできない

トランジションではできないこともできるのが、CSSの「キーフレームアニメーション」機能です。

キーフレームアニメーションの設定方法
「キーフレームアニメーション」とは、最初の状態と最後の状態に加え、必要であればその中間の状態を設定しておいて、「最初→中間→最後」の間をなめらかにつなぐアニメーション技法のことをいいます。この、「最初の状態、最後の状態、中間の状態」のことを「キーフレーム」といいます。中間の状態は、必要に応じていくつでも設定することができます。
CSSでキーフレームアニメーションをするためには、まずキーフレームを設定する必要があります。キーフレームの設定には「@keyframes」を使い、次のように記述します。

@keyframes の基本的な書式

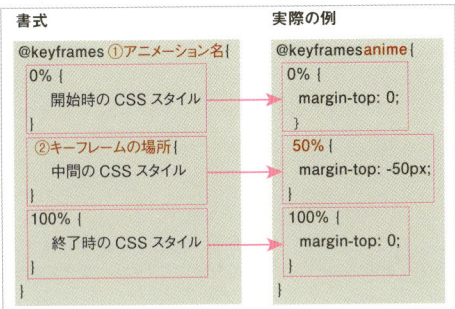

①アニメーション名

「@keyframes {~}」までが、ひとつのキーフレームアニメーションです。「①アニメーション名」の部分は、このキーフレームアニメーションにつける名前を設定します。この名前は、あとで要素にキーフレームアニメーションを適用する際に使用します。どんな名前をつけてもかまいません。

②キーフレームの場所

@keyframesの{~}の中には、キーフレームの設定を記述します。「②キーフレームの場所」に

は、アニメーションが開始してからの「進捗率」を、単位「%」で指定します。

キーフレームアニメーションには、最低でも「最初の状態（進捗率0%）」と「最後の状態（進捗率100%）」の、ふたつのキーフレームが必要です。また、中間の状態のキーフレームも追加できます。たとえば、アニメーションがちょうど半分経過したところ――つまり進捗率が50%――にキーフレームを設定するのであれば、「②キーフレームの場所」を次のようにします。

● **書式**　進捗率50％にキーフレームを設定する

```
50% {
    /* アニメーションが50％進んだ瞬間のCSSスタイル */
}
```

キーフレームを要素に適用する

@keyframesで設定したキーフレームは、アニメーションさせたい要素に適用する必要があります。そのために使用するのが「animation-name」プロパティです。animation-nameプロパティの値には、@keyframesにつけた「アニメーション名」を指定します。たとえば、要素にアニメーション名

「change_color」を適用するには、次のように記述します。

● **書式**　アニメーション名「change_color」を要素に適用する

```
animation-name: change_color;
```

また、アニメーションを適用した要素には、次のようなプロパティを追加することができます。

・animation-durationプロパティ

アニメーションの長さを秒数で定義します。値の単位は、トランジションでも使用している「s」です（→「292」）。たとえば長さを1秒にするとしたら、次のように書きます。

● 書式　アニメーションの長さを1秒にする

```
animation-duration: 1s;
```

・animation-timing-functionプロパティ

アニメーションのイージングの設定をします。使用する値にはトランジションで使用したのと同じものが使えます（→「292」）。

・animation-iteration-countプロパティ

アニメーションの繰り返し回数の設定をします。このプロパティのデフォルト値は「1」で、アニメーションは一度だけ再生されますが、繰り返したいときは2以上の数を指定します。また、指定する値を数値ではなく「infinte」にすることもできて、その場合はアニメーションが無限に繰り返されます（サンプル参照）。

● 書式　アニメーションを3回繰り返す

```
animation-iteration-count: 3;
```

・animation-directionプロパティ

アニメーションの再生方法を指定プロパティです。animation-directionプロパティを使うと、アニメーションを逆に再生したり、繰り返しが設定されているときに順再生と逆再生を交互に入れ替えたりすることができます。このプロパティに指定できる値は次の表の通りです。なお、サンプルではアニメーションを無限に繰り返すようにしていて、順再生と逆再生が交互に入れ替わるように設定（alternate）しています。

animation-directionプロパティに指定できる値

値	説明
normal	順再生する。デフォルト値
reverse	逆再生する
alternate	「順再生→逆再生」を繰り返す。行ったり来たりするようなアニメーションを表現できる
alternate-reverse	「逆再生→順再生」を繰り返す

・animation-delayプロパティ

アニメーションの再生が開始するまでの「遅れ」を秒数で指定します。たとえば、アニメーションを2秒遅れて再生したいときは次のようにします。

● 書式　アニメーションを2秒遅れて再生する

```
animation-delay: 2s
```

・animation-play-stateプロパティ

アニメーションを再生するか、一時停止するかを決めるプロパティです。値が「running」のとき、アニメーションが再生され（デフォルト値）、「paused」のときは一時停止します。基本的にはJavaScriptと組み合わせて使用するのが効果的なプロパティですが、:hoverセレクタと組み合わせても利用できます（→「300」）。

## 299

画像の色が変化するアニメーションを設定したい

■ HTML 299/index.html

```
<div class="banner">
    <a href="#"><img src="images/banner.png"
alt="しっかり学ぶ HTML＆CSSの基本"></a>
</div>
```

色相が変化する前のもとの画像

■ CSS 299/css/style.css

```
@charset "utf-8";

.banner img {
    border: 1px solid #c7c7c7;
    /* アニメーションの設定 */
    animation-name: change_color;
    animation-duration: 3s;
    animation-timing-function: linear;
    animation-direction: alternate;
    animation-iteration-count: infinite;
}
@keyframes change_color {
    0% {                              ——— 開始キーフレーム
        filter: hue-rotate(0deg);
    }
    100% {                            ——— 終了キーフレーム
        filter: hue-rotate(159deg);
    }
}
```

▼ ブラウザ表示

<img>タグにアニメーションを適用して、画像の色相（HUE）を連続的に変化させている。色相を変化させるために、@keyframesで設定する開始キーフレームと終了キーフレームで、フィルター機能を使用（→「296」）

300

バッジが小刻みに揺れる
アニメーションを設定したい

利用シーン

- マウスホバー時の効果として、要素を動かしたいとき
- キーフレームアニメーションを無限に繰り返したいとき
- キーフレームアニメーションの再生・一時停止をしたいとき

要素/プロパティ

@ルール

@keyframes アニメーション名

—— キーフレームアニメーションを設定 ▶▶299

CSSプロパティ

animation-play-state: 再生・一時停止;

—— アニメーションを再生・一時停止する ▶▶299

CSSプロパティ

transform: 変形の設定;

—— コンテンツをトランスフォーム（変形）する ▶▶291

CSSの値

translateX(横方向の移動量)

—— コンテンツを移動する。transformプロパティに設定できる値のひとつ

「New」と書かれたバッジを横方向に小刻みに移動させます。ただし、アニメーションするのはマウスポインタがボックスにホバーしているときだけで、そうでないときは停止しています。前節「299」同様、キーフレームアニメーションを使って作成します。

キーフレームアニメーションを再生・一時停止するには、animation-play-stateプロパティを使用します。通常時はこのプロパティの値を「paused」にして、ホバー時には「running」にすると、アニメーションの再生・一時停止を切り替えることができます。

また、このサンプルでは開始キーフレーム、終了キーフレームだけでなく、中間のキーフレームを複数設定しています。

■HTML

300/index.html

```
<main>
    <div class="infobox">
        <div class="badge"><img src="images/badge.png" alt=""></div>
        <div class="thumbnail">
            <img src="images/photo1.jpg" alt="">
        </div>
        <p class="title"><a href="#">散歩しながらのお花見にぴったり!東京都内の桜が
きれいな道10選。</a></p>
    </div>
</main>
```

■**CSS** 300/css/style.css

```
/* バッジ */
.badge img {
    position: absolute;
    top: -8px;
    right: 20px;
    width: 60px;
    height: 60px;
    /* アニメーションの設定 */
    animation-name: badge_rotation;
    animation-duration: 0.5s;
    animation-timing-function: ease-in-out;
    animation-iteration-count: infinite;
    animation-play-state: paused;
}
.infobox:hover .badge img {
    animation-play-state: running;
}
```

```
@keyframes badge_rotation {
    0% {
        transform: translateX(0);
    }
    20% {
        transform: translateX(-8px);
    }
    40% {
        transform: translateX(8px);
    }
    60% {
        transform: translateX(-2px);
    }
    80% {
        transform: translateX(2px);
    }
    100% {
        transform: translateX(0);
    }
}
```

▼ ブラウザ表示

散歩しながらのお花見にぴったり！東京都
内の桜がきれいな道10選。

ホバーしたときだけ小刻みに揺れる

INDEX

HTML要素

633

CSS セレクタ／プロパティ

用語

638

ま行

や行

ら・わ行

著者紹介 **狩野 祐東**（かのう すけはる）

アメリカ・サンフランシスコでUIデザイン理論を学ぶ。帰国後会社勤務を経てフリーランス。2016年に株式会社Studio947を設立。Webサイトやアプリケーションのインターフェースデザイン、インタラクティブコンテンツの開発を数多く手がける。各種セミナーや研修講師としても活動中。
主な著書に『確かな力が身につくJavaScript「超」入門』『スラスラわかるHTML&CSSのきほん』（SBクリエイティブ）など多数。

http://studio947.net

アートディレクション　山川香愛（山川図案室）
カバー写真　川上尚見
スタイリスト　阿部まゆこ
デザイン　原真一朗（山川図案室）
本文レイアウト　田中望（Hope Company）
サンプル制作　狩野さやか（Studio947）

HTML5＆CSS3 デザインレシピ集

（エイチティーエムエルファイブ　シーエスエススリー）（しゅう）

2017年3月 7日　初版　第1刷発行
2020年4月21日　初版　第4刷発行

著　者　　狩野 祐東（かのう すけはる）
発行者　　片岡 巌
発行所　　株式会社技術評論社
　　　　　東京都新宿区市谷左内町21-13
　　　　　電話　03-3513-6150　販売促進部
　　　　　　　　03-3513-6166　書籍編集部
印刷／製本　株式会社加藤文明社

造本には細心の注意を払っておりますが、万一、乱丁（ページの乱れ）や落丁（ページの抜け）がございましたら、小社販売促進部までお送りください。送料小社負担にてお取り替えいたします。

ISBN978-4-7741-8780-8　C3055
Printed in Japan

お問い合わせに関しまして

本書に関するご質問については、本書に記載されている内容に関するもののみとさせていただきます。本書の内容を超えるものや、本書の内容と関係のないご質問につきましては、一切お答えできませんので、あらかじめご了承ください。また、電話でのご質問は受け付けておりませんので、ウェブの質問フォームにてお送りください。FAXまたは書面でも受け付けております。
本書に掲載されている内容に関して、各種の変更などのカスタマイズは必ずご自身で行ってください。弊社および著者は、カスタマイズに関する作業は一切代行いたしません。
ご質問の際に記載いただいた個人情報は、質問の返答以外の目的には使用いたしません。また、質問の返答後は速やかに削除させていただきます。

質問フォームのURL

http://gihyo.jp/book/2017/978-4-7741-8780-8
※本書内容の修正・訂正・補足についても上記URLにて行います。あわせてご活用ください。

FAXまたは書面の宛先

〒162-0846
東京都新宿区市谷左内町21-13
株式会社技術評論社　書籍編集部
「HTML5＆CSS3デザインレシピ集」係
FAX：03-3513-6183